全国高等农林院校"十三五"规划教材
京津冀都市型现代农业特色规划教材

U0224959

生化制药简明教程

丛方地　主编

Shenghua Zhiyao
Jianming Jiaocheng

中国农业出版社
北　京

内容提要

　　本书共分为5部分：第1部分是绪论，主要介绍了生化药物和生化制药的含义、生化制药行业的发展、基本生化制药技术；第2部分是氨基酸、多肽、蛋白质、酶、核酸、糖类、脂类生化药物成分的制备及相关知识；第3部分是动物器官或组织提取制剂及小动物制剂的制备及相关知识；第4部分是菌体及其提取物类药物的制备及相关知识；第5部分是植物类生化药物的制备及相关知识。

　　本教材在每章前有课程思政内容简介，章内有趣味性思政知识，章后有小结、习题，文后列出了参考文献，以方便参考学习。本教材可作为农林高等院校生物类、制药类及相关专业的教材，也可作为从事制药科学研究的工作人员的参考用书。

编 者 名 单

主　编　丛方地

副主编　李　萍　刘黎瑶

编　者（按姓氏笔画排序）

王红茜（河北省胸科医院）

丛方地（天津农学院）

任　健（天津农学院）

刘黎瑶（天津农学院）

李　萍（天津农学院）

张耀方（天津农学院）

尚志强（天津农学院）

贾志鑫（北京中医药大学）

总　序

　　都市农业作为农业现代化的排头兵和引领者，有效对接和引领乡村振兴战略在产业融合、科技支撑、环境美化等方面的发展。实现都市型现代农业的高水平发展，科技是动力，人才是保证，深化高校教育教学改革是推进高校内涵式发展的主要路径和有效抓手，而做好高质量教材建设与创新是高等教育教学改革的重点。如何构建适应都市型现代农业发展与高校人才培养的特色教材体系是众多都市型高等农业院校面临的长期建设任务。

　　为强化区域经济社会的服务性功能，京津冀地方高等院校基于区位特点和办学特色，逐步完善支撑都市型现代农业发展的课程体系和课程内容，2009年天津农学院、北京农学院、仲恺农业工程学院联合发布了《关于都市型现代农业特色教材建设指导性意见》，三校发起并组织联合编写了第一批"都市型现代农业特色规划教材"系列丛书。为进一步配合党的十九大提出的实施乡村振兴战略，加快推进农业农村现代化这一重大战略部署，根据《京津冀协同发展规划纲要》以及"一带一路"倡议的实施要求，2018年天津农学院联合河北农业大学、北京农学院共同发起了"京津冀都市型现代农业特色规划教材"的编写工作。

　　在"京津冀都市型现代农业特色规划教材"编写过程中，本编审委员会多次组织各参编高校召开特色教材编写研讨会，聘请同行专家对教材初稿进行全面审阅，共同商榷，认真修改，集思广益，确保教材的高质量完成。同时，也陆续得到了更多兄弟院校的支持，并纷纷加盟。在多方力量的支持和编写人员的努力下，"京津冀都市型现代农业特色规划教材"已陆续编写完成。

　　本特色规划教材注重教材内容适用性的优化、注重都市农业的特点、注重人才培养目标领域的拓宽、注重把"教材"向"学材"转变；着眼于理论联系实际与可应用性，突出创新意识；体现都市型现代农业发展的特征；借鉴国内外最新的资料，融合当前学科的最新理论和实践经验，用最新的知识充实教材内容。感谢参加本系列教材编写和审稿的各位教师所付出的大量卓有成效的辛勤劳动，感谢使用本系列教材的广大教师、学生和其他工作者的热情支持，由于编写时间紧、任务重，本系列教材难免存在一些不足，欢迎提出批评和意见。

京津冀都市型现代农业特色规划教材编审委员会

2018 年 7 月

前　言

为深入贯彻落实高校事业发展规划，提高服务"京津冀"经济社会发展的能力和水平，实现学校整体向应用型转型发展，充分发挥教材建设在完善课程知识体系、促进教学方式转变、提升教学水平和人才培养质量等方面的基础性作用，我们编写了本教材。

本教材的编写，以党的十九大精神和习近平新时代中国特色社会主义思想为指导，全面贯彻党的教育方针，主动适应京津冀经济发展新常态，主动融入产业转型升级和创新驱动发展，全面深化教育教学改革，牢固树立"创新、协调、绿色、开放、共享"理念，以立德树人为根本，以全面提高教材质量为重点，瞄准京津冀经济社会发展需要，以提升教材的思想性、专业性、科学性为原则，加强和改进课程教材建设工作，完善教材建设规划，建设高水平精品教材，保障和提高课程教学质量，推进应用型人才培养的有效实施。

本教材主要有3个特点：①综合同行相关教材的优点，精选基础生化制药内容，并相应融入课程思政素材；②生化药物分9类撰写，现代生物技术制药的部分相关内容被融入相应章节中；③生化药物制备，按制备方法分类阐述。

编者由从事制药学、医学、生物学和化学等一线教师组成，以编者多年的生化制药及相关课程的教学工作积淀为基础，充分分析和吸收了国内外生化制药类资料，分工协作和统筹编写而成此书。本教材主要阐述生化制药的基本概念及制备技术，各类生化药物的特点、制备方法和药理作用等。全书内容简明、语言精练、篇幅适当，读者能够在短时间内了解生化制药的研究、制备和发展情况，为以后从事相关科研工作和实际工作打下基础。在编写过程中，尽量实现教材内容的系统性、科学性和实用性的有机统一。

本教材编写分工为：绪论、第一章由天津农学院丛方地编写，第二章、第七章由天津农学院刘黎瑶编写，第三章、第九章由天津农学院李萍编写，第四章由天津农学院张耀方编写，第五章由天津农学院尚志强编写，第六章由北京中医药大学贾志鑫、河北省胸科医院王红茜编写，第八章由天津农学院任健编写。

本教材的编写，得到各编者所在院校教务处和所在工作单位相应部门的大力支持，在此一并表示感谢！

由于编者水平有限，书中难免有不足之处，敬请读者批评指正，以期再版修正。

编　者

2021 年 5 月

目　录

绪 论 INTRODUCTION

> ➡ **课程思政与内容简介**：树立发展生化药物与增进人类健康的理念。生化药物是生物体的基本生化成分，临床上具有高效、低毒和用量小的效果，可以用生化基本技术来进行提取、分离和纯化。本章主要介绍生化药物和生化制药学的含义，生化制药的发展现状、趋势，我国在生化制药行业取得的成就，以及主要生化技术的原理与操作要点。通过学习，掌握生化药物和生化制药学的概念，了解我国生化制药行业的发展状况，及主要的生化药物制备技术。

随着生物化学和医学的快速发展，越来越多的来源于生命体内的各种物质，如氨基酸、多肽、蛋白质、酶、辅酶、核酸、糖类和脂类等，可用来预防、诊断和治疗多种疾病，在临床上表现出高效、低毒和用量小的优点。它们是维持正常生理活动、治疗疾病和保持健康必需的生化成分，属于生化药物，可通过生化制药技术来制备。

一、生化药物

(一) 生化药物的含义

生化药物是指从生物体分离、纯化所得，用于预防、诊断和治疗疾病的生化基本物质，以及用化学合成或现代生物技术制得的这类物质。生化药物是生物体中的基本生化成分，主要包括氨基酸、肽、蛋白质、酶、辅酶、多糖、脂类、维生素、激素、核酸及其降解产物等，但不包括疫苗、单克隆抗体、菌苗、类毒素、抗生素等生物制品，也不包括从植物中提取、纯化所得的一些物质如生物碱、有机酸等。从中药中提取的生物活性物质，习惯上仍多属于中药的范围。

生化药物除了可用传统的分离、纯化手段制备外，还可用化学法合成（如宫缩素）、微生物法制得（如辅酶 A）和现代生物技术制取（如重组人胰岛素）。另外，通过半合成的方法获得的生化基本物质的衍生物或类似物，如化学修饰的药用酶等，也属于生化药物。现代生物技术是一种技术手段，可用于生化药物的研发，这是生化药物的重要发展方向之一。

(二) 生化药物的分类

按照生化药物的化学本质和特性，可以将生化药物分为 9 类：①氨基酸类药物，包括天然的氨基酸、氨基酸混合物以及氨基酸的衍生物，如 N-乙酰半胱氨酸、L-二羟基苯丙氨酸等。②多肽和蛋白质类药物。多肽和蛋白质理化性质相似，相对分子质量有较大差别。多肽类药物包括催产素、降解素、胰高血糖素等，蛋白质类药物包括血清蛋白、丙种球蛋白、胰岛素等。③酶类药物，分为消化酶类、消炎酶类、心脑血管疾病治疗酶类、抗肿瘤酶类、氧化还原酶类等。④核酸类药物，包括核酸（DNA 和 RNA）、多聚核苷酸、单核苷酸、核苷、碱基及其衍生物，如 5-氟尿嘧啶、6-巯基嘌呤等。⑤糖类药物，以黏多糖为主，多糖种类繁多，药理活性各异。⑥脂类药物，这类药物化学结构差异较大，功能各异，主要有脂肪类、脂肪酸类、磷脂类、胆酸类、固醇类、卟啉类等。⑦动物器官或组织提取制剂及小动物制剂。动物器官或组织提取制剂俗称脏器制剂，如骨宁、眼宁等；小动物制剂，主要有蜂王浆、蜂毒、地龙浸膏、水蛭素等。⑧菌体及其提取物类药物，主要有活菌体、灭活菌体及其提取物制成的药物，如乳母生、促菌生、酵母菌等。⑨植物类生化药物，从复杂的植物成分中提取出的药用物质。

> ➡️**思政：正确识药与安全用药（药物和药品）。** 药物是学科上的概念，而药品是管理学上的概念。药物，能调节生理功能或改善病理状态，用于预防、诊断、治疗疾病或调节生育，是能制成制剂的化学物质。药品是经国家行政部门（国家药品监督管理局）批准的、按照国家药品标准由国家监管的厂家生产的、在市场流通的、按规定的适应证或功能主治、用法和用量使用的药物制剂。

二、生化制药学

（一）生化制药学及其特点

生化制药学是指研究生产生化药物的科学，即生化制药工艺学。具体来说，生化制药学是以生物化学、药物化学、遗传学、分子生物学为理论基础，通过提取、发酵或合成的方法研究药物生产的一门应用科学。生化药物是近几十年来形成的一类新的治疗药物，现今的生化制药已经初步形成一个工业体系，成为医药工业不可缺少的重要组成部分和分支。生化制药工艺通常包括以下 4 类：用生物材料提取天然有效成分的制造工艺，微生物发酵和组织培养等工艺，酶转化工艺，化学合成工艺。

从生化药物及其制造工艺来看，生化制药具有以下特点：

（1）生化药物的治疗效果比较好　生化药物具有针对性强、毒副作用小、治疗效果好和营养价值高等优点。

（2）多数是具有生物活性的高分子有机物质　这些物质是生物体内不可缺少的物质，生物功能多种多样，化学结构比较复杂，一般不易人工合成，有些生物原料是其他材料所不能代替的。

（3）生化药物生产技术条件要求苛刻　大多数生化药物对酸、碱、重金属等敏感，容易引起变性而失活。另外，从生物原料中分离生化药物，一般来说比较困难，容易染菌变质。所以，无论在原料贮存、生产加工，还是成品检验过程中，都要在低温、防染菌的条件下快速进行，保证工艺稳定和产品质量。

（4）生化制药已成为寻找和制备新药的重要手段　生化制药学是迅速发展起来的新兴的制药科学，是从生物界的天然物质中寻找和按生物原理设计、探索、制造新的药物，被认为是最具生命力的药物研发手段之一。

（5）生物技术越来越多地应用于生化制药　酶工程、细胞工程、发酵工程和基因工程的发展，促进了生化制药工艺的革新。

（二）生化制药的现状

生化药物的制备最初主要凭借实践经验，利用动物的内脏器官，直接或简易加工后，来治疗、预防人类的各种疾病，曾有脏器制剂的名称。随着生物化学、分子生物学、有机化学、药物化学、微生物学、临床医学的发展以及它们之间的相互渗透和促进，逐步明确了许多天然物质的化学结构、药理机制、代谢过程，加之近代纯化技术的应用，已经突破了原来以脏器为主要原料的范畴，开辟了植物、微生物等方面的资源，并提高到有科学理论依据的新阶段。近代涌现出的一些新的科学技术，如生物工艺、微生物工艺、生化工程、酶工程、遗传工程等，都包含生化制药的内容和工艺方法。当前，世界上已由化学合成药物逐步转向天然药物的研究和制造，注意力日益集中到动植物、微生物上来。特别是微生物，易于培养，繁殖快，便于工业化生产，还可以通过诱变选育新的良种。微生物发酵还可以综合利用，如从食用酵母中提取辅酶 A、细胞色素 c、维生素、多种核苷酸及凝血因子等，可发掘的潜力非常大，可提供的生化药物正迅速增加。微生物发酵生产的品种以氨基酸、核酸和酶制剂的规模最大，其次是激素、脂类、糖类等。现在，生化制药已逐步形成一个工业体系，成为医药工业不可缺少的重要组成部分和分支。随着现代生化技术的发展，21 世纪初又将生化药物的定义和范围扩展为生化与生物技术药物。经中国药学会批准，2002 年中国生化药物专业委员会改名为中国生化与生物技术药物专业委员会。

2006 年，全球生化与生物技术制药公司达 2 000 多家，主要生化技术公司大部分在美国，如 Amgen、Genetics Institute、Genzyme、Chiron 和 Biogen 等。上市的生化药物主要集中在治疗心血管疾病、糖尿病、肝炎、肿瘤、免疫性疾病、抗感染、抗衰老疾病等方面的新药。我国的生化药物以动物脏器来源为主，其品种已与国际水平相接近，并逐步开始运用微生物发酵、酶转化或化学合成法进行生产。1989 年卫生部颁布的生化药物有 200 多个品种，原料药有 100 多种。2020 年版《中华人民共和国药典》（以下简称《中国药典》）二部中收载生化药品、抗生素及放射性药品等品种共计 2 712 种，其中较 2015 年版新增 117 种，修订 2 387 种；三部生物制品收载 153 种，其中较 2015 年版新增 20 种，修订 126 种，新增生物制品通则 2 个、总论 4 个。2020 年，在抗击新型冠状病毒肺炎的疫情过程中，乌司他丁、肝素、胸腺素等多个生化药物被认为是有效的治疗药物。

（三）生化制药发展的趋势

传统上利用动物的脏器、组织和体液等制备生化药物，在过去和现在均占主导地位，在将来相当长的时间内仍是研究开发的主要方面。值得注意的是，随着现代生物技术的研究与应用日益成熟，生物技术在生化制药领域将发挥越来越重要的作用，其发展主要表现在以下几个方面：

1. 应用基因技术制药　有些生命基本物质天然来源少，过去难以获得。目前已发现的蛋白质、多肽类激素有 50 多种，细胞因子 100 多种，许多都是机体用于调控代谢和生理功能的重要物质，但有些物质因来源困难，以致无法作为药物使用。应用基因工程技术，可以解决这一问题。

2. 发展蛋白质工程药物　大约有 39 000 个人类基因序列已经于 2003 年被基本阐明，其中约有 10% 可用作蛋白质药物的开发，在这个基础上将可能产生许多新的生化药物。发展蛋白质工程药物方面，已有很多成功的范例，如白细胞介素 2，由于其 125 位的半胱氨酸有可能与其他半胱氨酸形成不必要的二硫键，而产生异构体和二聚体，以至于降低其纯度，副作用增大。125 位的半胱氨酸被取代后，则成为一种新型的白细胞介素 2，其生物活性、稳定性等都比天然白细胞介素 2 要好，临床应用副作用小，可较大剂量地使用，增强了疗效。组织纤溶酶原激活剂分子中的一个半胱氨酸改换为丝氨酸后，半衰期延长数倍，现已应用于临床。

3. 大分子片段制取和化学修饰　大分子蛋白质在临床应用方面往往受限制，可制取其具有活性的片段或进行化学修饰。例如，尿激酶原若缺其 N 端的 143 个氨基酸后的低分子质量衍生物，其溶栓能力与尿激酶原相同，副作用较低。将粒细胞-巨噬细胞集落刺激因子（GM－CSF）N 端 1～11 位氨基酸删除，其生物活性有明显提高，受体亲和活性增强。组织溶纤酶原激活剂与尿激酶原分子上不同的功能域通过基因重组技术结合在一起，半衰期延长约 10 倍，纤溶能力提高数倍。另外，酶的某些化学修饰可使其在稳定性和免疫原性等方面得到良好的改善。

4. 发展大分子药物制剂　随着现代生物技术的发展，大分子蛋白质、多肽、多糖类等药物以较快的速度进入新药的行列，发展更适用的剂型是目前需要加强的一项重要工作。对大分子药物的各种剂型，除注射剂外，还有面黏膜吸收剂、透皮给药剂、脂质体剂、气雾剂等，包括不同情况的控释系统，大分子药物的稳定剂、促透剂、吸收剂等都有待于深入研究。

（四）我国生化制药工业的成就

我国生化制药工业自 20 世纪 50 年代建立以来，经历了四个阶段：1950—1978 年为初具规模阶段；1978—1995 年为准备发展阶段，年产值 20 亿元；1995—2005 年为初步发展阶段，年产值 200 亿元；2005 年至今为发展阶段，2019 年产值达 2.13 万亿元，2021 年预计突破 2.5 万亿元。

1. 生产速度迅速增长　1999 年，生化制药工业总产值按当年价格计算为 42.14 亿元，同比增长 25.5%。主要产品胰岛素产销形势很好，1999 年 11 个主要厂家共生产生物提取猪胰岛素 489.29 万瓶，同比增长 10.9%。2002 年，我国生产生化药物的企业有 300 余家，产品 700 多种。2015 年，我国生物药品制造企业有 975 家，生物医药产业产值达 3 160.9 亿元；2019 年，仅江苏省苏州市 198 家规模以上生物医药企业实现产值 834.34 亿元。

2. 生产技术不断提高　我国的生化制药企业大都起步较晚，基础较差。近年来，生化制药企业在技术改造方面加强了力度，改造了数百个企业的注射剂或片剂车间，更新了关键的设备。同时，新建了一批较高水平的生化制药企业，使整个行业的面貌有了较大的改观，生化药物生产技术迈上了新的台阶，为进一步发展打下了较好的基础。

3. 产品结构优化和质量提高　过去多年来，我国生化药物曾停留在对天然资源的综合利用上，生产的药物品种不够多，其质量标准水平较低。目前为止，因分离提取技术和现代生物技术的快速发展，已成功地开发出一批新的生化药物，使生化药物结构发生了质的变化。而且，对一些疗效确切但质量标准低的产品进行了整顿，提高了质量标准和临床疗效，增强了竞争能力。例如尿激酶，因质量的提高，已向国外出口。降纤酶的质量已达到国际先进水平。最新标准中规定的人工牛黄的成分更接近天然牛黄的成分，疗效得以提高。生化药物的结构与质量标准已开始向国际化发展，不断提高竞争能力，创造出更大的经济效益和社会效益。

4. 规模经济占主导地位　生化制药企业最初多为附属厂，随着经济改革的深化，市场经济的建立，生化制药产业的机构也在不断变化，原来的附属厂已有相当一部分独立出来，得到较快的发展。同时，出现了一批合资生化制药企业。20 世纪 80 年代，只有少数几家产值较高的企业，现在 30％以上的企业产值较高，且占全行业总产值的 50％以上，充分发挥了规模经济的优势，占了主导地位。实现规模效益是生化制药厂的发展方向。

目前，我国生化制药行业有了很大发展，但总体水平还是比较低的，且存在不少问题，如宏观调控乏力，低水平重复严重，部分企业设备落后，技术改造任务艰巨等，这些都限制生化制药行业的进一步发展。

生化制药行业是医药产业的重要组成部分，与其他医药产业同样担负着保护人民健康的责任，需要更好更快地发展。进入 21 世纪，生化制药产业迎来很好的发展机遇，生化药物在儿童发育和老年人的保健中将发挥重要的作用，在国内、国际市场上都有广阔的前景。

三、基本技术

生化药物的生物资源主要有动物、植物的组织、器官和细胞，以及微生物细胞及代谢产物。通过发酵工程和细胞工程分别对微生物和动植物细胞进行大规模培养是获得生化制药原料的重要途径。基因工程、酶工程和蛋白质工程等的应用对生化制药新资源的开发起到不可估量的作用。生化药物的提取与分离方法因原材料、药物的种类和性质不同而存在很大差异。其提取纯化可概括为原料的选择及预处理、细胞破碎与成分提取、分离纯化 3 个阶段。

（一）原料的选择及预处理

1. 原料选择的原则　生化药物生产原料选择的原则是，有效成分含量高，原料新鲜，来源丰富，容易获得，成本低，杂质含量少等。涉及生物品种、组织器官类型及生物生长期等因素对制药原材料品质的影响。如制备催乳素，不能选用禽类、鱼类为材料，要选用哺乳动物为原材料；制备肝素，应以猪的肠黏膜为原料；制备凝乳酶只能以哺乳期犊牛、羔羊的第四胃为原材料，而不能用成年牛、羊的胃为材料。选料时，应尽可能避免与产品性质相似的杂质对提纯过程的干扰。此外，选料时，最好能一物多用，如以胰为原料可同时进行弹性蛋白酶、激肽释放酶、胰岛素和胰酶等的生产。总之，以上几个方面很难同时具备，要根据具体情况，抓住主要矛盾决定取舍，全面分析，综合考虑。

2. 原料的预处理　植物原料确定后，要选择合适的季节、时间、地点后采集并就地去除不用的部分，将有用的部分保鲜处理。动物材料采集后要及时去除结缔组织、脂肪组织等，并迅速冷冻贮存。对于微生物原料，要将菌体细胞与培养液及时分开后进行保鲜处理。保存生物材料的主要方法有：①冷冻法，常用－40 ℃速冻，此法适用于所有生物原料。②有机溶剂脱水法，常用有机溶剂丙酮制成"丙酮粉"。此法适用于所用原料少而价值高、有机溶剂对产品没有破坏的原料，如脑垂体等。③防腐剂保鲜法，用于发酵液、提取液等液体原料，加入乙醇、苯酚等进行保护。

（二）细胞破碎与成分提取

1. 细胞破碎　细胞破碎的目的是破碎细胞外围结构，使胞内物质释放出来，其方法可分为机械法、物理法、化学法和酶溶法。机械法包括球磨法、高压匀浆法（图 0-1）、超声破碎法等。高压匀浆法是当前较为理想的大规模破碎细胞的常用方法，所用设备是高压匀浆器，可破碎酵母菌、大肠杆菌、假单胞菌、黑曲霉菌等。操作中，影响细胞破碎效果的主要因素是压力、温度和匀浆液通过匀浆器的次数。在工业生产中，常采用 55～70 MPa 的压力，要达到 90% 以上的破碎率，菌悬液一般通过匀浆器至少 2 次。物理法，有代表性的为反复冻融法：将待破碎的样品冷至 −20～−15 ℃，使之凝固，然后缓慢地溶解，如此反复操作，大部分的动物性细胞及细胞内的颗粒可以破碎。化学法，常用表面活性剂，如十二烷基硫酸钠、氯化十二烷基吡啶、胆酸盐等，利用这些化学物质作用于待分离的样品，均可使细胞破碎，释放出内容物。酶溶法，有自溶法和外加酶法。自溶法是动物组织或者微生物细胞在存放过程中，利用自身的酶系将细胞破坏，内容物释放的酶解过程。外加酶法是向细胞悬浮液中加入各种水解酶如溶菌酶、纤维素酶、脂肪酶、核酸酶、透明质酸酶等，专一性地将细胞壁酶解，释放内容物。如提取与脂质结合的膜蛋白或膜酶时，常加胰脂肪酶水解甘油单酯、甘油二酯和甘油三酯；制备大分子核酸类药物时，也常用酶促破壁法。

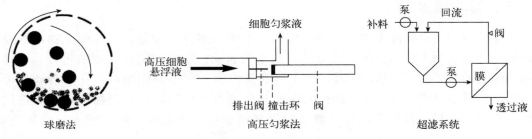

图 0-1　细胞破碎和超滤原理

2. 提取方法的选择　所谓提取是根据目的物的溶解性，利用适当的溶剂，将其与细胞的固体成分或其他结合成分分离，使其由固相转入液相或从细胞内的生理状态转入特定溶液环境的过程。如果是将目的物从某一溶剂体系转入另一溶剂系统，则称为萃取，即液-液提取。如用溶剂从固体中抽提物质，称为固液提取，也称浸取。根据溶剂的冷热，浸取又可分为浸渍和浸煮。

提取过程中，许多生化药物的稳定性受 pH、温度、离子强度、金属离子、所使用的溶剂等因素的影响。有些药物对剪切力很敏感，分子质量越大，其稳定性越差，分离纯化的条件应当越温和。一些组分的浓度非常低，在待处理物料中的含量往往低于杂质的含量，如胰岛素在胰中的含量约为 0.02%，胆汁中胆红素含量也仅有 0.05%～0.08%，生物材料中组成庞大的生物杂质与目的物的物理性质如溶解性、相对分子质量、等电点等都十分接近，所以分离、纯化比较困难，尤其是提纯过程中有效成分的生理活性处于不断变化中，有可能被生物材料自身的酶系所分解破坏，或为微生物所分解，也可能在制备过程中受到酸、碱、重金属离子、机械搅拌、温度甚至空气和光线的作用而改变生理活性。所以，提取生化药物的方法要求较高。

3. 提取溶剂的选择　提取生化药物，要根据活性物质的性质，选择提取溶剂，一般在分离纯化前期进行。

（1）水溶性、盐溶性生化药物的提取　选用水、稀酸、稀碱、稀盐溶液为提取用溶剂，这类溶剂提供了一定的离子强度、pH 范围及相当的缓冲能力，如植酸钙镁用稀硝酸溶液提取，肝素用氯化钠溶液提取。

（2）选用表面活性剂或有机溶剂提取　水、盐溶液无法提取的生化药物，可用表面活性剂或有机溶剂提取。

① 选用表面活性剂提取。为提高分离提取的效果，根据被分离生化药物的特性，有时可加入一些表面活性物质起乳化、分散和增溶作用。如市售的中性表面活性剂 Tween-20、Tween-40、Tween-60、Tween-80、Triton-100、Triton-420、Lubrol W 等，它们对蛋白质的变形作用较小，可用于酶和蛋白质的提取。阴离子表面活性剂如十二烷基硫酸钠等，可促进核蛋白体的解体，将核酸释放出来，并对核酸酶有一定的抑制作用，多用于核酸的提取。

② 选用有机溶剂提取。提取较常用的有机溶剂有甲醇、乙醇、丙酮、丁醇、乙酸乙酯、乙醚、氯仿和苯等，或一定比例的混合有机溶剂。根据"相似相溶"的原理，选择适宜的溶剂。如用醇醚混合物提取辅酶 Q_{10}，用氯仿提取胆红素等。一些与脂质结合比较牢固或分子中非极性侧链较多的蛋白质或酶，常用丁醇提取，效果较好，丁醇亲脂性较强，兼具亲水性，可取代与蛋白质结合的脂质的位置，还可阻止脂质重新与蛋白质分子结合，使蛋白质在水中溶解能力增强。丁醇提取法要求 pH 3～6、温度 −2～40 ℃，范围较广，适用于动植物和微生物原料。

4. 固液分离　提取液与固体材料分离，以及从培养液中分离收集细胞、去除细胞碎片、收集沉淀物等，都要进行固液分离，较为普遍的方法是过滤和离心。离心分离具有分离速度快、分离效率高、液相澄清度好等优点，但同时设备投资高、耗能大，连续排料时固相干度不如过滤设备。经过滤或离心分离后，目的产物存在于滤液或离心上清液中，液体的体积很大，浓度很低，可用吸附法、沉淀法、离子交换法、萃取法、超滤法（图 0-1）等对其进行浓缩提取。这样，液体的体积大为减少，但杂质仍然较多，需要进一步精制。初步提取分离中的某些操作，如沉淀、超滤等也可应用于精制。蛋白质、酶等大分子物质的精制常用色谱或电泳分离，小分子物质的精制则可利用结晶操作。精制后的目的产物根据其应用要求，有时还需要浓缩、无菌过滤和去热原、干燥等步骤。

（三）分离纯化

生化药物的分离纯化，除了过滤和离心，还有沉淀、色谱、结晶、蒸发与干燥等技术。

1. 沉淀技术　沉淀是因物理环境的变化产生的溶质溶解度降低、生成固体凝聚物的现象。沉淀技术较为成熟，广泛应用于实验室和工业规模的回收、浓缩、纯化蛋白质等生物分子。沉淀法可以沉淀目的物，也可以沉淀杂质。根据沉淀机理的不同，沉淀可分为盐析法、有机溶剂沉淀法和等电点沉淀等。另外，沉淀后，去除或回收沉淀剂也是必不可少的操作，尤其是价值较高的亲和溶剂。经典的操作是洗涤法，用少量水或者缓冲溶液将沉淀物中的杂质重新溶解，利用溶解度的不同将目的物与杂质相互分离。如果沉淀剂和目的物在缓冲液中都溶解，可用超滤或色谱的方法将它们分离。蛋白质的相对分子质量在 1 万～100 万，分子直径大小介于胶体颗粒大小的范围，表面有许多极性基团，亲水性强，在分子外围形成水化层，且不在等电点时，会带有同种电荷，分子间有同电相斥作用。因而通常蛋白质易溶于水，在水中可形成稳定的胶体溶液。蛋白质的沉淀可通过破坏影响胶体溶液稳定的因素实现，如盐析法、有机溶剂沉淀法和等电点沉淀法等。

（1）盐析法　蛋白质一般在生理离子强度范围 0.15～0.2 mol/L 内溶解度较大，低于特别是高于此范围其溶解度较低。蛋白质在高离子强度的溶液中溶解度降低而发生沉淀的现象称为盐析，这是因为大量的离子强有力地结合蛋白质水化层中的水，破坏水化层，且中和了蛋白质所带的电荷，因而弱化了蛋白质的溶解性。不同蛋白质盐析所需的盐浓度不同，可调节盐的浓度使混合蛋白质溶液中的蛋白质分段盐析，达到分离纯化的目的。此外，许多生化物质也可以用盐析法进行沉淀分离，如 $20\%\sim40\%$ 的硫酸铵可使许多病毒沉淀，43% 的硫酸铵可使 DNA 和 rRNA 沉淀，而 tRNA 保留在上清液中。盐析用无机盐有硫酸铵、硫酸钠、硫酸镁、氯化钠、磷酸二氢钠等。其中硫酸铵经济易得、溶解度大且受温度影响小，$25\ ℃$时其溶解度为 $766\ g/L$，其沉淀蛋白质的能力强，它的饱和溶液能使大多数的蛋白质沉淀下来，对蛋白质没有破坏作用，所以在生产中应用最普遍。用硫酸铵进行盐析时，可加入固体硫酸铵粉末，加入速度不宜太快，应分批加入，并充分搅拌，使其充分溶解并防止局部浓度过高。

（2）有机溶剂沉淀法　有机溶剂沉淀法，即向溶液中加入一定量亲水性的有机溶剂，降低溶质的溶解度，使其沉淀析出的分离纯化方法。亲水性有机溶剂加入溶液后，介电常数降低，溶质间的静电引力增加，易于聚集形成沉淀。如溶质为蛋白质时，加入的亲水性有机溶剂亲水性强，与蛋白质水化层中的水结合，破坏水化层，使蛋白质易于凝聚而沉淀析出。如乙醇、丙酮，它们的介电常数较低，是最常用的有机溶剂沉淀剂。相反，$2.5\ mol/L$ 甘氨酸的介电常数较大，可作为蛋白质等生物大分子溶液的稳定剂。相比于盐析，使用的有机溶剂如乙醇等的沸点低，易于挥发除去，但容易使蛋白质等生物大分子变性。有机溶剂与水混合会放热，为避免升温造成蛋白质变性，需低温操作，使用冷有机溶剂，少量多次加入，并不断搅拌。为减少变性，蛋白沉淀物要尽快加水溶解。乙醇沉淀法在 20 世纪 40 年代已用于血浆蛋白质，如血清蛋白的制备，目前仍用于血浆制剂的生产。乙醇也作为许多食品级和药用级酶制剂的沉淀剂。

（3）等电点沉淀法　在溶液 pH 处于蛋白质的等电点时，溶液中的两性蛋白质对外不显电性，水化层也受到破坏，溶解度下降而析出沉淀，称为等电点沉淀。不同的蛋白质等电点不同，依次改变溶液的 pH，可将不同的蛋白质分别沉淀析出。通常情况下，两性电解质在等电点及附近仍有相当的溶解度，用等电点沉淀往往沉淀不够完全。且许多生物分子的等电点比较接近，单独使用等电点沉淀法效果欠佳，该方法往往与盐析、有机溶剂沉淀或其他方法联合使用。等电点沉淀可用于所需生化物质的提取，也可用于沉淀除去杂蛋白及其他杂质。在实际工作中普遍用等电点沉淀法作为去除杂质的手段，如从猪胰中提取胰蛋白酶原（等电点为 8.9），在粗提液中先调 pH 约为 3.0，除去共存的许多酸性蛋白质（等电点为 3.0）。相比于盐析法，等电点沉淀法的优点在于无须后续的脱盐操作，但在采用该法时，必须注意溶液 pH 不得影响目的物的稳定性，一般要在低温下操作。

2. 色谱技术　色谱技术，一般指作为流动相的溶液经过固体固定相流动时，因溶液中溶质在固、液两相之间分配能力的差异，不同溶质在固定相中的移动速度不同，它们先后流出固定相而被分离的方法，也称层析。固定相通常为表面积很大的固体，有的是多孔性固体。流动相一般是液体（流动相为气体时称为气相色谱）。色谱法可用来分离具有生物活性的蛋白质、多肽、核酸、多糖等生物大分子，其分离效率高、设备简单、操作方便、条件温和、不易造成物质变性，所以普遍应用于物质成分的定量分析与检测以及生物分子的分离和纯化过程。其缺点在于处理量较小，操作周期长，不能连续操作。

（1）色谱技术类型　根据分离原理的不同，色谱法可分为吸附色谱法、离子交换色谱法、凝胶色谱法和亲和色谱法。根据流动相的状态不同，色谱技术可以分为气相色谱法、液相色谱法和超临界流体色谱法。气相色谱分离效果好，限于在分离条件下能气化的物质。生物分子一般溶于溶液中，采用液相色谱法分离。根据固体固定相的形状差异，色谱法可分为柱色谱法、纸色谱法、薄层色谱法。工业规模的色谱分离大多采用柱色谱，吸附色谱、分配色谱、离子交换色谱和亲和色谱等可以在柱中进行，其操作方法和实验装置也较为相似。

（2）柱色谱

① 柱色谱装置。柱色谱装置一般由进样器、色谱柱、检测器、记录仪及部分收集器等组成，其中色谱柱是色谱分离的核心部分。色谱柱通常选用玻璃柱，工业上的大型色谱柱可用金属制造，有时在柱壁嵌一条玻璃或有机玻璃狭带，便于观察。柱的入口端有进料分布器，使进入柱内的流动相分布均匀。柱分离效率与柱高度成正比，与直径成反比，因此层析柱多是细长型，一般柱长为 20～30 cm，也有的小于 10 cm，如离子交换柱。检测器用于检测流经色谱柱的样品，记录仪用于记录检测器所检测的信号变化，部分收集器用来收集色谱柱中流出的样品，可按体积、时间等不同方法分段收集。

② 柱色谱操作。

A. 装柱：根据被分离物质的性质选择适宜的色谱介质装柱，先将色谱介质与一部分缓冲液（洗脱液）调和成浆料，然后边搅拌边慢慢加入，一次性加完，再用 3～5 倍床体积的洗脱液洗柱，使色谱介质充分平衡。

B. 加样：从色谱柱顶部（顺上柱）或底部（逆上柱）进样，实验室一般采用顺上柱加样。

C. 洗涤：加适量洗脱液，使柱床上面和柱内壁黏附的样品液进入柱床固定相。

D. 洗脱：使洗脱液流经色谱柱，将目的物洗脱出色谱柱。洗脱有三种方法，洗脱液组成在洗脱过程中不变的恒定洗脱，洗脱液组成至少改变一次的逐次洗脱，洗脱液组成连续改变的梯度洗脱。

E. 色谱柱再生：目的物洗脱后，洗脱液成分及杂质被吸附在色谱柱上，可用洗脱液继续洗脱出杂质等，使色谱柱可重新用于分离目标物的操作。

（3）吸附色谱　吸附色谱的色谱介质为对不同物质有不同吸附能力的吸附剂，如硅藻土、硅胶、氧化钙、磷酸钙、羟基磷灰石、纤维素磷酸钙凝胶、白土类纤维素、淀粉、活性炭等。吸附色谱法分析中，常用到阻滞因数 R_f，R_f 是在层析系统中溶质的移动速度和流动相的移动速度之比。R_f 越大，表明溶质与固定相间的吸附力越小，溶质易留在流动相中，较早流出色谱柱；反之，则相反。

（4）凝胶过滤色谱　凝胶过滤色谱也称分子筛层析或排阻层析，即相对分子质量不同的溶质在层析柱中通过具有分子筛性质的固定相凝胶时，因凝胶的分子筛效应而使物质被分离的层析方法。用作凝胶的材料有多种，如葡聚糖、聚丙烯酰胺、琼脂糖、聚苯乙烯等。这种色谱的优点在于，凝胶为不带电的惰性物质，不与溶质分子发生任何作用，分离条件温和，样品回收率高，实验的重复性好，应用范围广，分离物质分子质量的范围大，设备简单，易于操作等。所以，在生物大分子的分离纯化中，凝胶过滤色谱被广泛应用。

① 原理。凝胶过滤色谱的原理可以葡聚糖凝胶为例说明。葡聚糖商品名为 Sephadex，

是葡聚糖与交联剂环氧氯丙烷交联后形成的柱状颗粒，其内部有三维空间的网状结构物。葡聚糖和交联剂的配比及反应条件决定了交联度的大小，交联度越大，网孔越小。通常在 Sephadex 后面加一大写字母 G 和一个数字表示不同型号的葡聚糖凝胶，G 后面的数字越小，交联度越大，吸水率也越小，表 0-1 列举了不同型号凝胶的一些物理参数。

表 0-1　Sephadex 的型号及物理参数

型号	分离范围（相对分子质量）		吸水率/ (mL/g)	床体积/ mL	溶胀时间/h	
	多肽到球形蛋白	多糖			20～25 ℃	90～100 ℃
G-10	$<7\times10^2$	$<7\times10^2$	1.0 ± 0.1	2～3	3	1
G-15	$<1.5\times10^3$	$<1.5\times10^3$	1.5 ± 0.2	2.5～3.5	3	1
G-25	$1.0\times10^3\sim5.0\times10^3$	$1.0\times10^3\sim5.0\times10^3$	2.5 ± 0.2	4～6	3	1
G-50	$1.5\times10^3\sim3.0\times10^4$	500～10 000	8.0 ± 0.3	9～11	3	1
G-75	$3.0\times10^3\sim8.0\times10^4$	$1.0\times10^3\sim5.0\times10^4$	7.5 ± 0.5	12～15	24	3
G-100	$4.0\times10^3\sim1.5\times10^5$	$1.0\times10^3\sim1.0\times10^5$	10.0 ± 1.0	15～20	72	3
G-150	$5.0\times10^3\sim3.0\times10^5$	$1.0\times10^3\sim1.5\times10^5$	15.0 ± 1.5	20～30	72	5
G-200	$5.0\times10^3\sim6.0\times10^5$	$1.0\times10^3\sim2.0\times10^5$	20.0 ± 2.0	30～40	72	5

　　凝胶过滤色谱的原理中，普遍被接受的是分子筛效应，如图 0-2 所示。把经过充分溶胀的凝胶装入层析柱中，在加入样品后，由于葡聚糖的三维空间网状结构的网孔像筛孔一样，对大小不同的分子具有筛分作用，小分子能够进入凝胶的网孔，较大的分子则被排阻在交联网状物之外。当各组分在层析柱中随洗脱液沿着葡聚糖凝胶层析柱移动时，因凝胶的分子筛效应，大小不同的分子流动的速度不同。相对分子质量（M_r）较大的物质，因不能进入凝胶的网孔，只能沿着凝胶颗粒间的间隙随溶剂流动，其流程短，移动速度快，先流出层析柱。相对分子质量小的物质可以进入凝胶颗粒中的网孔，流程长，移动速度慢，后流出层析柱。经过分段收集流出液，相对分子质量不同的物质便被分离开来。

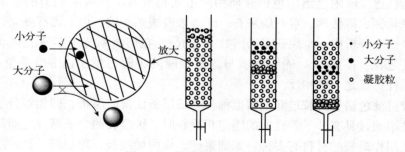

图 0-2　葡萄糖凝胶过滤原理

　　② 应用。聚合度高的 Sephadex 凝胶可用于分离小肽、脱盐、去热原，交联度低的凝胶可用于分离相对分子质量较大的蛋白质及用于蛋白质分子质量的测定，干胶还可用于浓缩蛋白质溶液。凝胶因含大量羟基，其极性很强，易吸水，使用前必须先用水充分溶胀。1 g 干

凝胶充分溶胀时所需的水体积称为凝胶的吸水率（W_r）。因 W_r 不易测，常用床体积（V_t）表示 W_r，为 1 g 干凝胶颗粒在水中充分溶胀后的总体积。V_t 是干胶体积 V_g、凝胶粒内水体积 V_i 及外水体积 V_o 之和。V_t 根据凝胶柱床直径和高计算；V_o 为洗脱一个完全被排阻的物质的洗脱液体积；V_i 可从洗脱一个小于凝胶工作范围下限的小分子化合物求得。对于某一确定物质，它的洗脱体积为 $V_e = V_o + K_d V_i$，K_d 为溶质在流动相和固定相之间的分配系数，$K_d = (V_e - V_o)/V_i$。当分子完全被排阻时，$K_d = 0$，$V_e = V_o$；当分子完全进入凝胶时，$K_d = 1$，$V_e = V_i + V_o$；当凝胶对溶质有吸附时，K_d 可能大于 1；在正常工作范围内 $0 < K_d < 1$。

在实际操作中，因 V_i 不易准确测定，V_g 所造成的误差不明显，常把整个凝胶看作固定相，此时分配系数以有效分配系数 K_{av} 表示，$K_{av} = (V_e - V_o)/(V_t - V_o)$。在凝胶的工作范围之内，$V_e/V_o$、$V_e/V_t$、$K_d$、$K_{av}$ 都与溶质的相对分子质量 M_r 的对数呈线性关系，这种线性关系可用于蛋白质相对分子质量的测定。在凝胶过滤色谱测蛋白质相对分子质量时，通过洗脱几个已知相对分子质量的球蛋白，绘制 V_e/V_o - $\lg M_r$ 标准曲线，如图 0 - 3 所示。然后在同样条件下洗脱待测样品，测得 V_e/V_o，即可在图上找出对应的 $\lg M_r$，算出其相对分子质量 M_r。

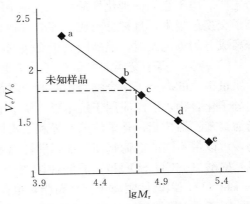

图 0 - 3　V_e/V_o 与相对分子质量
（M_r）的关系

a～e 为已知 M_r 的标准蛋白

③ 聚丙烯酰胺凝胶和琼脂糖凝胶。聚丙烯酰胺凝胶是丙烯酰胺与亚甲基双丙烯酰胺交联而成的，商品名为 Bio - Gel P，主要型号有 Bio - Gel P - 2、Bio - Gel P - 300 等 10 种，后面的数字近似代表它们的排阻极限的 $1/10^3$，数字越大，可分离的物质的相对分子质量也就越大。聚丙烯酰胺凝胶的分离范围、吸水率等性能基本近似于 Sephadex。聚丙烯酰胺凝胶亲水性强，基本不带电荷，因而吸附效应小。聚丙烯酰胺一般在 pH 2～11 范围内使用。比较而言，聚丙烯酰胺凝胶不像葡聚糖凝胶和琼脂糖凝胶那样可能生长微生物。琼脂糖凝胶来源于海藻多糖琼脂，是由 D-半乳糖和 3，6-脱水半乳糖交替构成的多糖链，商品名因厂家不同而异，主要有 Sepharose（2B～6B）和 Bio - Gel A。琼脂糖凝胶在 pH 4～9 范围内稳定，在室温下比葡聚糖凝胶和聚丙烯酰胺凝胶稳定，但不耐高温，使用温度以 0～30 ℃为宜。琼脂糖凝胶的排阻极限很大，分离范围很广，适合于分离大分子物质，但分辨率较低。

（5）离子交换色谱　离子交换色谱也称离子交换层析，是依据待分离物质的带电性差异而进行分离、纯化混合物的一种层析方法。

① 原理。离子交换层析的固定相是离子交换剂，是在不溶于水的惰性高分子聚合物中通过化学修饰共价连接上特定的带电基团而形成的。离子交换剂可以分为高分子基质、电荷基团和平衡离子三部分。电荷基团与高分子基质共价结合，平衡离子也称反离子，是结合于电荷基团上的相反离子，它能与溶液中其他的离子基团发生可逆的交换反应。平衡离子带正电的离子交换剂能与带正电的离子基团发生交换作用，称为阳离子交换剂；平衡离子带负电的离子交换剂能与带负电荷离子基团发生交换作用，称为阴离子交换剂。离子交换剂的交换

反应是可逆的，一般都遵循化学平衡规律。离子交换剂也可以装在玻璃柱中进行离子交换柱层析，当一定量的待分离混合物通过交换剂的柱床时，混合物中带电性与平衡离子相同的离子不断地被交换吸附，随着洗脱液的流动，其浓度逐渐降低，最终可全部或大部分被交换吸附在离子交换剂上。基于待分离混合物中成分在流动相中的带电性的差别，它们或被吸附或随流动相首先流出。一般情况下，与平衡离子电性相同且电性越强的离子越易被交换吸附，相反电性的离子则较易随流动相流出。在更换新的洗脱液的情况下，被吸附的离子可以被全部或大部分洗脱下来。生物两性离子，如蛋白质、核苷酸、氨基酸等，与离子交换剂的结合力主要取决于它们的理化性质和洗脱液 pH，洗脱液 pH＜被分离成分的等电点时，能被阳离子交换剂吸附，且被分离成分等电点越高，越容易被阳离子交换剂吸附。洗脱液 pH＞被分离成分的等电点时，能被阴离子交换剂吸附。

② 种类。离子交换剂主要有离子交换树脂和多糖交换剂两类。离子交换树脂是采用分子质量很大的高分子聚合物与不同的交联剂聚合而成的一种不溶于酸、碱及有机溶剂的固体高分子化合物，广泛应用于抗生素、氨基酸、核苷酸等小分子物质，通常使用的离子交换树脂为聚苯乙烯树脂，是单体苯乙烯和二乙烯苯按一定比例聚合而形成的网状、似海绵的高聚物，可以带不同的电荷基团。如强酸性离子交换树脂，电荷基团主要为磺酸（—SO_3H）和甲基磺酸（—CH_2SO_3H）；弱酸性阳离子交换树脂，电荷基团为羧基（—COOH）和酚基（—PhOH）；强碱性阴离子交换树脂，电荷基团大多为三甲基季铵离子 [—$N^+(CH_3)_3$]；弱碱性阴离子交换树脂，电荷基团有叔胺 [—$N(CH_3)_2$]、仲胺（—$NHCH_3$）和伯胺（—NH_2）。多糖离子交换剂在生化药物制备中应用最广泛的有离子交换纤维素、离子交联葡聚糖、离子交换琼脂糖。这类交换剂的多糖骨架来源于生物材料，具有亲水性，分离生物大分子活性物质时不会引起变性和失活。目前在核酸、蛋白质、酶等生物大分子的分离和纯化方面已得到广泛的应用。

③ 操作。离子交换层析的操作部分类同于凝胶过滤色谱。

A. 预处理：离子交换剂在装柱前要进行预处理，葡聚糖凝胶离子交换树脂要在中性的溶液中溶胀；疏水性的离子交换树脂和离子交换纤维素要在溶胀后再进行酸、碱处理，去除不溶性杂质，最后水洗至中性并用缓冲液平衡。装柱前还要脱气排出气泡，以免影响分离效果。

B. 装柱、洗脱：离子交换剂的装柱类同于凝胶过滤色谱操作，离子交换剂的实际交换量一般按理论交换量的 $25\%\sim50\%$ 计算。装柱后，柱床要用缓冲液平衡至加入液和流出液的 pH 相等。上样前样品也要用缓冲液平衡，然后洗涤，再加入洗脱液按一定速度洗脱。将吸附在离子交换剂上的离子洗脱的方法，一是增加缓冲液的离子强度，二是改变缓冲液的 pH。一般通过逐步增加缓冲液离子强度或改变其 pH，即梯度洗脱，使各吸附成分逐步被洗脱分离。

C. 浓缩、脱盐、离子交换剂再生：因洗出样品液体积较大、盐度较高，所以要进行浓缩和脱盐处理。用后的离子交换剂可用高浓度的氯化钠（$1\sim2\ mol/L$）处理等方法使之再生，然后可以重复使用。

（6）亲和色谱　生物大分子具有与其相应的专一分子可逆结合的特性，利用这一可逆结合特性来分离生物大分子的色谱技术称为亲和色谱，又称亲和层析。理论上，细胞内任何一种蛋白质都有专一作用的对象，都应该能通过亲和层析分离和纯化。

① 原理。

A. 配基：与蛋白质发生亲和作用的基团称为配基或配体，即能被生物大分子所识别并与之结合的原子、原子基团和分子。如酶与其作用底物、辅酶、调节效应物互为配基，激素与其受体互为配基，抗原与其抗体互为配基。一般根据待分离生物大分子在溶液中与一些物质间亲和作用大小和专一性的情况进行选择。配基要能和待分离的生物大分子专一性结合，且结合后又能解离，还必须含有可化学偶联到载体介质上的适宜化学基团。用于亲和层析的配基有小分子、大分子和可逆共价作用配基。

B. 载体：在亲和层析中，专一性的配基用化学方法所连接的固体支持物称为载体。一般用于凝胶过滤的介质，大都可作亲和层析的载体，它们具有稳定的理化性质，以及均匀、多孔的网状结构，允许大分子物质自由通过，流动性好，非特异性吸附少。这些固相载体首先要用化学方法进行活化，使其具备与特定的配基相结合的化学活性基团。配基与载体连接后即成为专一性亲和层析吸附剂。在亲和层析中，为了减少载体的空间障碍，增加配基的活动度，常在配基与载体之间连接一个具有适当长度的链烃类化合物，称为连接臂。连接臂可提高吸附剂的亲和力。连接臂的长度要合适，使载体与配基之间的距离能够满足亲和层析的效果。

C. 层析：亲和层析吸附剂被装在层析柱中，可进行专一性亲和层析分离。当含有能与配基专一性结合的生物大分子的样品溶液通过该层析柱时，理想的情况下该生物大分子便被吸附在层析柱上，而其他无专一性结合能力的生物大分子不被吸附，全部通过层析柱流出，再用适当的缓冲液将欲分离的生物大分子从层析柱上洗脱下来。通过这样简单的层析操作便可得到欲分离生物大分子的纯品，如图 0-4 所示。

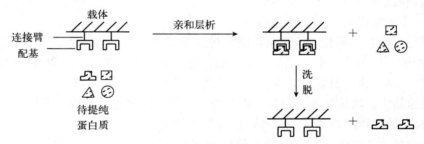

图 0-4　亲和层析过程

② 应用。亲和层析主要用于生物大分子的分离。将抗原结合于载体介质上形成亲和层析吸附剂，可用于从血清中分离对应的抗体，如金黄色葡萄球菌蛋白 A 作为配基能与免疫球蛋白 G（IgG）结合，可用于分离各种 IgG。亲和素作为配基可以和生物素强力亲和，在亲和层析中可用于吸附分离含有生物素的蛋白质等。利用凝集素、抗原、抗体等作为配体可用于细胞的分离，如各种凝集素可用于分离红细胞以及各种淋巴细胞。如干扰素的分离，干扰素是一类生理活性蛋白质，对肝炎等疾病具有很好的疗效，可通过动物细胞培养或重组 DNA 大肠杆菌发酵大量生产，但细胞在诱导后产生多种蛋白质，干扰素仅占其中很小的一部分，提纯困难。1976 年 Davey 利用植物凝集素伴刀豆球蛋白 A 与琼脂糖凝胶偶联而成的吸附剂为分离介质，利用亲和层析对其进行分离纯化，一次分离即将粗品浓缩了 3 000 倍，活力回收达 89%。

另外还有特殊的亲和层析，如以金属螯合物作为亲和吸附剂，可用于对金属有较强亲和作用的蛋白质的分离。再有，疏水性配基和固相载体通过化学键相互连接而形成疏水亲和吸附剂，如苯基琼脂糖能与蛋白质分子通过疏水相互作用而吸附疏水性蛋白质，改变条件后蛋白质又能被解吸下来，这种亲和层析方法又称为疏水层析。

3. 结晶技术　溶质以晶体状态从溶液中析出的过程称为结晶。结晶是生化制药工业中应用广泛的产品精制技术，结晶产品外观优美，其包装、运输和使用都很方便。

（1）结晶的原理　溶质浓度超过其饱和度时，溶液为过饱和溶液，溶质结晶析出，最先析出的微小颗粒是继续结晶的中心，称为晶核。晶核形成后继续成长为晶体。可见，结晶包括 3 个阶段，即形成过饱和溶液、生成晶核和晶体生长。

（2）结晶的过程

① 过饱和溶液的生成。工业上制备过饱和溶液的方法一般有 4 种：热饱和溶液冷却、部分溶剂蒸发、化学反应结晶和盐析法。热饱和溶液冷却适用于溶解度随温度降低而显著减小的溶质。部分溶剂蒸发适用于溶解度随温度的降低而变化不大的溶质，通过蒸发使溶液达到过饱和而结晶的方法。化学反应结晶是通过加入反应试剂或调节 pH 生成一种新的溶解度更低的物质，物质的浓度超过其溶解度时，就结晶析出。盐析法是向溶液中加入某些物质，使溶质的溶解度降低而析出，加入的物质称为沉淀剂，其最大特点是极易溶解在原溶液的溶剂中，常用的沉淀剂有氯化钠及有机溶剂甲醇、乙醇、丙酮等。以上几种方法可以单独使用，也可以联合使用。

② 晶核的形成。单位时间内在单位体积溶液中生成的新晶核数目称为成核速度，成核速度是决定晶体产品粒度分布的首要因素。工业结晶过程中，如果成核速度过高，容易导致产品的粒度及粒度分布不合格。成核速度的快慢主要与溶液的过饱和度、温度以及溶质种类等因素有关。工业结晶有以下 3 种起晶方法。

A. 自然结晶法：一定温度下使溶液蒸发进入不稳定的过饱和状态，形成符合要求的晶核后加入稀溶液，使溶液状态进入接近饱和的亚稳态的过饱和状态，溶质继续在晶核表面长大。这种方法耗能较多，且操作难控制，现已很少采用。

B. 刺激起晶法：将溶液蒸发至亚稳态后加以冷却，使之进入不稳定态后产生一定晶核，晶体析出后使溶液浓度降低进入亚稳态，晶体继续生长。

C. 晶种起晶法：将溶液蒸发或冷却至亚稳态后向溶液中投入一定数量和大小的晶种，使溶质在所加晶种表面结晶，可获得均匀整齐的晶体，在工业上普遍适用。

③ 晶体的生长。在过饱和的溶液中有形成的晶核或加入晶种，晶核或晶种长大，即晶体生长。在生产中，一般希望得到大而均匀的晶体，这就要求晶体生长速度超过晶核形成速度，影响生长速度的因素主要有杂质、搅拌、温度和过饱和度等。杂质对晶体生长的影响有多种情况，有时抑制、有时促进晶体的生长，还有时会改变晶体外形。有的杂质在极低的浓度下产生影响，有的却需要在相当高的浓度下起作用。搅拌能促进扩散，加速晶体生长，但同时也能加速晶核形成，所以搅拌速度要适宜。温度适当升高有利于溶质扩散，使结晶速度加快，也能降低溶液黏度，有利于得到均匀晶体。过饱和度增高一般会使结晶速度增快，同时引起黏度增加，结晶速度减慢。

（3）晶体质量控制　晶体质量主要体现在晶体的大小、形状和纯度 3 个方面，工业上通常希望得到大而颗粒均匀的晶体，便于过滤与洗涤，贮存过程中不易结块。过饱和、温度、冷却速度、搅拌速度和杂质等影响晶核形成速度和结晶速度，对晶体质量产生复杂的影响。适宜的操作能有效提高晶体质量，得到较高纯度的结晶。但是，因共结晶和表面吸附作用，大部分晶体中或多或少含有杂质，为获得纯度较高的产品，工业生产中往往采用重结晶法进一步提纯。结晶法广泛应用于抗生素和氨基酸的纯化精制。

4. 蒸发与干燥　蒸发和干燥是生化工业中的基本操作技术。

（1）蒸发　蒸发可以浓缩溶液或回收溶剂。因物料的特性和加工工艺的不同，蒸发有不同种类，根据操作压力的不同可分为加压蒸发、常压蒸发和减压蒸发，根据所用蒸发器的不同可分为膜式蒸发和非膜式蒸发，根据二次蒸汽是否用来作为另一蒸发器的加热蒸汽可分为多效蒸发和单效蒸发。多效膜式蒸发具有传热效果好、蒸发速度快的优点，同时，物料在蒸发器内的停留时间短，物料中的热敏性成分不易被破坏，在产品多为热敏性物质的生物、医药和食品等行业中，该技术使用普遍。

（2）干燥　干燥是从湿的固体生化药物中除去水分或溶剂而得到相对或绝对干燥制品的工艺过程，通常是生化产品分离的最后一步。干燥也是一种蒸发，但不同于浓缩，通过干燥可以去除某些原料、半成品和成品中的水分或溶剂，以便于加工、使用、贮存和运输。许多生物制品在干燥的状态下较为稳定，保质期可以明显增长，如氨基酸、酶制剂、单细胞蛋白、抗生素等。

小　　结

生化药物是生物体中的基本生化成分，具有高效、低毒、用量小的优点，主要包括氨基酸类药物、多肽和蛋白质类药物、酶类药物、核酸类药物、糖类药物、脂类药物、动物器官或组织提取制剂及小动物制剂药物、菌体类及其提取物类药物、植物类生化药物等。我国现阶段的生化药物以动物脏器来源为主，其品种数量已与国际水平相接近。我国生化制药工业取得了显著成绩，生产迅速增长，生产技术不断提高，产品结构逐步优化，质量不断提高，产业结构逐步改变，规模经济逐渐占主体地位。

生化制药过程主要为药用成分的提取与纯化，可概括为原料的选择及预处理、细胞破碎与成分提取、分离纯化3个阶段。首先，要按照一定的原则选择原材料并进行预处理。然后，对原材料进行细胞破碎，选择适宜的提取方法和溶剂进行抽提，再进行固液分离获得提取液。随后，进行分离纯化，方法有沉淀、色谱分离、结晶、蒸发与干燥等。其中，沉淀是常用的分离技术，操作方便，常用的有盐析、有机溶剂沉淀、等电点沉淀等；色谱分离是分离纯化生化药物中较为有效的技术，如凝胶过滤色谱、离子交换色谱、亲和色谱等；结晶是纯化精制生化药物的常用技术；蒸发可以浓缩溶液和回收溶剂；干燥通常是生化产品分离的最后一步。

习　　题

1. 什么是生化药物和生化制药学？
2. 生化药物包括哪些基本生化成分？

3. 生化制药学的特点是什么？
4. 我国生化制药行业的发展状况怎样？
5. 生化药物制备原料的选择原则和常用保存方法是什么？
6. 葡聚糖凝胶柱色谱分离纯化蛋白质的原理及操作步骤是什么？

第一章 CHAPTER 1

氨基酸类药物 ▶▶▶

> ⊃ **课程思政与内容简介**: 培养科学研究的精神。氨基酸是蛋白质生物合成的原料,不仅具有营养价值,还具有重要的药用价值。氨基酸类药物是治疗因蛋白质代谢紊乱和缺乏所引起的一系列疾病的生化药物。本章主要介绍氨基酸类药物的药理作用和制备方法,包括氨基酸类药物的一般制备方法和典型氨基酸类药物的制备工艺。

第一节　氨基酸类药物的药理作用

所谓氨基酸类药物,是指治疗因蛋白质紊乱和缺乏所引起的一系列疾病的生化药物,有广泛的生化作用和临床疗效。因氨基酸是蛋白质合成的原料,而蛋白质是生物一切细胞的物质基础和生物功能体现者。所以,氨基酸缺乏可导致机体生长迟缓、生理机能衰退、抵抗力降低及一系列临床症状。通过输液输入氨基酸制剂,如复方氨基酸制剂,可以改善患者的营养状况,增加血浆蛋白和组织蛋白,纠正负氮平衡,促进酶、抗体和激素的合成。其主要药理作用及应用如下。

一、营养作用

急慢性疾病、消耗性疾病患者,因重度的营养不良,通常导致病情加重,甚至造成死亡。在这种情况下,非常有必要补充氨基酸,如赖氨酸、甲硫氨酸、色氨酸、缬氨酸、亮氨酸、异亮氨酸、苯丙氨酸和苏氨酸等必需氨基酸及适当比例的其他氨基酸,以纠正负氮平衡,实施支持疗法。通常,在复方氨基酸制剂中配合添加适量的糖类等成分,以减少氨基酸作为能源物质被氧化,提高氨基酸的利用率。在复方氨基酸制剂中,应优先考虑提供充足的赖氨酸、含硫氨基酸和色氨酸等几种食物限制性氨基酸。赖氨酸在食品中含量不足,且在烹调时易受破坏,所以赖氨酸的补充占首要地位,尤其婴幼儿对赖氨酸的需要量比成年人大,每千克体重分别为 180 mg/d、120 mg/d,所以补充赖氨酸对婴幼儿的生长和发育有特殊意义。补充赖氨酸可纠正由于赖氨酸缺乏引起的厌食和胃液分泌减少导致的恶性循环。

二、特殊作用

1. 降血氨　体内各组织中各种氨基酸分解产生的氨以及由肠管吸收进来的氨进入血液,形成血氨。血氨正常值为 $20\sim60\ \mu mol/L$。血氨来源有两个,内源性氨来自氨基酸脱氨基作用，外源性氨来自肠道细菌对蛋白质的分解作用。机体可通过合成尿素、谷氨酸、谷氨酰胺，及经肾排出、肺呼出等途径清除多余的氨，来保持体内氨含量稳定。谷氨酸、谷氨酰胺、精氨酸、天冬氨酸、鸟氨酸和瓜氨酸等可加速鸟氨酸循环，促进尿素合成，有利于降低血氨水平，减轻其毒害作用。

2. 保护作用 半胱氨酸及其参与组成的谷胱甘肽是体内氧化还原体系的重要组分，具有防止电离辐射、自由基和氧化剂等对生物大分子的损伤，延迟衰老，保护巯基酶类和巯基蛋白质等作用。甲硫氨酸在体内转变成 S-腺苷甲硫氨酸后，作为活性甲基供体，参与许多重要物质的合成，如肉碱、肌酸、肾上腺素和胆碱等，肉碱有利于脂肪酸 β 氧化，肌酸有利于 ATP 循环和能量代谢，肾上腺素是重要的神经递质和激素，胆碱可促进肝中三酰甘油、胆固醇和磷脂的代谢，对肝有保护作用。

3. 转化成重要生物活性物质 谷氨酸经氧化脱羧可转化成 γ-氨基丁酸，γ-氨基丁酸是抑制性神经递质，因而谷氨酸和维生素 B₆ 协同作用可辅助治疗妊娠呕吐。酪氨酸可转变成多巴胺及儿茶酚胺，有利于改善震颤性麻痹的肌肉强直和共济失调等症状。色氨酸可转变成 5-羟色胺、黑素紧张素和松果体激素等，其中 5-羟色胺是神经递质，是强效血管收缩剂，黑素紧张素和松果体激素对控制衰老过程有重要意义。组氨酸可转变成组胺，是强力血管舒张剂。半胱氨酸的衍生物牛磺酸作为神经递质，参与学习和记忆过程，并有抗心肌缺血性损伤、抗癫痫等作用。

4. 离子载体作用 应用氨基酸作为某些离子如 K^+、Mg^{2+}、Ca^{2+}、Fe^{2+} 的载体，既能促进组织对离子的吸收，维持电解质的平衡，又能充分发挥氨基酸的营养作用。天冬氨酸在体内三羧酸循环、鸟氨酸循环及核酸合成中都起着重要作用，它对细胞亲和力强，可作为 K^+、Mg^{2+} 的载体，促进 K^+、Mg^{2+} 进入心肌细胞，有助于改善心肌收缩功能，降低心肌耗氧量，在缺氧状态下仍能维持肌肉收缩，改善心肌纤维收缩能力，在冠状动脉循环障碍引起缺氧时，对心肌有保护作用，等等。甘氨酸是铁离子载体，以硫酸甘氨酸铁的形式起作用，使细胞膜有良好的通透性，并防止铁在胃中的氧化，有利于铁的吸收。

5. 其他作用 胱氨酸和半胱氨酸有促进毛发生长、延缓皮肤衰老的作用。乙酰半胱氨酸可促进黏痰溶解而有祛痰作用。组氨酸、谷氨酸和谷氨酰胺用于消化道溃疡的辅助治疗。某些氨基酸的修饰产物，如甲基酪氨酸、氯苯丙氨酸、氮杂丝氨酸、重氮氧代正亮氨酸等氨基酸类似物，可作为底物或竞争性抑制剂用于肿瘤的辅助治疗。

主要氨基酸类药物的重要用途概括于表 1-1。

表 1-1 主要氨基酸类药物的重要用途

氨基酸	用途
谷氨酸及其盐酸盐、谷氨酰胺、乙酰谷氨酰胺铝、甘氨酸及其铝盐、硫酸甘氨酸铁、维生素 U 及组氨酸盐酸盐等	治疗消化道疾病
精氨酸盐酸盐、磷葡精氨酸、鸟天氨酸、谷氨酸钠、甲硫氨酸、乙酰甲硫氨酸、瓜氨酸、赖氨酸盐酸盐及天冬氨酸等	辅助治疗肝病
谷氨酸钙、谷氨酸镁、γ-酪氨酸、色氨酸、5-羟基色氨酸、酪氨酸亚硫酸盐及左旋多巴	治疗脑及神经系统疾病
偶氮丝氨酸、氯苯丙氨酸、磷乙天冬氨酸及重氮氧代正亮氨酸等	治疗肿瘤
水解蛋白氨基酸注射液、复方氨基酸注射液等	维持氮平衡

第二节　氨基酸类药物的生产与制备

一、氨基酸类药物的生产

（一）氨基酸类药物的产业状况

自 20 世纪 50 年代开始，氨基酸类药物的应用不断扩大，形成了一个新兴的工业体系，称为氨基酸工业，生产技术日新月异，品种和产量不断增加。目前，世界氨基酸及其衍生物种类已经达到 1 000 多种。基于氨基酸在医疗上具有特殊的应用价值，其品种已由构成蛋白质的 20 多种，发展到 100 多种氨基酸衍生物，在医药工业生产中占有重要的地位，市场需要量日益增加。日本氨基酸工业生产在世界上居领先地位，产量约占全世界的 35%，品种主要有 26 种，几乎都用作医药原料，其品种发展和生产技术是值得借鉴的。自 20 世纪 90 年代至今，全球氨基酸市场始终处于上升状态。据美国 Global Industry Analysts（GIA）市场调查公司发表的一篇报告中披露：2014 年全球氨基酸市场各种氨基酸产品销售数量合计为 658.20×10^4 t，2015 年这一数字已增至 719×10^4 t，2016 年已接近 800×10^4 t，预计到 2022 年总销量将达 $1\,105 \times 10^4$ t。

（二）我国氨基酸产业的状况

我国氨基酸生产起步较晚，新中国成立初期只能生产调味用的谷氨酸钠，其他品种很少，方法上也仅限于水解法。我国氨基酸行业是由 1922 年麸皮水解生产谷氨酸钠开始的，1965 年上海天厨味精厂成功利用发酵法生产出谷氨酸钠，带动了我国氨基酸发酵产业的蓬勃发展，发酵法生产氨基酸逐步成为主流。1978 年第一次全国氨基酸科研生产座谈会召开，促进了氨基酸科研和生产的迅速发展。2011 年全国氨基酸产能达到 300×10^4 t，2016 年我国氨基酸工业总产量超过 460×10^4 t，2017 年我国氨基酸工业总产量超过 480×10^4 t，氨基酸工业总产量及年产值均居于世界前列。我国的氨基酸产业虽然起步较晚，但发展速度很快，已成为氨基酸生产和消费大国。我国已能工业化生产的氨基酸有谷氨酸、赖氨酸、苏氨酸、甲硫氨酸和色氨酸，产量和水平均居世界前列，已呈现出产量高、品种全、出口多、价格低、重研发的特点。

二、氨基酸类药物的制备方法

（一）氨基酸的制备途径

制备氨基酸的常用方法有蛋白质水解提取法、微生物发酵法、酶促合成法和化学合成法。现在，除少数几种氨基酸用蛋白质水解提取法生产外，多数氨基酸采用微生物发酵法生产，微生物发酵法是直接发酵法和微生物转化法的统称。此外，也有几种氨基酸采用酶促合成法和化学合成法生产。

1. 蛋白质水解法　该方法以毛发、血粉和废蚕丝等为原料，用酸、碱或蛋白水解酶水解成氨基酸混合物，经分离纯化获得各种氨基酸。蛋白质水解法生产氨基酸主要分为分离、精制、结晶三个步骤，其优点是原料来源丰富、投产比较容易，缺点是产量低、成本高。

（1）酸水解法　一般在蛋白质原料中加入约 4 倍质量的 6 mol/L 盐酸或 8 mol/L 硫酸，在 110 ℃加热回流 16～24 h，或加压在 120 ℃水解 12 h，使蛋白质充分水解为氨基酸，中和，得氨基酸混合物。酸水解法的优点是蛋白质水解完全，水解过程不引起氨基酸发生旋光异构作用，所得氨基酸均为 L-氨基酸。缺点是营养价值较高的色氨酸几乎全部被破坏，含羟基的丝氨酸和酪氨酸部分被破坏，水解产物可与醛基化合物作用生成一类黑色物质而使水解液呈现黑色，需进行脱色处理。

（2）碱水解法　一般是在蛋白质原料中加入 6 mol/L 氢氧化钠溶液或 4 mol/L 氢氧化钡，在 100 ℃水解 6 h，得氨基酸混合物。碱水解法的优点是水解时间短，色氨酸不被破坏，水解液清亮。缺点是含羟基和巯基的氨基酸大部分被破坏，引起氨基酸的消旋化作用，产物为 D-氨基酸和 L-氨基酸的混合物，因而，本法较少采用。

（3）酶水解法　一般利用胰酶、胰浆或微生物蛋白酶等，在常温下水解蛋白质制备氨基酸。酶水解法的优点是反应条件温和，氨基酸不被破坏也不发生消旋化作用，所需设备简单，无环境污染。缺点是蛋白质水解不彻底，中间产物较多，水解时间长，所以该方法主要用来生产水解蛋白和蛋白胨，在氨基酸生产上比较少用。

2. 化学合成法　该方法是采取有机合成和化学工程相结合的途径生产氨基酸，是制备氨基酸的重要途径之一。氨基酸种类多、结构各异，不同的氨基酸合成方法不同。常以 α-卤代羧酸、醛类、甘氨酸衍生物、异氰酸盐、乙酰氨基丙二酸二乙酯、卤代烃、α-酮酸及某些氨基酸为原料，经过氨解、水解、缩合、取代和加氢等化学反应合成 α-氨基酸。化学合成法的优点在于合成方案可采用多种原料和多种工艺路线。以石油化工产品为原料时，合成成本较低，生产规模容易扩大，适合工业化生产，而且产品容易分离纯化。缺点是生产工艺偏于复杂化，生产的氨基酸皆为 D，L-氨基酸，需经进一步的拆分才能得到 L-氨基酸。目前，多采用固定化酶拆分 D，L-氨基酸，具有收率高、成本低、周期短的优点，促进了化学合成氨基酸的发展。甲硫氨酸、甘氨酸、色氨酸、苏氨酸、苯丙氨酸、丙氨酸、脯氨酸等多用化学合成法生产。

3. 微生物发酵法　微生物发酵法是指以糖为碳源，以氨或尿素为氮源，通过微生物的繁殖，直接产生氨基酸，或者是利用菌体的酶系，加入前体物质合成特定氨基酸的方法。其基本过程包括菌种的培养、接种发酵、产品提取及分离纯化等。所用菌种主要为细菌和酵母菌。随着生物工程技术的不断发展，采用细胞融合技术及基因重组技术改造微生物细胞，已获得多种高产氨基酸杂种菌株及基因工程菌，其中苏氨酸和色氨酸基因工程菌已投入工业生产。培养产率高的新菌种，是微生物发酵法生产氨基酸的关键。目前大部分氨基酸可通过微生物发酵法生产，如谷氨酸、谷氨酰胺、丝氨酸和酪氨酸等，并且产量和品种逐年在增加。微生物发酵法的优点在于能直接产生 L-氨基酸，原料丰富，可以以廉价的碳源（如甜菜或化工原料如乙酸、甲醇和石蜡）代替葡萄糖，成本大大降低。缺点是产物浓度低，生产周期长，设备投资大，有副产物，单晶氨基酸分离较复杂。

4. 酶促合成法　酶促合成法，即酶催化转化合成法，一般是在特定的酶的催化下，使某些化合物转化成相应氨基酸的技术。该方法是在化学合成法和微生物发酵法的基础上发展建立的一种新的生产工艺途径，其基本过程是以化学合成、生物合成或天然存在的氨基酸前体为原料，将特定酶或含特定酶的微生物、植物或动物细胞进行固定化处理，通过酶促反应制备氨基酸。固定化酶和固定化细胞等技术的迅速发展，促进了酶促合成法在实际生产中的应用。该方法的产物浓度高、副产物少、成本低、周期短、收率高、固定化酶或细胞可连续反复使用，且节省能源。生产的品种有天冬氨酸、丙氨酸、苏氨酸、赖氨酸、色氨酸、异亮氨酸等。

> ⊃思政：科学创新精神（氨基酸首次人工合成探索）。1953 年，美国芝加哥大学的"教授会"上正在审议一位博士研究生斯唐来·米勒设计的试验方案。23 岁的米勒，设想在容器里人工合成氨基酸！在一些教授看来，这只不过是个荒唐离奇的梦想。氨基酸是构成生命的重要物质基础，在还没有生命的地球上经过几十亿年才孕育出来，怎么可能在试管中形成呢？米勒的导师，曾经获得诺贝尔奖的尤里教授认为：没有想过的，并不意味着不可能成功。米勒相信，只要能模拟出原始地球的还原性大气以及当时的电闪雷鸣的自然条件，就很有可能产生氨基酸。按照设想，经过 8 d 的试验，米勒终于得到了预期的结果，在容器里面出现了甘氨酸、丙氨酸、谷氨酸等重要的氨基酸。

（二）氨基酸的分离纯化

1. 氨基酸的分离 氨基酸的分离是指从氨基酸混合液中获得单一氨基酸产品的工艺过程，是氨基酸生产技术中重要的环节。以下是常见的几种分离方法。

（1）溶解度法 不同的氨基酸在不同种类、不同温度和不同 pH 的溶剂中的溶解度不同，以此可以将不同的氨基酸分离开。如胱氨酸和酪氨酸均难溶于水，但在热水中酪氨酸的溶解度较大，而胱氨酸的溶解度则没有多大差别，可以将混合物中的胱氨酸、酪氨酸分开。又如，各种氨基酸在等电点时，溶解度最小，容易沉淀析出，因此，利用溶解度法分离制备氨基酸时，可参照氨基酸的等电点，调节溶液的 pH，改变氨基酸溶解度，分离氨基酸。氨基酸在不同溶剂中溶解度不同的性质，不仅可用于氨基酸的一般分离纯化，还可以用于氨基酸结晶。在水中溶解度较大的氨基酸，如赖氨酸、精氨酸，其结晶不能用水洗涤，但可以用乙醇洗涤杂质。而在水中溶解度较小的氨基酸，其结晶可用水洗涤除去杂质。

（2）沉淀剂法 氨基酸可以和一些有机化合物或无机化合物结合生成有特殊性质的结晶性衍生物，可以此分离纯化某些氨基酸。如精氨酸与苯甲醛生成不溶于水的苯亚甲基精氨酸沉淀，再经盐酸水解除去苯甲醛，即可得纯净的精氨酸盐酸盐。亮氨酸与邻二甲苯-4-磺酸反应，生成亮氨酸磺酸盐沉淀，后者与氨水反应，得到游离的亮氨酸。组氨酸与氯化汞作用生成组氨酸汞盐沉淀，再经去汞处理，得组氨酸。沉淀剂法分离氨基酸具有操作简便、针对性强的特点，是分离制备某些氨基酸的方法。但也有不足之处，如沉淀剂比较难以除去。

（3）离子交换法 离子交换法是利用离子交换剂对不同氨基酸吸附能力的不同来分离氨基酸的方法。氨基酸具有两性，在一定条件下，不同氨基酸带电性质及解离状态不同，对同一种离子交换剂的吸附能力不同，所以可对氨基酸混合物进行分组或单一成分的分离。例如，在 pH 5～6 的溶液中，碱性氨基酸带正电，酸性氨基酸带负电，中性氨基酸呈现电中性。选择适宜的离子交换树脂，可选择性吸附不同电离状态的氨基酸，然后用不同 pH 缓冲液洗脱，可把各种氨基酸分别洗脱下来。

2. 氨基酸的结晶与干燥 经过分离纯化的氨基酸仍然有可能混有少量其他的氨基酸和杂质，需要通过结晶或重结晶提高其纯度，利用氨基酸在不同溶剂、不同 pH 溶液中溶解度的不同，进行结晶处理，达到进一步纯化的目的。氨基酸的结晶通常要求氨基酸样品达到一定的纯度和较高的浓度，pH 控制在等电点附近，在低温条件下。结晶的氨基酸，再通过干燥除去残留的水分或其他溶剂，得到干燥制品，以便保存和使用。常用的干燥方法有常压干燥、减压干燥和冷冻干燥等。

> **●思政：科学发现精神（氨基酸的早期发现与分离）。** 最早发现氨基酸的是英国化学家Wollaston，他于 1810 年从膀胱结石里分离出一种物质，当时根据"膀胱"这个词，把它命名为胱氨酸。1819 年法国化学家 Braconnot 从加酸加热的肌肉中，分离出一种白色结晶，起名为亮氨酸。他用同样的方法处理明胶，得到一种有甜味的晶体，当时以为是糖，后来发现不是糖，而是可以用来制氨的含氮化合物，命名为甘氨酸。随后，人们经过 150 年的努力，在自然界中先后发现了多种氨基酸，其中最常见的有 20 种，游离存在的甚少，绝大多数都以结合状态存在于蛋白质这种生命物质中。如果将蛋白质水解，最终产物为各种氨基酸。若用 100 个 20 种不同的氨基酸组成相对分子质量为 10 000 左右的蛋白质的话，那么不同的排列顺序，即可提供 20^{100} 种不同的蛋白质，这就是蛋白质构成如此丰富多彩的生命世界的原因。

第三节　蛋白质水解法制备氨基酸

一、胱氨酸和半胱氨酸的制备及临床应用

（一）结构与性质

胱氨酸是由 2 分子高半胱氨酸脱氢氧化而成，含 2 个氨基、2 个羧基和 1 个二硫键，半胱氨酸含 1 个氨基、1 个羧基和 1 个巯基，胱氨酸和半胱氨酸的结构式如图 1-1 所示。

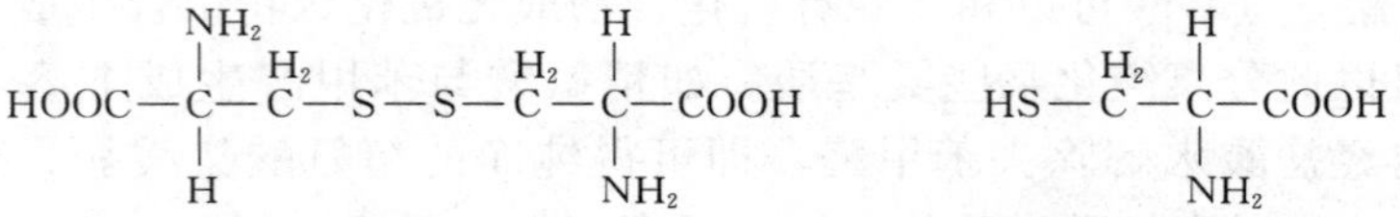

图 1-1　胱氨酸和半胱氨酸的分子结构式

胱氨酸纯品为六角形板状结晶或结晶性粉末，无味，等电点（pI）为 4.6，熔点为 260～261℃；难溶于水，不溶于乙醇、乙醚及其他有机溶剂，易溶于酸、碱溶液，在热碱溶液中易分解。游离的半胱氨酸不稳定，易氧化，而其盐酸盐比较稳定，因而一般将它制成盐酸盐。半胱氨酸盐酸盐纯品为白色结晶或结晶性粉末，微臭，味酸，pI 为 5.07，熔点为 175℃；易溶于水、乙酸、氨水，微溶于乙醇，不溶于乙醚、丙酮、乙酸乙酯、苯、二硫化碳、四氯化碳等；在中性或微碱性溶液中易被空气氧化成胱氨酸，微量铁以及重金属离子可促进其氧化。

（二）胱氨酸的生产工艺与产品检验

1. 生产工艺路线

人发或猪毛 $\xrightarrow[110.5℃，6.5～7.0\ h]{水解(盐酸)}$ 水解液 $\xrightarrow[pH\ 4.8,36\ h]{中和(氢氧化钠溶液)}$ L-胱氨酸粗品 I $\xrightarrow[85～90℃，30\ min]{粗制(盐酸，活性炭)}$

滤液 $\xrightarrow[pH\ 4.8]{中和(氢氧化钠溶液)}$ L-胱氨酸粗品 II $\xrightarrow[85℃，30\ min]{精制(盐酸，活性炭)}$ 滤液 $\xrightarrow[pH\ 3.5～4]{中和(氨水)}$ L-胱氨酸

2. 工艺过程说明

（1）水解 洗净的人发或猪毛投入装有 2 倍量（质量体积比）10 mol/L 盐酸的预热至 70～80 ℃的水解罐内，间歇搅拌使温度均匀，在 1～1.5 h 内升温至 110.5 ℃，水解 6.5～7 h，过滤得滤液。

（2）中和 上述滤液在中和缸中，搅拌条件下，加入 30%～40% 的氢氧化钠溶液，当 pH 到 3.0 时缓慢加入，至 pH 为 4.8 时停止加，继续搅拌 15 min，复测 pH，放置 36 h，过滤得沉淀，离心甩干，得胱氨酸粗品 I。滤液可用于分离精氨酸、亮氨酸、谷氨酸等。

（3）粗制 称取胱氨酸粗品 I 150 kg，加入 10 mol/L 盐酸 90 kg、水 360 kg，加热至 65～70 ℃，搅拌 30 min，再加入 2% 活性炭，升温至 85～90 ℃，保温 30 min，过滤，滤液加热至 80～85 ℃，搅拌条件下加入 30% 氢氧化钠溶液中和至 pH 为 4.8，静置使结晶析出，过滤得沉淀，离心甩干，得胱氨酸粗品 II。滤液可回收胱氨酸。

（4）精制 称取胱氨酸粗品 II 40 kg，加入 1 mol/L 盐酸（化学纯）200 L，加热至 70 ℃ 溶解，再加入活性炭 0.5～1 kg，升温至 85 ℃，搅拌 30 min 脱色，过滤，得无色透明澄清滤液。按滤液体积加入 1.5 倍蒸馏水，加热至 75～80 ℃，搅拌下加入 12% 氨水（化学纯）中和至 pH 为 3.5～4.0，此时胱氨酸结晶析出，过滤得胱氨酸结晶。用蒸馏水洗至无氯离子，真空干燥即得精制胱氨酸。滤液可回收胱氨酸。

3. 工艺分析与讨论

（1）影响原料水解的因素 毛发角蛋白由胱氨酸、精氨酸等十几种氨基酸构成，产品收率的高低，主要取决于蛋白质的水解程度及胱氨酸的破坏程度。酸的用量少，则水解溶出胱氨酸不完全，水解速度慢。酸的用量多，则中和时增加了碱量，总体积增大。水解时间短则蛋白质水解不彻底，水解时间长则氨基酸容易被破坏。温度过低会使水解时间延长，温度升高有利于水解，但对胱氨酸的破坏也随之加剧。因此，控制酸的用量、水解温度和时间十分重要。

（2）影响产品收率的因素 毛发蛋白质经过酸水解后，利用等电点沉淀法制备胱氨酸，产品收率基本稳定在 3%～4%。我国最高收率约 6%，国外可达 8% 以上，造成差异的主要原因是水解终点控制不同，设备上的不足造成一定的流失。据报道，水解中的产品损失高达 2%～3%，中和过程中产品的损失为 1.5%～2%，过滤造成的产品损失有 0.5%～1.5%，因此必须控制好水解、中和和过滤三个重要的操作环节。

（3）综合利用其他氨基酸 毛发蛋白质水解液中，除了含有胱氨酸外，还含有一定的精氨酸、亮氨酸、谷氨酸、天冬氨酸等，可以从中分离出多种氨基酸。这种混合氨基酸，也可用于农业和调料生产等。

4. 产品检验

（1）质量标准 本品为无色或白色板状结晶，干重含量应为 98.5%～101.5%，比旋光度为 −215°～−225°，其 5% 的盐酸（1 mol/L）溶液在 430 nm 波长处透光率大于 98.0%，1% 的水溶液 pH 为 5.0～6.0，干燥失重小于 0.20%，灼烧残渣小于 0.10%，氯化物含量小于 0.020%，硫酸盐小于 0.020%，铵盐小于 0.02%，铁盐小于 0.002%，砷盐小于 0.000 1%，重金属盐（铅）小于 10 mg/kg。

（2）含量测定 胱氨酸含量测定的原理是溴能定量地将胱氨酸氧化成 α-氨基-β-磺基-丙酸，所加过量的溴又能定量地将碘化钾氧化生成游离的碘，即可用碘量法通过测定碘的量而进行胱氨酸的间接定量测定。准确称量样品 0.25 g，加入 1％氢氧化钠溶液 20 mL 使之溶解，然后稀释至 100 mL，过滤，取滤液 25 mL 加入碘量瓶中，准确加入 0.1 mol/L 溴溶液 40 mL 及 0.1 mol/L 盐酸 10 mL，放置 10 min 以上，然后在冰水中冷却 3 min，加 33％碘化钾溶液 5 mL，摇匀，用 0.1 mol/L 亚硫酸钠滴定至淡黄色，加淀粉指示剂 2 mL，继续滴定至蓝色消失，以空白试验校正。每毫升溴溶液（0.1 mol/L）相当于 2.403 mg 的胱氨酸。

> ➡ **思政：科学开创精神（胱氨酸的发现与制备研究）**。1810 年，Wollaston 从膀胱结石患者的结石中发现了胱氨酸，直到 20 世纪，人们才真正认识到氨基酸与疾病的关系。胱氨酸属含硫氨基酸，在人发和猪毛中含量最高。人发蛋白质中胱氨酸含量约为 18％，如以人发总量计，含胱氨酸为 8％～10％。猪毛蛋白质中胱氨酸含量约为 14％，以猪毛总量计，为 6％～8％。胱氨酸难溶于水，根据这一特性，可从人发、猪毛等蛋白质的酸水解液中，通过分离、结晶等步骤制备胱氨酸。半胱氨酸可由胱氨酸经还原反应制备得到，最早的生产方法是 1930 年由 Vigneaud 等人建立的，在液氨中由金属钠还原胱氨酸，后改用巯基乙酸在中性或碱性介质中还原胱氨酸，1962 年开始用电解法还原胱氨酸，开创了半胱氨酸电化学合成的历史。

（三）半胱氨酸的生产工艺与产品检验

1. 生产工艺路线

L-胱氨酸 $\xrightarrow[3\,A]{\text{电解还原（盐酸）}}$ L-半胱氨酸盐酸盐溶液 $\xrightarrow[70\,℃,\ 30\,min]{\text{脱色（活性炭）}}$ 滤液 $\xrightarrow{\text{浓缩（减压）}}$

浓缩液 $\xrightarrow[<60\,℃]{\text{结晶、干燥（乙醇）}}$ L-半胱氨酸盐酸盐

2. 工艺过程说明

（1）电极溶液　阳极液，1 mol/L 盐酸（化学纯）300 mL。阴极液，胱氨酸 100 g 溶于 100 mL 浓盐酸和 400 mL 水组成的溶液中。

（2）电解装置　阳极，取瓷缸 1 个，内盛阳极液，将石墨棒插入其中，接电源正极。阴极，取 1 L 烧杯 1 个，内盛阴极液，将具孔的铅板圆筒放入其中，接电源负极。

（3）电解　接通电源预热整流器，调节电流到 3 A，直到往阴极电解液滴入吡啶不混浊时，即可停止电解，一般需要 6～7 h。

（4）脱色　切断电源，取出阴极液，按投料量加入 1％活性炭，加热至 70 ℃，保温 30 min，过滤，得澄清滤液。

（5）精制　滤液减压浓缩至结晶析出，搅拌使结晶完全，过滤得半胱氨酸盐酸盐结晶，用 95％乙醇洗 1 次，60 ℃以下真空干燥，即得无结晶水半胱氨酸盐酸盐。

3. 工艺分析与讨论

（1）防止半胱氨酸氧化　半胱氨酸容易脱氢氧化成胱氨酸，所以电解应连续进行，不要中断，防止生成的半胱氨酸氧化。德国专利报道，加入氯化锡或金属锡作为催化剂，能使阳极电流效率达到 100％，提高产品收率。

（2）电解终点的判断　根据电化学理论推测，电解胱氨酸 1 mol（240.3 g），需要通电

量 $2 \times 26.86 = 53.72$ （A/h）。电解胱氨酸 100 g，需要通电量 $53.72 \times 0.42 = 22.56$ （A/h）。若平均电流为 5 A，需电解还原 $22.5/5 = 4.5$ （h）。又因电流效率达不到理论值，耗电量一般约为理论值的 1.5 倍，所以要电解完全，需要 $4.5 \times 1.5 = 6.75$ （h）。

（3）其他制备方法　在 1977 年，奥村等人发表了酶促合成法制备半胱氨酸的专利，以 D，L - 2 - 氨基 - 4 - 羧基噻唑啉 （D，L - ATC） 为基质，用 Sartrina Lutea ATCC 272 菌或 *Pseudomonas ovalis* IFO 3738 菌所生产的 2 - 氨基 - 4 - 羧基噻唑啉水解酶制备 L - 半胱氨酸或 L - 胱氨酸。1982 年，日本建立了一个年产 200 t 的工厂，由乙醛开始经八步化学反应合成半胱氨酸。德国采用氯乙醛为原料的工艺路线，开拓了全化学合成半胱氨酸的新方法。

4. 产品检验

（1）质量标准　半胱氨酸盐酸盐为无色或白色片状结晶，干重含量应为 $98.0\% \sim 101.0\%$，比旋光度为 $+8.3° \sim +9.5°$，其 10% 的盐酸 （2 mol/L） 溶液在 430 nm 波长处透光率大于 95.0%，2% 的水溶液 pH 为 $4.5 \sim 5.5$，干燥失重小于 0.5%，灼烧残渣小于 0.1%，含氮 7.95%，含硫 18.3%，盐酸 20.2%，磷酸盐小于 0.005%，硫酸盐小于 0.03%，铵盐小于 0.02%，铁盐小于 0.001%，重金属盐 （铅） 小于 10 mg/kg，溶解度、胱氨酸检查应符合规定。

（2）含量测定　精确称取本品 0.3 g，加 95% 乙醇 30 mL 溶解后，在 30 ℃ 用碘滴定液 （0.1 mol/L） 迅速滴定至溶液显微黄色，并在 30 s 内不褪色。每毫升碘滴定液 （0.1 mol/L） 相当于 15.76 mg 的 $C_3H_7NO_2S \cdot HCl$。

（四）药理作用与临床应用

1. 胱氨酸的药理作用与临床应用　胱氨酸比半胱氨酸稳定，它在体内转变成半胱氨酸后参与蛋白质合成和各种代谢过程。本品的作用与半胱氨酸相似，具有促进毛发生长和防止皮肤老化等作用。本品适用于先天性同型半胱氨酸尿症、病后产后及继发性脱发症、慢性肝炎、放射性损伤等的防治。对于各种原因引起的巨噬细胞减少症和药物中毒，该品也有改善作用。此外，该品也用于急性传染病、支气管哮喘、湿疹、烧伤等的辅助性治疗。胱氨酸与肌苷配伍制备成复方片剂，可用于洋地黄中毒、白细胞减少症等的治疗。

2. 半胱氨酸的药理作用与临床应用　半胱氨酸是组成谷胱甘肽的天然成分之一，分子中含有活性巯基 （—SH），对巯基蛋白酶、受毒害的肝实质细胞及因汞等重金属毒害机体具有保护作用。半胱氨酸具有一定的抗辐射能力，能减少放疗和化疗造成的骨髓损伤，刺激造血机能，升高白细胞数量，促进皮肤损伤的修复。本品适用于放射性药物中毒、重金属中毒、肝炎等症，对苯等某些芳香烃类工业毒物，有一定的解毒作用。本品对于由氮芥引起的白细胞减少症有治疗作用。本品与某些抗菌制剂合用，可治疗皮肤损伤。有报道，其衍生物半胱氨酸甲酯、半胱氨酸乙酯、羧甲基半胱氨酸具有化痰、促进黏膜修复的作用。

> **◆思政：科学研究的价值 （乙酰半胱氨酸的作用机理与药用价值）**。乙酰半胱氨酸 （acetylcysteine） 又称痰易净、易咳净，化学名为 N - 乙酰半胱氨酸，具有较强的黏痰溶解作用，可由半胱氨酸与醋酸酐反应制备。其分子中所含的巯基能使痰液中糖蛋白多肽链中的二硫键断裂，从而降低痰液的黏滞性，并使痰液化而易咳出，对白色黏痰和浓痰

都有分解作用。本品还能使脓性痰液中的 DNA 纤维断裂，因此不仅能溶解白色黏痰，也能溶解脓性痰。对于一般祛痰药无效的患者，使用本品仍可有效。本品常与异丙肾上腺素等支气管扩张药合用，不仅可减轻副作用，还能增强其疗效。滴眼用乙酰半胱氨酸粉剂，临用时用溶剂配制成浓度 1.6% 的滴眼液，适用于治疗点状角膜炎、单纯疱疹性角膜炎、细胞性角膜溃疡和碱性化学烧伤等。

二、精氨酸的制备及临床应用

精氨酸（arginine，Arg）属碱性氨基酸，猪毛、蹄甲、血粉、明胶、鱼精蛋白等都含有丰富的精氨酸，均可作为原料，经酸水解，分离制备精氨酸。也可用发酵法制备。

（一）结构与性质

精氨酸（$C_6H_{14}N_4O_2$）分子含有 1 个强碱性的胍基，其化学名称为 α-氨基-δ-胍基戊酸，结构式如图 1-2 所示。

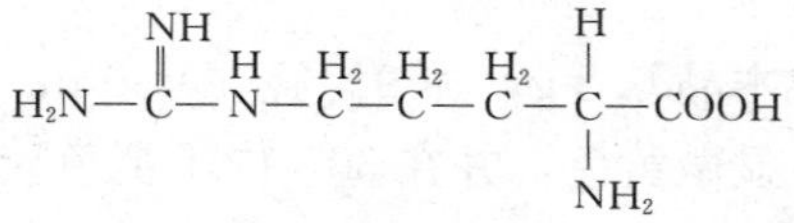

$$
\underset{NH_2}{\overset{NH}{H_2N-C-N-C-C-C-C-COOH}}
$$

图 1-2　精氨酸的分子结构式

精氨酸纯品极易吸潮，一般制成精氨酸盐酸盐。精氨酸盐酸盐纯品为白色结晶性粉末，易呈酸性反应，无臭，味苦涩，$pI=10.76$，熔点 224 ℃；易溶于水，微溶于乙醇，不溶于乙醚。

（二）生产工艺与产品检验

1. 生产工艺路线

明胶 $\xrightarrow[116\sim122\ ℃，16\ h]{水解（盐酸）}$ 水解液 $\xrightarrow[减压]{浓缩（蒸馏水）}$ 浓缩液 $\xrightarrow[pH\ 10.5\sim11]{中和（氢氧化钠）}$ 中和液 $\xrightarrow[pH\ 8]{缩合（苯甲醛）}$

苯亚甲基精氨酸粗品 $\xrightarrow[煮沸]{水解（盐酸）}$ 水解液 $\xrightarrow{脱色（活性炭）}$ 脱色液 $\xrightarrow[pH\ 7\sim8]{吸附（303×2树脂）}$ 滤液 $\xrightarrow[pH\ 3\sim3.5]{酸化（盐酸）}$

酸化液 $\xrightarrow{浓缩和结晶}$ L-精氨酸盐酸盐

2. 工艺过程说明

（1）水解与浓缩　将明胶和 2 倍（质量比）工业量盐酸投入水解罐中，116～122 ℃下回流 16 h，得水解液，减压浓缩至 1/2 体积，加蒸馏水稀释至原体积，再浓缩，得浓缩液。

（2）中和与缩合　将上述浓缩液冷却至 0～5 ℃，搅拌条件下缓慢加入 30% 氢氧化钠溶液，温度控制在 10 ℃以下，调节 pH 至 10.5～11。缓慢滴加苯甲醛，pH 降至 8 时，停加苯甲醛，继续搅拌 30 min，使反应完全。苯亚甲基精氨酸结晶析出，静置 6 h，过滤，结晶用蒸馏水洗涤，滤干，60 ℃烘干，得苯亚甲基精氨酸粗品。

（3）水解、脱色和吸附　按苯亚甲基精氨酸粗品量加入 0.8 倍（质量体积比）6 mol/L 盐酸，加热煮沸 50 min，进行水解（水解 40～45 min 时，加入少量活性炭），过滤。滤渣用热水洗涤，过滤。合并滤液，静置分层，取下层水溶液（上层苯甲醛溶液回收）。加入少量活性炭脱色，过滤，滤液在搅拌条件下加入弱碱性苯乙烯系阴离子树脂 303×2 进行吸附，约 3 h，至 pH 7~8。滤去树脂得滤液。

（4）酸化、浓缩和结晶　滤液用 6 mol/L 盐酸酸化至 pH 3~3.5，加入适量活性炭，处理 10 min，过滤，得澄清滤液。在 80~90 ℃水浴中减压浓缩，待有白色结晶析出时，冷却，并间歇搅拌，过滤，得结晶。结晶分别用 75％和 95％乙醇洗涤，滤干，80 ℃烘干，得精氨酸盐酸盐，总收率 4.5％。

3. 工艺分析与讨论

（1）缩合物生成　精氨酸与苯甲醛或萘酚磺酸结合生成缩合物，经弱碱性苯乙烯系阴离子树脂分离除去其他氨基酸后，再将苯亚甲基精氨酸进行水解，可制得精氨酸盐酸盐。

（2）相关报道　有报道，应用强酸性阳离子交换树脂同时分离制备精氨酸、赖氨酸、组氨酸的方法，操作简便，原料利用率高，精氨酸回收率高。

（3）精氨酸复盐制备

① 精氨酸琥珀酸盐。将琥珀酸 30 g 溶于 500 mL 水中，加 L-精氨酸 87 g，混匀（pH 6），真空浓缩后加入乙醇 250 mL，搅拌均匀，静置，过滤得中性水合 L-精氨酸琥珀酸盐结晶约 120 g。或取精氨酸 87 g，琥珀酸 59 g 溶于 500 mL 水中（pH 调至 5），过滤，滤液在 50~55 ℃蒸发浓缩，过滤得结晶状残渣，加 95％乙醇 250 mL，冷却过夜，过滤，结晶先后用乙醇、乙醚洗涤，得酸性复合 L-精氨酸琥珀酸盐约 147 g。

② 精氨酸葡萄糖醛酸盐。分别将精氨酸 1.94 g 溶于 500 mL 乙醇中，葡萄糖醛酸 1.94 g 溶于 280 mL 乙醇中，过滤，合并滤液，静置，复盐析出，过滤，结晶先后用冷乙醇、乙醚洗涤，真空干燥即得。

4. 产品检验

（1）质量标准　本品为无色或白色结晶，干重含量应大于 98.5％，比旋光度为 +21.5°~ +23.5°，其 10％盐酸（1 mol/L）溶液在 430 nm 波长处透光率大于 98.0％，0.5％水溶液 pH 为 2.5~3.5，干燥失重小于 0.2％，炽灼残渣小于 0.3％，含氯量为 16.5％~17.1％，硫酸盐小于 0.03％，磷酸盐小于 0.02％，铁盐小于 0.001％，铵盐小于 0.02％，砷盐小于 0.000 2％，重金属小于 20 mg/kg。鉴别实验、热原应符合注射规定。

（2）含量测定　精确称取本品 0.1 g，加冰乙酸 10 mL 与乙酸汞试液 5 mL，缓慢加热溶解，放冷后，依照电位滴定法，用高氯酸滴定液（0.1 mol/L）滴定，以空白试验校正。每毫升高氯酸滴定液（0.1 mol/L）相当于 10.53 mg 的 $C_6H_{14}N_4O_2 \cdot HCl$。

（三）药理作用与临床应用

精氨酸是鸟氨酸循环的中间产物，它有助于鸟氨酸循环的进行，促进氨基转变成尿素排出体外，从而降低血氨含量。临床上用于挤压伤、烧伤、肝功能不全所致之高血氨症、肝性脑病忌钠病人，可提高机体对大量氨基酸注射液的耐受性，预防由输注氨基酸引起的急性氨中毒。精氨酸是精子蛋白的主要成分，有促进精子生成、提供精子运动能量的作用，可用于精液分泌不足和精子数量减少引起的男性不育症的治疗。本品对肾也有保护作用。精氨酸琥珀酸盐具有保肝作用。精氨酸葡萄糖醛酸盐具有抗疲劳、解毒和提供能量的作用。精氨酸马来酸盐具有降低血氨和组织氨含量、增强胆汁分泌、促进肝代谢的作用，对亚急性四氯化碳中毒有疗效。精谷氨酸具有解氨毒作用，临床用于防治由肝性脑病、肝功能不全所致的高血氨症。精天冬氨酸可改善疲劳、神经衰弱、失眠、记忆力衰退等症状。磷葡精氨酸是一种护肝药，可促进肝细胞生长，对肝中毒及高血氨症有一定疗效。

> ●**思政：科学与健康（硝酸甘油、NO 和精氨酸）**。硝酸甘油有"小炸弹"之称，能够有效缓解心绞痛，但是为什么能够成为心脏病人的"救命灵丹"却困扰了科学界 100 多年。1977 年，美国科学家 Ferid Murad 揭开了这个"谜"。他在分析硝酸甘油和其他相似的物质如何影响血管时，发现硝酸甘油及其他有机硝酸酯通过释放一氧化氮（NO），可以舒张血管平滑肌，从而扩张血管。基于"NO 是心血管系统的信号分子"这一发现，Ferid Murad 教授与另外两名美国科学家 Robert Furchgott 和 Louis Ignarro 于1998 年共同荣获诺贝尔生理学或医学奖。现在已经证明，高血压、动脉粥样硬化、冠状动脉炎等心血管疾病是因为 NO 长期供给不足而引起的。精氨酸在人体内生成的 NO 对心血管非常重要，它有助于保持动脉的弹性，维护心血管健康，同时对其他方面的健康也有帮助。

三、亮氨酸的制备及临床应用

亮氨酸（leucine，Leu）是人体必需氨基酸之一，广泛存在于蛋白质中，以玉米麸质及血粉中含量最丰富，其次在角甲、棉籽饼和鸡毛中含量也较多。亮氨酸可用蛋白质水解法或化学合成法制备。

（一）结构与性质

亮氨酸（$C_6H_{13}NO_2$）化学名称为 2-氨基-4-甲基戊酸或 2-氨基异己酸，分子结构式如图 1-3 所示。亮氨酸纯品为白色结晶或结晶性粉末，无臭，味微苦，$pI=5.98$，熔点293 ℃；微溶于水，在 25 ℃水中的溶解度为 2.91 g，在 75 ℃水中为 3.82 g，在乙醇中为 0.017 g，在乙酸中为 10.9 g，不溶于石油醚、苯和丙酮。

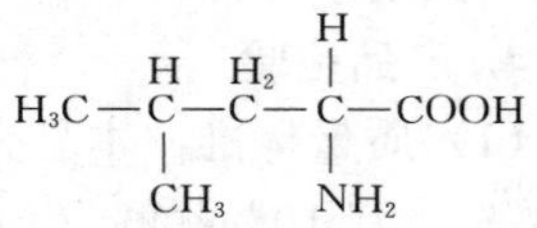

图 1-3 亮氨酸的分子结构式

（二）生产工艺与产品检验

1. 生产工艺路线

血粉 →[水解（盐酸）110~120 ℃，24 h]→ 水解液 →[除酸 减压浓缩]→ 除酸液 →[吸附、脱色（活性炭）]→ 流出液 →[浓缩 减压]→ 浓缩液

→[沉淀（邻二甲苯-4-磺酸）]→ 沉淀 →[解析（氨水）过滤]→ 亮氨酸粗品 →[脱色（活性炭）70 ℃，1 h]→ 滤液 →[浓缩、结晶 减压]→

L-亮氨酸结晶 →[洗涤、干燥（水）]→ L-亮氨酸精品

2. 工艺过程说明

（1）酸水解和除酸 取 500 L 盐酸（6 mol/L）于水解罐中，投入动物血粉 100 kg，于110~120 ℃回流，水解 24 h，再于 70~80 ℃减压浓缩至糊状，加水 50 mL 稀释后，再浓缩至糊状，如此赶除盐酸 3 次，冷却至室温，滤除残渣。

（2）吸附与脱色 滤液稀释 1 倍，以 0.5 L/min 流速过颗粒活性炭柱（30 cm×180 cm），至流出液出现丙氨酸为止，用去离子水以同样流速洗至流出液 pH＝4.0 为止，合并流出液和洗涤液。

(3) 浓缩、沉淀和解析 流出液减压浓缩至进柱液体积的 1/3，搅拌下加入 1/10 体积的邻二甲苯- 4 -磺酸，生成亮氨酸磺酸盐沉淀。沉淀用 2 倍量（质量体积比）去离子水搅拌洗涤 2 次，抽滤压干得亮氨酸磺酸盐。加 2 倍量（质量体积比）去离子水搅匀，用 6 mol/L 氨水中和至 pH 为 6～8，70～80 ℃保温搅拌 1 h，冷却过滤，沉淀用 2 倍量（质量体积比）去离子水搅拌洗涤 2 次，过滤得亮氨酸粗品。

(4) 精制 粗品用 40 倍量（质量体积比）去离子水加热溶解，加 0.5% 活性炭于 70 ℃搅拌脱色 1 h，过滤，滤液浓缩至原体积的 1/4，冷却析出白色片状氨基酸结晶，过滤，结晶用少量去离子水洗涤，抽干，70～80 ℃烘干得亮氨酸精品。

3. 工艺分析与讨论

(1) 去除杂质的关键步骤 亮氨酸浓缩液中混有难以除去的甲硫氨酸和异亮氨酸等杂质，用邻二甲苯- 4 -磺酸沉淀亮氨酸的方法进行分离，效果较好。

(2) 化学合成亮氨酸方法 一种是 Strecker 法，以异戊醛与 HCN 的加成物与氨反应，生成 α-氨基腈，再经水解即得。另一种是 Fischer 法，以异己酸为原料制成 α-卤代酸，再经氨解即得。

4. 产品检验

(1) 质量标准 本品为白色片状结晶或结晶性粉末，干重含量应大于 98.5%，比旋光度为＋14.5°～＋16.2°，其 1% 水溶液在 430 nm 处透光率大于 98.0%，pH 为 5.5～6.5；干燥失重小于 0.3%，炽灼残渣小于 0.1%，氯化物小于 0.02%，硫酸盐小于 0.03%，铵盐小于 0.02%，铁盐小于 0.003%，砷盐小于 0.000 21%，重金属小于 10 mg/kg，其他氨基酸小于 0.5%，热原应符合注射用规定。

(2) 含量测定 取本品约 0.1 g，精确称定，加无水甲酸 1 mL，溶解后加冰醋酸 25 mL，依照电位滴定法，用 0.1 mol/L 高氯酸滴定液滴定，滴定结果用空白试验校正。每毫升高氯酸滴定液（0.1 mol/L）相当于 13.12 mg $C_6H_{13}NO_2$。

(三）药理作用与临床应用

亮氨酸对维持体内糖和脂肪的正常代谢均具有重要作用。幼儿体内缺乏亮氨酸会引起特发性高血糖，补充亮氨酸即可使血糖迅速下降。本品可用于幼儿特发性高血糖症的诊断和治疗，并适用于糖代谢失调、伴有胆汁分泌减少的肝病、贫血等，也是氨基酸注射液和多种滋补剂的成分。其衍生物重氮氧代正亮氨酸是谷氨酰胺抗代谢物，可用于治疗白血病。

> **●思政：精益求精的工作作风（亮氨酸属支链氨基酸的相关研究）。** 支链氨基酸包括亮氨酸、缬氨酸和异亮氨酸，其都属于在碳链上具有支链结构的脂肪族中性氨基酸。Prous 首先从奶酪中分离出来亮氨酸（又称白氨酸），之后 Braconnot 在肌肉、羊毛酸水解物中得到其结晶，分析出它的化学结构为 α-氨基异己酸，并将其命名为亮氨酸。亮氨酸是必需氨基酸，只能在植物或微生物体内从头合成，哺乳动物体内均不能合成，且亮氨酸可作为一种调控肌细胞内信号通路的调节因子，在哺乳动物骨骼肌蛋白周转、蛋白质合成、机体免疫功能和氧化供能等方面起到重要的生物学作用。由于关键酶的分

布，亮氨酸和其他大多数氨基酸代谢的部位不同，其不是在哺乳动物的肝，而是在骨骼肌。作为一种生酮氨基酸的亮氨酸，在哺乳动物体内分解过程为可逆转氨、不可逆脱羧反应，最终分解为乙酰辅酶 A 和乙酰乙酸进入三羧酸循环。

第四节 化学合成法制备氨基酸

一、甲硫氨酸的制备及临床应用

甲硫氨酸（methionine，Met），也称蛋氨酸，即 α-氨基-γ-甲硫基丁酸，是人体必需氨基酸，体内不能合成，必须由食物供给。甲硫氨酸在体内转变成 S-腺苷甲硫氨酸，作为活性甲基供体，参与磷脂酰胆碱等的合成代谢，有利于脂类转运，防止脂肪在肝中堆积。

（一）结构与性质

甲硫氨酸（$C_5H_{11}NO_2S$）分子中有甲硫基，分子结构式如图 1-4 所示。甲硫氨酸纯品为白色薄片状结晶或结晶性粉末，略有异臭，微甜；溶于水、稀酸、碱液，难溶于乙醇、乙醚，不溶于无水乙醇、石油醚、苯和丙酮。1‰水溶液 pH 为 5.6～6，pI＝5.74，熔点为 280～282 ℃（分解）。

$$H_3C-S-\overset{H_2}{\underset{}{C}}-\overset{H_2}{\underset{}{C}}-\overset{H}{\underset{NH_2}{C}}-COOH$$

图 1-4 甲硫氨酸的分子结构式

（二）生产工艺与产品检验

1. 生产工艺路线

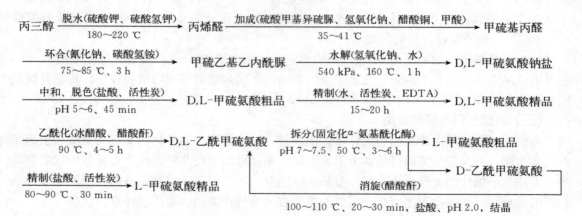

丙三醇 —脱水(硫酸钾、硫酸氢钾)→ 丙烯醛 —加成(硫酸甲基异硫脲、氢氧化钠、醋酸铜、甲酸)→ 甲硫基丙醛
　　　　180～220 ℃　　　　　　　　　　　35～41 ℃

—环合(氰化钠、碳酸氢铵)→ 甲硫乙基乙内酰脲 —水解(氢氧化钠、水)→ D,L-甲硫氨酸钠盐
　75～85 ℃、3 h　　　　　　　　　　　　540 kPa、160 ℃、1 h

—中和、脱色(盐酸、活性炭)→ D,L-甲硫氨酸粗品 —精制(水、活性炭、EDTA)→ D,L-甲硫氨酸精品
　pH 5～6、45 min　　　　　　　　　　　　15～20 h

—乙酰化(冰醋酸、醋酸酐)→ D,L-乙酰甲硫氨酸 —拆分(固定化α-氨基酰化酶)→ L-甲硫氨酸粗品
　90 ℃、4～5 h　　　　　　　　　　　　pH 7～7.5、50 ℃、3～6 h
　　　　　　　　　　　　　　　　　　　　　　　　　　　　　→ D-乙酰甲硫氨酸

—精制(盐酸、活性炭)→ L-甲硫氨酸精品 —消旋(醋酸酐)→
　80～90 ℃、30 min　　　　　　100～110 ℃、20～30 min，盐酸、pH 2.0，结晶

2. 工艺过程说明

（1）脱水　投料配比为：甘油（丙三醇）：硫酸氢钾：硫酸钾＝1：0.5：0.026（体积：质量：质量）。先将 1/7 量的甘油及全部硫酸钾、硫酸氢钾投入反应罐内，升温至 190 ℃时滴入其余甘油，温度控制在 180～220 ℃，生成的丙烯醛气体经冷凝收集，得丙烯醛粗品。用 10％碳酸氢钠溶液调 pH 至 6，分馏，收集 50～75 ℃馏分，得丙烯醛精品。

（2）加成　投料配比为：丙烯醛：硫酸甲基异硫脲：氢氧化钠溶液（5 mol/L）：醋酸铜：甲酸＝1：2.45：3.8：0.01：0.024（质量：质量：体积：质量：质量）。先将丙烯醛和甲酸投入加成反应罐内，搅拌下加入醋酸铜。另外将硫酸甲基异硫脲投入甲硫醇生成罐中，滴加氢氧化钠溶液，温度不超过 95 ℃，产生的甲硫醇先进入缓冲罐中，再经盛有 50％硫酸液的洗涤瓶中，最后进入加成反应罐中，控制反应温度在 35～41 ℃。当反应接近终点时，反应液呈淡黄色并混有絮状物，测定相对密度。当相对密度达 1.066～1.074（20 ℃）时，停止反应，得甲硫基丙醛。

（3）环合　投料配比为：甲硫基丙醛∶氰化钠∶碳酸氢铵＝1∶0.52∶1.75（质量∶质量∶质量）。将碳酸氢铵投入反应罐中，加 4 倍量水搅拌溶解，再将 3 倍量水溶解后的氰化钠投入罐内，搅拌均匀，搅拌下缓慢滴加甲硫基丙醛，升温至 75～85 ℃反应 3 h，得硫脲（甲硫乙基乙内酰脲）。

（4）水解粗制　投料配比为：硫脲（以甲硫基丙醛计）∶28％氢氧化钠溶液∶活性炭＝1∶2∶75∶0.1（质量∶体积∶质量）。将硫脲和氢氧化钠溶液投入高温釜中，升温水解排氨 1 h，关闭阀门，升温加压至 160 ℃、540 kPa，反应 1 h，得 D，L-甲硫氨酸钠盐。移入中和罐中，加水稀释至不析出晶体为止，用盐酸调 pH 至 5～6，加适量活性炭煮沸脱色 45 min，过滤，滤液冷却结晶，过滤得 D，L-甲硫氨酸粗品。

（5）精制　投料配比为：D，L-甲硫氨酸粗品∶蒸馏水∶活性炭∶EDTA＝1∶7∶0.04∶0.000 7（质量∶体积∶质量∶质量）。将配料投入精制罐中，搅拌，煮沸脱色 1.5 h，热滤，滤液冷却结晶 15～20 h，过滤得沉淀，干燥，得 D，L-甲硫氨酸精品。

（6）D，L-乙酰甲硫氨酸的制备　投料配比为：D，L-甲硫氨酸∶冰醋酸∶醋酸酐＝1∶7∶1（质量∶体积∶体积）。将配料投入反应罐中，90 ℃反应 4～5 h，回收醋酸，浓缩液中加一定量的去离子水，再浓缩，冷却结晶，过滤，60 ℃真空干燥得 D，L-乙酰甲硫氨酸。

（7）D，L-乙酰甲硫氨酸拆分　取 D，L-乙酰甲硫氨酸加水溶解，用氢氧化钠溶液调 pH 至 7～7.5，配成 0.1～0.3 mol/L 的基质溶液，加适量固定化 α-氨基酰化酶，50 ℃静态拆分 3～6 h。过滤，滤液用盐酸调 pH 至 5～6，浓缩，加入适量乙醇（浓度达 50％～60％），冷却结晶，过滤得 L-甲硫氨酸粗品。

（8）L-甲硫氨酸精制　L-甲硫氨酸粗品溶于 80～90 ℃热水中，用盐酸调 pH 至 5.5～6，加入 0.1％～0.4％活性炭处理 30 min，热滤，滤液加入 1 倍的 95％乙醇，冷库结晶，过滤得精制 L-甲硫氨酸，收率为 60％。

（9）D-乙酰甲硫氨酸消旋　D-乙酰甲硫氨酸母液浓缩，加 0.3 倍量的醋酸酐升温至 100～110 ℃，维持 20～30 min，冷却，加盐酸酸化至 pH 为 2.0 左右，再适量浓缩，冷库结晶，得 D，L-乙酰甲硫氨酸，平均收率 72％，供酶拆分。

3. 工艺分析与讨论

（1）硫酸氢钾的制备　将硫酸钾和硫酸按照 1∶0.5 的质量比投入反应釜内，加热使硫酸钾溶化，取样化验，酸度含量 31％～33％为合格。将硫酸氢钾放置冷却槽里冷却后粉碎备用。

（2）硫酸甲基异硫脲的制备　投料配比为硫脲∶硫酸二甲酯∶水＝1∶0.8∶0.35（质量∶体积∶体积）。先在反应罐中加水，搅拌下加入硫脲，升温至 70 ℃左右，停止加热，滴加硫酸二甲酯（约 1 h 加完），然后升温至 120 ℃进行反应，至反应液呈黏稠状为止，冷却至室温，离心甩干即得。

（3）固定化 α-氨基酰化酶的制备　取弱碱性阴离子交换剂 DEAE-Sephadex A-50（二乙基氨基乙基-葡聚糖 A-50）于去离子水中充分浸泡后，依次用 10 倍量 0.5 mol/L 盐酸和 0.5 mol/L 氢氧化钠溶液搅拌处理 10 min，用去离子水洗至中性，再依次用 0.1 mol/L 和 0.01 mol/L 的 pH 7.0 磷酸缓冲液处理 1～2 h，滤干备用。

另取培养 40～50 h 的米曲 3042 扩大曲，用 6 倍量去离子水分 2 次抽提酶，滤去残渣，滤液用 2 mol/L 氢氧化钠溶液调 pH 至 6.7～7.0，按酶液 100 L 加已处理的湿 DEAE - Sephadex A - 50 1 kg 的比例混合，于 0～4 ℃搅拌吸附 4～5 h，滤取 DEAE - Sephadex A - 50，依次用去离子水、0.1 mol/L 醋酸钠、0.01 mol/L 的 pH 7.0 磷酸缓冲液洗 3～4 次，滤干得固定化 α-氨基酰化酶，加 1‰甲苯置冷库备用。

（4）甲硫氨酸生产新工艺　1983 年 12 月，在巴黎举行的国际化工过程和设备博览会上展出了生产甲硫氨酸的新流程，把中间体甲硫基丙醛的生产简化，丙烯醛不经分馏纯化，直接变成甲硫基丙醛，副产品用特殊溶剂洗脱，气体用碳酸钠溶液洗涤、蒸馏。纯净的丙烯醛气体可再与甲硫醇反应，节约了能源，反应器为管道反应器，收率达 95％。

4. 产品检验

（1）质量标准　本品为无色结晶或结晶粉末，干重含量应为 99.0％～100.5％，比旋光度为＋23.0°～＋24.5°，其 2.5％水溶液在 430 nm 波长处透光率大于 98.0％，1％水溶液 pH 为 5.6～6.1，干燥失重小于 0.20％，炽灼残渣小于 0.10％，氯化物小于 0.02％，硫酸盐小于 0.02％，磷酸盐小于 0.02％，铁盐小于 0.001％，铵盐小于 0.02％，砷盐小于 0.000 1％，重金属小于 10 mg/kg。

（2）含量测定　精确称量干燥样品约 0.3 g，置碘瓶中，加水 70 mL，加硅钨酸试液 2 mL，摇匀，再加入磷酸氢二钾 5 g、磷酸二氢钾 2 g、碘化钾 2 g，溶解后准确加入 0.1 mol/L 碘试液 50 mL，密塞混匀，暗处静置 30 min，用 0.1 mol/L 硫代硫酸钠溶液滴定剩余碘，近终点时，加淀粉指示剂 2 mL，继续滴加至蓝色消失。每毫升碘试液（0.1 mol/L）相当于 7.461 mg $C_5H_{11}NO_2S$。

（三）药理作用与临床应用

甲硫氨酸是人体生长不可缺少的 8 种氨基酸之一，具有营养、抗脂肪肝、抗贫血作用。临床用于治疗慢性肝炎及由砷剂、巴比妥类药物引起的中毒性肝炎。乙酰甲硫氨酸作用与甲硫氨酸相同，优点是溶解度较大，有利于大量给药。维生素 U 又名氯化甲基甲硫氨酸，分子中含活泼甲基，可使组胺甲基化失去活性，减少胃液分泌，促进胃黏膜再生，适用于治疗胃及十二指肠溃疡、急慢性胃炎、胃酸过多症等。

> ⊙**思政：保护良好的精神状态（腺苷甲硫氨酸）**。腺苷甲硫氨酸通过转甲基、转硫基和转氨丙基作用，广泛应用于治疗多种因素引起的肝疾病，在急慢性病毒性肝炎、酒精性肝病、妊娠期肝内胆汁淤积症等的治疗中均有良好的疗效。此外，其对改善肝病患者的不良情绪，治疗肝病合并抑郁症具有重要作用。腺苷甲硫氨酸对于关节炎、帕金森病、阿尔茨海默病、偏头痛、癫痫和胰岛素抵抗等的治疗作用也逐步引起关注。另外，临床补充腺苷甲硫氨酸有望成为癌症治疗的一个新选择。我国是肝病流行大国，也是肿瘤高发国，各类关节炎患者也有相当大的比例，随着生活节奏的加快和工作压力的加大，抑郁症患者也明显增多，因此，腺苷甲硫氨酸将具有广阔的市场前景。目前国内已开发的腺苷甲硫氨酸制剂主要有肠溶片和注射剂，肠溶片作为口服制剂长期治疗，更具经济优势。伴随着现代研究的不断深入，腺苷甲硫氨酸的临床应用也将更加广泛。

二、苏氨酸的制备及临床应用

苏氨酸（threonine，Thr）也是人体必需氨基酸之一，在酪蛋白、蛋类中含量较高，为4%～5%，在谷类等植物蛋白中含量甚少（仅次于赖氨酸），且人体对食物蛋白中苏氨酸的利用率很低，故苏氨酸是与赖氨酸同样重要的营养剂。苏氨酸的生产主要采用化学合成法，以甘氨酸铜为原料制备L-苏氨酸。有报道，日本等以石油产品为原料，用微生物发酵法生产苏氨酸。

（一）结构与性质

苏氨酸（$C_4H_9NO_3$）分子中有 2 个不对称碳原子，故有 L-苏氨酸、D-苏氨酸和 L-别苏氨酸、D-别苏氨酸 4 种异构体，其中只有L-苏氨酸具有生理活性。L-苏氨酸的化学名称为 L-α-氨基-β-羟基丁酸，分子结构式如图 1-5 所示。苏氨酸纯品为白色结晶或结晶性粉末，无臭，微甜，pI=6.16，熔点为 255～257 ℃；溶于水，不溶于乙醇、乙醚及氯仿，在碱液中不稳定，受热分解为甘氨酸和乙醛。

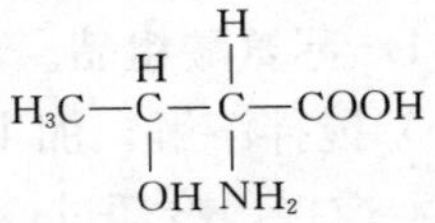

$$\begin{array}{ccc} & & H \\ H & | & | \\ H_3C-C-C-COOH \\ | & | \\ OH & NH_2 \end{array}$$

图 1-5 L-苏氨酸分子
结构式

（二）生产工艺与产品检验

1. 生产工艺路线

一氯乙酸 $\xrightarrow[\text{10 ℃，30 ℃，4 h}]{\text{甘氨酸制备（甲醛、氨水）}}$ 甘氨酸 $\xrightarrow[\text{60 ℃，1 h}]{\text{甘氨酸铜制备（碱式硫酸铜）}}$ 甘氨酸铜 $\xrightarrow[\text{60 ℃，1 h}]{\text{苏氨酸铜制备（乙醛、甲醇、氢氧化钾）}}$ D,L-苏氨酸铜

$\xrightarrow{\text{脱铜（732阳离子交换树脂、氨水）}}$ D,L-苏氨酸粗品 $\xrightarrow[\text{70 ℃，1 h}]{\text{精制（活性炭、乙醇）}}$ D,L-苏氨酸精品

$\xrightarrow[\text{95 ℃}]{\text{拆分、精制（L-苏氨酸晶种、活性炭、乙醇）}}$ L-苏氨酸精品

2. 工艺过程说明

（1）甘氨酸制备 一氯乙酸 95 kg、甲醛 150 L 混合后冷却至 10 ℃以下，滴加浓氨水 320 L（控制滴加速度使温度不超过 10 ℃），30 ℃保温 4 h，减压浓缩至有结晶析出（剩 100～150 L），稍冷，加入 3 倍量甲醇，冷藏过夜，滤取结晶，干燥得甘氨酸粗品。加 1.5～2 倍量水，加热溶解，活性炭脱色，过滤，滤液加入 2.0～2.5 倍量甲醇，置冷藏过夜，滤取结晶，干燥得甘氨酸精品，收率为 60%～68%。

（2）甘氨酸铜制备 甘氨酸 50 kg、水 350 L 投入反应罐中，60 ℃搅拌溶解，缓慢加入碱式硫酸铜 40 kg，60 ℃搅拌保温 1 h，过滤，滤液冷却结晶过夜，滤取结晶，60 ℃烘干得蓝色甘氨酸铜，收率为 95%～98%。

（3）苏氨酸铜制备 甘氨酸铜 75 kg、甲醇 600 L 投入反应罐中，搅拌溶解，加入乙醛 120 L，待温度稳定，再加入 5%氢氧化钾甲醇溶液 90 L，60 ℃保温反应 1 h，热滤，滤液中加入冰醋酸 5.5 L，减压回收甲醇至干，加水 75 L，搅拌分散后于 5 ℃过夜，滤取结晶，冷水洗涤，滤干得苏氨酸铜，收率为 68%～74%。

（4）脱铜和精制 苏氨酸铜 40 kg、10%氨水 1 000 L 投入反应罐中，搅拌溶解，过滤，滤液用 732 阳离子交换树脂吸附，用 2 mol/L 氨水和水洗脱，合并洗脱液，薄膜浓缩至 150 L，加 2 倍量乙醇，搅拌，5 ℃过夜，滤取结晶，80 ℃烘干得 D，L-苏氨酸粗品，收率为 62%～74%。取粗品 40 kg，加去离子水 120 L，加热溶解，加 5%活性炭，于 70 ℃搅拌脱色 1 h，过滤，滤液中加入乙醇 250 L，5 ℃过夜，滤取结晶，80 ℃烘干得 D，L-苏氨酸精品，收率为 87%～91%。

（5）拆分和精制　D，L-苏氨酸精品 20 kg、L-苏氨酸 2.25 kg、去离子水 72 L 投入反应罐中，在搅拌条件下迅速升温到 95 ℃至全部溶解，再迅速降温至 40 ℃，投入 L-苏氨酸 225 g 作晶种，缓慢降温至 29～30 ℃，滤取结晶，80 ℃烘干得 L-苏氨酸粗品。滤液可加入与已拆分出的 L-苏氨酸等量的 D，L-苏氨酸（总体积不变）及 D-苏氨酸晶种 225 g，拆分得 D-苏氨酸粗品。母液可如此反复套用拆分。L-苏氨酸粗品 15 kg，加 4 倍量去离子水，90 ℃搅拌溶解，加 1%活性炭，70 ℃脱色 1 h，热滤，滤液降温至 10 ℃后倒入 2 倍量乙醇中，搅拌，冷却过夜，滤取结晶，用乙醇 10 L 洗涤，抽干，80 ℃烘干得 L-苏氨酸精品，收率为 87%～92%。

3. 工艺分析与讨论

（1）制备甘氨酸　在国内均采用一氯乙酸氨化法制备甘氨酸，所用氨化剂有氨水-碳酸氢铵、氨水-乌洛托品等。本工艺用氨水-甲醛作氨化剂，收率高，可达 80%，且原料廉价。

（2）制备苏氨酸铜　曾用碳酸钾-吡啶作催化剂，水作溶剂制备苏氨酸铜，收率仅为 50%，而且反应后需调节 pH，再用水、稀醇液洗涤苏氨酸铜，工艺繁杂。本工艺用氢氧化钾作催化剂，甲醇作溶剂制备苏氨酸铜，收率约提高 15%，且后处理简单，副产物少。

（3）脱铜工艺　有报道，苏氨酸脱铜可用硫化氢法或阳离子交换树脂法。本法采用国产 732 阳离子交换树脂脱铜，但收率波动较大，主要影响因素是洗脱液浓缩时的温度。在碱性溶液中，苏氨酸受热易分解，温度超过 60 ℃浓缩，收率明显降低，故应注意控制温度。

（4）D-苏氨酸消旋　拆分所得的 D-苏氨酸制成铜盐，碱性条件下与乙醛在甲醇或水中反应，经中和、浓缩后，与乙醛缩合得 N-亚乙基-D，L-苏氨酸铜，经树脂处理可得消旋物。

4. 产品检验

（1）质量标准　本品为白色结晶，干重含量应为 98.5%～101.5%，比旋光度为 $-26.7°$～$-29.1°$，其 10%水溶液在 430 nm 处透光率大于 98.0%，1%水溶液 pH 为 5.2～6.2，干燥失重小于 0.2%，炽灼残渣小于 0.4%，氯化物小于 0.02%，铵盐小于 0.02%，硫酸盐小于 0.02%，砷盐小于 0.000 1%，铁盐小于 0.001%，重金属小于 10 mg/kg。

（2）含量测定　精确称量干燥样品 110 g，置于 125 mL 小三角瓶中，以甲酸 3 mL、冰醋酸 50 mL 的混合液溶解，采用电位滴定法，用 0.1 mol/L 高氯酸溶液滴定至终点，滴定结果以空白试验校正，每毫升高氯酸（0.1 mol/L）相当于 11.91 mg $C_4H_9NO_3$。

（三）药理作用与临床应用

L-苏氨酸是维持机体生长发育所必需的体内不能合成的氨基酸，可促进磷脂合成和脂肪酸氧化，具有抗脂肪肝作用。每天每人须自食物中摄取苏氨酸的最低限量为 0.5 g，安全摄取量为 1 g，苏氨酸缺乏会引起食欲不振、体重减轻、脂肪肝、睾丸萎缩及影响骨骼生长。本品可作为复方氨基酸注射液和多种滋补剂的成分。苏氨酸和铁的螯合物具有良好的抗贫血作用。

三、脯氨酸的制备及临床应用

脯氨酸是构成蛋白质的基本氨基酸之一，分布于多种蛋白质中。早期以水解明胶、蛋白质制备脯氨酸，日本采用从葡萄糖经微生物发酵法获得脯氨酸，已成为主要生产途径。我国采用化学合成法，将谷氨酸在无水乙醇中以硫酸作为催化剂进行酯化，直接用三乙胺游离氨基酸硫酸盐制备谷氨酸-γ-乙酯，再在水溶液中以硼氢化钾（KBH₄）还原得脯氨酸粗品，最后分离纯化得脯氨酸，小试总收率为 20％。

（一）结构与性质

脯氨酸（$C_5H_9NO_2$）是一种环状的亚氨基酸，化学名称为四氢吡咯-2-羧酸，分子结构式如图 1-6 所示。常温下纯品为柱状晶体，极易溶于水，25 ℃在水中的溶解度为 162.3 g，溶于乙醇，易潮解，不易制得结晶，pI=6.3，熔点 222 ℃。本品与茚三酮反应显黄色。

图 1-6　脯氨酸分子结构式

（二）生产工艺与产品检验

1. 生产工艺路线

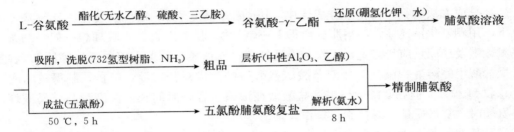

2. 工艺过程说明

（1）酯化　取 L-谷氨酸 147 g、无水乙醇 1 L 置三颈烧瓶中，搅拌冷却到 0 ℃，滴加浓硫酸 80 mL，0～5 ℃搅拌反应 1 h，室温继续反应 1 h，反应液全部变清。在 20 ℃左右滴加三乙胺至 pH 8～8.5，析出白色沉淀，于室温继续搅拌 1 h，冷却到 5 ℃，过滤，用 95％乙醇洗涤，抽干后真空干燥得谷氨酸-γ-乙酯。本品熔点 178～180 ℃，收率 80％～83％。

（2）还原　合并 2 次酯化产物谷氨酸-γ-乙酯，称取 175 g，量取蒸馏水 875 mL 置三颈烧瓶中，搅拌冷却至 5 ℃左右，分次加入硼氢化钾 53.9 g，约 1 h 内加完，室温反应 1 h，50 ℃反应 3 h，冷却至 0 ℃，用 6 mol/L 盐酸调节 pH 至 4，过滤得粗制脯氨酸水溶液。

（3）分离纯化

① 离子交换树脂-氧化铝柱层析分离法。上述水溶液以 4 mL/min 的流速进入预先处理好的 732 氢型树脂中（1 g 酸投料需 10 mL 树脂）吸附交换，用蒸馏水洗到中性，再用 1 mol/L 氨水洗脱，收集含有脯氨酸斑点的洗脱液（用硅胶-G 薄板层析控制）。减压浓缩至干，用少量蒸馏水溶解后，进入中性氧化铝柱（柱床直径：高为 1:20），用 60％乙醇水溶液洗脱，用薄板层析控制收集点（展开剂为饱和苯酚水溶液，显色剂为 0.3％茚三酮乙醇溶液）。洗脱液减压浓缩至干，再以无水乙醇洗数次，加适当无水乙醇湿润，稍冷后加入无水乙醚，冷却过滤，真空干燥，得脯氨酸精品。本品熔点为 220～222 ℃（分解），收率为 28％左右。

② 五氯酚沉淀解析分离法。

A. 成盐：将已调到 pH 为 4 的还原反应液（按 0.333 mol/L 谷氨酸-γ-乙酯投料计）置反应瓶中，加热搅拌，在 50 ℃时滴加五氯酚乙醇溶液（0.111 mol 五氯酚溶解在 70 mL 乙醇中），同温搅拌反应 5 h。冷却到 0 ℃，过滤，用少量冰水洗涤，抽干，干燥得复盐，熔点 240～242 ℃，沉淀率 95%。

B. 解析：取上述复盐 38.4 g、蒸馏水 200 mL、氨水 20 mL，置三颈烧瓶中，室温搅拌 8 h，冷却到 0 ℃，用少量冰水洗涤，滤液减压浓缩，加入蒸馏水 100 mL，过滤，滤液用活性炭脱色。用乙醚提取，分出水层，继续浓缩至干，用无水乙醇脱水数次，再加少量无水乙醇湿润，加 2 倍量无水乙醚，冷却，过滤，真空干燥得脯氨酸精品。本品熔点为 220～222 ℃（分解）。

3. 工艺分析与讨论

（1）合成原料　本法采用谷氨酸为原料，合成谷氨酸-γ-乙酯再还原制备脯氨酸，操作简便，原料易得，成本低廉。两种纯化方法所用树脂、氧化铝和五氯酚可再生利用，尤以五氯酚沉淀法更方便。但还原反应收率偏低，若能避免 α-氨基酸分解及 γ-乙酯的还原水解，提高收率还有较大潜力。

（2）合成方法研究　在化学合成法中，Bugle 等报道了 L-吡咯酮酸在三乙氧基氟硼酸催化下，用硼氢化钠还原，经树脂分离得 L-脯氨酸，收率达 75%，较理想。但是制备三乙氧基氟硼酸及还原反应均需绝对无水和惰性气流，操作条件苛刻。田中正生等用 L-谷氨酸在干燥盐酸甲醇溶液中酯化，经双苯胺硫氰酸铬铵盐成复盐沉淀，解析，制得较纯的脯氨酸，总收率 20%。但谷氨酸-γ-甲酯盐酸盐在浓缩过程中时间长，温度稍高就易破坏。分离脯氨酸时，复盐质量不易控制，操作繁杂。

（3）其他制备方法　人发中含脯氨酸 1.5%，可在其制备胱氨酸和精氨酸的水解废液中，采用五氯酚沉淀法提取脯氨酸。在 500 g 人发的水解废液中收得脯氨酸五氯酚复盐 43 g，得率 8.6%，脯氨酸得率 0.38%。

（4）羟脯氨酸　在自然界的胶原及弹性蛋白中含有的 L-羟脯氨酸能参与关节和肌腱的某些机能，制成的乙酰羟脯氨酸为白色粉末，微酸，熔点 132 ℃，溶于水、甲醇和乙醇，不溶于氯仿和乙醚。羟脯氨酸在临床上用于治疗皮肤病，能促进伤口愈合，也用于治疗风湿性关节炎和结缔组织疾病。

4. 产品检验

（1）质量标准　本品为白色结晶或结晶性粉末，干重含量应不得少于 98.5%，比旋光度为 -84.5°～-86.0°，其 10% 水溶液在 430 nm 处透光率大于 98.0%，10% 水溶液 pH 为 5.9～6.9，干燥失重小于 0.5%，炽灼残渣小于 0.1%，氯化物小于 0.02%，铵盐小于 0.02%，硫酸盐小于 0.02%，砷盐小于 0.000 1%，铁盐小于 0.001%，重金属小于 10 mg/kg，热原应符合规定。

（2）含量测定　取本品约 0.1 g，精密称量，加无水甲醇 3 mL 溶解后，加冰醋酸 50 mL，按照电位滴定法，用高氯酸滴定液（0.1 mol/L）滴定，并将滴定的结果用空白试验校正。每毫升高氯酸滴定液（0.1 mol/L）相当于 11.513 mg 的 $C_5H_9NO_2$。

（三）药理作用与临床应用

脯氨酸是合成人体蛋白质的重要氨基酸之一，是氨基酸注射液的重要原料。脯氨酸在医药上用于营养不良、蛋白质缺乏症、肠胃疾病、烫伤及术后蛋白质的补充等。

第五节 微生物发酵法和酶促合成法制备氨基酸

一、赖氨酸的制备及临床应用

赖氨酸（lysine，Lys）是人体必需氨基酸之一。由于其在大米、玉米等食物中含量较低，容易造成人体缺乏，被称为"第一缺乏氨基酸"。赖氨酸广泛存在于各种蛋白质中，肉、蛋和乳等高蛋白物质中含量较高，为 $7\%\sim9\%$，鸡卵蛋白中高达 13%。目前，赖氨酸的生产多采用微生物发酵法，工艺比较成熟，已形成一定的生产规模。

（一）结构与性质

赖氨酸（$C_6H_{14}N_2O_2$）属碱性氨基酸，分子中含 2 个氨基，其化学名称为 2，6-二氨基己酸，分子结构式如图 1-7 所示。

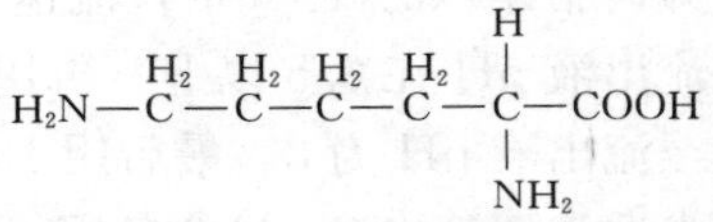

赖氨酸纯品极易吸潮，一般制成赖氨酸盐酸盐。赖氨酸盐酸盐纯品为白色单斜晶形粉末，无臭，味甜，$pI=$ 9.74，熔点为 $263\sim264\ ℃$；易溶于水，不溶于乙醇和乙醚。

$$H_2N-\overset{H_2}{C}-\overset{H_2}{C}-\overset{H_2}{C}-\overset{H_2}{C}-\overset{\overset{H}{|}}{\underset{\underset{NH_2}{|}}{C}}-COOH$$

图 1-7 赖氨酸的分子结构式

（二）生产工艺与产品检验

1. 生产工艺路线

AS1.563菌种 $\xrightarrow[\text{32 ℃，17 h}]{\text{菌种培养(种子培养基)}}$ 种子 $\xrightarrow[\text{32 ℃，38 h}]{\text{发酵(发酵培养液)}}$ 发酵液 $\xrightarrow{\text{732型树脂(NH}_4^+\text{型)}}$ 吸附物

$\xrightarrow[\text{pH 8~14}]{\text{洗脱(氨水)}}$ 洗脱液 $\xrightarrow{\text{浓缩}}$ 浓缩液 $\xrightarrow[\text{pH 4.9，3 d}]{\text{结晶(盐酸)}}$ L-赖氨酸盐酸盐粗品 $\xrightarrow{\text{脱色、浓缩(活性炭)}}$

浓缩液 $\xrightarrow{\text{结晶、干燥}}$ L-赖氨酸精品

2. 工艺过程说明

（1）菌种培养 高丝氨酸缺陷型菌株 AS1.563 于 $30\sim32\ ℃$ 活化 24 h 后，先于 32 ℃ 进行斜面培养，培养基成分：葡萄糖 0.5%、牛肉膏 1.0%、蛋白胨 0.5%、琼脂 2.0%，pH 7.0。再进行种子培养，培养基成分：葡萄糖 2.0%、玉米浆 2.0%、硫酸镁 0.05%、硫酸铵 0.4%、磷酸二氢钾 0.1%、碳酸钙 0.5%、豆饼水解液 1.0%，pH $6.8\sim7.0$。接种量 5%，32 ℃培养 17 h。

（2）发酵 发酵培养液成分：葡萄糖 15%、尿素 0.4%、硫酸镁 0.04%、硫酸铵 2.0%、磷酸二氢钾 0.1%、豆饼水解液 2.0%，接种量 5%，通气量 $0.3\ L/(L\cdot min)$，32 ℃培养 38 h。

（3）吸附、洗脱、浓缩和结晶 发酵液加热至 80 ℃，搅拌 10 min，冷却至 40 ℃，用硫酸调节 pH 至 $4\sim5$（发酵液含酸量 2.5% 左右），静置 2 h 后上 732 型树脂（NH_4^+ 型）柱（树脂用量与发酵液量的体积比为 1：3），流速 1 000 mL/min。当流出液 pH 逐渐升高至 $5.5\sim6$ 时，表明树脂饱和，一般吸附 $2\sim3$ 次。饱和树脂用无盐水反复洗涤，除去菌体和杂质，直至滤出液澄清。用 $2\sim2.5\ mol/L$ 氨水洗脱，流速为 $400\sim800\ mL/min$，从 pH 8 开始收集，至 pH $13\sim14$ 时结束。洗脱液除氨，真空浓缩，冷却，用浓盐酸调节 pH 至 4.9，静置 3 d，

析出结晶，离心甩干得 L-赖氨酸盐酸盐粗品。

（4）脱色、浓缩、结晶和干燥　粗品用蒸馏水溶解，加 10%～12% 活性炭脱色，过滤，滤液澄清略带微黄色，于 40～45 ℃、93 kPa 下真空浓缩，至饱和为止，自然冷却结晶。滤取结晶，60 ℃干燥得 L-赖氨酸盐酸盐精品，收率 50% 以上。

3. 工艺分析与讨论

（1）影响产酸率因素　通过筛选优良菌种，并延长种龄，使种子长得丰满，或用亚硝基胍诱变处理菌种，调整培养基成分和配比（如加入蛋白胨），适当提高通气量，均可提高产酸量。

（2）732 型树脂的处理与再生

① 732 型树脂的处理。先用无盐水反复洗去碎粒和杂质，用 1 mol/L 盐酸流洗（盐酸用量为树脂体积的 5～6 倍，流速每分钟为树脂体积的 1/50），并浸泡 10～12 h，用无盐水洗至流出液 pH 在 6.5 以上。再用 1 mol/L 氢氧化钠溶液洗涤（用量、流速同上），无盐水洗涤至流出液 pH 为 8。最后用 1 mol/L 盐酸、1 mol/L 氢氧化铵洗涤（用量、流速同上），无盐水洗涤至流出液 pH 8 备用。

② 732 型树脂的再生。先用 1 mol/L 盐酸、无盐水洗涤树脂至流出液 pH 在 5 以上，再用 1 mol/L 氢氧化铵、无盐水洗涤树脂至流出液 pH 为 8 备用（用量、流速同上）。

（3）提高收率　采用电渗析法纯化浓缩赖氨酸溶液，可明显提高回收率。增加树脂用量，能提高吸附率和总收率。

（4）酶法合成　1973 年，日本的福村等人发表了酶促合成法制备赖氨酸的新工艺，即利用 L-α-氨基己内酰胺水解酶和 D-α-氨基己内酰胺消旋酶，在同一反应罐内对 D, L-α-氨基己内酰胺进行水解和消旋，最后全部转化成 L-赖氨酸。

4. 产品检验

（1）质量标准　赖氨酸盐酸盐为白色或类白色结晶粉末，干重含量应不低于 98.5%，比旋光度为 +20.2°～+21.5°，其 5% 水溶液在 430 nm 处透光率大于 98.0%，0.1% 水溶液 pH 为 5.0～6.0，干燥失重小于 1.0%，炽灼残渣小于 0.1%，含氯量为 19.0%～19.6%，硫酸盐小于 0.03%，砷盐小于 0.000 2%，铁盐小于 0.003%，铵盐小于 0.02%，重金属小于 10 mg/kg，热原应符合注射用规定。

（2）含量测定　精确称量干燥样品 80 mg，加醋酸汞试液 5 mL、冰醋酸 25 mL，加热至 60～70 ℃使溶解，依照电位滴定法，用 0.1 mol/L 高氯酸溶液滴定，滴定结果以空白试验校正。每毫升高氯酸（0.1 mol/L）相当于 9.133 mg $C_6H_{14}N_2O_2 \cdot HCl$。

（三）药理作用与临床应用

赖氨酸在维持人体氮平衡的 8 种必需氨基酸中特别重要，是衡量食物营养价值的重要指标之一，特别是在儿童发育期、病后恢复期、妊娠授乳期，对赖氨酸的需要量更高。赖氨酸缺乏会引起发育不良、食欲不振、体重减轻、负氮平衡、低蛋白血、牙齿发育不良、贫血、酶活性下降及其他生理功能障碍。本品主要用作儿童和恢复期病人的营养剂，可单独使用，一般与维生素、无机盐及其他必需氨基酸混合使用。赖氨酸能提高血脑屏障通透性，有助于药物进入脑细胞内，是治疗脑病的辅助药物。赖氨酸抗坏血酸盐可促进食欲。赖氨酸氯化钙合剂适用于各种缺钙症。赖氨酸铝盐可治疗胃溃疡。赖氨酸乳清酸盐即赖乳清酸为护肝药物，适用于各种肝炎、肝硬化、高血氨症等。赖氨酸阿司匹林具有镇痛作用，无成瘾性，临床应用很广。苯甲酰苯基丙酸赖氨酸具有较好的解热镇痛作用。三甲赖氨酸（THL）对细胞增殖有促进作用，可作为免疫增强药物。

二、异亮氨酸的制备及临床应用

异亮氨酸（isoleucine，Ile）为人体必需氨基酸之一，成人每日需要量为每千克体重 10 mg，婴幼儿为每千克体重 87 mg。异亮氨酸广泛存在于所有蛋白质中，其生产方法主要是微生物发酵法和化学合成法。

（一）结构与性质

异亮氨酸（$C_6H_{13}NO_2$）的化学名称为 2-氨基-3-甲基戊酸，分子结构式如图 1-8 所示。异亮氨酸在乙醇中形成菱形叶片状或片状晶体，无臭，味微苦，pI = 6.02，熔点为 285～286 ℃；溶于热乙酸，微溶于水，25 ℃ 水中溶解度为 4.17 g，75 ℃ 水中溶解度为 6.08 g，几乎不溶于乙醇或乙醚，20 ℃ 乙醇中溶解度为 0.072 g。

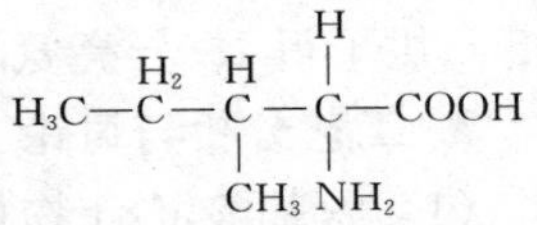

$$H_3C-\overset{H_2}{C}-\overset{H}{C}-\overset{\overset{H}{|}}{C}-COOH$$
$$\quad\ \ \underset{CH_3}{|}\quad\underset{NH_2}{|}$$

图 1-8　异亮氨酸的
分子结构式

（二）生产工艺与产品检验

1. 生产工艺路线

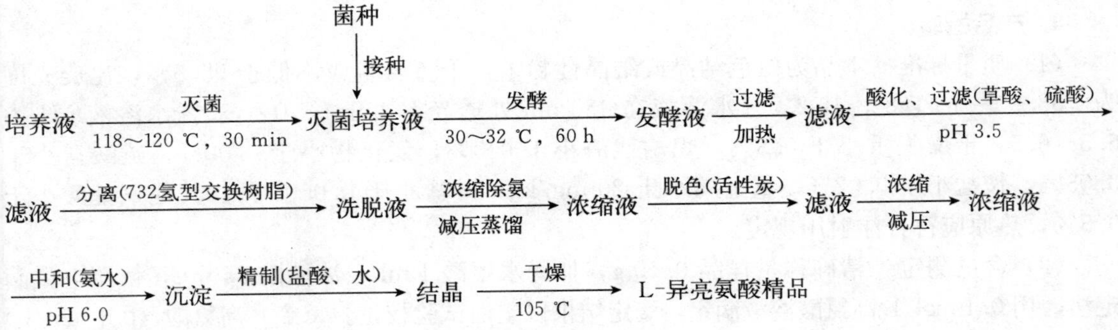

培养液 —灭菌（118～120 ℃，30 min）→ 灭菌培养液 —接种（菌种）→ —发酵（30～32 ℃，60 h）→ 发酵液 —过滤加热→ 滤液 —酸化、过滤（草酸、硫酸）（pH 3.5）→

滤液 —分离（732氢型交换树脂）→ 洗脱液 —浓缩除氨 减压蒸馏→ 浓缩液 —脱色（活性炭）→ 滤液 —浓缩减压→ 浓缩液 —

—中和（氨水）（pH 6.0）→ 沉淀 —精制（盐酸、水）→ 结晶 —干燥（105 ℃）→ L-异亮氨酸精品

2. 工艺过程说明

（1）菌种培养　培养基成分：葡萄糖 2%、尿素 0.3%、玉米浆 2.5%、豆饼水解液（以干豆饼计）0.1%，pH 6.5。1 000 mL 三角瓶中培养基装量为 200 mL，接种一环牛肉膏斜面 AS1.998 菌种，30 ℃摇床培养 16 h（转速为 105 r/min）。经逐级放大培养（接种量 3.5%，培养 8 h）获得足够量菌种。

（2）发酵　发酵培养液成分：硫酸铵 4.5%、豆饼水解液 0.4%、玉米浆 2.0%、碳酸钙 4.5%，pH 7.2。淀粉还原糖初糖浓度为 11.5%。发酵培养液在 118～120 ℃、110 kPa 下灭菌 30 min，立即冷却至 35 ℃，接入菌种（1∶100），在 30～32 ℃、0.2 L/(L·min) 通气量的条件下发酵 60 h，在 25～50 h 间不断地补加尿素至 0.6%、氨水至 0.27%。

（3）除菌体和酸化　发酵液于 100 ℃加热 10 min，冷却过滤，滤液加硫酸和草酸调节 pH 至 3.5，过滤除沉淀。

（4）分离和浓缩　滤液以每分钟 1.5% 树脂质量的流速过 732 氢型交换树脂柱（40 cm×100 cm），用去离子水 100 L 洗涤，再用 60 ℃、0.5 mol/L 氨水以 3 L/min 的流速洗脱，分步收集。合并 pH 3～12 的洗脱液，70～80 ℃减压蒸馏浓缩至黏稠状，加去离子水再浓缩，重复 3 次。

（5）脱色、浓缩和中和　浓缩液加去离子水至原体积的 1/4，搅拌均匀，用 2 mol/L 盐酸调 pH 至 3.5，加 1％活性炭，于 70 ℃搅拌脱色 1 h，过滤。滤液减压浓缩，用 2 mol/L 氨水调 pH 至 6.0，5 ℃过夜，滤取沉淀，105 ℃烘干得异亮氨酸粗品。

（6）精制　粗品 10 kg 加浓盐酸 8 L 和去离子水 20 L，加热至 80 ℃，搅拌溶解，加氯化钠 10 kg 至饱和，用氢氧化钠调 pH 至 10.5，过滤，滤液用盐酸调 pH 至 1.5，5 ℃过夜。滤取沉淀，加去离子水 80 L，加热至 80 ℃溶解，加适量氯化钠和 1％活性炭，于 70 ℃搅拌脱色 1 h，过滤，滤液减压浓缩，用氨水调 pH 至 6.0，5 ℃结晶过夜，滤取结晶，抽干，105 ℃烘干得 L-异亮氨酸精品。

3. 工艺分析与讨论

（1）氨基酸混合物的分离　发酵法所得为氨基酸的混合物，分离较为困难，选用 AS1.299 菌株发酵，再经 732 氢型交换树脂分离，L-异亮氨酸收率较高。

（2）化学合成异亮氨酸　目前也用 Strecker 合成法制备异亮氨酸，即以异戊醛、HCN 为原料，经氨化、水解制得。由于异亮氨酸分子中含有 2 个不对称碳原子，合成产物得到 4 个异构体，根据溶解度不同，首先将 D，L-异亮氨酸和 D，L-别异亮氨酸加以分离，然后利用酰基转化酶，将 D，L-异亮氨酸变成酰化 D，L-异亮氨酸，再根据其水解速度不同，将水解产物分步结晶而分离。

4. 产品检验

（1）质量标准　本品为白色结晶或结晶性粉末，干重含量应不低于 98.5％，比旋光度为 +38.9°～+41.8°，其 2.5％水溶液在 430 nm 处透光率大于 98.0％，2％水溶液 pH 为 5.5～6.5，干燥失重小于 0.3％，炽灼残渣小于 0.3％，氯化物小于 0.02％，硫酸盐小于 0.03％，铵盐小于 0.02％，重金属小于 20 mg/kg，砷盐小于 0.000 2％，其他氨基酸小于 0.5％，热原应符合注射用规定。

（2）含量测定　精确称量样品 0.10 g，加无水甲酸 1 mL、冰醋酸 25 mL，依照电位滴定法，用 0.1 mol/L 高氯酸溶液滴定，滴定结果以空白试验校正。每毫升高氯酸（0.1 mol/L）相当于 13.12 mg $C_6H_{13}NO_2$。

（三）药理作用与临床应用

L-异亮氨酸为营养剂，对维持成人、婴儿、儿童生长都不可缺少。缺乏 L-异亮氨酸，可引起骨骼肌萎缩和变性。L-异亮氨酸通常制成复方氨基酸注射液，与其他糖类、无机盐和维生素混合后应用。在补充氨基酸时，异亮氨酸和其他必需氨基酸应保持适当比例，如果异亮氨酸用量过大，反而会产生营养对抗作用，引起其他氨基酸消耗，出现负氮平衡。

三、天冬氨酸的制备及临床应用

天冬氨酸（aspartic acid，Asp）也称天门冬氨酸，属酸性氨基酸，广泛存在于所有蛋白质中。在医药工业中，多用酶促合成法生产天冬氨酸，即以延胡索酸和铵盐为原料，使用天冬氨酸酶催化生产 L-天冬氨酸。

（一）结构与性质

天冬氨酸（$C_4H_7NO_4$）分子中含有 2 个羧基和 1 个氨基，化学名称为 α-氨基丁二酸或氨基琥珀酸，分子结构式如图 1-9 所示。天冬氨酸纯品为白色菱形叶片状结晶，p*I* =

2.77，熔点为 269～271 ℃；溶于水及盐酸，不溶于乙醇及乙醚，在25 ℃水中溶解度为 0.8 g，在 75 ℃水中溶解度为 2.88 g，在乙醇中溶解度为 0.000 16 g；在碱性溶液中为左旋性，在酸性溶液中为右旋性。

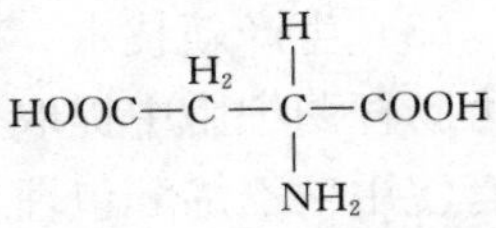

$$\underset{\text{HOOC}}{} \text{HOOC}-\overset{H_2}{C}-\overset{\overset{\displaystyle H}{|}}{\underset{\underset{\displaystyle NH_2}{|}}{C}}-\text{COOH}$$

图 1-9　天冬氨酸分子结构式

（二）生产工艺与产品检验

1. 生产工艺路线

培养基 --菌种培养--> 菌体 --细胞固定--> 含天冬氨酸酶的固定化大肠杆菌 --装入填充床式反应器--> 生物反应器

--转化延胡索酸铵--> 转化液 --分离--> L-天冬氨酸粗品 --纯化--> L-天冬氨酸精品

2. 工艺过程说明

（1）菌种培养　先在斜面培养基上培养大肠杆菌（*Escherichia coli*）AS1.881，培养基为普通肉质培养基。再接种于摇瓶培养基中，培养基成分：玉米浆 7.5%、延胡索酸 2.0%、硫酸镁 0.02%，氨水调节 pH 至 6.0。37 ℃振摇培养 24 h。逐级扩大培养至 1 000～2 000 L。用 1 mol/L 盐酸调节 pH 至 5.0，45 ℃保温 1 h，冷却室温，收集菌体（含天冬氨酸酶）。

（2）细胞固定　取湿大肠杆菌菌体 20 kg 悬浮于生理盐水 80 L 中，40 ℃保温，加入 40 ℃、12%明胶溶液 10 L 及 1.0%戊二醛溶液 90 L，充分搅拌均匀，5 ℃过夜。切成 3～5 mm³ 的小块，浸于 0.25%戊二醛溶液中过夜，用蒸馏水充分洗涤，滤干得含天冬氨酸酶的固定化大肠杆菌。

（3）生物反应器　将含天冬氨酸酶的固定化大肠杆菌装于填充床式反应器中，制成流化床生物反应器，备用。

（4）转化反应　保温至 37 ℃的 1 mol/L 延胡索酸铵（含 1 mmol/L 氯化镁，pH 8.5）底物溶液按一定速度连续流过生物反应器，流速达最大转化率（>95%）为限度，收集转化液。

（5）纯化与精制　过滤转化液，滤液用 1 mol/L 盐酸调节 pH 至 2.8，5 ℃过夜，滤液结晶，用少量冷水洗涤，抽干，105 ℃干燥得 L-天冬氨酸粗品。粗品用稀氨水（pH 5）溶解成 15%溶液，加 1%活性炭，70 ℃搅拌脱色 1 h，过滤，滤液于 5 ℃过夜，滤取结晶，85 ℃真空干燥得 L-天冬氨酸精品。

3. 工艺分析与讨论

（1）工艺清洁化　有报道，将延胡索酸加入酶转化液中提取 L-天冬氨酸，晶体分离后的母液补加延胡索酸和氨水后，可以继续作为底物进行下一次的酶反应，该方法得到的晶体纯度高。但因延胡索酸酸度低，产品收率低。有人提出，利用延胡索酸发酵废液培养 L-天冬氨酸转化菌的策略，不仅为实现延胡索酸发酵废液的循环利用，同时也为探索更加经济有效的 L-天冬氨酸生产工艺提供了理论基础。

（2）反应设备研究　流化床生物反应器中，固定化细胞磨损严重，且易破裂，缩短了固定化细胞的酶活半衰期。为此，人们研究了新型反应设备。随着近年来膜技术的发展而产生的膜生物反应器，可以利用膜将游离细胞阻挡于反应器内，同样达到固定化而又不损伤细胞（酶）的目的。

（3）生产新技术　1978 年以后，用角叉菜胶为载体制备固定化酶，也可将天冬氨酸酶从大肠杆菌细胞中提取分离出来，再用离子键结合法制成固定化酶，用于工业化生产。国内也有使用聚乙烯醇包埋等诸多方式生产具有高活力大肠杆菌的报道，它可以固定细胞活性，达到能够循环使用的目的。

4. 产品检验

（1）质量标准　本品为白色菱形叶片状结晶，干重含量应为 98.5%～101.5%，比旋光度为 +24.8°～+25.8°，其 10% 盐酸（1 mol/L）溶液在 430 nm 处透光率大于 98.0%，0.5% 水溶液 pH 为 2.5～3.5，干燥失重小于 0.20%，炽灼残渣小于 0.10%，氯化物小于 0.02%，铵盐小于 0.02%，硫酸盐小于 0.02%，铁盐小于 0.001%，砷盐小于 0.000 1%，重金属小于 10 mg/kg。

（2）含量测定　精确称量干燥样品 130 mg，置于 125 mL 小三角瓶中，用甲酸 6 mL、冰醋酸 50 mL 的混合液溶解，采用电位滴定法，以 0.1 mol/L 高氯酸溶液滴定至终点，以空白试验校正。每毫升高氯酸溶液（0.1 mol/L）相当于 13.31 mg $C_4H_7NO_4$。

（三）药理作用与临床应用

天冬氨酸在三羧酸循环、鸟氨酸循环及核苷酸合成中都起重要作用。它对细胞亲和力很强，可作为钾离子、镁离子的载体，向心肌输送电解质，促进细胞去极化，维持心肌收缩能力，同时可降低心肌耗氧量，在冠状动脉循环障碍引起缺氧时，对心肌有保护作用。天冬氨酸参与鸟氨酸循环，促进尿素生成，降低血液氨和二氧化碳含量，增强肝功能。本品适用于各种心脏病，可改善洋地黄中毒引起的心律失常、恶心、呕吐等中毒症状，还适用于急慢性肝炎、肝硬化、胆汁分泌不足、高血氨症、低血钾症等。

➡**思政：积极主动的工作品质（天冬氨酸）**。天冬氨酸的发现历史悠久，但直到 1958 年，Laborit 等人做了许多天冬氨酸的生理学及临床上的研究，才引起人们注意其作为医药品的使用效果。天冬氨酸脱氨生成草酰乙酸，促进三羧酸循环，因而是三羧酸循环中的重要物质。此外，天冬氨酸也和鸟氨酸循环有密切关系，有使血液中的氨转变为尿素而排出体外的功能。同时，天冬氨酸是合成乳清酸等核酸前体物质的原料。通常将天冬氨酸制成钙、镁、钾或铁等的盐类后使用，因为这些金属在和天冬氨酸结合后，能被"主动输送"而透过细胞膜，进入细胞内被利用，从而使金属元素充分发挥作用。天冬氨酸钾盐和镁盐的混合物，主要用于缓解疲劳，治疗心脏病、肝病、糖尿病等疾病。

第六节　水解蛋白和氨基酸注射液

一、水解蛋白的制备

水解蛋白是以血纤维蛋白、酪蛋白、血浆、全血、蚕蛹、大豆或豆饼为原料，经酸和酶催化水解制成的含多种氨基酸混合物的一种静脉营养剂，一般含有 17～18 种氨基酸，其中 8 种人体必需氨基酸俱全。严重外伤或其他重危病人不能经胃肠道吸收蛋白质营养时，可输注本品，以维持机体的氮平衡。

近年来，在氨基酸工业发达的国家，水解蛋白注射液似有被取代的趋势，但世界上其他国家仍在生产，美国药典上所收载水解蛋白注射液就有 8 种规格，我国医疗上常用的静脉营养剂仍以水解蛋白注射液为主。

（一）性质

水解蛋白干粉呈白色或黄白色粉末，有特殊气味，易潮解，水解性高。其注射液为无色或者几乎无色的澄清液体，pH 为 5.0～7.0。

（二）生产工艺类型

1. 以酪蛋白为原料的酸水解法

（1）生产工艺路线

$$\text{酪蛋白} \xrightarrow[\substack{125\sim130\ ℃,\ 15\ h}]{\substack{\text{水解（盐酸、蒸馏水）}}} \text{水解液} \xrightarrow[\substack{pH\ 8.0\sim6.4}]{\substack{\text{脱色、除酸（活性炭、701型树脂）}}} \text{脱色滤液} \xrightarrow{\substack{\text{除热原（活性炭）}}} \text{滤液}$$

$$\xrightarrow{\substack{\text{浓缩}}} \text{浓缩液} \xrightarrow[\substack{10\ ℃}]{\substack{\text{除酪氨酸}}} \text{滤液} \xrightarrow[\substack{100\ ℃}]{\substack{\text{除组胺（活性炭、白陶土）}}} \text{滤液} \xrightarrow[\substack{<90\ ℃}]{\substack{\text{浓缩、干燥}}} \text{水解蛋白干粉}$$

（2）工艺过程说明

① 水解。蒸馏水 300 kg、盐酸 56 kg 投入反应罐中，搅拌下加入酪蛋白 90 kg，密封反应罐，125～130 ℃水解 15 h，水解液移至储液槽中，加蒸馏水 400～500 L 稀释。

② 脱色和除酸。水解稀释液中加入活性炭 500 g，搅匀，抽滤，滤液冷至 30 ℃以下，上 701 型树脂柱除酸（流速为 6.67 L/h），最初流出液 pH 为 8 以上，以后 pH 逐渐下降，收集 pH 为 6.4～8.0 的流出液。用蒸馏水洗涤柱床，洗涤液可供下批稀释用。每批水解液约需 8 根交换柱，每柱装树脂 40 kg。

③ 除热原、酪蛋白和组胺。收集液加入 0.3％活性炭，搅拌煮沸 5 min 除热原，过滤，滤液 60 ℃以下减压浓缩至胶状，加 3～4 倍蒸馏水，搅匀，冷却至 10 ℃后静置 6 h，过滤除去析出的酪氨酸，滤液加 0.5％活性炭，煮沸，自然降温至 90 ℃，加 2％白陶土，搅拌 30 min，过滤除组胺。

④ 浓缩和干燥。滤液于 50 ℃浓缩至胶状，90 ℃以下真空干燥，得水解蛋白干粉，收率为 60％～65％。

2. 以血纤维蛋白为原料的酶水解法

（1）生产工艺路线

$$\text{新鲜猪血} \xrightarrow[\substack{\text{搅拌，pH 9.0, 100 ℃}}]{\substack{\text{原料处理（氢氧化钠）}}} \text{变性血纤维蛋白} \xrightarrow[\substack{pH\ 7.2\sim7.5,\ 48\sim50\ ℃}]{\substack{\text{酶水解（胰浆、甲苯、氢氧化钙）}}} \text{水解液} \xrightarrow[\substack{pH\ 5.7\sim5.8,\ 100\ ℃,\ 1\ h}]{\substack{\text{中和（磷酸）}}}$$

$$\text{中和液} \xrightarrow[\substack{pH\ 6.4}]{\substack{\text{浓缩（氢氧化钠）}}} \text{浓缩液} \xrightarrow[\substack{100\ ℃,\ 30\ min}]{\substack{\text{除酪氨酸}}} \text{滤液} \xrightarrow[\substack{pH\ 4.5}]{\substack{\text{精制（盐酸、活性炭、白陶土）}}} \text{精制液} \xrightarrow[\substack{pH\ 5.5}]{\substack{\text{除酸（701型树脂）}}}$$

$$\text{滤液} \xrightarrow{\substack{\text{浓缩、干燥}}} \text{水解蛋白干粉}$$

（2）工艺路线说明

① 原料处理。取新鲜猪血，剧烈搅拌，滤取凝聚血纤维蛋白，反复用水洗至无血色，绞碎，用无热原去离子水洗涤，抽干。按每 25 kg 血纤维蛋白加蒸馏水 120 L 投料，煮沸 30 min，滤去水，加用 2 mol/L 氢氧化钠调 pH 至 9.0 的蒸馏水 120 L，煮沸 30 min，滤去水，同法再处理 1 次，封罐降温。

② 酶水解。待罐内温度降至 55 ℃时，加适量甲苯，搅拌下加入 0.4 倍量绞碎的胰浆，

用氢氧化钙调 pH 至 7.2～7.5，48～50 ℃搅拌下水解 6 h，再用氢氧化钙调 pH 至 7.3～7.5，并补加适量甲苯，密封水解罐，保温水解 20 h，间歇搅拌。测定水解率，氨基氮应占总氮量 47% 以上，24 h 即可出料。否则应适当延长时间。

③ 中和与浓缩。水解液用磷酸调 pH 至 5.7～5.8，加热煮沸 1 h，降温至 70～80 ℃，过滤，滤液用 10 mol/L 氢氧化钠调 pH 至 6.4～6.6，减压浓缩至原滤液体积的 1/4，再加热煮沸 30 min，冷库放置 24 h 以上，使酪氨酸与钙的磷酸盐充分析出。

④ 精制。浓缩液在 10 ℃以下过滤，用少量蒸馏水洗滤渣，合并滤液，用新鲜蒸馏水补足到原料量的 2.4 倍，用盐酸调 pH 至 4.5，按原料量加入 2% 活性炭，80 ℃搅拌脱色 30 min，再按原料量加入 20% 白陶土，80～90 ℃搅拌 30 min，热滤，滤液按上法再处理 1 次。待滤液温度降至 35 ℃以下，加 701 型弱碱性阴离子树脂，使 pH 上升至 5.5，滤去树脂，滤液减压浓缩至糖浆状，80 ℃真空干燥，即得水解蛋白干粉，收率为 15%～20%。

3. 以豆饼为原料的水解法

（1）生产工艺路线

冷轧豆饼粉 —提取(去离子水) pH 4～5, 100 ℃, 1 h→ 湿大豆蛋白 —水解(盐酸) 121～128 ℃→ 水解液 —除酸(701型树脂) pH 7→ 流出液 —精制(活性炭、白陶土) 70～80 ℃→ 水解蛋白精制液或制成干粉

（2）工艺路线说明

① 提取。冷轧豆饼粉加 14 倍量去离子水，充分搅拌，用 4 mol/L 氢氧化钠调 pH 至 6.5～7，过滤，滤液用浓盐酸调 pH 至 4～5，煮沸 1 h，静置沉淀，滤去上层泡沫和溶液，沉淀加 2 倍量蒸馏水，搅匀，冷至 40～50 ℃，甩干得湿大豆蛋白。

② 水解和除酸。取湿大豆蛋白搅拌下投入已有水的夹层罐内，加入 0.6～0.65 倍量浓盐酸，加热。当罐内温度达到 121～128 ℃、夹层蒸汽达到 100 kPa 时，开始计时，水解 15 h，此时水解液颜色变深，固体物减少，停止搅拌，冷至 40 ℃以下出料，水解液减压过滤，除去少量大豆油。滤液上 701 型树脂柱（pH 7.0）除酸，当流出液呈微黄色、pH 为 13 时开始收集，流出液 pH 降至 6.4 时停止收集，流出液含氮量应为 1.7% 左右。

③ 精制。按收集液体积，加 4% 白陶土和 2% 活性炭，于 70～80 ℃脱色，过滤得滤液。重复 1 次，得水解蛋白精制液，或浓缩干燥制成干粉。

（三）工艺分析与讨论

1. 蛋白质水解成氨基酸的原因 因为异性蛋白可导致变态反应，所以不能将蛋白质直接静脉输注，必须水解成氨基酸使其失去抗原性才能使用，制备过程中也应严格控制热原、细菌的污染等。酸水解法水解蛋白质较为彻底，致敏原和热原易于控制，便于扩大生产，但色氨酸被破坏，需另外补加。酶水解法条件温和，可保留全部氨基酸，但水解时间长，且水解不彻底，致敏原和热原不易控制。以猪全血为原料，用盐酸水解后，除去部分酸性氨基酸及铵盐，补充个别氨基酸，可制备出水解蛋白注射液。此法原料来源广泛，致敏物和热原易解决，氨基酸分析及氮平衡实验证明，营养价值高。

2. 除去有害物质 蛋白质原料水解时，除产生小肽、氨基酸外，尚有水解不完全的大分子物质及其他产物，如组胺、酪胺等，这些胺类化合物具有降低血压的作用，对人体有

害，另外水解液中也常有热原，上述物质必须除去。实践证明，活性炭脱色及除热原效果较好，白陶土吸附大分子及组胺样物质较好，配合使用效果更佳。活性炭和白陶土的质量和用量对产品质量和收率影响很大。用量过多易损失有效成分，用量不足则产品不合格，应根据生产实际情况选择最适合用量。活性炭和白陶土的处理如下。

① 活性炭处理。将药用活性炭用蒸馏水反复煮沸、洗涤，抽干至流出液无氯离子，160 ℃烘干 2 h 去热原，备用。

② 白陶土处理。工业用白陶土 1 kg，加水 1.4 kg、浓盐酸 80 mL，煮沸 2 h，静置，过滤得沉淀，用水反复洗至 pH 为 5，再用蒸馏水洗 3 次，烘箱烘干，研碎，180 ℃烘 2 h，以破坏热原。

3. 胰浆制备　取新鲜胰，去脂肪及结缔组织，绞碎，加入等量蒸馏水，搅匀即可，用量为 2.5（血纤维蛋白）：1（胰）。有人用霉菌蛋白酶代替胰浆进行水解，但霉菌蛋白酶制品纯度较低，且含有大量硫酸铵，必须除去。

4. 氢氧化钙调节 pH 及酶解后期操作　酶水解工艺采用氢氧化钙调节 pH，是因为其在水解时 pH 比较稳定，钙离子对胰蛋白酶有激活和保护作用。在同样条件下与氢氧化钠对照，氢氧化钙调节 pH 水解率高，此外，还不增加钠离子浓度，便于制备低钠离子水解蛋白。酶水解后期采用静置的方法，剧烈搅拌会影响酶活力，为避免固体物沉于底层及保温均匀，可间歇搅拌。制剂中如酪氨酸含量高会影响澄明度，需除去。酪氨酸在热水中易溶，在 10 ℃以下溶解度甚微，故可适当浓缩及低温放置以析出酪氨酸。浓缩时加适量十八醇作去沫剂。

5. 关于 701 型树脂的处理　新树脂（环氧型环氧氯丙烷-多乙烯多胺）为金黄或琥珀色球状颗粒（交换当量大于 9.9，交换 15 min，粒径 1.7～1.0 mm），先用 50～70 ℃蒸馏水漂洗 2～3 次，再用丙酮或乙醇浸泡数次，每次 4～6 h，至丙酮或乙醇无色为止。用 2 mol/L 盐酸调 pH 至 2～3，稳定后浸泡 4～6 h，使成 Cl$^-$ 型。用蒸馏水洗 pH 至 4～5，加 2 mol/L 氢氧化钠调 pH 至 9～10，稳定后浸泡 4～6 h，碱化成 OH$^-$ 型，再用蒸馏水洗 pH 至 7。分别用酸碱重复处理 1 次。为使树脂无热原，使用前再用无热原蒸馏水洗涤，立即使用。树脂再生可免去丙酮浸泡这一步，其他操作同上。

（四）产品检验

1. 质量标准

（1）水解蛋白干粉质量标准　按干燥品计算，总氮量（不包括无机氮）应为 12.0％～16.0％，氨基氮含量应为总氮量的 50％以上，无机氮含量应在 1.3％以下。营养试验应符合规定。

（2）水解蛋白注射液质量标准　本品为水解蛋白与葡萄糖的灭菌水溶液，为黄色到琥珀色澄清液体，总氮量应为 0.6％～0.8％，氨基氮含量应为总氮量 50％以上，pH 5.0～7.0；每 100 mL 溶液含钠量应小于 200 mg，含钾量应小于 50 mg，炽灼残渣小于 0.4％；其他如热原、过敏试验、安全试验、降压物质检查、无菌试验等均应符合规定。

2. 含量测定

（1）总氮量　精确量取本品 2 mL，按氮测定法［《中国药典》（2020 年版）四部通则 84］测定。

（2）氨基氮　量取本品 2 mL，加水 25 mL，混匀，以 0.1 mol/L 氢氧化钠溶液或 0.1 mol/L 盐酸调 pH 至 7.0，加 pH 9.0 甲醛溶液 10 mL，再以 0.1 mol/L 氢氧化钠溶液滴定至 pH 为

9.0，按此次所消耗的 0.1 mol/L 氢氧化钠的体积计算氨基氮的含量（每毫升 0.1 mol/L 氢氧化钠溶液相当于 1.401 mg 的氨基氮）。

（五）药理作用与临床应用

本品是一种优良的营养剂，含有 8 种必需氨基酸及其他氨基酸，能帮助蛋白质严重缺乏病人维持氮平衡。制剂浓度有 3～10 种不同规格。在注射液中加入糖类作为非蛋白质热量补充，防止氨基酸作为能源被消耗，提高其利用率。注射液还可以加入维生素、无机盐以提高营养价值。本品在临床上可用于内、外科病人低蛋白血症。口服粉剂用于婴儿牛奶过敏等需使用高蛋白质的特殊情况。

二、氨基酸注射液

氨基酸注射液是多种 L-氨基酸按一定比例配制而成的静脉营养注射液。1940 年 Shohl 首先研制并试用，此后，其种类及用途不断扩大，现已有多种配方、多种规格的氨基酸注射液，一般还加入山梨醇、木糖醇、维生素、无机盐等，以提高氨基酸利用率及营养价值。此外尚有以治疗需求配制的专用输液，如肝病、肾衰竭用氨基酸注射液，癌症、泌尿生殖系统疾病用氨基酸注射液，新生儿及婴儿用氨基酸注射液等，其氨基酸组成合理且比较恒定，没有副作用，比水解蛋白具有更多的优点。

我国从 1960 年开始研制氨基酸注射液，发展迅速，品种和产量不断增加，技术和质量不断提高。目前，我国氨基酸注射液的生产大致有两种方法：一种方法是建立一套氨基酸工业生产体系，采用水解法、发酵法、合成法获得 L-氨基酸结晶，再配制成各种各样氨基酸注射液。另一种方法是以蛋白质为原料，经水解、分离、纯化得氨基酸注射液。

（一）氨基酸注射液的氨基酸组成

氨基酸注射液中氨基酸的种类、数量及比例应符合机体需要，否则利用率低，还会引起代谢失调、拮抗及中毒等并发症。在制备氨基酸注射液时，原则上全部使用 L-氨基酸。其中，D-甲硫氨酸和 L-甲硫氨酸均能被人体利用，D-苯丙氨酸部分被利用。必需氨基酸不能由人体自身合成，但却是构成蛋白质所必需的，其供给是必需的。非必需氨基酸虽可由必需氨基酸或糖类转化而来，但输入它们可满足体内合成蛋白质对这些氨基酸的需求，减少必需氨基酸的消耗，从而提高氨基酸注射液的疗效。研究表明，必需氨基酸和非必需氨基酸的比值一般在 1∶(1～3)，必需氨基酸应占总氨基酸量 50%～75%，精氨酸和组氨酸作为半必需氨基酸也是不可缺少的。氨基酸注射液的等渗浓度为 3%。当病人需要大剂量补充氨基酸时，也可使用高浓度制品。人体对 8 种必需氨基酸的需要量及配比关系见表 1-2。

表 1-2 人体必需氨基酸的需要量及最适平衡模式

氨基酸	日最低值/g	安全量/g	建议配比	Rose/%	FAO/%	FAO-WHO/%
异亮氨酸	0.7	1.4	3	11.0	13.4	10.75
亮氨酸	1.1	2.2	4	17.3	15.2	20.67
赖氨酸	0.8	1.6	3	12.6	13.4	17.79
甲硫氨酸	1.1	2.2	4	17.3	7.1	7.84
苯丙氨酸	1.1	2.2	4	17.3	8.9	17.79

（续）

氨基酸	日最低值/g	安全量/g	建议配比	Rose/%	FAO/%	FAO-WHO/%
苏氨酸	0.5	1.0	2	7.9	8.9	9.22
色氨酸	0.25	0.5	1	3.9	4.5	3.41
缬氨酸	0.8	1.6	3	12.6	13.4	12.56

注：Rose，Rose 提出的配比模式；FAO，联合国粮农组织提出的配比模式；WHO，世界卫生组织提出的配比模式。

（二）氨基酸注射液的其他组分

通常在氨基酸注射液中添加某些糖类以增加热能供给，提高氨基酸的利用率，常用的能量添加剂是山梨醇、木糖醇和乳化脂肪等。某些患者不仅需要补充营养，同时需要输入代血浆来维持正常血压，此时若使用含有血浆增量剂的氨基酸注射液——营养代血浆，则有双重效果。血浆增量剂是一种渗透压和密度均与血浆类似，能在体内停留适当时间后排出体外而不至于在体内蓄积的制剂，常用的有右旋糖酐和聚乙烯吡咯烷酮。配以适当的血浆增量剂、能量添加剂和无机盐构成的复方氨基酸注射液，可以节约部分血源，是外科治疗的重要辅助措施。

（三）氨基酸注射液的配方

氨基酸注射液的配方标准可参考推荐的氨基酸平衡模式、人血浆白蛋白、全蛋白质或人乳的氨基酸组成模式等，因此氨基酸注射液的配方多种多样，下面介绍氨基酸注射液配方的参考标准（表 1-3），以及几种常用复方氨基酸注射液的配方（表 1-4）。

表 1-3　氨基酸注射液配方参考标准

（引自陈晗，2018）

氨基酸	全蛋白质含量/(mg/100 mL)	建议比例/%	FAO-WHO含量/(mg/mL)	建议比例/%	人体必需氨基酸比例（色氨酸为1）
异亮氨酸	590	4.5	591	3.2	3
亮氨酸	770	4.9	1 138	6.0	4
赖氨酸	770	5.9	980	5.2	3
甲硫氨酸	450	3.5	433	2.3	4
苯丙氨酸	480	3.7	974	5.2	4
苏氨酸	340	2.6	504	2.7	2
色氨酸	130	1.0	187	1.0	1
缬氨酸	560	4.3	690	3.7	3
必需氨基酸总计	4 090	—	5 497	—	
精氨酸	310	2.5	1 488	7.9	
组氨酸	240	1.9	706	3.7	
甘氨酸	1 790	13.5	1 568	8.3	
丙氨酸	600	4.6	821	4.3	
天冬氨酸	—		202	1.1	
谷氨酸	—		102	0.5	

（续）

氨基酸	全蛋蛋白质 含量/(mg/100 mL)	建议比例/ %	FAO－WHO 含量/(mg/mL)	建议比例/ %	人体必需氨基酸 比例（色氨酸为1）
半胱氨酸	20	0.15	23	0.1	
酪氨酸	—	—	57	0.3	
丝氨酸	500	3.8	472	2.5	
脯氨酸	950	7.3	1 063	5.6	
非必需氨基酸总计	4 410	—	6 502	—	

表 1－4　几种常用复方氨基酸注射液的配方

（引自陈晗，2018）

组分	Espolyta-min	Moriar-min	Shea-min	Amino-fusin	Spol	Vamin	Pro-teamin	Milka-min	Aminp-lasma
赖氨酸/(mg/100 mL)	1 440	740	2 300	200	258	390	980	879	560
苏氨酸/(mg/100 mL)	640	180	700	100	150	300	504	468	410
甲硫氨酸/(mg/100 mL)	960	240	680	240	141	190	433	450	380
色氨酸/(mg/100 mL)	320	60	300	50	55	100	187	468	180
亮氨酸/(mg/100 mL)	1 090	240	1 000	240	290	580	1 133	882	890
异亮氨酸/(mg/100 mL)	960	180	660	140	210	390	597	630	510
苯丙氨酸/(mg/100 mL)	640	290	960	220	320	550	974	765	510
缬氨酸/(mg/100 mL)	960	200	640	160	215	430	690	540	480
盐酸精氨酸/(mg/100 mL)	1 000	270	1 069	650	300	330	1 488	708	920
盐酸组氨酸/(mg/100 mL)	500	130	470	150	150	240	706	660	520
甘氨酸/(mg/100 mL)	1 490	340	2 600	1 250	456	210	1 568	738	790
丙氨酸/(mg/100 mL)				1 300	46	300	821	433	1 370
脯氨酸/(mg/100 mL)				300	60	810	1 063	270	890
谷氨酸/(mg/100 mL)					45	900	102	1 080	460
天冬氨酸/(mg/100 mL)					150	410	202	360	130
胱氨酸/(mg/100 mL)						14	23	18	50
丝氨酸/(mg/100 mL)					60	750	467	360	240
酪氨酸/(mg/100 mL)					15	50	57	45	130
鸟氨酸/(mg/100 mL)									250
天冬酰胺/(mg/100 mL)									330
山梨醇/(mg/100 mL)		50 000	5 000						
木糖醇/(mg/100 mL)					5 000		10 000		10 000
氨基酸浓度/%	10	3	7	5	3	7	12	9	10
氨基酸种类	11	11	11	13	17	18	18	18	20
E/N	1：0.4	1：0.4	1：1.7	1：2.7	1：0.9	1：1.5	1：2	1：1.1	1：2

注：E/N，必需氨基酸与非必需氨基酸的比值。

(四) 氨基酸注射液的制备

1. 以 L-氨基酸结晶为原料配制氨基酸注射液

(1) 生产工艺说明

① 溶解较难溶解的氨基酸。取适量无热原蒸馏水于容器中，加热至 90 ℃，依次加入较难溶解且较稳定的氨基酸如异亮氨酸、亮氨酸、甲硫氨酸、苯丙氨酸、缬氨酸等，充分搅拌溶解，停止加热，加入色氨酸继续搅拌溶解。

② 溶解易溶的氨基酸等。加入其他易溶氨基酸、山梨醇及适量稳定剂（一般是加 0.05% 亚硫酸氢钠和 0.05% 半胱氨酸），搅拌溶解，迅速降至室温，以无热原蒸馏水定容，用 10% 氢氧化钾调 pH 至 4.0~6.0。

③ 活性炭处理及灭菌。加入 0.1%~0.2% 活性炭，搅拌 30 min，过滤得澄清滤液，按常规操作压盖，于 105 ℃流动蒸汽灭菌 30 min。

(2) 工艺分析与讨论

① pH。pH 一般以 4.0~6.0 为宜，5.5 最佳，酸度过大或接近中性都影响色泽和产品质量。

② 活性炭。活性炭对芳香氨基酸吸附力强，可使芳香氨基酸含量降低，故芳香氨基酸配料用量应比推荐量增加 20% 或将活性炭用 1% 苯丙氨酸吸附饱和后再用。

2. 以蛋白水解法制备氨基酸注射液

(1) 生产工艺路线

脏器 —水解(盐酸) 110~120 ℃→ 水解物 —除杂质 10 ℃→ 水解液 —除酸 真空浓缩→ 浓缩液 —脱色(活性炭) pH 7.3, 90 ℃→ 滤液 —除酪氨酸 5 ℃→ 滤液

分离、提纯(732 型阳离子交换树脂)→ 吸附树脂 —洗脱(氨水)→ 洗脱液 —除氨 真空浓缩→ 氨基酸混合物 —浓缩、干燥→

混合氨基酸粉 —配料(山梨醇、色氨酸、甲硫氨酸、稳定剂)→ 复方氨基酸溶液 —分装、灭菌→ 复方氨基酸注射液

(2) 工艺过程说明

① 水解液的制备。蛋白质原料加 4 倍量（质量体积比）6 mol/L 盐酸，110~120 ℃水解 24 h，冷却放置 12 h，滤去沉渣。水解液真空浓缩（反复 3 次）除去盐酸，加 4 倍量水稀释，调 pH 至 7.3，加 1% 活性炭脱色，90 ℃脱色 2 h，过滤。滤液稀释 10 倍，置冷室过夜，过滤除去酪氨酸，得澄清水解液。

② 混合氨基酸粉的制备。水解液上 732 型阳离子交换树脂色谱柱，吸附，用水洗至无氯离子。分别用 0.3 mol/L 和 2 mol/L 氨水洗脱，洗脱液真空浓缩至干，加适量水溶解后蒸干。如此反复 3 次除氨，真空干燥，即得纯净混合氨基酸粉。

③ 氨基酸组成的调整。经氨基酸分析仪进行定量分析，补充色氨酸及调整各种氨基酸含量比例，即得复方氨基酸粉。

④ 配液分装。加蒸馏水配成 7% 复方氨基酸溶液，98 kPa 处理 1 h，10 ℃以下静置 1 周。滤去不溶物，加水稀释 1 倍，加山梨醇，搅拌溶解，加适量活性白陶土加热处理 30 min，热滤，滤液加适量活性炭吸附 30 min，过滤除炭，用无热原蒸馏水定容至需要量，加入 0.05% 亚硫酸氢钠，调 pH 至 5~7，过滤，装瓶密封，49 kPa 灭菌 30 min，得复方氨基酸注射液。

（3）工艺分析与讨论

① 氨基酸含量分析。用氨基酸分析仪对制品进行氨基酸含量分析，结果表明其氨基酸组成介于全蛋蛋白、FAO、FAO-WHO 三个氨基酸平衡典型标准之间，更接近全蛋蛋白，说明制品的氨基酸组成接近人体蛋白质的氨基酸构成。检测不同批号样品，各种氨基酸含量的波动范围不超过±20%，表明工艺稳定性较好。

② 纯度分析等。通过柱色谱法、红外吸收光谱分析法、紫外光谱分析法、核糖和磷酸根定性试验等检测制品的纯度，结果表明制品符合氨基酸注射液的要求，营养试验也证明可较好地维持试验动物的正氮平衡。

（五）氨基酸注射液产品检验

1. 质量标准

（1）"11 氨基酸注射液"的质量标准　本品为无色或淡黄色澄清液体，pH 5.0～7.0。各种氨基酸含量均不得少于标示量的 80%。每升溶液中各种氨基酸含量分别为：L-Leu 10.0 g、L-Ile 6.6 g、L-Phe 9.6 g、L-Thr 7.0 g、L-Val 6.4 g、L-Met 6.8 g、L-Trp 3.0 g、L-Lys 15.4 g、L-Arg 9.0 g、L-His 3.5 g、Gly 6.0 g，稳定剂适量。其他如安全试验、热原、杂质及降压物质等均应复合《中国药典》（2020 年版）的有关规定。

（2）"氨基酸-山梨醇注射液"的质量标准　本品为混合氨基酸（3%）和山梨醇（5%）的灭菌水溶液，为无色或淡黄色的澄清液体，pH 5.0～7.0。本品中 8 种必需氨基酸含量应为标示量的 75%～125%，山梨醇含量应为标示量的 90%～110%。每升溶液中含山梨醇 50 g，混合氨基酸 30 g，其中 D，L-Trp 0.5 g、L-Thr 1.25 g、L-Lys 2.1 g、L-Met 1.5 g、L-Ile 1.5 g、L-Phe 1.25 g、L-Leu 2.5 g、L-Val 1.9 g、L-非必需氨基酸 17.5 g。氨基氮的含量不应少于总氮量的 75%，其他如安全试验、热原、降压物、杂质等的检查均应符合《中国药典》（2020 年版）的有关规定。

2. 含量测定　精确量取本品溶液和标准氨基酸溶液适量（取各种氨基酸对照品按照处方量制成），用氨基酸分析仪或高效液相色谱仪进行测定，并计算每种氨基酸的含量。

（六）氨基酸注射液的药理作用及临床应用

氨基酸注射液可直接注入患者血液中，促进蛋白质、酶及肽类激素的合成，提高血浆蛋白浓度与组织蛋白含量，维持氮平衡，调节机体正常代谢。本品可适用于营养不良、严重胃肠病患者，也适用于手术前后、高热及大面积烧伤等所致的蛋白质摄取量不足或消耗过多者。

> **◆ 思政：科学与健康教育（水解蛋白与氨基酸注射液）**。Madden 等人以血浆蛋白消耗殆尽的犬做实验，静脉注射酪蛋白水解液，观察到犬血浆中蛋白质再度生成，证实酪蛋白水解液能够在生物体内被利用。然后，Madden 等人及 Silver 等人用含有 Rose 所规定的 10 种氨基酸（8 种必需氨基酸和 2 种半必需氨基酸）以及甘氨酸的氨基酸混合液，对犬静脉注射，结果与注射酪蛋白水解液一样。第一代氨基酸注射液为天然蛋白质水解液，第二次世界大战期间，美国首先将水解酪蛋白的输液用于治疗低蛋白症和抢救伤员，起到很大作用。但因天然蛋白水解液不易控制其氨基酸组成，氨基酸配比不合理，还含有水解不完全的肽类物质以及氨等杂质，输液注射时会引起恶心、呕吐等不良反应。第二代氨基酸注射液于 1956 年首先在日本问世，它由结晶氨基酸按 Rose 模式配制。1969 年，国际上开始认识到非必需氨基酸在营养与生理上的重要性，德国、日本

等国家相继开发了包含多种非必需氨基酸的第三代平衡氨基酸注射液。1976 年出现的第四代氨基酸注射液已由维持营养需要扩展到临床治疗。如富含支链氨基酸（缬氨酸、亮氨酸、异亮氨酸）、具有治疗肝昏迷和营养作用的氨基酸注射液。

小　结

　　生产氨基酸的常用方法有蛋白质水解法、化学合成法、微生物发酵法及酶促合成法。以毛发、血粉、废蚕丝等为原料，通过酸、碱或蛋白水解酶水解成氨基酸混合物，经分离纯化获得各种氨基酸。蛋白质水解法生产氨基酸主要分为分离、精制、结晶 3 个步骤。化学合成法是利用有机合成和化学工程相结合的技术生产氨基酸的方法。通常是以 α-卤代羧酸、醛类、甘氨酸衍生物、异氰酸盐、乙酰氨基丙二酸二乙酯、卤代烃、α-酮酸及某些氨基酸为原料，经氨解、水解、缩合、取代、加氢等化学反应合成 α-氨基酸。微生物发酵法是指以糖为碳源、以氨或尿素为氮源，通过微生物的发酵繁殖，直接生产氨基酸；或者是利用菌体的酶系，加入前体物质合成特定氨基酸的方法。酶促合成法也称酶工程技术，是指在特定酶的作用下使某些化合物转化成相应氨基酸的技术。

　　氨基酸分离的方法有溶解度法、等电点法、特殊沉淀剂法和离子交换法，氨基酸的纯化要经结晶和干燥，氨基酸产品需要按照标准方法进行检测。氨基酸类药物均有各自的结构与性质、生产工艺、检测方法、药理作用与临床应用。水解蛋白是含多种氨基酸的混合物，一般含有 17～18 种氨基酸，其中 8 种人体必需氨基酸俱全。以酪蛋白为原料的酸水解法、以血纤维蛋白为原料的酶水解法均可生产水解蛋白。氨基酸注射液是氨基酸按特定比例配制的静脉营养注射液，常配加能量添加剂、血浆增量剂和无机盐等。

习　题

1. 氨基酸类药物常用的提取分离方法有哪些？
2. 甲硫氨酸的化学合成工艺过程和药理作用是什么？
3. 赖氨酸有何药理作用和临床应用？
4. 亮氨酸质量标准如何制定？其工艺路线如何？
5. 氨基酸注射液如何制备？其配方如何？
6. 水解蛋白和氨基酸注射液中为什么要加入糖类物质？

第二章 CHAPTER 2

多肽和蛋白质类药物 ▶▶▶

> **⊙课程思政与内容简介：**进行爱国教育和健康安全教育。多肽和蛋白质类是由氨基酸通过肽键连接而成的高分子化合物，是生物体内广泛存在的重要生化物质，通过参与、介入、促进或抑制人体内细菌、病毒的生理生化过程而发挥作用，具有副作用低、药效高、专一性强等优点。本章主要介绍多肽和蛋白质类药物的药理作用和一般制备方法，并介绍几种典型多肽和蛋白质类药物的制备工艺。

第一节　多肽和蛋白质类药物的药理作用

多肽和蛋白质类药物，是多肽类生化药物与蛋白质类生化药物的统称。多肽类生化药物是以多肽激素和多肽细胞生长调节因子为主的一大类内源性活性成分，如促皮质激素、催产素等。蛋白质类生化药物主要包括蛋白质类激素、蛋白质细胞生长调节因子、血浆蛋白质、黏蛋白、胶原蛋白以及蛋白酶抑制剂等。多肽和蛋白质类药物的作用方式包括调节机体各系统和细胞生长、被动免疫、替代疗法以及抗凝血等。具有生理及药理活性的多肽和蛋白质类药物是生化药物研究中非常活跃的一个领域，目前已经实现工业化的产品有胰岛素、干扰素、白细胞介素、生长因子、促红细胞生成素（EPO）等。该类药物的主要药理作用及应用如下。

一、激素作用

某些天然多肽和蛋白质在体内具有激素的某些生物化学功能。如胰岛素是目前治疗糖尿病的特效药物；绒膜促性激素、血清促性激素、垂体促性激素均为天然糖蛋白性激素，适用于治疗性激素不足引发的各种病症。

抗利尿激素（又称血管升压素）通过提高肾集合管上皮细胞的通透性而增加水的重吸收，产生抗利尿作用，也可收缩外周血管，并引起肠、胆囊及膀胱的收缩，用于中枢性尿崩症的治疗，也用于治疗其他药物效果不佳的腹部肌肉松弛。促肾上腺皮质激素由脑垂体前叶分泌，具有维持肾上腺皮质正常生长、促进皮质激素合成和分泌的作用。促肾上腺皮质激素在临床上用于肾上腺皮质功能试验，治疗某些胶原性疾病、严重的支气管哮喘、癫痫小发作以及重症肌无力等。胃肠道激素中的促胰液素，可用于治疗十二指肠溃疡。缩胆囊素具有促进胰腺酶分泌、松弛胆囊括约肌、治疗胆绞痛的作用。

二、免疫调节作用

胸腺五肽，是由精氨酸、赖氨酸、天冬氨酸、缬氨酸、酪氨酸 5 种氨基酸组成的胸腺生成素 II 的有效部分，可诱导 T 细胞分化，增强巨噬细胞的吞噬功能，增加干扰素产生量。胸腺五肽可用于恶性肿瘤病人放、化疗后免疫功能损伤，乙型肝炎，重大外科手术及严重感染，自身免疫性疾病如类风湿性关节炎、系统性红斑狼疮，II 型糖尿病等的治疗。胸腺素，可调节细胞免疫功能，有较好的抗衰老和抗病毒作用，适用于原发性和继发性免疫缺陷病以及因免疫功能失调所引起的疾病，对肿瘤有很好的辅助治疗效果；也用于再生障碍性贫血、急慢性病毒性肝炎等的治疗，无过敏反应和不良的副作用。胸腺素，由 40～50 种多肽组成的混合物，作为免疫调节剂，临床主要用于以下方面的治疗：原发性和继发性免疫缺陷病，如反复上呼吸道感染等；自身免疫性疾病，如系统性红斑狼疮、类风湿性关节炎等。

三、抗感染作用

某些蛋白质是天然抗感染物质，例如，干扰素具有广谱抗病毒作用，可以干扰病毒在细胞内繁殖，用于治疗人类病毒性疾病，包括疱疹性角膜炎、带状疱疹、水痘、慢性活动性乙型肝炎等。部分多肽及蛋白质类药物及其适应证概括于表 2-1。

表 2-1 部分多肽及蛋白质类药物及其适应证

多肽及蛋白质类药物	用途
胰岛素（insulin）	糖尿病
白细胞介素 2（interleukin-2，IL-2）	肾瘤、黑色素瘤
人生长激素（somatotropin）	矮小症
胰高血糖素（glucagon）	低血糖症
促红细胞生成素 β（erythropoietin β，EPO-β）	肾性贫血
干扰素 γ-1b（interferon γ-1b）	慢性肉芽肿病
干扰素 α-2b（interferon α-2b）	白血病、肿瘤、疱疹
促红细胞生成素 α（erythropoietin α，EPO-α）	肾性贫血
粒细胞-巨噬细胞集落刺激因子（GM-CSF）	中性粒细胞减少
干扰素 α-2a（interferon α-2a）	白血病、肿瘤、疱疹
凝血因子 VIII（blood coagulation factor VIII）	血友病 A
组织型纤溶酶原激活剂（tissue plasminogen activator，t-PA）	急性心肌梗死
葡糖脑苷脂酶（glucocerebrosidase）	Gaucher's 病
粒细胞集落刺激因子（G-CSF）	白细胞减少
糖基化 G-CSF	白细胞减少
人 DNA 酶（human DNase）	囊性纤维化
促滤泡素 α（follitropin alpha）	不孕症
干扰素 β-1b（interferon β-1b）	多发性硬皮症
凝血因子 VII（blood coagulation factor VII）	血友病 A 和 B
降钙素（calcitonin）	骨质疏松、Paget's 病、高钙血症

> ➡ 思政：健康教育（多肽和蛋白质类药物作用小例）。鲑降钙素（由32个氨基酸单链组成）的适应证如下。①骨质疏松症：早期和晚期的绝经后骨质疏松症；老年性骨质疏松症；继发性骨质疏松症，例如继发于皮质激素治疗或制动。为防止进行性骨量丢失，在使用本品的同时应根据个体需要给予适量的钙和维生素D。②由于骨质溶解或骨质减少引起的骨痛。③Paget's病（变形性骨炎），特别是伴有下列情况：骨痛；神经并发症；骨转换增加，表现为血清碱性磷酸酶升高和尿羟脯氨酸排泌增加；骨损害范围进行性扩大；不完全或反复骨折。④由下列情况引起的高血钙症：继发于乳腺癌、肺癌、肾癌、骨髓瘤和其他恶性疾病的肿瘤性骨溶解；甲状旁腺机能亢进、制动或维生素D中毒；需作长期治疗的慢性高血钙症，应持续到对其基本疾病的特殊治疗见效为止。⑤神经营养不良症（痛性神经营养不良或Sudeck's病）：由不同病因和诱因所致，诸如创伤后骨质疏松症、反射性神经营养不良、肩臂综合征、外周神经受伤所致的灼痛、药物引起的神经营养不良。

第二节　多肽和蛋白质类药物的类别、生产与制备

一、多肽和蛋白质类药物的类别

（一）多肽类药物的分类

按照作用性质，多肽类药物主要分为下述几类。

1. 多肽激素

（1）垂体多肽激素　促皮质素（ACTH）、促黑激素（MSH）、脂肪水解激素（LPH）、催产素（OT）、加压素（AVP）等。

（2）下丘脑分泌激素　促甲状腺激素释放激素（TRH）、生长素抑制激素（GRIF）、促性腺激素释放激素（IMRH）等。

（3）甲状腺分泌激素　甲状旁腺激素（PTH）、降钙素（CT）等。

（4）胰岛分泌激素　胰高血糖素、胰解痉多肽等。

（5）胃肠道分泌激素　胃泌素、胆囊收缩素-促胰酶素（CCK-PZ）、肠泌素、肠血管活性肽（VIP）、抑胃肽（GIP）、缓激肽、P物质等。

（6）胸腺激素　胸腺素、胸腺五肽、胸腺血清因子等。

2. 多肽类细胞生长调节因子　主要包括表皮生长因子（EGF）、转移因子（TF）、心钠素（ANP）等。

3. 其他多肽类药物　主要包括Exendin-d、齐考诺肽等。

4. 含有多肽成分的其他生化药物　主要包括骨宁、眼生素、血活素、氨肽素、妇血宁、脑氨肽、蜂毒、蛇毒、胚胎素、神经营养素、胎盘提取物、花粉提取物、脾水解物、肝水解物等。

（二）蛋白质类药物的分类

按照作用性质，蛋白质类药物主要分为下述几类。

1. 蛋白质激素

（1）垂体蛋白质激素　包括生长素（GH）、催乳激素（PRL）、促甲状腺素（TSH）、

促黄体生成素（LH）、促卵泡激素（FSH）等。

（2）促性腺激素　包括人绒毛膜促性腺激素（HCG）、绝经尿促性腺激素（HMG）、血清性促性腺激素（SGH）等。

（3）胰岛素及其他蛋白质激素　包括胰岛素、胰抗脂肝素、松弛素、尿抑胃素等。

2. 血浆蛋白质　主要包括白蛋白、纤维蛋白溶解酶原、血浆纤维结合蛋白（FN）、免疫球蛋白、抗淋巴细胞免疫球蛋白、抗-HBs免疫球蛋白、抗血友病球蛋白、纤维蛋白原、抗凝血酶Ⅲ、抗凝血因子Ⅷ、抗凝血因子Ⅸ等。

3. 蛋白质类细胞生长调节因子　主要包括干扰素 α、β、γ，白细胞介素（IL），神经生长因子（NGF），肝细胞生长因子（HGF），血小板衍生的生长因子（PDGF），肿瘤坏死因子（TNF），集落刺激因子（CSF），组织纤溶酶原激活因子（tPA），促红细胞生成素（EPO），骨发生蛋白（BMP）等。

4. 黏蛋白　主要包括胃膜素、硫酸糖肽、内在因子、血型物质 A 和 B 等。

5. 胶原蛋白　主要包括明胶、氧化聚合明胶、阿胶、新阿胶、冻干猪皮等。

6. 碱性蛋白质　主要包括硫酸鱼精蛋白等。

7. 蛋白酶抑制剂　主要包括胰蛋白酶抑制剂、大豆胰蛋白酶抑制剂等。

8. 植物凝集素　主要包括植物血细胞凝集素（PHA）、刀豆蛋白 A 等。

二、多肽和蛋白质类药物的生产

（一）产业状况

随着生物技术和多肽合成技术的发展，越来越多的多肽药物获批上市应用于临床治疗。多肽药物由于具有适应证广、安全性高且疗效显著等特点，目前已广泛应用于肿瘤、肝炎、糖尿病、艾滋病等疾病的预防、诊断和治疗，具有广阔的开发前景。目前多肽药物研发平均周期比化学药物少 0.7 年，成药性的比例也要比化学药物高，全球上市的多肽药物逐年增加，同时还有大量多肽药物已经进入了临床研究。近几年来，全球多肽药物市场复合增速在 12% 以上，高于药物整体市场，市场规模近 200 亿美元。多肽药物的整体规模还较小，但随着生产技术的成熟，多肽药物将具有较大的发展空间。目前多家生物医药企业研发的针对阿尔茨海默病的蛋白抗体药物在临床试验阶段取得了良好的效果，能够提高部分患者的认知能力，有广阔的治疗前景。

与以往的小分子药物相比，蛋白质药物具有高活性、特异性强、低毒性、生物功能明确、有利于临床应用的特点。目前已上市或进入临床试验的蛋白质药物（生物制品）已经达到了数百种，涉及的病症也超过了 200 种。越来越多的研究聚焦于恶性肿瘤、阿尔茨海默病等复杂病症的治疗。在 20 世纪 80 年代，科学家利用基因工程技术合成了人胰岛素，诞生了世界上第一种重组蛋白质药物，从此多肽和蛋白质类药物的研发走向了新的纪元。

（二）我国多肽和蛋白质类药物的产业现状

虽然在 20 世纪 60 年代，我国科学家首次实现了人工合成牛胰岛素，极大程度上促进了生命科学的发展，但是，目前我国多肽和蛋白质类药物的开发总体仍落后于发达国家。在我国药企生产销售的 30 余种多肽药物中，基本是仿制药和原料药，且以天然物提取的活性成分为主，污染大，附加值低，质量不稳定。随着多肽和蛋白质类药物的优势受到国内的关注和重视，国家在生物大分子方面投资建立了多个多肽药物研究机构以及研发中心，在生物技术研发多肽和蛋白质类药物方面具有一定的突破和进步，至今已经成功研发了生长抑素、鲑降钙素、高血糖素、缩宫素等多肽和蛋白质类药物。今后我国应进一步实现对多肽和蛋白质类药物品种的创新，形成具有我国特色的多肽和蛋白质类药物产业风格，逐步扩大我国多肽和蛋白质类药物在国际市场上的份额。

三、多肽和蛋白质类药物的制备方法

（一）制备途径

多肽和蛋白质类药物主要来源于动物、植物和微生物，传统上多从天然生物材料中经提取、纯化等工艺制得。随着化学合成技术的发展，出现了通过化学合成法制备高纯度多肽和蛋白质类药物的方法。随着基因工程技术的发展，已经有多种多肽和蛋白质可以采用基因工程菌进行生产。

1. 提取纯化法　提取纯化法是指从动物、植物原料中，将多肽或蛋白质提取出来，再进行分离纯化的方法。该方法是最早使用的方法，也是目前生产多肽和蛋白质类药物的重要方法，其优点是原料来源丰富、投产比较容易，缺点是产量低、成本高。

（1）原料　多肽和蛋白质类药物的主要原料是动物脏器，如丘脑、脑垂体、胰腺、甲状旁腺、甲状腺、胸腺、胃肠道等。原料的种属、发育状态、生物状态等对产品的质量、产量和成本都有着重要的影响。

（2）提取与纯化　提取的总体要求是最大限度地把有效成分提取出来，关键是溶剂的选择。提取的溶剂随药物的性质而异，在稀盐缓冲液系统中蛋白质的稳定性较高、溶解度较大，因此稀盐缓冲液是提取蛋白质最常用的溶剂。如白蛋白可以用水以及较稀的缓冲液来提取；胰岛素则宜用50%的乙醇提取。提取一般都在较低温度下进行（例如0℃左右），个别的需适当提高温度，但要注意温度高会引起蛋白质变性。

纯化就是将某种目标产物与其他杂质分离开来。利用相对分子质量大小、电离性质、溶解度及生物功能等的专一性差别，使用沉淀、层析、膜分离等多种纯化技术使目标多肽或者蛋白质的纯度达到药用质量标准。

2. 体外诱生-提取纯化法　某些多肽和蛋白类药物需要在外加诱生剂的条件下，才能够由相关细胞合成分泌。因此，在制备这类药物时，通常需要先进行体外分离进行血细胞培养，加入诱生剂诱生之后，再通过离心、层析等提取纯化方法获取目标产物。故该方法称之为体外诱生与提取纯化联用法，又称体外诱生-提取纯化法。通过该法所生产的多肽和蛋白质类药物一般都是与动物体内免疫反应相关的，多用作免疫促进剂。

3. 微生物发酵法　微生物发酵法是指以糖为碳源，以氨或尿素为氮源，通过微生物的繁殖，直接产生多肽类药物，或者加入前体物质合成特定多肽类药物的方法。其基本过程包括菌种的培养、接种发酵、产品提取及分离纯化等。所用菌种主要为细菌和酵母菌。随着生物工程技术的不断发展，采用细胞融合技术及基因重组技术改造微生物细胞，已获得多种高产氨基酸杂种菌株及基因工程菌。培养产率高的新菌种，是微生物发酵法生产多肽类药物的关键。目前已经能够通过该方法批量生产谷胱甘肽，生产纯度高，应用潜力大。

4. 基因工程法　基因工程是在分子水平上对基因进行操作的复杂技术，是将目的基因和载体在体外进行剪切、组合和拼接，然后通过载体转入受体细胞（微生物、植物或植物细胞、动物或动物细胞），使目的基因在细胞中表达，生产出所需要的物质。使用基因工程的方法制备多肽和蛋白质类药物时，首先要确定对某种疾病有预防和治疗作用的多肽和蛋白质，然后将控制该多肽和蛋白质合成过程的基因提取出来，经过一系列基因操作，最后将该基因放入可以大量生产的受体细胞中去，在受体细胞不断繁殖过程中，大规模生产具有预防和治疗这些疾病的药用多肽和蛋白质。利用基因工程技术，能够大量生产通过传统提取法难以获得的生理活性物质，并且有助于对内源性生理活性物质进行结构改造。用基因工程菌表达多肽和蛋白质类药物具有经济、简单和易操作的优点，但是，对于某些高分子质量、结构复杂的蛋白质类药物，则较难满足蛋白质表达的需求。目前，可以通过基因工程构建的细菌细胞来生产的重组药物蛋白包括重组人胰岛素以及重组干扰素等。

5. 化学合成法　化学合成法是把氨基酸按一定的顺序排列起来，利用氨基和羧基的脱水形成肽键，进而形成所需要的结构来制备多肽和蛋白质类药物的一种方法。1953 年，人类化学合成了具有生物活性的多肽——催产素；1965 年，我国又率先合成了蛋白质类药物——牛胰岛素。经过半个多世纪的发展，目前已采用专门的化学合成仪，利用多种方式（如液相合成、固相合成、固-液合成相结合以及片段连接等）进行多肽和蛋白质类药物的研制开发。特别是含有非天然氨基酸的蛋白质（如翻译后修饰蛋白质、修饰有探针分子的蛋白质等），难以通过生物表达来获取，必须使用化学方法来合成。化学合成法的优点在于合成方案可采用多种原料和多种工艺路线，生产规模容易扩大，适合工业化生产，而且产品容易分离纯化。但是，化学合成法步骤烦琐，对操作人员以及技术路线要求都非常高，难以实现工业化生产。目前，催产素、促黄体生成素释放因子（LRH）等多肽和蛋白质类药物可以采用化学合成法来生产，但是存在许多问题。以人工合成的催产素为例，其理化活性较不稳定，易被降解，并且在合成产物中有许多无法去除的杂键干扰，导致结构松散、与受体的亲和力较弱；另外，合成物中存在小量残余肽链片段，可能会具有某些副作用。因此，目前用于临床治疗的多肽和蛋白质类药物基本不通过化学合成法进行制备，在本章中不再进行详细介绍。

> ●**思政：爱国教育（胰岛素首次人工合成探索）**。1965 年 9 月 17 日，世界上第一个人工合成的蛋白质——牛胰岛素在中国诞生，在国内外引起巨大反响。自 1958 年 12 月正式立项至 1965 年 9 月科学家观察到人工全合成牛胰岛素结晶，历时近 7 年。这是世界上第一次人工合成与天然胰岛素分子相同化学结构并具有完整生物活性的蛋白质，标志着人类在揭示生命本质的征途上实现了里程碑式的飞跃。这一成果获得 1982 年国家自然科学一等奖。人工牛胰岛素的合成，被认为是继"两弹一星"之后我国的又一重大科研成果，促进了生命科学的发展，开辟了人工合成蛋白质的时代，在我国基础研究，尤其是生物化学的发展有巨大的意义与影响。

（二）多肽和蛋白质的分离纯化

1. 分离纯化　多肽和蛋白质的分离是指从混合物中获得单一多肽或者蛋白质产品的工艺过程，是多肽和蛋白质类药物生产技术中重要的环节。蛋白质的生理功能依赖于蛋白质的结构，对于有生物活性的蛋白质，在分离纯化过程中必须根据目标蛋白的特点，采用合适的操作条件和方法，保证目标蛋白的活性尽量不损失。

（1）根据溶解度差异进行分离　根据不同多肽和蛋白质在不同种类、不同温度以及不同pH 的溶剂中的溶解度不同，可以将不同的多肽和蛋白质分离开。该法主要包括盐析法、有机溶剂沉淀法、等电点沉淀法。

① 盐析法。某些多肽和蛋白质在低盐浓度下的溶解度随着盐溶液浓度升高而增加（此称盐溶），当盐浓度不断上升时，溶解度又不同程度下降并先后析出（此称盐析），从而达到分离纯化的效果。

② 有机溶剂沉淀法。有机溶剂可能破坏氢键，使空间结构发生变化，致使一些原来包在内部的疏水基团暴露于表面并与有机溶剂的疏水基团结合形成疏水层，从而使多肽和蛋白质沉淀。利用在不同浓度的有机溶剂中的溶解度差异而分离的方法即为有机溶剂沉淀法。常用的有机溶剂有乙醇、丙酮。同时，为了防止变性，应在低温下进行沉淀。

③ 等电点沉淀法。利用多肽和蛋白质在等电点时溶解度最低，并且不同的多肽和蛋白质具有不同的等电点，从而实现分离纯化。该方法用于提取后去除杂蛋白，通过改变提取液的 pH，使某些与待提纯的蛋白质等电点相距较大的杂蛋白从溶液中析出。但此法很少单独使用，常与盐析法结合使用。

（2）电泳分离技术　电泳是带电粒子在电场中向与其自身所带电荷相反的电极方向移动的现象。多肽和蛋白质混合样品经过电泳后，被分离的各个多肽和蛋白质组分的电泳迁移率不同，所带的静电荷以及分子大小和形状也不同而达到分离目的。现在常用的聚丙烯酰胺凝胶电泳（PAGE），可以因不同多肽和蛋白质所带电荷的差异和分子大小差异高分辨率地分离或分析。在 PAGE 系统中加入十二烷基磺酸钠（SDS），构成的 SDS - PAGE 系统是测定多肽和蛋白质的相对分子质量最常用的方法。

（3）根据分子质量差异进行分离　根据不同多肽和蛋白质分子质量不同，使用分离介质，实现分离，获取目标分子质量的多肽和蛋白质。该法主要包括超滤法和凝胶层析法。

① 超滤法。利用高压力，使用一种特制的薄膜对溶液中各种溶质分子进行选择性过滤，迫使水和其他小的溶质分子通过半透膜，而将多肽和蛋白质留在膜上，可选择不同孔径的滤膜截留不同分子质量的多肽和蛋白质，以达到浓缩和脱盐的目的。

② 凝胶层析法。利用有一定孔径的多孔的亲水性凝胶作为载体，当分子大小不同的混合物通过这种凝胶柱时，直径大于凝胶孔径的大分子由于不能进入胶粒内部，便随着溶剂在胶粒间隙向下移动并最先流出柱外；直径小于凝胶孔径的分子则能出入凝胶柱的内部。这样不同大小的分子由于所经的路径不同从而得到分离，大分子物质先被洗脱下来，小分子物质后被洗脱下来。常用的填充材料是葡聚糖凝胶和琼脂糖凝胶。由于设备简单，操作方便，无须有机溶剂，对多肽和蛋白质等物质有很好的分离效果，是一种快速而简便的分离分析技术。

2. 多肽和蛋白质的结晶与干燥　经过分离纯化的多肽和蛋白质仍然有可能混有少量其他的杂质，需要通过结晶或重结晶提高其纯度。利用多肽和蛋白质在不同溶剂、不同 pH 溶液中溶解度的不同，进行结晶处理，可达到进一步纯化的目的。通常要求多肽和蛋白质样品达到一定的纯度和较高的浓度，pH 控制在等电点附近，在低温条件下结晶析出，继而通过冷冻干燥、减压干燥等方法，除去残留溶剂，得到干燥制品，以便保存和使用。

> 🔵 **蛋白质的早期发现与分离。** 早在 18 世纪，有研究者发现蛋白质是一类独特的生物分子，对于这些来自蛋清、血液、血清白蛋白、纤维素和小麦面筋里的物质，他们发现使用酸处理能够使其凝结或絮凝。不久之后，荷兰化学家对这些物质进行了元素分析，发现几乎所有的物质都有相同的元素构成。使用"蛋白质"这一名词来描述这类分子是于 1838 年提出。科学家随后鉴定出蛋白质的降解产物，并发现其中含有亮氨酸，并且得到它的分子质量为 131 u。对于早期的生物化学家来说，研究蛋白质的困难在于难以纯化大量的蛋白质用于研究。因此，早期的研究工作集中于能够容易纯化的蛋白质，如血液、蛋清、各种毒素中的蛋白质以及消化酶和代谢酶。

第三节　提取纯化法制备多肽和蛋白质类药物

一、多肽类药物制备及临床应用

（一）胸腺素

胸腺是一个激素分泌器官，对免疫功能有多方面的影响，如某些免疫缺陷病、自身免疫性疾病、恶性肿瘤以及老年性退化性病变都与胸腺功能的减退及血液中胸腺激素水平的降低有关。胸腺依赖性的淋巴细胞群——T 细胞直接参与机体有关免疫反应。胸腺对 T 细胞发育的控制，主要是通过胸腺所产生的一系列胸腺激素促使 T 细胞的前身细胞——前 T 细胞分化、增殖、成熟为 T 细胞的各种功能亚群控制，调节免疫反应的质与量。目前，国内外关于胸腺激素的药物已有多种，胸腺素是其中的一个代表。

胸腺素（thymosin），是从小牛、猪等动物胸腺中提取的第五种组分，由 40～50 种多肽组成的混合物。1966 年美国科学家 Goldstein 首先从小牛胸腺组织中提取出一种具有生物活性的物质，将其命名为胸腺素，随后进行了临床应用，但是小牛胸腺来源有限，不能大量投入生产。从 1975 年开始，我国以猪胸腺为原料，提取制备猪胸腺素，与美国生产的小牛胸腺素相比，活力相当，无毒副作用。

1. 生产工艺与产品检验

（1）生产工艺路线

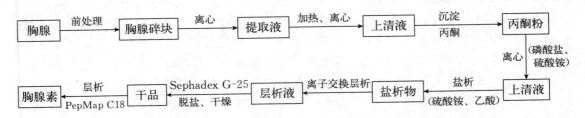

（2）工艺过程说明

① 预处理。将新鲜或冷冻胸腺除脂肪，绞碎。

② 提取。用生理盐水洗涤胸腺 2 次，再加入 3 倍量的生理盐水，于组织捣碎机中制成匀浆，14 000g 离心，得提取液。

③ 除去杂蛋白。提取液 80 ℃加热 15 min，沉淀对热不稳定，1 500g 离心，取上清液。

④ 丙酮沉淀。上清液冷至 4 ℃，加入 5 倍体积的冷丙酮（－10 ℃），过滤，收集沉淀，干燥得丙酮粉。

⑤ 盐析。将丙酮粉溶于 pH 7.0 磷酸盐缓冲液中，加硫酸铵至饱和度为 0.25，离心去除沉淀，再用乙酸将上清液调 pH 为 4.0，加硫酸铵至饱和度为 0.50 盐析，收集盐析物。

⑥ 纯化。将盐析物溶于 pH 7.2 的 10 mmol/L Tris‐HCl 缓冲液中，上 DEAE‐Sephadex A50 凝胶柱（118 cm×100 cm）收集主峰，经 Sephadex G‐25 脱盐，溶解在 0.12 mol/L 的乙腈溶液中，上 PepMap C18 柱（118 cm×100 cm）进行磷酸梯度层析，收集主峰，冷冻干燥得胸腺素。

（3）工艺分析与讨论

① 除加热步骤以外，所有的步骤均应当在 0～4 ℃下进行。

② 盐析操作之后，可以加入超滤操作，将盐析物溶于 pH 8.0 的 10 mmol/L Tris‐HCl 缓冲液中，超滤，获相对分子质量为 1 万以下的超滤物。

（4）产品检验

① 纯度。蛋白质鉴定：取 10 mg/mL 胸腺素溶液 1 mL，加入 25%碘基水杨酸 1 mL，不得出现白色混浊。分子质量测定：使用葡聚糖高效液相层析法测定样品相对分子质量，样品中所有多肽的相对分子质量均不得超过 1 万。

② 多肽含量测定。按照《中国药典》（2020 年版）方法测定无机氮含量，并且使用半微量凯氏定氮法测定总氮量，按下述公式计算胸腺素中的多肽含量。

$$胸腺素中的多肽含量＝（总氮量－无机氮含量）/取样量×6.25×100\%$$

③ 活性测定。采用 E‐玫瑰花结形成试验，按全量法花结形成试验进行，然后按常规固定染色、镜检 200 个淋巴细胞，每个淋巴细胞 3 个或 3 个以上红细胞为一个 E‐玫瑰花结。E‐玫瑰花结升高百分数不得低于 10%。

2. 药理作用与临床应用　胸腺素为免疫调节剂，主要作用是促进 T 细胞的分化成熟，临床主要用于治疗免疫缺陷性疾病，如原发性和继发性免疫缺陷病（反复上呼吸道感染等）、自身免疫病（系统性红斑狼疮、类风湿性关节炎等）、变态反应性疾病（支气管哮喘等）、因细胞免疫功能减退引发的中年人和老年人疾病，并可抗衰老、用于肿瘤的辅助治疗等。

> ●思政：爱国教育（胸腺素与胸腺五肽的关系）。胸腺素，又称为胸腺肽，是健康小牛或猪等动物的胸腺组织提取物。其能够促进淋巴细胞成熟，调节和增强人体免疫机制，在临床上具有抗衰老、抗病毒复制、抗肿瘤细胞分化的作用。但是，其有效成分尚不明确、含量低、含致敏大分子蛋白，因而安全性差，不良反应尤其是严重过敏反应频繁发生，由此引发了国家药品不良反应监测中心对该类药品进行通报。其不良反应主要是过敏性休克、皮疹、发热、寒战、畏寒、胸闷、心悸、呼吸困难、头痛、发绀等，使用前需做皮内敏感试验（简称皮试），在皮试阴性时，仍需加强临床用药监护。胸腺五肽，是胸腺生成素Ⅱ的有效成分，由精氨酸、赖氨酸、天冬氨酸、缬氨酸、酪氨酸 5 种氨基酸组成，与胸腺素有着相同的生理功能和药效，其特点是药物纯度高、含量稳定、安全可靠，且不含有大分子蛋白质，在临床推广过程中，胸腺五肽受到广大医患的欢迎，使用前无须皮试。

（二）促皮质素

促皮质素（adrenocorticotropic hormone，ACTH）又称为促肾上腺皮质素，是一种从猪、牛、羊等动物的脑垂体前叶中提取出来的一种多肽类激素药物，由 39 个氨基酸组成，呈白色或者淡黄色粉末，无臭，易溶于水，溶于 70% 的丙酮和 70% 的乙醇中，在干燥状态下以及酸性溶液中较稳定，100 ℃下加热活力不减，但是在碱性溶液中易失活。

通过提取纯化法生产促皮质素的原料常用猪脑垂体前叶，提取方法主要由两种：一种是酸丙酮法，该法操作简单，但是提取后的效价不高于 3 IU/mg；另外一种是近年来常用的交联羧甲基纤维素（CMC）精制法，提取后的效价不低于 45 IU/mg。在此主要对交联羧甲基纤维素法进行讲解。

1. 生产工艺与产品检验

（1）生产工艺路线

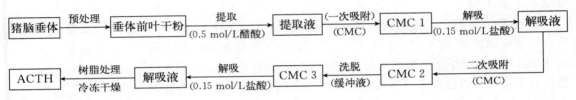

（2）工艺过程说明

① 预处理。将新鲜猪脑垂体投入丙酮中，浸泡 24 h 后更换新丙酮，重复 3 次以上，至脑垂体变硬为止，剥离脑垂体，取前叶，置不锈钢锅中干燥，磨碎，过 0.425 mm 孔径筛，得脑垂体前叶干粉，含水量低于 6%。

② 提取。加脑垂体前叶干粉 20 倍量的 0.5 mol/L 醋酸，调节 pH 至 2.0~2.4，70~75 ℃保温 10 min，速冷至 -20 ℃以下，加入用 0.5 mol/L 醋酸浸泡过夜的硅藻土（200 g）过滤，滤渣再按上法处理后过滤，合并滤液，冷藏保存。

③ 吸附。调提取液 pH 为 3.1，加 40 mL 聚山梨醇 80 和投料量 20% 的 CMC，3 ℃搅拌使其吸附 12 h，过滤。

④ 解吸。用 0.15 mol/L 的盐酸解吸 CMC，收集解吸液，再通过 717 型阴离子交换树脂，过滤，收集洗脱液，调节 pH 至 3.1。

⑤ 二次吸附。加入聚山梨醇和 CMC 对洗脱液进行二次吸附，1~5 ℃搅拌使其吸附 12 h，过滤，收集 CMC。

⑥ 二次洗脱。用 0.1 mol/L 醋酸、蒸馏水、0.01 mol/L 醋酸铵（pH 4.6）、0.1 mol/L 醋酸铵（pH 6.7）对 CMC 依次洗涤，然后用 0.15 mol/L 盐酸解吸。解吸液再通过 717 型阴离子交换树脂及 732 型阳离子交换树脂，收集洗脱液，调节 pH 至 3.1。

⑦ 干燥。冷冻干燥洗脱液，得 ACTH，效价在 45 IU/mg 以上。

（3）工艺分析与讨论

① 操作要点。脑垂体前叶不宜在空气中暴露时间过长。粉碎程度不要过于精细，否则在提取时过滤困难。脑垂体前、后叶要严格分开，前叶中混入后叶会导致提取物中的加压素超限。在生产中，要求 CMC 的交换容量要大，并采用二氯醋酸和二氯丙醇为交联剂，避免其胶化。

② CMC 再生。先用 60 ℃蒸馏水多次洗涤，抽滤，用 0.5 mol/L 盐酸浸泡，搅拌 1 h 以

上，使用蒸馏水洗至中性，抽干，用 90%～95% 乙醇洗涤 3 次。最后用无水乙醇洗 1 次，抽干，于 100 ℃ 干燥，过筛备用。使用之前做交换容量和交换能力试验。

③ 几种剂型和合成的类似物。ACTH 冻干制剂有每瓶 25 IU、50 IU 两种规格。还可制成促皮质素锌注射液、磷锌促皮质素混悬液等，为长效制剂。有报道称，合成的促皮质素类似物有促皮质十八肽、二十四肽、二十五肽及二十八肽等。

（4）产品检验

① 质量标准。本品系将猪、牛、羊等动物的脑垂体于屠宰之后迅速脱水，取其前叶粉碎提取得到。本品为白色或淡黄色的粉末，按干燥品计算，每毫克的效价不得少于 1 IU。取本品适量，加注射用水制成每毫克中含 10 IU 的溶液，溶液应当澄清。取适量本品，用注射用水稀释成每毫克含 2 IU 的溶液，依法检查（《中国药典》2020 年版），每 100 IU 中含有的升压物质不得超过 0.05 IU。应当无异常毒性。残留溶剂丙酮的含量不得超过 2%，水分含量不得超过 5%。

② 生物活性测定。通过比较促皮质素标准品（S）与供试品（T）使小鼠胸腺萎缩的程度，以测定供试品效价。标准品混悬液的配制：迅速精确称取促皮质素标准品适量，置于小乳钵中，缓慢加入含 5% 蜂蜡的花生油，随加随研磨，制成均匀混悬液，每毫克所含的单位数应调节适当，以便按照下述检验方法能够得到规定范围以内的数值。

A. 供试品混悬液的配制：取本品，按上述标准品混悬液的方法配制。每毫克所含的单位数可按标示量或者估计效价计算。

B. 测定法：取出生后 21～23 d 的小鼠 60 只，应健康合格，雌雄均可，体重不得低于 8 g，均分为 4 组，每组 15 只。每隔 24 h 分别以皮下注射的形式给予相同体积（0.1 mL）的标准品混悬液或者供试品混悬液，共注射 3 次。4 组小鼠中的 2 组，分别注射高剂量与低剂量的标准品混悬液，另外 2 组分别注射高剂量与低剂量的供试品混悬液。

试验中，低剂量处理应以能引起明显胸腺萎缩而高剂量处理则以不引起胸腺极度萎缩为限。最后一次给药 24 h 后，将小鼠处死，称体重。剖开胸腔，小心摘取胸腔，并仔细剥离胸腺上的淋巴结等粘连物，用滤纸将随附的体液轻轻吸干后，迅速称体重（精密至 0.1 mg），并换算成每 100 g 体重所相当的胸腺质量的平方根，以此数作为反应值。按照生物检定统计法中的量反应平行线测定法计算效价及试验误差。本法的可信限率不得大于 25%。

2. 药理作用与临床应用 本品是激素类药物。临床用于肾上腺皮质功能诊断试验及长期皮质激素治疗者停药后防止皮质萎缩。其治疗价值不如直接用糖皮质激素，且不适于原发性肾上腺皮质机能低下者。也可用于治疗某些胶原性疾病、严重支气管哮喘、癫痫小发作及重症肌无力。适应证为用于活动性风湿病、类风湿性关节炎、系统性红斑狼疮等胶原性疾患；亦用于严重的支气管哮喘、严重皮炎等过敏性疾病及急性白血病、霍奇金病等。

本品为 39 个氨基酸残基组成的直链多肽，N 端是丝氨酸，C 端是苯丙氨酸，无含硫氨基酸。不同种属差异仅表现在第 25～33 位上，1～24 位的片段具有全部活性，第 24 位之后的部分不参与同受体作用，仅维持整个多肽结构的稳定性。该品在溶液中存在着高度的 α 螺旋结构。本品被胃蛋白酶部分水解仍有活力。本品以肾上腺皮质为其靶器官，它能刺激肾上腺皮质释放皮质激素进入血液循环，还具有促进脂肪组织脂解、胰岛 β 细胞分泌胰岛素和垂体分泌生长素等作用。

本品易被消化道内的蛋白分解酶所破坏，口服无效。肌内注射由于本品被分解破坏较多，疗效也不佳。肌内注射 3 h 见效，4 h 达高峰，作用维持 6～12 h。静脉注射迅速生效，但半衰期仅 15 min，维持时间 1～3 h。

> ➡ **思政：安全教育（促皮质素的不良反应）。** 由于促皮质素促进肾上腺皮质分泌皮质醇，因此长期使用可产生糖皮质激素的副作用，出现医源性库兴综合征及明显的水钠潴留和相当程度的失钾。促皮质素的致糖尿病作用、胃肠道反应和骨质疏松等，系通过糖皮质激素引起，但在使用促皮质素时这些副作用的发生相对较轻。促皮质素刺激肾上腺皮质分泌雄激素，因而痤疮和多毛的发生率较使用糖皮质激素者为高。长期使用促皮质素可使皮肤色素沉着。有时产生过敏反应，包括发热、皮疹、血管神经性水肿，偶可发生过敏性休克，这些反应在脑垂体前叶功能减退者，尤其是原发性肾上腺皮质功能减退者较易发生。在静脉给药给疑有原发性肾上腺皮质功能减退者做促皮质素试验时，宜口服地塞米松，每日 1 mg，以避免诱发肾上腺危象。

（三）降钙素

降钙素是由甲状腺内的滤泡旁细胞（C 细胞）分泌的一种调节血钙浓度的多肽激素，具有抑制破骨细胞活力、阻止钙从骨中释出、降低血钙浓度的功能。

降钙素的原料主要有猪甲状腺和鲑、鳗的心脏或心包膜等。降钙素的生产方法主要是提取纯化法，化学合成法和基因工程技术制备降钙素也已获成功。临床应用的降钙素可来自鲑（鲑降钙素，密钙息）、鳗（依降钙素为合成鳗降钙素，益钙宁）、猪（猪降钙素）、人等。来源不同的降钙素，其结构中氨基酸的顺序不同，活性亦异。从鲑中获得的降钙素对人的降血钙作用比从其他哺乳动物中分离出的降钙素要高 20～50 倍。

1. 生产工艺与产品检验

（1）生产工艺路线

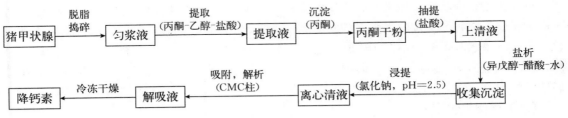

（2）工艺过程说明

① 预处理。将处方量的猪甲状腺经脱脂后绞碎，匀浆。

② 提取。加入 4 倍量的提取溶剂丙酮-乙醇- 0.1 mol/L 盐酸（3∶1∶1），加亚硫酸氢钠（1 g/mL），在 4 ℃条件下搅拌 8 h 以上，离心，取上清液，用 NaOH 调 pH 至 3，加 5 倍量冷丙酮，沉淀。

③ 抽提。加入 0.1 mol/L 盐酸溶解沉淀，过滤，取上清液。

④ 盐析。在上清液中加入异戊醇-醋酸-水（20∶32∶48）的混合液，搅匀，加热至 50 ℃，用硅藻土作助滤剂过滤，收集沉淀。

⑤ 浸提。沉淀溶于 0.3 mol/L 氯化钠溶液，盐酸调节 pH 为 2.5，离心，收集离心液。

⑥ 吸附、解析。将离心液用 10 倍水稀释后，通过 CMC 柱（5 cm×50 cm），柱先用 0.02 mol/L 醋酸盐缓冲液（pH 4.5）平衡。收集含有降钙素的解吸液。

⑦ 干燥。冻干制得降钙素粉末，含量为 3.6 IU/mg。

（3）工艺分析与讨论

① 提取操作。提取降钙素时，可先将绞碎匀浆后的猪甲状腺进行丙酮脱脂，之后，加入 0.1 mol/L 的盐酸适量，加热 60 ℃搅拌 1 h 后，加等体积水混合搅拌 1 h，之后离心，去上清液，加入异戊醇-醋酸-水（20：32：48）混合溶剂适量，加热至 50 ℃搅拌 1 h，过滤，收集沉淀，再接上述"浸提"及之后的操作步骤。

② 提取原料。还可以从鲑、鳗中提取降钙素，一般来说，鲑降钙素的效价相当于猪、牛降钙素效价的 20～50 倍。

（4）产品检验

① 质量标准。本品为白色或类白色粉末，溶于水和碱性溶液中，不溶于丙酮、乙醇、氯仿、乙醚，难溶于无机酸溶液。25 ℃以下避光可保存 2 年。氨基酸比值应当符合相关要求，有关物质不得大于 5.0%，水分不得超过 10.0%，含醋酸和水分之和不得超过 20.0%。每毫克中的细菌内毒素应当小于 600 EU。生物活性测定结果不得少于标示量的 80%。

② 生物活性测定方法。按照《英国药典》（1988 年版），用含 0.25%白蛋白的生理盐水（经加热灭活）溶解降钙素原（PCT）第 I、II 峰终产品，最终浓度为 1 g/L。选用雄性大鼠，静脉注射后 1 h 从内眦和心内穿刺取血。血样品的血清钙值采用原子吸收光谱法测定，对照采用从猪甲状腺中提取的医学研究委员会（MRC）规定的标准品。第一次国际卫生组织专业会议确定的降钙素标准品为猪 200 IU/mg、鲑 2 700 IU/mg。

2. 药理作用与临床应用　本品临床用于骨质疏松症、甲状旁腺机能亢进、婴儿维生素 D 过多症、成人高血钙症、畸形性骨炎等，还用于骨质疏松伴有骨疼，高钙血症及其危象，继发于乳腺、肺、肾及其他恶性肿瘤引起的肿瘤性骨质溶解，变形性骨炎，神经营养不良疾病，急性胰腺炎等。

本品是由猪甲状腺、鳗类心脏等提取或人工合成的由 32 个氨基酸残基组成的单链多肽，N 端为半胱氨酸，与 7 位的半胱氨酸间形成一个二硫键，C 端为脯氨酰胺；白色粉末或类白色粉末，溶于水和碱液，不溶于丙酮、乙醇、氯仿和乙醚，难溶于无机酸溶液；可被胰蛋白酶、胰凝乳蛋白酶、胃蛋白酶、多酚氧化酶、过氧化氢氧化、光氧化及 N-溴代琥珀酰亚胺破坏其活力。

（四）表皮生长因子

表皮生长因子（EGF）是一种低分子质量、对热稳定和难透析的多肽，不易被胰蛋白酶、糜蛋白酶和胃蛋白酶消化。目前已基本明确小鼠 EGF（mEGF）和人 EGF（hEGF）的分子结构，活性部分为单链多肽，二硫键为其生物活性所必需，活性中心位于第 48～53 个氨基酸残基之间。mEGF 和 hEGF 相比，理化特性及氨基酸序列极其相似，但不完全相同。EGF 分子质量为 6.05 ku，等电点为 4.6；hEGF 分子质量为 6.2 ku，等电点为 4.5，在 pH 9.5 的聚丙烯酰胺凝胶电泳中，hEGF 的泳动速度略快于 mEGF；pH 2.3 时两者电泳速度相同。EGF 是一种较稳定的蛋白质，可在−20 ℃条件下长期保存。

1. 生产工艺　通过提取纯化法获得 EGF，主要提取自小鼠体内，但是 EGF 在其体内的分布是不均一的，雄鼠颌下腺的 EGF 含量比雌鼠的多。

（1）生产工艺路线

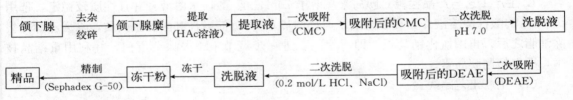

（2）工艺过程说明

① 预处理。取小鼠颌下腺，除脂肪和筋膜，以绞肉机绞碎。

② 提取。在颌下腺糜中加入 0.05 mol/L 的 HAc 溶液，充分搅拌，离心，取上清液。

③ 吸附、洗脱。第一次通过 CMC 吸附，用 pH 3.9 的缓冲液洗去杂蛋白，用 pH 7.0 的缓冲液洗脱；第二次通过 DEAE 吸附，以 pH 7.0 的缓冲液洗杂蛋白，用 0.2 mol/L 的 HCl 和 NaCl 洗脱。

④ 冷冻干燥。将洗脱液冻干得冻干粉。

⑤ 精制。冻干粉溶解，上 Sephadex G - 50 柱，收集流出液，得表皮生长因子精品，冻干保存。

（3）工艺分析与讨论　该法生产 EGF 简单、纯度高。也可以人尿为原料，采用 McAb 亲和层析、乙醇分级沉淀相结合的方法获得 EGF，但产量低。我国应用 DNA 重组技术已将 hEGF 基因嵌入大肠杆菌中并表达成功，制得基因工程药物 hEGF，结构与功能同天然药物完全一致。该方法的生产工艺简易、高效，已达世界水平。

2. 药理作用与临床应用　受体结合研究表明：鼠表皮生长因子（mEGF）能与特异的跨膜受体结合，激活蛋白酪氨酸激酶，通过信息传导系统引起细胞内一系列生化变化，促进小分子化合物从细胞外环境主动运输，活化糖酵解作用，刺激细胞外大分子透明质酸的分泌，活化 RNA 和蛋白质，启动 DNA 合成，使静止的细胞进入分裂周期，促进细胞增殖（mEGF 对细胞增殖的促进作用经过一段时间后即达到生命平衡，细胞不再无限增殖），同时 mEGF 可促进血管内皮细胞的迁移。本品能加快受损皮肤和内上皮的再生修复，减少皮肤的畸形。

本品临床适用于烧伤、烫伤、灼伤（浅Ⅱ度、深Ⅱ度、肉芽创面）、新鲜创面（包括各种刀伤、外伤、手术伤口、美容整形创面）、糖尿病或静脉曲张等所致的顽固性溃疡和坏疽溃疡创面（包括口腔及各种皮肤溃疡等）、疮痈类疾病（如褥疮、痤疮、疖肿等）、角膜外伤、溃疡、电光性眼炎、供皮区创面、放射性损伤创面等。

二、蛋白质类药物制备及临床应用

（一）胰岛素

胰岛素是胰中胰岛 β 细胞分泌的一种蛋白质激素，它是促进合成代谢的激素，在调节机体糖代谢、脂肪代谢、核蛋白质代谢方面都有重要作用，是维持血糖在正常水平的主要激素之一。胰岛素由 A、B 两条链组成，A 链含 21 个氨基酸残基，B 链含 30 个氨基酸残基，两链之间由两个二硫键相连，在 A 链内部含有一个二硫键。不同种属动物的胰岛素分子结构大致相同，主要差别在 A 链二硫桥中间的第 8 位、第 9 位和第 10 位上的 3 个氨基酸及 B 链 C 端的一个氨基酸上，随种属而异，但其生理功能是相同的。生产胰岛素的方法较多，在提取纯化法中，比较成熟且被普遍采用的是酸醇提取法，原料多用猪的新鲜胰。

1. 生产工艺与产品检验 胰岛素易溶于 70％乙醇-酸性水溶液，并且性质较稳定，选用 pH 2.5 的酸性醇溶液作为提取溶剂，通过调节 pH，沉淀碱性和酸性蛋白质，除去乙醇并去除油脂之后，再用氯化钠盐析，即得粗品。进一步调节 pH 去除杂蛋白，并利用重结晶技术，即得精制胰岛素。

（1）生产工艺路线

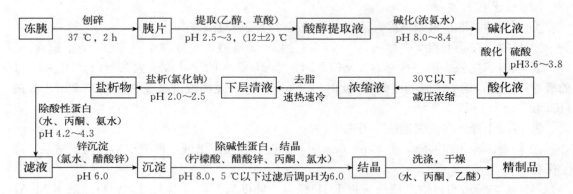

（2）工艺过程说明

① 提取。冻胰块用刨胰机刨碎，加入 2.3～2.6 倍的 86％～88％（质量分数）乙醇和 5％草酸，在（12±2）℃搅拌提取 3 h，离心。滤渣再用 1 倍量 68％～70％乙醇和 0.4％草酸提取 2 h，离心，合并乙醇提取液。沉淀用于回收胰岛素。

② 碱化、酸化。边搅拌提取液边加入浓氨水调 pH 至 8.0～8.4 [（12±2）℃]，立即过滤，除去碱性蛋白，滤液应澄清，并及时用硫酸酸化至 pH 为 3.6～3.8，降温至 5 ℃，静置 4 h 以上，使酸性蛋白充分沉淀。

③ 减压浓缩。吸取上清液至减压浓缩锅内，下层用帆布过滤，沉淀物弃去，取上清液，30 ℃以下减压蒸去乙醇，浓缩至相对密度为 1.04～1.06（体积为原体积的 1/10～1/9）为止。

④ 去脂、盐析。浓缩液转入去脂锅内，5 min 内加热至 50 ℃后，立即用冰盐水降温至 5 ℃，静置 3～4 h，分离下层清液（脂层用于回收胰岛素）。用盐酸调 pH 至 2.3～2.5，于 （22±2）℃搅拌加入 27％（质量体积分数）固体氯化钠，保温静置数小时。析出物即为胰岛素粗品。

⑤ 精制。盐析物按干重计算，加入 7 倍量蒸馏水溶解，再加入 3 倍量的冷丙酮，用 4 mol/L 氨水调 pH 至 4.2～4.3，然后补加丙酮，使溶液中水和丙酮的比例为 7∶3。充分搅拌后，低温 5 ℃以下放置过夜，次日在低温下离心分离，取上清液，在上清液中加入 4 mol/L 氨水，使 pH 为 6.2～6.4，加入 3.6％（体积分数）的醋酸锌溶液（浓度为 20％），再用 4 mol/L 氨水调节 pH 至 6.0，低温放置过夜，次日过滤，分离沉淀。

⑥ 结晶。将沉淀用冷丙酮洗涤，得干品，再按干品质量每克加冷 2％柠檬酸 50 mL、6.5％醋酸锌溶液 2 mL、丙酮 16 mL，并用冰水稀释至 100 mL，使其充分溶解，5 ℃以下，用 4 mol/L 氨水调 pH 至 8.0，迅速过滤。滤液立即用 10％柠檬酸溶液调 pH 至 6.0，补加丙酮，使整个溶液体系保持丙酮含量为 16％。慢速搅拌 3～5 h 使结晶析出。在显微镜下观

察，外形为正方形或扁斜形六面体结晶，再转入 5 ℃左右低温下放置 3～4 d，使结晶完全。离心收集结晶，并小心刷去上层灰黄色无定形沉淀，用蒸馏水或醋酸铵缓冲液洗涤，再用丙酮、乙醚脱水，离心后，在五氧化二磷真空干燥箱中干燥，即得结晶胰岛素。

（3）工艺分析与讨论

① 提取操作。胰质量是胰岛素生产中的关键，在我国是一个薄弱环节。工业生产用的原料主要是猪、牛的胰。不同种类和年龄的动物，其胰中胰岛素量有所差别，牛胰中含量一般高于猪胰。采摘胰要注意保持腺体组织的完整，避免摘断，并且离体后要立即深冻，先在 −30 ℃以下急冻后转入 −20 ℃保存备用，如用液氮速冻，效果更好。在胰中，胰尾部分胰岛素含量较高，如单独使用可提高收率 10%。

② 浓缩。浓缩工序的条件对胰岛素收率影响很大。如采用离心薄膜蒸发器，在第一次浓缩后，浓缩液用有机溶剂去脂，再进行第二次浓缩，被浓缩溶液受热时间极短，避免了胰岛素效价的损失。

③ 产品纯度。在常规的结晶胰岛素中，除了胰岛素主成分外，还含有其他一些杂蛋白抗原成分，如胰岛素原、精氨酸胰岛素、胰多肽等。因此要对结晶胰岛素进一步纯化，胰岛素原的含量显著降低。

（4）产品检验

① 质量标准。本品为白色或类白色结晶性粉末，在水、乙醇中几乎不溶；在无机酸或氢氧化钠溶液中易溶。本品应从检疫合格猪的胰中提取，生产过程应符合现行版《药品生产质量管理规范》要求。通过高效液相色谱法进行鉴别，供试品溶液主峰的保留时间应与对照标准品溶液主峰的保留时间一致。干燥失重不得超过 10.0%，含锌量不得超过 1.0%，每毫克胰岛素中细菌内毒素含量应当小于 10 EU（内毒素的效价单位），每克胰岛素中细菌数不得超过 300 个。干燥品计算，每毫克胰岛素效价不得少于 27 IU。

② 含量测定。按照高效液相色谱法测定。取本品适量，精密称定，加 0.01 mol/L 盐酸溶解并定量稀释制成每毫升中约含 40 IU 的溶液（临用新制，2～4 ℃保存，48 h 内使用）。精密量取 20 μL 稀释液注入液相色谱仪，记录色谱图；另取胰岛素对照标准品适量，同法测定。按照外标法，以面积进行计算含量。

2. 药理作用与临床应用　动物的胰岛组织由 α、β 和 δ 三种细胞组成，其中 β 细胞制造胰岛素，α 细胞制造胰高血糖素和胰抗脂肝素，δ 细胞制造生长激素抑制因子。胰岛素在 β 细胞中开始时是以活性很弱的前体胰岛素原存在，分解为胰岛素后进入血液循环，起到调节血糖的作用。胰岛素在临床上主要用于胰岛素依赖性糖尿病及糖尿病合并感染等疾病的治疗。

胰岛素对代谢过程具有广泛的影响。胰岛素可增加葡萄糖的转运，加速葡萄糖的氧化和酵解，促进糖原的合成和贮存，抑制糖原分解和异生而降低血糖；增加脂肪酸的转运，促进脂肪合成并抑制其分解，减少游离脂肪酸和酮体的生成；增加氨基酸的转运和蛋白质的合成（包括 mRNA 的转录及翻译），同时又抑制蛋白质的分解。

胰岛素在临床上主要用于糖尿病，特别是胰岛素依赖型糖尿病重型、消瘦、营养不良者；轻、中型经饮食和口服降血糖药治疗无效者；合并严重代谢紊乱（如酮症酸中毒、高渗性昏迷或乳酸酸中毒）、重度感染、消耗性疾病（如肺结核、肝硬化）和进行性视网膜、肾、神经等病变者；合并妊娠、分娩及大手术者。胰岛素也可用于纠正细胞内缺钾。

> ➡ **思政：健康教育（甘精胰岛素注射液）**。适应证为需用胰岛素治疗的糖尿病。药理毒理：甘精胰岛素是一种在中性 pH 溶液中溶解度低的人胰岛素类似物。在本品酸性（pH4）注射液中，甘精胰岛素完全溶解。注入皮下组织后，因酸性溶液被中和而形成的微细沉积物可持续释放少量甘精胰岛素，从而产生可预见的、有长效作用的、平稳、无峰值的血药浓度/时间特性。胰岛素受体结合：在胰岛素与其受体结合的动力学方面，甘精胰岛素同人胰岛素极为相似。因此可以认为它与经由胰岛素受体而介导胰岛素的作用相同。胰岛素，包括甘精胰岛素，其主要作用是调节糖代谢。胰岛素及其类似物是通过促进骨骼肌和脂肪等周围组织摄取葡萄糖、抑制肝葡萄糖的产生而降低血糖的。

（二）人血白蛋白

白蛋白又称清蛋白，是人血浆中含量最高的蛋白质，约占总蛋白的 55%，对人没有抗原性。白蛋白为单链，由 584 个氨基酸残基组成，N 端是天冬氨酸，C 端为亮氨酸，相对分子质量为 65 000，pI 为 4.7。白蛋白可溶于水和半饱和的硫酸铵溶液中，一般在饱和度为 60% 以上的硫酸铵溶液中析出沉淀；对酸较稳定，受热后聚合变性，但仍较其他血浆蛋白质耐热。在白蛋白溶液中加入氯化钠或脂肪酸的盐，能提高蛋白质的热稳定性，利用这种性质，可使白蛋白与其他蛋白质分离。

从人血浆中分离的白蛋白有两种制品：一种是从健康人血浆中分离制得的，称人血白蛋白；另一种是从健康产妇胎盘血中分离制得的，称胎盘血白蛋白。同种白蛋白制品无抗原性，主要功能是维持血浆胶体渗透压。白蛋白制品在临床上用于失血性休克、严重烧伤、低蛋白血症等的治疗。

1. 生产工艺与产品检验

（1）生产工艺路线

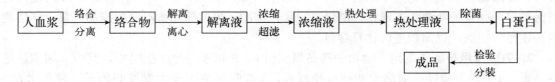

（2）工艺过程说明

① 络合。将人血浆放入不锈钢夹层反应罐内，开启搅拌器，用碳酸氢钠溶液调节 pH 至 8.6，加入等体积的 2% 利凡诺溶液，充分搅拌，静置 2～4 h，分离上清液与络合沉淀。

② 解离。沉淀加无菌蒸馏水稀释，用 0.5 mol/L HCl 调节 pH 至弱酸性，加入 0.15%～0.2% 氯化钠，不断搅拌进行解离。充分解离后，65 ℃恒温 1 h，立即用自来水夹层循环冷却。将解离液进行离心，分离液用不锈钢压滤器澄清过滤。

③ 超滤。澄清滤液用超滤器浓缩。

④ 热处理。浓缩液在 60 ℃恒温处理 10 h，灭活病毒。

⑤ 除菌。以不锈钢压滤器过滤，通过冷灭菌系统除菌。

⑥ 分装。白蛋白含量及全项检查合格后，用自动定量灌注器进行分瓶灌装或冷冻干燥得白蛋白成品。本品分为 10% 与 25% 两种蛋白浓度规格。

（3）工艺分析与讨论

① 操作要求。整个过程应按照无菌操作要求进行。所用器材在使用前后要洗净、灭菌。若操作过程中，热原不合格，可采用离子交换、活性炭、明矾沉淀和碱性吸附等方法处理。

② 蛋白保护。某些脂肪酸的阴离子在白蛋白等电点的偏酸侧时，能够提高白蛋白的耐热性。脂肪酸可与白蛋白结合形成复合物，成为保护剂。所以，可以加入辛酸钠作为白蛋白的保护剂，并通过加热处理的方法使其他的蛋白质变性，提高蛋白质的纯度和收率。

③ 降压物质。如果使用盐析的方法分离白蛋白，可以在最后一次盐析沉淀之后进行透析，以除去其中的降压物质。

（4）产品检验

① 质量标准。本品呈淡黄色略带黏稠状的澄明液体或白色疏松物体（冻干品），pH 6.6～7.2；冻干制剂水分含量不超过 1%；其纯度为白蛋白含量应占蛋白含量的 95% 以上；残余硫酸铵含量应不超过 0.01%（g/mL）。其他无菌试验、安全试验、毒性试验、热原试验均应符合国家卫生健康委员会白蛋白生产及检定标准。

② 热原检查。按照注射剂的热原检查法进行检查，注射剂量按家兔每千克体重注射 0.6 g 蛋白质，应当符合规定。

2. 药理作用与临床应用　人血白蛋白胶体渗透压占血浆胶体渗透压的 80%，主要调节组织与血管之间水分的动态平衡。由于白蛋白分子质量较高，与盐类及水分相比，透过膜内速度较慢，使白蛋白的胶体渗透压与毛细管的静力压抗衡，以此维持正常与恒定的血容量；同时在血循环中，1 g 白蛋白可保留 18 mL 水，每 5 g 白蛋白保留循环内水分的能力约相当于 100 mL 血浆或 200 mL 全血的功能，从而起到增加循环血容量和维持血浆胶体渗透压的作用。另外，白蛋白能结合阴离子也能结合阳离子，可以输送不同的物质，可将有毒物质输送到解毒器官。

人血白蛋白在临床上用于失血创伤、烧伤引起的休克，脑水肿及损伤引起的颅压升高，肝硬化及肾病引起的水肿或腹水，低蛋白血症，新生儿高胆红素血症的治疗；用于心肺分流术、烧伤的辅助治疗；用于血液透析的辅助治疗和成人呼吸窘迫综合征的治疗。

（三）人血丙种球蛋白

人血丙种球蛋白是一种免疫球蛋白（Ig），是一类主要存在于血浆中、具有抗体活性的糖蛋白，其抗体成分存在于 β 和 γ 球蛋白部分；具有被动免疫作用。丙种球蛋白约占血浆蛋白总量的 20%，除存在于血浆中外，也少量地存在于其他组织液、外分泌液和淋巴细胞的表面。

丙种球蛋白具有被动免疫、被动-自动免疫以及非特异性，在临床上可用于预防流行性疾病如病毒性肝炎、脊髓灰质炎、风疹、水痘和丙种球蛋白缺乏症。

1. 生产工艺与产品检验

（1）生产工艺路线

（2）工艺过程说明

① 络合。将人血浆放入不锈钢夹层反应罐内，开启搅拌器，用碳酸氢钠溶液调节 pH 至 8.6，加入等体积的 2% 利凡诺溶液，充分搅拌，静置 2～4 h，分离上清液与络合沉淀。

② 盐析。取上清液部分，在不锈钢反应罐中开启搅拌器，并以 1 mol/L 盐酸调 pH 至 7.0，加 23%结晶硫酸铵，充分搅拌后沉淀静置 4 h 以上。

③ 离心。弃上清液，将下部混浊液泵入离心机中离心，得沉淀。

④ 溶解。将沉淀用适量无热原蒸馏水稀释溶解。

⑤ 层析。通过 DEAE－Sepharose CL－6B 柱层析。

⑥ 除菌。收集层析液，再通过 Sartolis 冷灭菌系统除菌。

⑦ 分装。丙种球蛋白含量及全项检查合格后，分装，即得人血丙种球蛋白成品。分装的产品内含适宜的防腐剂。产品有蛋白浓度 5%与 10%两种规格。

（3）工艺分析与讨论

① 取材要求。血浆应当取自健康成年人，并按照卫生要求，置于灭菌容器中冷藏暂存。贮存和运输均应当保持在低温状态。

② 操作要求。与"人血白蛋白"制备过程相同，整个操作过程应按照无菌操作要求进行。保证热原检查合格。

③ 稳定性。经过各种方法制备的丙种球蛋白，经存放之后都会发生"自然降解"，导致抗体效价降低。一般认为，保存温度对其稳定性的影响较大，4 ℃保存可降低降解速度，－20 ℃可以保存多年。另外，冻干状态比溶液状态更加稳定。

（4）产品检验

① 质量标准。本品性状呈无色或淡褐色的澄明液体，微带乳光但不应含有异物或凝结的沉淀，pH 6.6～7.4；制品中丙种球蛋白含量应占蛋白质含量的 95%以上；在 57 ℃加热 4 h 不出现结冻现象或絮状物；防腐剂含量、固体总量、残余硫酸铵含量及无菌试验、防腐剂试验、安全试验、热原试验应符合规格。

② 热原检查。按照注射剂的热原检查法进行检查，注射剂量按家兔每千克体重注射 0.15 g 人血丙种球蛋白，应当符合规定。

2. 药理作用与临床应用 丙种球蛋白具有抗感染、抗炎性介质和细胞因子的作用以及免疫调节作用，注射丙种球蛋白是一种被动免疫疗法。它是把丙种球蛋白内含有的大量抗体输给受者，使之从低或无免疫状态很快达到暂时免疫保护状态。由于抗体与抗原相互作用而直接中和毒素与杀死细菌和病毒。因此免疫球蛋白制品对预防细菌、病毒性感染有一定的作用，同时还能够预防传染性肝炎、麻疹、水痘。

本品在临床上用于减轻麻疹病程、预防麻疹、预防病毒性肝炎、治疗丙种球蛋白缺乏症。

◆思政：安全教育（人血球蛋白的安全性试验）。 由于人血球蛋白是血浆提取蛋白，因此其安全性尤为重要。按照相关规定，需要对其进行下述多项安全试验。

豚鼠试验：用体重 300～400 g 健康豚鼠 2 只，每只腹腔注射检品 5 mL，注射后半小时内动物不应有明显的异常反应，观察 7 d，动物均健存，体重均增加的判为合格。如不符合上述要求，用 4 只豚鼠复试一次，判定标准同前。

小鼠试验：用体重 18～20 g 小鼠 5 只，每只腹腔注射检品 0.5 mL，0.5 h 内动物不应有明显的异常反应，继续观察 7 d，动物均健存，体重均增加的判为合格。如不符合上述要求，用 10 只小鼠复试一次，判定标准同前。

热原试验：按《生物制品热原质试验规程》进行。注射剂量为每千克家兔体重注射 0.15 g。

第四节　体外诱生-提取纯化法制备多肽和蛋白质类药物

一、干扰素的制备及临床应用

干扰素指由干扰素诱生剂诱导有关生物细胞所产生的一类高活性、多功能的诱生蛋白质；具有广泛的抗病毒、抗肿瘤和免疫调节活性的作用，是人体防御系统的重要组成成分。人干扰素根据其来源细胞不同，可分为白细胞干扰素（IFN-α）、类淋巴细胞干扰素（IFN-α与IFN-β的混合物）、成纤维细胞干扰素（IFN-β）、T细胞干扰素（IFN-γ）等几类；按其抗原性的不同，分为α型、β型和γ型三种，同一型别根据氨基酸序列的差异，又分为许多亚型，如常用的IFN-α包括IFN-α2a、IFN-α1b和IFN-α2b等亚型。

（一）生产工艺与产品检验

1. 生产工艺路线

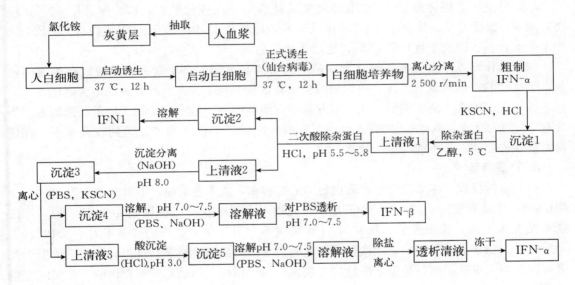

2. 工艺过程说明

（1）分离灰黄层　取新鲜血液每份400 mL，加入ACD抗凝剂，离心，分离出血浆，小心抽取灰黄层。每份血可抽取13～15 mL，放置于4℃冰箱中过夜。

（2）氯化铵处理　每份灰黄层加入30 mL缓冲盐水，再加入9倍体积的0.83%冷氯化铵，混匀，4℃放置10 min，4℃离心（8 000 r/min）20 min。弃上清液，加入适量缓冲盐水，收集沉淀细胞，制备悬浮液，重复上次处理，溶解残存的红细胞。取沉淀的白细胞悬于培养液中，冰浴保存，取样做活细胞计数。

（3）启动诱生　于白细胞悬浮液中加入白细胞干扰素，使其浓度为100 μg/mL，37℃水浴搅拌培养2 h。

（4）正式诱生　启动后的白细胞加入仙台病毒（在10日龄鸡胚中培养48～72 h，收获尿囊液）使其最后浓度为每毫升100～150血凝单位，在37℃搅拌培养过夜。仙台病毒诱导人白细胞产生。

（5）收集　将培养物离心（2 500 r/min）30 min，吸取上清液即得粗制IFN-α。

（6）纯化　在粗制干扰素中加入硫氰化钾（KSCN）到 0.5 mol/L，用盐酸调 pH 为 3.5，离心，得沉淀 1。沉淀 1 加入原体积 1/5 量的冷乙醇（94%），离心，得上清液 1。上清液 1 用盐酸调节 pH 至 5.5，离心弃去沉淀，再调 pH 至 5.8，离心，得上清液 2 和沉淀 2。沉淀 2 加入原体积 1/50 量的甘氨酸-盐酸缓冲液（pH 2）溶解，得 IFN1。上清液 2 用 NaOH 调节 pH 至 8.0，离心，弃上清液，得沉淀 3。沉淀 3 加原体积 1/50 量的 0.1 mol/L 磷酸盐缓冲液（PBS）和 0.5 mol/L 硫氰化钾（pH 8）溶解，pH 降至 5.2，离心，得上清液 3 和沉淀 4。沉淀 4 加原体积 1/25 000 量 pH 为 8.0 的 0.1 mol/L PBS 溶解，调 pH 至 7～7.5，对 PBS（pH 7.3）透析，过夜，离心，收集上清液，检测，得 IFN - β。调节上清液 3 的 pH 为 3.0，离心，得沉淀 5。沉淀 5 加入原体积 1/5 000 量的 pH 8.0 的 0.1 mol/L PBS 溶液，加 NaOH 调节 pH 至 7～7.5，对 PBS（pH 7.3）透析过夜，离心，收集上清液，检测，得 IFN - α。

3. 工艺分析与讨论

（1）特点　上述体外诱生-提取纯化法的特点是一次纯化量大，回收率高于 60%；经济、简便，易于普及，效价可达 1.2×10^8 U/mL，比活 2.2×10^6 U/mg（以蛋白计）。IFN - α 中干扰素含量占回收干扰素的 82%，比活也比较高。

（2）操作要点　血液要新鲜，最好是当天分离灰黄层制备干扰素。血液贮存的时间愈长，干扰素的产量愈低。另外，白细胞的质量和数量都与干扰素的产量关系极为密切。

（3）关键因素　研究表明：诱导培养基中有血清成分，是产生干扰素的最关键因素。当含有 5% 的人血或者 0.002 2% 的人血白蛋白时，能保证干扰素的产量达到较高水平。在任何时候除去血清，都不能产生干扰素。

4. 产品检验

（1）质量标准　本品为白色或近白色结晶性粉末，或无色结晶，干重含量应为 98.0%～101.0%，比旋光度为 -15.5°～-17.5°，氯化物不大于 0.02%，硫酸盐不大于 0.03%，铵盐不大于 0.02%，铁不大于 0.001%，干燥失重不大于 0.50%，炽灼残渣不大于 0.10%。

（2）生物学活性测定　采用微量板染色的病变抑制法对生物学活性进行测定。依据干扰素可以保护人单膜细胞，免受水疱性口炎病毒破坏的作用，用结晶紫对存活的人单膜细胞染色，在波长 570 nm 处测定其吸光度，可得到干扰素对人单膜细胞的保护效应曲线，以此测定干扰素的生物学活性。国际上规定，能保护 50% 细胞免受病毒攻击的浓度即为一个 IFN 活性单位。

（3）纯度测定方法　参考《中国药典》（2020 年版），使用非还原型 SDS-聚丙烯酰胺凝胶电泳法，或者高效液相色谱法测定。

（二）药理作用与临床应用

1. 抗病毒作用　其抗病毒活性不是杀灭而是抑制病毒，它一般为广谱病毒抑制剂，对 RNA 和 DNA 病毒都有抑制作用。在病毒感染的恢复期可见干扰素的存在，用外源性干扰素亦可缓解病毒感染。

2. 抑制肿瘤细胞增殖作用　干扰素抑制细胞分裂的活性有明显的选择性，对肿瘤细胞的抑制活性比正常细胞大 500～1 000 倍。干扰素抗肿瘤效果可以是直接抑制肿瘤细胞增殖，也可通过宿主机体的免疫防御机制限制肿瘤的生长。

3. 诱导肿瘤细胞凋亡作用　干扰素可以诱导肿瘤细胞凋亡，从而杀灭肿瘤细胞。

干扰素对体液免疫、细胞免疫均有免疫调节作用，对巨噬细胞及自然杀伤细胞（NK细胞）也有一定的免疫增强作用。

干扰素在临床上适用于多种恶性肿瘤，包括毛细胞白血病、慢性白血病、非霍奇金淋巴瘤、骨髓瘤、膀胱癌、卵巢癌、晚期转移性肾癌及胰腺恶性内分泌肿瘤、黑色素瘤和Kaposi肉瘤等，可与其他肿瘤药物合并使用，作为放疗、化疗及手术的辅助治疗剂；还可用于病毒性疾病的防治。

> ○**思政：科学探索精神（干扰素的发现）**。有关干扰素的基础和临床研究涉及诸多领域，临床应用价值已经得到充分肯定，尤其是干扰素在治疗慢性病毒性肝炎的临床应用，彻底打破了慢性病毒性肝炎抗病毒治疗"无药可治"的局面，使大量患者获益：或痊愈，或延长了寿命，或改善了生活质量。1935年有科学家描述了一种现象：可引起脑炎的疱疹病毒株在家兔体内能够干扰同型脑炎病毒株的生长；同年，报道了猴子感染黄热病毒亲神经株后能够免除同一病毒嗜内脏株的致死作用。此后，上述"干扰现象"不断被发现，并确认非抗体和病毒本身所为。1957年英格兰一所实验室的科学家和相关学者发现鸡胚细胞与加热灭活的流感病毒一起处理后对活的流感病毒有抵抗能力，继而从细胞上清中分离出一种蛋白质，在干扰现象的基础上命名其为干扰素（interferon）。从此，揭开了干扰现象的神秘面纱。

二、白细胞介素的制备及临床应用

白细胞介素（interleukin，IL）是由白细胞或其他体细胞产生的又在白细胞间起调节作用和介导作用的一类细胞因子，是淋巴因子家族的一员。目前已有IL-1至IL-18。许多白细胞介素不仅介导白细胞的相互作用，还参与其他细胞如造血干细胞、血管内皮细胞、成纤维细胞、神经细胞、成骨细胞和破骨细胞等的相互作用。IL-2主要由T细胞或T细胞系产生，脾、淋巴结和扁桃体中的T细胞受到刺激后都能产生IL-2，人和动物某些T细胞白血病细胞系或肿瘤细胞在有丝分裂原、钙离子载体（如A23187）或乙酸肉豆蔻佛波醇（PMA）刺激下可产生高水平的IL-2。

（一）生产工艺与产品检验

1. 生产工艺路线

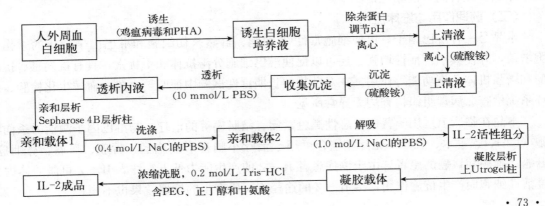

2. 工艺过程说明

（1）诱生 用加入鸡瘟病毒和 PHA 的培养液培养人外周血白细胞，这两种物质起到联合刺激的作用，置于 37 ℃培养。

（2）去除变性蛋白 用 6 mol/L HCl 调节 pH 至 2.0～2.5，再用 6 mol/L NaOH 调 pH 到 7.2～7.4，离心除去变性杂蛋白。

（3）硫酸铵梯度沉淀 取上述离心后的培养上清液，加饱和硫酸铵至 35％饱和度，4 ℃静置 24 h，离心弃去沉淀。上清液补加硫酸铵至 85％饱和，4 ℃静置 24 h，离心，收集沉淀。

（4）透析 将沉淀溶于 pH 6.5、10 mmol/L PBS 中（内含 2％正丁醇和 0.15 mol/L NaCl）。透析 24 h（更换 5 次透析外液）。

（5）蓝色琼脂糖层析 将上述透析内液通过 Sepharose 4B 层析柱，用 PBS 洗去不吸附的蛋白，再用含 0.4 mol/L NaCl 的 PBS 洗涤亲和柱，最后用含 1.0 mol/L NaCl 的 PBS 解吸 IL－2 活性组分。

（6）凝胶层析 将解吸的 IL－2 活性组分的聚乙二醇（PEG）－6000 沉淀浓缩，再上 Sepharose 4B 层析柱。将层析柱用含 0.1％PEG、2％正丁醇和 0.5 mol/L 甘氨酸的 pH 7.6 的 0.2 mol/L Tris－HCl 洗脱，得 IL－2。

3. 工艺分析与讨论

（1）操作要点 与体外诱生-提取纯化法生产干扰素相同，所用的人血要新鲜，血液贮存的时间愈长，产量愈低。另外，白细胞的质量和数量都与产量关系极为密切。

（2）影响因素 保证诱导培养基中含有少量的血清成分，能保证 IL－2 的产量达到较高水平。如果培养体系中不含有血清，则基本不会产生白介素 IL－2。

4. 产品检验

（1）质量标准 本品为白色或微黄色疏松体，加入适量注射用水后应迅速溶解为澄明液体。水分应不高于 3.0％，pH 应为 6.5～7.5，生物性活性应为标示量的 80％～150％。细菌内毒素检查以及异常毒性检查应当合格。本品的相对分子质量应为 15 500±1 550。

（2）生物学活性测定 依据在不同 IL－2 浓度下，其细胞依赖株 CTLL－2 细胞存活率不同，以此检测 IL－2 的生物学活性。

（3）纯度测定方法 参考《中国药典》（2020 年版），使用非还原型 SDS-聚丙烯酰胺凝胶电泳法，或者高效液相色谱法测定。

（二）药理作用与临床应用

本品是一种淋巴因子，可使细胞毒性 T 细胞、自然杀伤细胞和淋巴因子活化的杀伤细胞增殖，并使其杀伤活性增强，还可以促使淋巴细胞分泌抗体和干扰素，具有抗病毒、抗肿瘤和增强机体免疫功能等作用。在对动物的长期毒性试验中证明，血象、血尿生化检验、循环系统检查、病理组织检查均无异常所见。

本品在临床上适用于肾癌、恶性黑色素瘤、结肠癌等的治疗。与淋巴因子激活的杀伤细胞（LAK）、手术、放疗、化疗相结合可用于治疗小脑星形细胞瘤、舌癌、喉癌、鼻咽癌、肝癌、肺癌和胃癌的患者。由于癌症患者 IL－2 的产生能力低下，注入 IL－2 可激活体内免疫活性细胞而产生抗癌作用，给 IL－2 的途径不同所产生的抗癌效果也不同。

第五节　微生物发酵法制备多肽和蛋白质类药物

一、谷胱甘肽的制备及临床应用

谷胱甘肽是由谷氨酸、半胱氨酸和甘氨酸经肽键缩合而成的活性三肽，广泛存在于动物肝和血液、酵母、小麦胚芽中，各种蔬菜等植物组织中也有少量分布，是最主要的非蛋白巯基化合物，分为还原型（GSH）和氧化型（GSSG）两种，在生物体内大量存在并起主要作用的是还原型谷胱甘肽（GSH）。

（一）结构与性质

谷胱甘肽的分子结构式如图 2-1 所示。

谷胱甘肽是一种白色晶体，化学名为 γ-L-谷氨酰-L-半胱氨酰-甘氨酸，相对分子质量为 307.33，熔点是 192～195 ℃（分解）；易溶于水、稀醇、液氨和二甲基甲酰胺，不溶于乙醚和丙酮。干燥的谷胱甘肽固体较为稳定，而水溶液在空气中易被氧化。

图 2-1　谷胱甘肽的分子结构式

（二）生产工艺与产品检验

1. 生产工艺路线

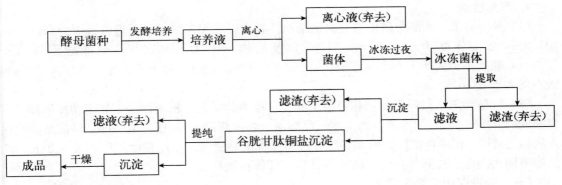

2. 工艺过程说明

（1）菌种活化　将酵母斜面菌种接种到装有合成培养基的 250 mL 三角瓶中，置于 28～30 ℃的摇床上培养 24 h，然后转接到装有合成培养基的 3 L 三角瓶中，置于 28～30 ℃的摇床上培养 24 h。

（2）菌种扩大培养　将上述培养液转到装有合成培养基的 300 L 种母罐中，在 30～32 ℃的条件下培养 24 h，再将 300 L 种母罐的培养液转接到 3 000 L 种母罐中，在 30～32 ℃的条件下培养 24 h，再将 3 000 L 种母罐的培养液转接到 7 000 L 种母罐中，在 30～32 ℃的条件下培养 24 h。

（3）发酵培养

① 发酵。将以上 7 000 L 种母罐的培养液转接到装有发酵培养基的 50 000 L 发酵罐中，在 30～32 ℃的条件下培养 39 h，即得发酵培养液。

② 收集酵母菌体。将发酵培养液 3 000 r/min 离心，收集酵母菌体，置冰箱过夜。

③ 提取。将过夜的酵母菌体置于不锈钢锅中，加水，密闭，煮沸 10 min，速冷，过滤，

收集滤液。

④ 沉淀。将滤液置于不锈钢锅中，边搅拌边加 0.5 mol/L 硫酸调节 pH。加热至 40 ℃时，边搅拌边加入氧化亚铜的水浊液，静置 20 min，过滤，用 0.5 mol/L 硫酸和蒸馏水洗涤，收集谷胱甘肽铜盐沉淀。

⑤ 提纯。将上述沉淀置于不锈钢锅中，用硫化氢分解铜盐，过滤，通入氮气，除去滤液中的硫化氢，得无硫化氢的谷胱甘肽液体，加入溶液体积 10 倍量的冷丙酮以沉淀。

⑥ 干燥。将沉淀置于干燥器中干燥，得成品。

3. 工艺分析与讨论

（1）提纯工艺　除了使用冷丙酮沉淀提纯以外，还可以通过离子交换法进行纯化，采用 732 型阳离子交换树脂洗脱获得纯化的 GSH。

（2）提高生产效率　由于谷胱甘肽的合成需要 ATP 参与，而在反应体系中直接添加 ATP 是经济上所不允许的，因此需构建一个高效的 ATP 再生系统，来提高谷胱甘肽生物合成系统的运行效率与经济性。另外，可以选育谷胱甘肽高产菌株，提高谷胱甘肽合成酶系的表达水平，并使之在胞外大量积累。

（3）发酵条件优化　研究表明，当发酵液 pH 控制在 5.5 时，谷胱甘肽的产量最高。同时，充分发挥固定化细胞技术的潜力，有利于实现谷胱甘肽的连续生产。

（4）谷胱甘肽的其他生产工艺　目前还有通过小麦胚芽或者其他植物组织来提取谷胱甘肽的生产工艺，但是从能耗、收率和环保方面来看，还是微生物发酵法比较好。

4. 产品检验

（1）质量标准　本品为白色或近白色结晶性粉末，或无色结晶，干重含量应为 98.0%～101.0%，比旋光度为 -15.5°～-17.5°，氯化物不得大于 0.02%，硫酸盐不得大于 0.03%，铵盐不得大于 0.02%，铁不得大于 0.001%，干燥失重不得大于 0.50%，炽灼残渣不得大于 0.10%。

（2）含量测定　按照高效液相色谱法测定。取本品适量，精密称量，加流动相稀释并定容制成约 0.2 mg/mL 的溶液，作为供试品溶液（临用新制）。精密量取 10 μL 供试品溶液注入液相色谱仪，记录色谱图；另取谷胱甘肽对照标准品适量，使用流动相配制成 0.2 mg/mL 的溶液同法测定。按照外标法以峰面积计算，即得谷胱甘肽。

（三）药理作用与临床应用

还原型谷胱甘肽（GSH）是人类细胞质中自然合成的一种肽，由谷氨酸、半胱氨酸和甘氨酸组成，含有巯基（—SH），广泛分布于机体各器官内，在维持细胞生物功能方面有重要作用。它是甘油醛磷酸脱氢酶的辅基，又是乙二醛酶及丙糖脱氢酶的辅酶，参与体内三羧酸循环及糖代谢。

本品在临床上适用于化疗，包括用顺氯铵铂、环磷酰胺、阿霉素、柔红霉素、博来霉素化疗，尤其是大剂量化疗时；放疗；各种低氧血症，如急性贫血、成人呼吸窘迫综合征、败血症等；肝疾病，包括病毒性、药物毒性、酒精毒性及其他化学物质毒性引起的肝损害。亦可用于有机磷、胺基或硝基化合物中毒的辅助治疗。

> ➜ **思政：健康教育（还原型谷胱甘肽的生理作用）**。还原型谷胱甘肽能激活多种酶，如巯基（—SH）酶等，从而促进糖、脂肪及蛋白质代谢，并能影响细胞的代谢过程；它可

通过巯基与体内的自由基结合，可以转化成容易代谢的酸类物质从而加速自由基的分解，有助于减轻化疗、放疗的毒副作用，对化疗、放疗的疗效无明显影响。如保护肾小管免受顺铂损害的主要机制为肾小管细胞内含谷胱甘肽解毒时所需的 γ-谷氨酰胺转肽酶，而癌细胞却无此酶，故在不影响本品的细胞毒效应同时保护了正常组织和器官。本品对放射性肠炎治疗效果较明显；对于贫血、中毒或组织炎症造成的全身或局部低氧血症患者应用，可减轻组织损伤，促进修复。通过转甲基及转丙氨基反应，GSH 还能保护肝的合成、解毒、灭活激素等功能，并促进胆酸代谢，有利于消化道吸收脂肪及脂溶性维生素（维生素 A、维生素 D、维生素 E、维生素 K）。

二、蛋白质类药物的发酵制备

蛋白质类药物的发酵制备一般与基因工程技术相结合进行，如重组人干扰素、重组人胰岛素的制备，详见第六节内容。

第六节　基因工程法制备多肽和蛋白质类药物

生物的遗传性状是由基因（即一段 DNA 分子序列）所编码的遗传信息决定的。基因工程操作首先要获得基因，才能在体外用酶进行剪切和拼接，然后插入由病毒、质粒或染色体DNA 片段构建成的载体，并将重组体 DNA 转入微生物或动、植物细胞，使其复制（无性繁殖），由此获得基因克隆。基因还可通过 DNA 聚合酶链式反应（PCR）在体外进行扩增，借助合成的寡核苷酸在体外对基因进行定位诱变和改造。克隆的基因需要进行鉴定或测序。控制适当的条件，使转入的基因在细胞内得到表达，即能产生出人们所需的产品，或使生物体获得新的性状，这种获得新功能的微生物称为工程菌。

基因工程的基本操作过程如图 2-2 所示。

（1）基因分离　首先，分别提取供体细胞（各种生物都可选用）的 DNA 与作为载体的松弛型细菌质粒（也可用噬菌体或病毒作载体）。然后，根据工程蓝图的要求，在供体 DNA中加入专一性很强的限制性核酸内切酶，从而获得带有特定基因并露出黏性末端的 DNA 单链部分。必要时，这种黏性末端也可用人工方法进行合成。作为载体的细菌质粒等的 DNA也可用同样的限制性核酸内切酶切断，露出其相应的黏性末端。

（2）体外重组　把供体细胞的 DNA 片段和质粒 DNA 片段放在试管中，在较低的温度（5～6 ℃）下混合退火。由于每一种限制性核酸内切酶所切断的双链 DNA 片段的黏性末端由相同的核苷酸组成，所以当两者混在一起时，凡黏性末端上碱基互补的片段，就会因氢键的作用而彼此吸引，重新形成双键。这时，在外加连接酶的作用下，供体的 DNA 片段与质粒 DNA 片段的裂口处被缝合，形成一个完整的有复制能力的环状重组体，即杂种质粒。

（3）载体传递　即通过载体把供体的遗传基因导入受体细胞内。载体必须具有自主复制的能力。一般可以利用质粒的转化作用，将供体基因带入体细胞内；有时也可用特定的噬菌体（如大肠杆菌的 λ 噬菌体）或病毒（如在正常猴体内繁殖的 SV40 球形病毒）作载体进行传递。

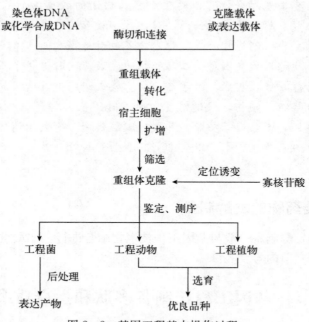

图 2-2 基因工程基本操作过程

（4）复制和表达　　在理想情况下，上述这种杂种质粒进入受体细胞后，能通过宿主复制而得到扩增，并使受体细胞表达出为供体细胞所固有的部分遗传性状，成为工程菌。

（5）筛选、繁殖　　由于目前分离纯净的基因功能单位相对比较困难，所以通过重组后的杂种质粒的性状是否都符合原定蓝图，以及它能否在受体细胞内正常增殖和表达等能力还需经过仔细检查，以便能在大量个体中设法筛选出所需要性状的个体，然后才可加以繁殖和利用。

一、重组人干扰素的制备及临床应用

目前，随着生物技术的发展，运用基因工程技术已经能够在人体外大规模地生产人干扰素，即重组人干扰素。编码干扰素的基因已经在大肠杆菌、酵母菌和哺乳动物细胞中得到表达。已经研制成功 α、β、γ 三型基因工程干扰素，并投放市场，用于治疗的病种达 20 多种。我国国家卫生健康委员会已批准生产的干扰素品种有 IFN-α1b、IFN-α2a、IFN-α2b 和 IFN-γ 四种。利用蛋白质工程技术有望研制活性更高、更适于临床应用的干扰素类似物和干扰素杂合体等各种新型干扰素。

（一）生产工艺与产品检验

1. 生产工艺路线

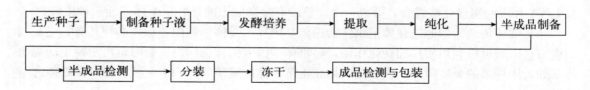

2. 工艺过程说明

（1）构建工程菌 首先从产生干扰素的白细胞中提取干扰素 mRNA，对其进行分级分离。通过蟾蜍卵母细胞找出活性最高的 mRNA，并用此 mRNA 合成 cDNA。将 cDNA 与含四环素和氨苄抗性基因的质粒 pBR322 重组，转化大肠杆菌（*Escherichia coli*）K12，得到重组子质粒。对每个重组子用粗提的干扰素 mRNA 进行杂交，把得到的杂交阳性克隆中的重组质粒 DNA 放到无细胞合成系统中进行翻译。对翻译体系的产物进行干扰素活性检测。再将干扰素的 cDNA 转入大肠杆菌表达载体中，转化大肠杆菌在特定条件下进行高效表达。生产流程如图 2-3 所示。

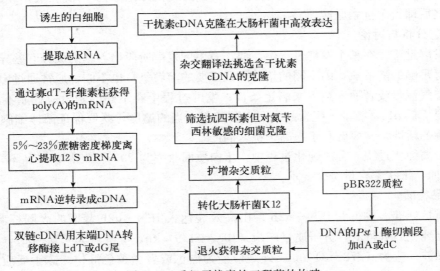

图 2-3 重组干扰素的工程菌的构建

（2）工程菌发酵

① 种子制备。将构建的基因工程菌传代后于 −70 ℃下甘油管中保存。以重组人干扰素 IFN-α2b 为例，构建的基因工程菌为 SW-IFN-α2b/*E. coli*-DH5α。质粒使用 PL 启动子，含氨苄西林抗性基因。在临用之前活化。

② 种子罐培养。将菌种按 1% 的接种量接种到种子培养基中。种子培养基的配方：1% 蛋白胨、0.5% 酵母提取物、0.5% NaCl。30 ℃摇床培养 10 h，作为发酵罐种子使用。

③ 发酵罐培养。发酵培养基的配方：1%蛋白胨、0.5%酵母提取物、0.01% NH_4Cl、0.05% NaCl、0.6% Na_2HPO_4、0.001% $CaCl_2$、0.3% KH_2PO_4、0.01% $MgSO_4$、0.4%葡萄糖、50 mg/mL 氨苄西林、少量防泡剂。用 15 L 发酵罐进行发酵，发酵培养基的装量为 10 L，pH 调至 6.8，搅拌 500 r/min，通风量为 1 L/(L·min)，溶氧量为 50%。30 ℃发酵 8 h，然后在 42 ℃诱导 2～3 h 完成发酵。同时，每隔不同时间取 2 mL 发酵液，10 000 r/min 离心除上清液，称菌体湿重。

（3）产物的提取与纯化

① 提取。发酵结束后，冷却，离心（4 000 r/min）30 min，收集沉淀，得湿菌体。取湿菌体悬浮于 20 mmol/L 磷酸缓冲液（pH 7.0）中，冰浴中进行超声破碎，释放干扰素蛋白。4 000 r/min 离心 30 min，得沉淀，用含 8 mol/L 尿素、20 mmol/L 磷酸缓冲液（pH 7.0）、

0.5 mmol/L 二硫苏糖醇（DTT）的溶液于室温下搅拌抽提 2 h，然后 15 000 r/min 离心 30 min。取上清液，用 20 mmol/L 磷酸缓冲液（pH 7.0）稀释至尿素浓度为 0.5 mol/L，加二硫苏糖醇（DTT）至 0.1 mmol/L，4 ℃搅拌 15 h，15 000 r/min 离心 30 min，除去不溶物。上清液经中空纤维超滤器浓缩，将浓缩的人 IFN-α2b 溶液经过 Sephadex G-50 分离，层析柱（2 cm×100 cm）先用 20 mmol/L 磷酸缓冲液（pH 7.0）平衡，上柱后用同种缓冲液洗脱分离，收集人 IFN-α2b 组分，经 SDS-PAGE 检查。

②纯化。将 Sephadex G-50 柱分离的人 IFN-α2b 组分，再经 DE-52 柱（2 cm×50 cm)纯化，人 IFN-α2b 组分上柱后用含 0.05 mol/L、0.1 mol/L、0.15 mol/L NaCl 的 20 mmol/L 磷酸缓冲液（pH 7.0）分别洗涤，收集含重组人干扰素的洗脱液，经适当浓缩、除菌过滤之后即得干扰素原液。

3. 工艺分析与讨论

（1）发酵过程　在整个发酵过程中，要注意不同发酵阶段培养基的成分有差异；并且培养液中要有足够的溶解氧，因不同的培养阶段需要的溶解氧量也不同，通常通过增大搅拌速度、增加空气流量或者通入纯氧来满足条件；发酵过程中在不同的阶段应控制不同的 pH，发酵后期要降低 pH，减少干扰素的水解；要控制适当的温度，既要保证菌体细胞膜的完整和细胞中酶的活性，又要有利于提高干扰素的产量。

（2）分离纯化过程　分离纯化过程中，蛋白质回收率为 20%～25%，产品不含杂蛋白、DNA 及热原。干扰素含量符合要求。

4. 产品检验

（1）质量标准　重组人 IFN-α2b 系由高效表达人 IFN-α2b 基因的大肠杆菌经发酵、分离和高度纯化后获得的，分子质量应为 (19.2±1.9) ku，等电点为 4.0～6.7，最大紫外吸收色谱峰波长应为 (278±3) nm。外观应当为白色或者微黄色液体，冻干后应为白色或者微黄色疏松体，加入注射用水复溶之后不得含有肉眼可见不溶物。

每毫克重组人 IFN-α2b 的比活性应不低于 $1.0×10^8$ IU，宿主菌蛋白质残留量应不高于蛋白质总量的 0.1%，每 300 万 IU 的细菌内毒素应当小于 10 EU，不应含有残余氨苄西林或者其他抗生素活性。经电泳法或者高效液相色谱法测定，纯度不应低于 95.0%。N 端氨基酸序列应为：Cys-Asp-Leu-Pro-Gln-Thr-His-Ser-Leu-Gly-Ser-Arg-Arg-Thr-Leu。

（2）含量测定　按照《中国药典》（2020 年版）通则中福林酚法（Lowry 法）进行含量测定。根据蛋白质分子中含有的肽键在碱性溶液中与 Cu^{2+} 螯合形成蛋白质-铜复合物，此复合物使酚试剂的磷钼酸还原，产生蓝色化合物，同时在碱性条件下酚试剂易被蛋白质中酪氨酸、色氨酸、半胱氨酸还原呈蓝色反应。在一定范围内其颜色深浅与蛋白质浓度成正比，以蛋白质标准品溶液作标准曲线，采用比色法测定供试品中蛋白质的含量。

（3）生物活性测定　按照《中国药典》（2020 年版）通则中细胞病变抑制法进行生物活性测定。基于干扰素可以保护人羊膜（WISH）细胞免受水疱性口炎病毒（VSV）破坏的作用，用结晶紫对存活的 WISH 细胞染色，在波长 570 nm 处测定其吸光度，可得到干扰素对 WISH 细胞的保护效应曲线，以此测定生物学活性。

（二）药理作用与临床应用

重组人干扰素具有广谱抗病毒、抑制细胞增殖以及提高免疫功能等作用。提高免疫功能包括增强巨噬细胞的吞噬功能，增强淋巴细胞对靶细胞的细胞毒性和天然杀伤细胞的功能。临床用于治疗某些病毒性疾病，如急慢性病毒性肝炎、带状疱疹、尖锐湿疣；用于治疗某些肿瘤，如毛细胞性白血病、慢性髓细胞性白血病、多发性骨髓瘤、非霍奇金淋巴瘤、恶性黑色素瘤、肾细胞癌、喉乳头状瘤、卡波氏肉瘤、卵巢癌、基底细胞癌、表面膀胱癌等。

二、重组人胰岛素的制备及临床应用

目前，国际上生产医用重组人胰岛素（recombinant human insulin，rhI）的方法主要有3种。

① 首先化学合成编码胰岛素 A 链和 B 链的基因序列，两条链的 5′端各加甲硫氨酸密码子 ATG，以便表达后加工。然后将合成的 A、B 链 DNA 序列分别插入质粒载体的 β-半乳糖苷酶基因中，克隆基因受 β-半乳糖苷酶基因启动子控制。重组质粒转化基因工程大肠杆菌（Escherichia coli），分别表达 A 链或 B 链和 β-半乳糖苷酶的融合蛋白。由于甲硫氨酸位于融合蛋白的连接处，在体外用溴化氰裂解甲硫氨酸，即可使 A 链或 B 链与 β-半乳糖苷酶片段分开。然后 A 链和 B 链通过二硫键连接，形成具有活性的胰岛素。这一方法缺点较多，目前已较少使用。

② 通过基因工程酵母菌发酵生产人胰岛素原（human proinsulin，hPI），后经加工形成人胰岛素。酵母系统下游后加工比细菌表达系统简单，但缺点是生产慢，生产周期长，且重组蛋白分泌量少（1～50 mg/L），产量低。

③ 用基因工程大肠杆菌发酵生产 hPI，后经加工形成人胰岛素。这种方法，大肠杆菌系统表达量高，但缺点是不利于表达人胰岛素这样的小蛋白，产物易降解，故常采用融合蛋白形式将 hPI 连接在一个较大的蛋白质后，表达产物需经过一系列复杂的后加工才能形成有活性的人胰岛素（human insulin，hI）。下面对该种工艺生产重组人胰岛素进行介绍。

（一）生产工艺与产品检验

1. 生产工艺路线

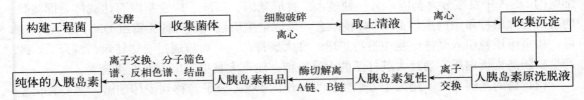

2. 工艺过程说明

（1）菌种 RRhPI/pQE-40 大肠杆菌 M15 菌株。

（2）培养基 培养基组成为：5 g/L 胰蛋白胨、2 g/L 谷氨酸、7 g/L 酵母浸膏、0.5 g/L 硫酸铵、2.5 g/L 葡萄糖、2.7 g/L 甘油、100 mg/L 氨苄西林、50 mg/L 卡那霉素，调节 pH 至 7.2。

（3）一次发酵 将 10 mL 经过活化的 RRhPI/pQE-40 大肠杆菌 M15 转移至 100 mL 培养基中进行培养，活化菌种。

（4）发酵罐培养 将一次发酵液转移至含有 1.5 L 培养基的发酵罐中进行发酵培养［转速为 300 r/min，通气量为 1.5～1.8 L/（L·min）］，一段时间后加入一定量新鲜的培养基并用 NaOH 调节 pH。在对数生长中期加入 0.5 mmol/L 异丙基硫代-β-D-半乳糖苷

（IPTG）并升温诱导（His）6-Arg-Arg-人胰岛素原（RRhPI）表达 4 h，转速随即调为 $400\sim500$ r/min，增大通气量至 $1.8\sim2.0$ L/(L·min)，继续培养一段时间后，收集菌体。

（5）包涵体的收集和洗涤　将收集的湿菌体冻存于 -20 ℃下，然后悬浮于缓冲液 A（含 50 mmol/L Tris-HCl、0.5 mmol/L EDTA、50 mmol/L NaCl、5%甘油、$0.1\sim0.5$ mmol/L DTT，pH 7.9）中，加入溶菌酶（5 mg/g 湿菌体），室温或 37 ℃振荡 2 h。冰浴超声 10 s×30 次，其间每次间隔 20 s，功率为 200 W。10 ℃条件下 1 000g 离心 5 min 去除细胞碎片。将上清液中的包涵体（inclusion body，IB）在 4 ℃条件下 27 000g 离心 15 min 收集沉淀，然后用含 2 mol/L 尿素的缓冲液 A 充分悬浮，室温静置 30 min 后于 4 ℃条件下 17 000g 离心 15 min，收集沉淀。沉淀再用含 2%脱氧胆酸钠的缓冲液 A 充分悬浮，4 ℃条件下 17 000g 离心 15 min，收集沉淀。最后沉淀用 10 mmol/L Tris-HCl（pH 7.3）洗涤两次（4 ℃，17 000g 离心 15 min）。

（6）RRhPI 的初步纯化　将收集的包涵体用含有 $0.1\%\sim0.3\%$ β-巯基乙醇的缓冲液 B（含 30 mmol/L Tris-HCl、8 mol/L 尿素，pH 8.0）溶解，使用缓冲液 B 平衡 DEAE-Sepharose FF 柱之后，将包涵体溶液上柱，使用合适的氯化钠梯度洗脱，收集含 RRhPI 的洗脱液。

（7）RRhPI 的重组复性　将初步纯化后的 RRhPI 通过 Sephadex G-25 脱尿素，转换缓冲液为不同 pH 的 50 mmol/L Gly-NaOH 重组液，或含有适量 GSSG 的 Gly-NaOH 缓冲液中，使蛋白终浓度为 $0.1\sim0.6$ mg/mL，收集趋于正确折叠的 RRhPI 单体组分，加入适量 GSH 和 GSSG，4 ℃放置 24 h。

（8）酶切转化　向 RRhPI 复性液中加入一定量的胰蛋白酶和羧肽酶，37 ℃酶切一段时间，然后用 0.1 mol/L $ZnCl_2$ 终止反应并沉淀生成的人胰岛素。后续可通过离子交换层析法等进一步纯化。

3. 工艺分析与讨论

（1）工程菌构建　首先，需要构建目的基因，主要可通过两种方法实现：一种是从供体细胞的 DNA 中直接分离基因；另一种是人工合成基因。其次，构建基因表达载体，即将目的基因与大肠杆菌中的质粒 DNA 分子结合，形成重组质粒（或者称为重组 DNA 分子）。随后，将重组质粒引入受体细胞中进行扩增。在大肠杆菌内，质粒通过表达转录与翻译后，便产生出胰岛素蛋白质。通过大肠杆菌的大量繁衍，便可大量生产出重组人胰岛素。

（2）目的基因导入　用人工方法使体外重组的 DNA 分子转移到受体细胞，主要是借鉴细菌或病毒侵染细胞的途径。例如，如果转运载体是质粒，受体细胞是细菌，一般是将细菌用氯化钙处理，以增大细菌细胞壁的通透性，使含有目的基因的重组质粒进入受体细胞。目的基因导入受体细胞后，就可以随着受体细胞的繁殖而复制，由于细菌的繁殖速度非常快，在很短的时间内就能够获得大量的目的基因。

（3）产物后处理　由于大肠杆菌是原核生物，没有内质网、高尔基体等，不能进行多肽的折叠、修饰等，因此产出的是多肽链，还需要在菌体外进行人为加工。

4. 产品检验

（1）质量标准　本品为重组技术生产的由 51 个氨基酸残基组成的蛋白质。比旋光度为 $-56°\sim-72°$。按干燥品计算，重组人胰岛素（包括 A21 脱氨人胰岛素）含量应为 $95.0\%\sim105.0\%$。每单位重组人胰岛素相当于 0.034 7 mg。本品为白色或类白色结晶性粉末，在水、乙醇和乙醚中几乎不溶，在稀盐酸或稀氢氧化钠溶液中易溶。

通过高效液相色谱法进行鉴别，供试品溶液主峰的保留时间应与标准品溶液主峰的保留时间一致。含 A21 脱氨人胰岛素不得大于 1.5%，其他杂质峰面积之和不得大于 2.0%。干燥失重不得超过 10.0%；炽灼残渣不得超过 2.0%；每毫克重组人胰岛素中细菌内毒素含量应当小于 10 EU，菌体蛋白残留量不得超过 10 ng；每克胰岛素中需氧菌总数不得超过 300 cfu。按干燥品计算，每毫克的效价不得少于 15 IU。

（2）含量测定　按照高效液相色谱法测定。取本品适量，精密称定，加 0.01 mol/L 盐酸溶液溶解并定量稀释制成每毫升中约含 0.35 mg 胰岛素的溶液（约 10 IU，临用新制，2～4 ℃保存，48 h 内使用）。精密量取 20 μL 供试品溶液注入液相色谱仪，记录色谱图；另取胰岛素标准品适量，同法测定。按照外标法以重组人胰岛素峰与 A21 脱氨人胰岛素峰面积之和计算，即得胰岛素含量。

（二）药理作用与临床应用

本品在临床上主要用于糖尿病，特别是胰岛素依赖型糖尿病重型、消瘦、营养不良者，轻、中型经饮食和口服降血糖药治疗无效者；合并严重代谢紊乱（如酮症酸中毒、高渗性昏迷或乳酸酸中毒）、重度感染、消耗性疾病（如肺结核、肝硬化）和进行性视网膜、肾、神经等病变者；合并妊娠、分娩及大手术者。也可用于纠正细胞内缺钾。

小　结

多肽和蛋白质类药物，是具有生理及药理活性的多肽类生化药物与蛋白质类生化药物的统称。该类药物可以分为多肽激素、蛋白质激素、细胞生长调节因子、血浆蛋白等类型，主要通过激素作用、免疫调节作用、抗感染作用等来发挥生理及药理活性。与小分子药物相比，多肽和蛋白质药物具有高活性、特异性强、低毒性、生物功能明确、有利于临床应用的特点。

在制备多肽和蛋白质类药物时，传统的制备方法是提取纯化法，即使用适宜的溶剂和方法，从动物脏器或者植物原料中，将多肽或蛋白质提取出来，再使用沉淀、膜分离等技术进行分离纯化，其优点是原料来源丰富、投产比较容易，缺点是产量低、成本高。某些多肽和蛋白质类物质需要外加诱生剂的条件，才能够由相关细胞合成分泌，在制备这类药物时，通常先进行体外分离进行血细胞培养，加入诱生剂诱生之后，再通过离心、层析等提取纯化方法获取目标产物，可以通过体外诱生-提取纯化法进行制备。微生物发酵法是指以糖为碳源，以氨或尿素为氮源，通过微生物的繁殖，直接产生多肽和蛋白质类药物，或者加入前体物质合成特定多肽和蛋白质类药物的方法。其基本过程包括菌种的培养、接种发酵、产品提取及分离纯化等。随着生物工程技术的不断发展，使用基因工程的方法制备多肽和蛋白质类药物获得了较大发展。在该方法中，首先需要确定对某种疾病有预防和治疗作用的蛋白质，然后将控制该蛋白质合成过程的基因提取出来，经过一系列基因操作，最后将该基因放入可以大量生产的受体细胞中去，在受体细胞不断繁殖过程中，大规模生产具有预防和治疗这些疾病的药用蛋白质，目前可以通过基因工程构建的细菌细胞来生产的重组药物蛋白有重组人胰岛素、重组干扰素等。化学合成法是把氨基酸按一定的顺序排列起来，利用氨基和羧基的脱水形成肽键，进而形成所需要的结构来制备多肽和蛋白质类药物的一种方法，但是由于工艺路线烦琐、对操作人员及工艺技术的要求较高、尚存在稳定性及活性较低等问题，在目前的实际生产中应用较少。

习　　题

1. 多肽和蛋白质类药物常用的制备方法有哪些?

2. 胰岛素的提取纯化制备工艺路线是什么?

3. 干扰素的药理作用和临床应用是什么? 使用体外诱生-提取纯化法制备干扰素的工艺路线是什么?

4. 使用微生物发酵法制备谷胱甘肽的工艺路线是什么?

5. 使用基因工程法制备多肽和蛋白质类药物的基本操作过程是什么?

第三章 CHAPTER 3

酶类药物 ▶▶▶

○**课程思政与内容简介：**酶类药物的应用在中国历史悠久，酶和辅酶是我国生化药物中发展比较快的一类。酶是具有催化活性的蛋白质，酶类药物是用各种酶制剂改变体内酶活力，或改变体内某些生理活性物质和代谢产物的数量等，以达到治疗某些疾病的目的。本章主要介绍酶类药物的一般制备方法，以及典型酶类药物的制备工艺、药理作用和临床应用。通过学习掌握酶类药物的纯化方法、典型酶类药物的制备工艺。

第一节　酶类药物概述

一、酶与酶类药物

　　酶在自然界中存在于生物体内，地球上现有的动物、植物、微生物是丰富的酶资源宝库。酶类生化药物主要是从动物的腺体、组织和体液中制取。植物中分离的酶较少，如菠萝蛋白酶、木瓜蛋白酶等。微生物产生的酶非常丰富，微生物繁殖快、产量高、成本低，又不受自然条件限制，是非常有前途的资源。已从微生物中制得的酶有 50 多种。有的酶始终保存在菌体细胞内，称为胞内酶，在提取时，应先破碎细胞，使酶从细胞中释放出来。有的酶在生长过程中，不断地分泌到培养基中，称为胞外酶，它比胞内酶容易提取，一般采用离子交换、凝胶过滤、超速离心等方法进行分离。

　　目前，世界上已知酶 2 000 多种，结晶出来的酶差不多 100 种，已经应用的有 120 多种，新开发的、正在实验研究中的酶有 100 多种。酶和辅酶是我国生化药物中发展比较快的一类，载入药典的有 20 余种。20 世纪 60 年代中期以前，一般动植物来源的酶已陆续投入生产，随后又向着生产各种微生物来源的酶和辅酶的方向发展。酶类药物依据其功效和临床应用分为 6 类（表 3-1）。

表 3-1　酶类药物分类

类别	举例
消化酶	主要有胰酶、胰脂酶、胃蛋白酶、β-半乳糖苷酶、淀粉酶、纤维素酶和消食素等
抗炎、黏痰溶解酶	主要有胰蛋白酶、糜蛋白酶、糜胰蛋白酶、胶原酶、超氧化物歧化酶、菠萝蛋白酶、木瓜蛋白酶、木瓜凝乳蛋白酶、酸性蛋白酶、沙雷菌蛋白酶、蜂蜜曲霉蛋白酶、灰色链霉菌蛋白酶、枯草芽孢杆菌蛋白酶等；多糖酶有溶菌酶、玻璃酸酶、细菌淀粉酶、葡聚糖酶等；核酸酶有脱氧核糖核酸酶、链道酶、核糖核酸酶等

（续）

类别	举 例
循环酶	抗凝酶主要有链激酶、尿激酶、纤溶酶、米曲溶纤酶、蛇毒抗凝酶等；止血酶有凝血酶、促凝血酶原激酶原激酶、蛇毒凝血酶等；血管活性酶有激肽释放酶、弹性蛋白酶等
抗癌酶	主要有天冬酰胺酶、癌停三合酶、谷氨酰胺酶等
其他活性酶	主要有青霉素酶、脲酶、细胞色素 c 等
复合酶	含有两种及以上酶的混合酶制剂，主要有双链酶、复方磷酸酯酶、风湿宁三合酶、神经宁三合酶、过敏宁复合酶、复合牛溶纤酶等。

> ➡ 思政：爱国教育（中国对酶类药物的早期应用）。早在几千年以前，我国人民就用微生物酿酒、制酱。周朝时期制饴、造酱，用曲治疗腹泻症。《书经》上记载"若作酒醴，尔惟曲蘖"，曲就是发霉的谷子，蘖就是发芽的谷粒，它们都含有丰富的酶。中药神曲，用面粉、杏仁、赤小豆、苍耳等调和，经发酵而制成。还有半夏曲、沉香曲等，具有消食行气、健脾养胃的功效，用于治疗积食、胀满和腹泻等病症。这些都是古代人在实际生活中对酶的利用，只是由于科学水平的局限，不知道是生物催化剂——酶。

二、酶类药物的一般制备方法

酶类药物的制备一般包括原材料的处理、酶的提取、酶的纯化和酶活力测定几个基本步骤，核心工作是酶的提取和纯化。首先要把酶从原料，即从动、植物或微生物及其发酵液中引入溶液，再将酶由溶液中有选择性地分离出来，去除夹杂的杂质，特别是杂蛋白，进行纯化，得到纯净的产品或制成符合标准的酶类药物制剂。

（一）酶的提取

1. 提取方法 绝大多数酶是蛋白质，通常用以提取和纯化蛋白质的方法都适用于酶的提取，预防变性措施也一样。但在酶的提取和纯化过程中，应注意工艺的特殊要求。

（1）水溶液法提取 提取条件的选择，取决于酶的溶解性、稳定性及与其他物质的相互联系。一般需要切断酶与其他物质的可能联系，最好远离酶的等电点，以 pH 4～6 为佳。所用盐的浓度，多采用等渗或低浓度的盐溶液提取，如 0.02～0.05 mol/L 磷酸盐缓冲液和 0.15 mol/L 氯化钠等。由于焦磷酸盐缓冲液、柠檬酸缓冲液有生成络合物的性能，能帮助切断酶与其他物质的联系并有螯合某些离子的作用，故使用得也很多。提取温度，通常都控制在 0～4 ℃，对比较稳定的酶可例外。总之，只要细胞膜破裂，溶酶不难提取。有的酶和颗粒体结合不太紧密，在颗粒体结构受损时，就能释放出来，提取也没有特别困难。

（2）其他试剂提取 对那些和颗粒体紧密结合的，有的要做成丙酮粉后直接提取，有的则要用正丁醇或表面活性剂，如胆酸盐进行处理，甚至酶处理，才能提取出来。

2. 注意事项 酶具有催化活性，这是选择提取纯化方法和操作条件的指标，从原料开始，在整个酶的提取和纯化过程中，贯穿着测定总活力和比活力的比较、了解某一步的收率和纯度、分析和决定下步工艺的取舍等步骤。提取溶剂的选择，一般可参考已有的文献报道，但是最关键的还是要通过实践来决定，依据提取液和破碎细胞后的原料中酶的活力比较来选择。提取溶剂用量通常是原料量的 1～5 倍，有时为提高提取效果，要反复提取，提取液的体积增大，浓度降低，而酶一般在高浓度的溶液中较稳定。为提高酶在提取液的浓度，常用盐或冷乙醇把酶从提取液中沉淀出来，再进行溶解或减压浓缩等工艺过程。

（二）酶的纯化

在纯化上，操作始终要在温和条件下进行，只有在不破坏酶的活力的限度内，可采用非温和的手段，尽可能除去一切杂质。当有酶的作用底物、抑制剂等物质存在时，酶的理化性质及稳定性也有些不同，如有底物蔗糖存在时，蔗糖转化酶能经受更高的温度。这是因为酶与底物有亲和力，底物对酶起到保护作用，使活性中心不被破坏。

1. 除去杂质　酶的纯化主要是去除各种蛋白质、多糖和核酸等大分子杂质，这是纯化操作中的主要工作，也是比较困难的工作。酶与杂蛋白的分离，不论应用已有的分离程序，还是建立新的纯化工艺，都要充分了解酶的理化性质。一个好的工艺应该是酶比活力提高，总活力回收高，重现性好。通常整个纯化过程不宜重复同一步骤或方法，因为这会使酶的总活力下降，且不能去掉不同种类的杂质。

（1）调节 pH 或加热沉淀　根据蛋白质等电点的差异，通过调节 pH，除去某些杂蛋白。也可以利用蛋白质热稳定性的差异，将酶溶液加热到一定的温度，杂蛋白被热变性而沉淀除去，如胰蛋白酶、胰核糖核酸酶、溶菌酶等在酸性条件下可加热到 90 ℃不被破坏，而大量杂蛋白被变性除去。

（2）蛋白质表面变性法　使用有机溶剂，与杂蛋白表面基团结合，破坏蛋白分子外围的水化层使之聚集沉淀而除去。如制备过氧化氢酶时，酶抽提液和氯仿混合振荡，造成选择性表面变性而除去杂蛋白。振荡后，分三层，上层为未变性的蛋白溶液，中层为乳浊状的变性蛋白，下层为氯仿。

（3）变性剂选择性变性　不同的蛋白质对变性剂的稳定性有差异，如胰蛋白酶、细胞色素 c 等对三氯乙酸较稳定，可用 2.5% 的三氯乙酸使杂蛋白变性沉淀除去。

（4）加保护剂加热变性　酶的底物、辅酶、竞争性抑制剂与酶结合可增大酶与杂蛋白间的耐热性差别，常用作酶的保护剂，通过加热除去杂蛋白。如 D-氨基酸氧化酶溶液中加抑制剂 O-甲基苯甲酸后，这种酶的耐热性显著上升。

（5）核酸、黏多糖沉淀　以微生物为原料的抽提液中含有大量的核酸，可加硫酸链霉素、聚乙烯亚胺、鱼精蛋白和二氯化锰等使之沉淀除去。黏多糖常用乙酸铅、乙醇、单宁酸和离子型表面活性剂等处理解决。

2. 脱盐和浓缩

（1）脱盐　粗酶常需要脱盐，常用的方法是透析和凝胶过滤。透析可除去酶溶液中的盐类、有机溶剂、低分子质量的抑制剂等，使用较多的是玻璃纸袋，其截留相对分子质量极限一般在 5 000 左右。凝胶过滤可以除去小分子的盐及其他小分子质量的物质，用于脱盐的凝胶有 Sephadex G-10、Sephadex G-25 及 Bio-Gel P-2、Bio-Gel P-4、Bio-Gel P-6、Bio-Gel P-10 等。

（2）浓缩　蒸发法，工业生产中应用较多的是薄膜蒸发浓缩，只要真空条件好，酶在浓缩中受到的影响不大，可用于热敏感性酶类的浓缩。超滤法，即在加压条件下，使待浓缩溶液中的小分子选择性地透过微孔滤膜，而酶等大分子被滞留。凝胶吸水法，利用 Sephadex G-25 或 Sephadex G-50 等能吸水膨润而酶等大分子被排阻的原理进行浓缩。将凝胶干粉直接加入酶溶液中混合均匀，吸水膨润一定时间后，再过滤或离心等除去凝胶，得酶浓缩液。冷冻干燥，采用这种方法既可以使酶溶液浓缩，又可以制成酶粉，酶不易变性，便于长期保存。

3. 酶的结晶 酶的纯度达到80％以上时，可使酶结晶以纯化。但结晶酶不一定就是纯酶，尤其是酶的第一次结晶，纯度有时仍低于80％。一般通过降低酶溶解度的方法结晶，通常有以下几种方法：盐析法、有机溶剂法、透析平衡法和等电点法。盐析法中常用的盐有硫酸铵、氯化钠、柠檬酸钠、乙酸铵、硫酸镁等，如利用硫酸铵结晶时，一般将盐加入比较浓的酶溶液中，使溶液微混浊，放置，并非常缓慢地增加盐浓度，才能得到较好的结晶。有机溶剂法，常用的有机溶剂有丙酮、乙醇和丁醇等，一般是向酶稳定的pH溶液中缓慢滴加有机溶剂，并不断搅拌，其中实用的缓冲液一般不用磷酸盐，多用氯化物或乙酸盐。透析平衡法，是将酶溶液装入透析袋中，置于一定饱和度的盐溶液或有机溶剂中进行透析平衡，袋中的酶缓慢地达到过饱和状态而析出结晶。等电点法，酶在等电点时，酶分子间引力最大，容易析出，但仍有一定溶解度，一般不单独使用。

第二节　提取法制备酶类药物

一、胃蛋白酶

胃蛋白酶存在于哺乳动物、鸟类、爬虫类及鱼类等动物的胃液中，以酶原的形式存在于胃底的主细胞里，为一种蛋白水解酶。

（一）结构与性质

药用胃蛋白酶是胃液中多种蛋白水解酶的混合物，含有胃蛋白酶、组织蛋白酶、胶原酶等，为粗制的酶制剂；外观为淡黄色粉末，有透明或半透明两种，具有肉类特殊气味及微酸味；吸湿性强，易溶于水，水溶液呈酸性反应，难溶于乙醇、氯仿、乙醚等有机溶剂。干酶较稳定，热至 100 ℃、10 min 不失活。在水中受热 70 ℃以上或 pH 6.2 以上开始失活，pH 大于 8 呈不可逆失活。在酸性溶液中较稳定，但在 2 mol/L 以上的盐酸中也会慢慢失活。结晶胃蛋白酶呈针状或板状，经电泳可分出四个组分；除含有 N、C、H、O、S 外还含有 P、Cl；相对分子质量为 34 500，等电点为 1.0，最适 pH 1.8，活力范围 pH 为 1.5～2.5；可溶于 70％乙醇和 pH 4 的 20％乙醇；在冷的磺基水杨酸中不沉淀，加热后才产生沉淀。胃蛋白酶能水解多数天然蛋白底物，包括角蛋白、黏蛋白、丝蛋白、精蛋白等，容易水解芳香族氨基酸残基或大侧链疏水氨基酸残基形成的肽键，也容易水解氨基末端或羧基末端的肽键；对蛋白质水解不彻底，产物有䏶、肽和氨基酸。

（二）生产工艺与产品检验

制造胃蛋白酶的原料常用猪胃黏膜，经自溶、氯仿、丙酮或乙醚分离沉淀获得。

1. 生产工艺路线

（1）单产胃蛋白酶

$$\text{猪胃黏膜} \xrightarrow[\text{（水，HCl）45～48 ℃，3～4 h}]{\text{自溶，过滤}} \text{滤液} \xrightarrow[\text{（氯仿或乙醚）24～48 h}]{\text{脱脂，去杂质}} \text{脱脂酶液} \xrightarrow[\text{<40 ℃}]{\text{浓缩，干燥}} \text{胃蛋白酶粉}$$

① 自溶、过滤。在夹层锅内预先加水 100 L 及化学纯盐酸 3.6～4 L，加热至 50 ℃时，

在搅拌下加入 200 kg 猪胃黏膜，快速搅拌使酸度均匀，保持在 45～48 ℃，消化 3～4 h，得自溶液。用纱布过滤除去未消化的组织蛋白，收集滤液。

② 脱脂、去杂质。将滤液降温至 30 ℃以下，加入 1.5%～2% 氯仿或乙醚。搅匀后转入沉淀脱脂器内，静置 24～48 h，使杂质沉淀，分出弃去，得脱脂酶液。

③ 浓缩、干燥。取脱脂酶液，在 40 ℃以下减压浓缩至原体积的 1/4 左右，再将浓缩液真空干燥。干粉经球磨后过 80～100 目筛，即得胃蛋白酶粉。

（2）联产胃蛋白酶

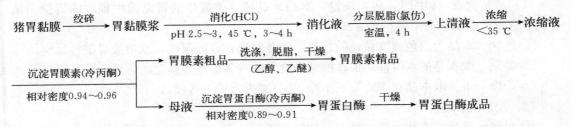

① 消化。将绞碎的胃黏膜浆置于耐酸夹层蒸汽锅中，在不断搅拌下加入适量水，用化学纯盐酸调节 pH 至 2.8 左右，在 40～45 ℃下搅拌消化 3～4 h，消化中每隔 0.5 h 测温度和 pH，并随时调节，使胃黏膜消化至半透明的液浆。

② 去杂质。将消化液过滤，弃滤渣，滤液冷却至 30 ℃以下时，按胃黏膜投料量加入 8% 的氯仿，搅拌 10 min，室温下沉淀 4 h 左右。

③ 浓缩。将脱脂后的上清液抽入浓缩罐中，于 40 ℃以下真空浓缩至原体积的 1/3，下层残渣回收氯仿。

④ 沉淀分离。将浓缩液预冷至 5 ℃以下，在搅拌下缓慢加入冷至 5 ℃以下的丙酮，至相对密度为 0.94～0.96，即有白色长丝状胃膜素析出。静置 1 h 左右，捞出胃膜素，以适量冷丙酮（相对密度为 0.96）清洗两次，真空干燥，即得胃膜素粗品。清洗液并入母液中，于母液中搅拌下加入冷丙酮，至相对密度为 0.89～0.91，即有淡黄色胃蛋白酶沉淀形成，5 ℃下静置 4～5 h，吸除上清液，沉淀的胃蛋白酶于 40 ℃以下真空干燥，干粉经球磨后过 0.18～0.15 mm 孔径筛，即得胃蛋白酶干粉。

2. 工艺分析与讨论

（1）原料的选择与处理　胃蛋白酶原主要存在于胃黏膜基底部，因此，一般以剥取直径约 10 cm、深 2～3 mm 的胃基底部黏膜最适宜。冷冻黏膜如用水淋解冻，部分黏膜会流失而影响收率，故应自然解冻。

（2）激活条件的优选　消化激活过程中，对所加盐酸量、温度及时间三个因素进行优选的结果是每千克猪胃黏膜加盐酸 19.4 mL、温度 46～47 ℃、时间 2.5～3 h，都可以得到较高的酶活力与收率。

（3）丙酮沉淀与 pH　丙酮对蛋白质有变性作用，是影响收率的主要因素之一。分段沉淀时，浓缩液与丙酮都要冷却至 5 ℃以下，并在 5 ℃以下静置分离。用丙酮沉淀胃蛋白酶时，严格控制 pH。当溶液 pH 约为 1.0 时，析出的胃蛋白酶活力丧失殆尽；pH 为 2.5 时，与丙酮接触 48 h，胃蛋白酶活力不变；pH 3.6～4.7 的情况与 pH 2.5 基本相同；pH 为 5.4 时，溶液与丙酮接触 15 h 以上，活力开始下降，越接近中性，活力下降越快。联产法生产胃蛋白酶时，应尽量缩短沉淀时间，以减少丙酮对酶的变性作用，提高酶的活力。

（4）胃蛋白酶原料一般来源于猪，其精制法是将胃蛋白酶原粉溶于20％乙醇中，加硫酸调pH至3.0，5℃静置20 h后过滤，加硫酸镁至饱和进行盐析。盐析沉淀物再用pH 3.8～4.0的乙醇溶解，过滤，滤液用硫酸调pH至1.8～2.0，即析出针状胃蛋白酶。沉淀再溶于pH 4.0的20％乙醇中，过滤，滤液用硫酸调pH至1.8，在20℃下放置，可得针状或板状结晶。但获得的酶仍不完全均一。

3. 产品检验

（1）质量检查　《中国药典》规定：本品系自猪、羊或牛的胃黏膜中提取的胃蛋白酶。每克中含胃蛋白酶活力不得少于3 800 IU。

① 性状。本品为白色或淡黄色的粉末，无霉败臭，有吸湿性，水溶液显酸性反应。

② 鉴别。取本品的水溶液，加鞣酸、没食子酸或多价重金属盐的溶液，即生成沉淀。

③ 干燥失重。取本品在100℃下干燥4 h，减失质量不得超过5.0％。

（2）酶活力测定

① 对照标准品溶液的制备。精密称取经105℃干燥至恒量的酪氨酸适量，加盐酸溶液（取1 mol/L盐酸溶液65 mL，加水至1 000 mL）制成500 μg/mL的溶液。

② 供试品溶液的制备。取本品适量，精密称定，用上述盐酸溶液制成0.2～0.4 IU/mL的溶液。

③ 测定。以每分钟能催化水解血红蛋白生成1 μmol酪氨酸的量，为1个酶活力单位，依法进行测定。

（三）药理作用与临床应用

胃蛋白酶于1864年最早载入《英国药典》，随后世界多个国家相继载入药典，作为优良的消化药广泛使用。主要剂型有含葡萄糖胃蛋白酶散剂、胃蛋白酶片、与胰酶和淀粉酶配伍制成的多酶片。其消化力以含0.2％～0.4％盐酸时最强，故常与稀盐酸合用。

临床上常用于治疗缺乏胃蛋白酶或因消化机能减退引起的消化不良、食欲不振等。

> ◯**思政：科学发现精神（胃蛋白酶）**。　1777年苏格兰医生Edward Stevens从胃里分离出一种液体（胃液），含有某种加速食物分解的东西；1834年德国科学家Theodor Schwann把氯化汞加到胃液里，沉淀出一种白色物质，把它制成粉末，再除去汞化物，剩下的东西溶解后，得到高浓度的消化液，对肉类具有强烈的分解作用。这种物质于1835年被正式命名为胃蛋白酶，1930年获得结晶，是酶类物质中第二个结晶酶（第一个酶结晶是1926年美国人J. B. Sumner从刀豆中结晶出的脲酶）。

二、细胞色素c金属酶

细胞色素c是一种以铁卟啉为辅基的金属酶，是细胞呼吸的激活剂。在生物氧化过程中，细胞色素c中的铁卟啉是一种很重要的电子传递体。细胞色素c广泛存在于各种生物体中，以哺乳动物的心肌、鸟类的胸肌和昆虫的翼肌含量最多。

（一）结构与性质

各种来源的细胞色素c的蛋白质部分均由104个氨基酸残基组成单一肽链。铁卟啉环和酶蛋白比例为 1：1。血红素通过卟啉环上乙烯基的 α-碳原子和酶蛋白的—SH 连接结成硫键，其化学结构如图 3-1 所示。细胞色素 c 的等电点为 10.2～10.8。猪细胞色素 c 相对分子质量为 12 200，酵母的约为 13 000。不同原料提取的细胞色素 c，其结构、组成、分子质量、含铁量和等电点均有差异。迄今已有来自各种生物的 70 余种该酶的一级结构被阐明，为研究该蛋白质结构的遗传变化、结构与功能的关系以及生物进化规律提供了极有价值的依据。目前临床应用的注射用细胞色素 c，主要是从猪心中提取纯化的制剂，每千克猪心可提取 200 mg 以上。整个生产工艺关键在于粗品的提取。

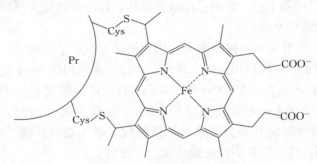

图 3-1　细胞色素 c 辅基结构

（二）生产工艺

1. 生产工艺路线

新鲜猪心 $\xrightarrow[\text{绞碎}]{\text{原料处理}}$ 心肌碎肉 $\xrightarrow[\text{pH 3.8, 2 h}]{\text{提取（水、硫酸）}}$ 滤液 $\xrightarrow[\text{pH 6.2}]{\text{离心（氨水）}}$ 提取液 $\xrightarrow[\text{（氨水、人造沸石）pH 7.5, 0 ℃}]{\text{中和，吸附}}$

吸附物 $\xrightarrow[\text{（水、氯化钠、硫酸铵）10 ℃, 1 h}]{\text{洗涤，洗脱}}$ 洗脱液 $\xrightarrow[\text{4 ℃,28 h}]{\text{盐析（硫酸铵）}}$ 盐析液 $\xrightarrow[\text{（三氯醋酸）}]{\text{沉淀}}$ 沉淀物 $\xrightarrow[\text{水}]{\text{透析除盐}}$

粗品溶液 $\xrightarrow[\text{Amberlite IRC-50(NH}_4^+\text{)树脂}]{\text{离子交换}}$ 吸附物 $\xrightarrow[\text{（水、氯化钠、磷酸氢二钠）}]{\text{洗涤，洗脱}}$ 洗脱液 $\xrightarrow[\text{（蒸馏水）}]{\text{透析}}$

精品溶液 $\xrightarrow[\text{（双甘氨肽、亚硫酸钠、亚硫酸氢钠）75 ℃, 30 min 氮气}]{\text{制剂}}$ 成品

2. 工艺过程说明

（1）粗制

① 提取、中和、吸附。取新鲜或冷冻猪心，彻底切除脂肪、结缔组织，剖开心房反复洗净存血，放绞肉机中绞碎。称取心肌碎肉，加 1.5 倍量自来水搅拌均匀，用 1 mol/L 硫酸溶液调 pH 至 3.8±0.1，在 25 ℃下搅拌提取 2 h，压滤，滤液用 1 mol/L 氨水调 pH 至 6.2，离心得提取液。滤渣再加等量水同上法重复提取 1 次，合并两次提取液。提取液加 2 mol/L 氨水中和至 pH 为 7.5，在冰浴中静置沉淀杂蛋白，虹吸上清液。每升提取液加入 10 g 过 80 目的人造沸石，搅拌吸附 40 min，静置，倾去上层清液，收集吸附细胞色素 c 的沸石。

② 洗涤、洗脱、盐析。用蒸馏水搅拌洗涤沸石 3 次，每次 20 min，继续用 0.2％氯化钠洗涤 4 次，再用蒸馏水洗至洗液澄清为止，过滤抽干，将沸石装入柱内，用 25％硫酸铵溶液（相对密度 1.15）缓缓加入吸附柱，控制流速，使洗脱液体积尽量少些，流出液变红时开始收集，至红色液流尽，收集洗脱液。在洗脱液中加入固体硫酸铵粉末，搅拌溶解，使之

达到45%（相对密度1.24）饱和度，10℃以下静置1h，过滤，滤液应澄清。

③ 沉淀、透析。在搅拌下，于每升滤液中缓缓加入20%三氯醋酸溶液25mL，以3000 r/min离心分离细胞色素c。用少量蒸馏水溶解沉淀，装入透析袋，先用流动的自来水透析24h，后用蒸馏水再透析4h，至无硫酸根为止。透析液过滤，得粗品溶液，加适量氯仿作防腐剂，置冰箱保存。

（2）精制

① 吸附。将预处理好的 Amberlite IRC-50（NH_4^+）树脂按需要量装入吸附柱（吸附1g细胞色素c约需干树脂7g），将粗品溶液去氯仿，缓缓恒速流入吸附柱，树脂呈酱红色，吸附完毕后再用少量蒸馏水洗。

② 洗涤、洗脱。吸附完毕将树脂倒出，用水洗涤3次，将水倾出，手戴乳胶手套反复搓树脂，以除去吸附杂物，搓后用蒸馏水洗涤，干搓、水洗树脂3～4次，直至水澄清为止，以后再用蒸馏水搅拌洗涤15～20次（每次15min）。将树脂装柱，用无热原蒸馏水冲洗15min，以新鲜配制的 0.4 mol/L 氯化钠-0.6 mol/L 磷酸氢二钠混合液洗脱，流速要慢（2 mL/min）。流出液变红时开始分段收集，颜色较浅者为后段。前、后段含杂蛋白较多，透析后重新吸附精制，浅色层树脂经洗脱后也回收处理。

③ 透析。中段洗脱液装袋对蒸馏水透析，每小时换水1次，透析至无氯离子，透析液滤清，得精品溶液（约20 mg/mL）。整个精制过程应使用无热原蒸馏水，所用氯仿应用蒸馏水洗去其中的醇类。

（3）制剂

① 细胞色素c注射液。每支含细胞色素c 15 mg、双甘氨肽15 mg、亚硫酸钠2.5 mg、亚硫酸氢钠2.5 mg，注射用水加至2 mL。配制时，将精品溶液用适当蒸馏水稀释，使细胞色素c含量为标示量的110%左右，依次加入亚硫酸氢钠、亚硫酸钠和双甘氨肽，使之溶解，用氢氧化钠溶液调整pH为7.0～7.2，通入氮气，用76～78℃水浴搅拌加热（或蒸汽夹层搅拌加热）至药液温度为75℃，保温30 min，加入0.2%～0.5%（质量体积分数）针用活性炭。充氮气密闭，迅速冷却后置低温保存过夜。用纸浆过滤，滤液复测含量、热原、pH，稀释至标示量，先用3号砂芯漏斗过滤，再用6号垂熔漏斗除菌过滤，充氮气无菌灌封。

② 注射用细胞色素c冻干制品。每支含细胞色素c 15 mg、葡萄糖15 mg、亚硫酸钠1.25 mg、亚硫酸氢钠1.25 mg，用注射用水加至0.6 mL。配制方法与注射液略同，调pH至7.3，热处理温度70℃，保温30 min。每支装量0.6 mL，冷冻干燥、熔封。

（三）药理作用与临床应用

细胞色素c是重要的电子传递体。对因组织缺氧所引起的一系列症状，能起到矫正细胞呼吸与物质代谢作用。

临床上细胞色素c主要用于治疗和改善脑血管障碍、脑出血、脑外伤、脑动脉硬化、脑栓塞、中风后遗症等引起的氧缺乏诸症状；也用于治疗一氧化碳中毒、催眠剂中毒、新生儿假死、视神经症以及因心脏代谢障碍、心绞痛引起的心肌组织缺氧等。支气管哮喘和慢性肺炎所致的肺功能不全也可用细胞色素c治疗。也有细胞色素c对进行性肌肉萎缩症显示较好疗效的报道。其肠溶衣口服片对放疗和化疗引起的白细胞降低等也有改善作用。

三、尿激酶

尿激酶（urokinase，UK）是人体肾细胞产生的一种碱性蛋白酶，有多种分子质量形式，主要有 54 700 u 和 31 300 u 两种。尿中的尿胃蛋白酶原在酸性条件下被激活生成尿胃蛋白酶，尿胃蛋白酶可把大分子质量 54 700 u 的天然尿激酶（H-UK）降解成小分子质量 31 300 u 的尿激酶（L-UK）。分子质量 54 700 u 的天然尿激酶由两条肽链通过二硫键连接而成。小分子尿激酶为天然大分子尿激酶的降解产物。这两种尿激酶都有制剂供临床应用。

（一）结构与性质

药用尿激酶为白色冻干制品，易溶于水，干燥粉末于 4 ℃较稳定，水溶液在 4 ℃稳定 3 d。尿激酶是丝氨酸蛋白酶，丝氨酸和组氨酸是酶活性中心的必需氨基酸。尿激酶是专一性很强的蛋白水解酶，血纤维蛋白溶酶原（简称血纤溶酶原）是其唯一的天然蛋白质底物，它作用于精氨酸-缬氨酸肽键，使纤溶酶原转化为有活性的纤溶酶。尿激酶对合成底物的活性与胰蛋白酶和纤溶酶近似，也具有酯酶的活力，可作用于 N-乙酰甘氨酰-L-赖氨酸甲酯。尿激酶等电点为 8～9。冻干状态可稳定数年，1 mg/mL 的无菌溶液可在冰箱中保存数日。在盐浓度低于 0.03 mol/L 氯化钠时尿激酶稳定性下降，在极低的盐浓度时，随着酶的失活产生沉淀。0.1％EDTA、人血白蛋白或明胶可防止酶的表面变性，0.005％鱼精及其盐与 0.005％的葡萄糖酸氯己定等对该酶有良好的稳定作用。在制备时，加入上述试剂可明显提高尿激酶收率。二硫苏糖醇、ε-氨基己酸、二异丙基氟代磷酸等对该酶有抑制作用。

（二）生产工艺与产品检验

1. 生产工艺路线

男性尿 $\xrightarrow[\text{pH 8.5，<10 ℃}]{\text{沉淀}}$ 上清尿液 $\xrightarrow[\text{pH 5～5.5}]{\text{酸化}}$ 酸化尿液 $\xrightarrow[\text{硅藻土，<5 ℃}]{\text{吸附}}$ 吸附物 $\xrightarrow[\text{（冷水）5 ℃}]{\text{洗涤}}$

硅藻土柱 $\xrightarrow[\text{（氨水、NaCl）}]{\text{洗脱}}$ 洗脱液 $\xrightarrow[\text{QAE-Sephadex 层析柱，pH 8}]{\text{去热原、色素}}$ 流出液 $\xrightarrow[\text{CMC 层析柱，pH 4.2}]{\text{浓缩}}$

CMC柱 $\xrightarrow[\text{（氨水、NaCl）pH 11.5～11.8}]{\text{洗脱}}$ 洗脱液 $\xrightarrow[\text{4 ℃，24 h}]{\text{透析、冻干}}$ 尿激酶制剂

2. 工艺过程说明

（1）收尿、沉淀、酸化　用特制塑料桶收集男性尿，在 8 h 内处理。尿液 pH 6.5 以下，电导相当于 20～30 mS，细菌数 1 000 个/mL 以下，夏天加 0.8％苯酚防腐。将新鲜尿液冷至 10 ℃以下，用 3 mol/L 氢氧化钠调节 pH 至 8.5，静置 1 h，虹吸上清液，用 3 mol/L 盐酸调 pH 至 5～5.5，得酸化尿液。

（2）吸附、洗涤、去热原和色素　取酸化尿液加入 1％尿量的硅藻土（硅藻土预先用 10 倍量 2 mol/L 盐酸搅拌处理 1 h，水洗至中性），于 5 ℃以下搅拌吸附 1 h。吸附物用 5 ℃左右冷水洗涤，然后装柱（柱比 1∶1），用 0.02％氨水洗涤至洗出液由混变清，改用 0.02％氨水加 1 mol/L 氯化钠洗脱尿激酶，当洗脱液由清变混时开始收集，每吨尿约收集 15 L 洗脱液（100 IU/mL，每毫克蛋白含 3 000 IU）。取洗脱液用饱和磷酸二氢钠调节 pH 至 8，加氯化钠调节电导相当于 22 mS，通过预先用 pH 8 磷酸缓冲液平衡过的 QAE-Sephadex 层析柱，经过 5 h 流完，收集流出液。层析柱用 3 倍柱床体积的磷酸缓冲液洗涤，洗涤液与流出

液合并。

（3）CMC 浓缩、透析、冻干　上述溶液用 1 mol/L 醋酸调 pH 至 4.2，以蒸馏水调节电导相当于 16～17 mS，通过预先用 0.1 mol/L、pH4.2 醋酸缓冲液（电导 17 mS）平衡过的 CMC 层析柱，约 12 h 上样完毕。用 10 倍柱床体积量的 pH 4.2 的醋酸-醋酸钠缓冲液洗涤柱床后，改用 0.1％氨水加 0.1 mol/L 氯化钠、pH 11.5～11.8 洗脱尿激酶，此时可见到尿激酶洗脱液成丝状流出，部分收集洗脱液（3 万～4 万 IU/mL，每毫克蛋白含 1.5 万～2 万 IU）。将洗脱液于 4 ℃对水透析除盐 24 h，一般换水 3～4 次，透析液离心去沉淀得离心液，抽样检验合格后稀释，除菌，加入适量赋形剂，分装，冻干，即得尿激酶制剂。

> **◯思政：科学发现与爱国教育（尿激酶的发现与制备）**。20 世纪 50 年代初，美国人发现了人体溶蛋白活性物质，1952 年命名为尿激酶。60 年代陆续提出一些分离提纯方法，70 年代以来有大量的文献报道提取 UK 的方法，多数是吸附法。吸附剂从无机物到有机物，种类繁多，但未找到一种比较理想的对 UK 吸附率高、专一性强、纯度高的吸附剂。美国开发新的资源，用人胎儿肾细胞培养，即组织培养法，在空间卫星上分离出专门产生 UK 的细胞并进行 UK 的结晶，含量提高 100 倍，专利被日本买去。美国又利用遗传工程，将产生 UK 的基因成功转移到细菌细胞上，再培养产生 UK。我国以尿为提取尿激酶的原料制备尿激酶。由于尿激酶在尿中的含量很低，从尿中提取尿激酶的关键是选择恰当、良好的吸附剂。国内外的吸附剂有硅酸铝、硫酸钡、硅藻土、氧化硅胶、多孔玻璃、纤维素、各种类型分子筛、弱酸性和强酸性离子交换树脂等。丹东尿激酶新工艺采用 D-160 树脂，即大孔高效离子交换树脂，与国产 CMC 吸附剂联合交换层析，建立了一个工艺简单、稳定、周期短、产物纯度高和分子质量大、适合工业化生产的路线，达到国内先进水平。

3. 工艺分析与讨论

（1）尿液的选择　尿中尿激酶的含量昼夜变化不大，但季节变化很大，冬季小于 5 IU/mL，夏季大于 10 IU/mL，一般平均含量为 5 IU/mL。原尿要加防腐剂，恶臭尿不能用。尿液必须在 10 ℃以下尽快处理，防止产生热原和破坏酶。血尿及女性尿中常含有红细胞等成分，影响收率和质量，故不能用。

（2）分子质量的控制　高分子质量尿激酶溶解血栓的临床效果比低分子质量的产品约高 1 倍，国际上把尿激酶的分子质量作为质量标准的检验项目之一。要减少低分子质量尿激酶的产生，在生产过程中 pH 就不宜太低，防止酶的降解。在低蛋白浓度、低离子强度、无稳定剂及环境温度较高时，均易引起酶的失活。

（3）质量控制　防止尿激酶成品中含热原，主要是在制备的全过程特别是在精制中需半无菌和无菌操作，提高成品合格率。尿中含盐浓度及酸性、碱性和中性蛋白质，特别是黏蛋白，会影响尿激酶的吸附。杂蛋白含量随季节不同而异，冬季低，夏季高。尿中的某些蛋白酶能水解尿激酶，这是提取过程中失活的重要原因之一。硅藻土吸附法得天然大分子尿激酶约占 50％。日本用颗粒硅胶吸附，吸附物用 0.38 mol/L 硫酸铵、0.75 mol/L 氢氧化钠缓冲液（pH 12）洗脱，洗脱液调 pH 至 8.3，用 45％硫酸铵盐析，盐析物经 SA-12A 阴离子树脂脱色和管状超滤膜（$H_{10}P_8$）超滤除盐后，用 CMC–Sephadex 层析柱吸附尿激酶，经 0.1 mol/L、pH 6.5 磷酸缓冲液洗涤后，改用 0.05 mol/L、pH 8.7 磷酸缓冲液（含 0.5 mol/L 氯化钠）洗脱尿激酶，洗脱液经透析、冻干得成品，其天然大分子质量尿激酶可达 100%。人尿中制得的尿激酶可能带来肝炎病毒，美国溶血栓委员会提出最后洗脱液在 60 ℃ 加热 10 h 处理，以消除肝炎病毒，但即使加入酶保护剂，酶活力也要下降 10%。最后洗脱液也可采用 pH 2～2.5 盐析及乙醇沉淀处理，用超滤法处理更为理想。尿激酶的制备，除了硅藻土吸附法，还有 724 型树脂吸附法和 D–160 型树脂吸附法，经过吸附和精制可得注射用尿激酶。

4. 产品检验

（1）质量检查　本品是高分子质量 54 700 u 和低分子质量 31 300 u 组成的混合物，H–UK 含量不得小于 90%，每克蛋白中 UK 活力不得少于 100 000 IU。

① 性状特点。本品为白色非结晶状粉末。取本品，加 0.9% 氯化钠溶液制成每毫升中含 3 000 IU 的溶液，应澄清无色。以五氧化二磷为干燥剂，在 60 ℃ 减压干燥至恒量，减失质量不得超过 5.0%。

② 鉴别。比活力测定后的供试品溶液，用巴比妥-氯化钠缓冲液（pH 7.8）稀释成每毫升中含 20 IU 的溶液，吸取 1 mL，加牛纤维蛋白原溶液 0.3 mL，再依次加入牛纤维蛋白溶酶原溶液 0.2 mL、牛凝血酶溶液 0.2 mL，迅速摇匀，立即置（37±0.5）℃ 恒温水浴中保温，计时，反应系统应在 45 s 内凝结，且凝结在 15 min 内重新溶解。以 0.9% 氯化钠溶液作空白，同法操作，凝块在 2 h 内不溶。

③ 其他。产品还要依法进行异常毒性、热原和血管活性物质实验，应符合规定。

（2）酶的比活力测定

① 效价测定。方法有气泡上升法、氮测定法、小球下落法、纤维素平板法、底物合成法和高效液相色谱法（HPLC）法等。现行药典标准采用气泡上升法和氮测定法检测比活力。

② 蛋白含量。取本品约 10 mg，精密称定，照氮测定法测定，将结果乘以 6.25，计算每毫克供试品中的蛋白质的质量（以毫克计）。

③ 比活力。按下式计算比活力：

$$比活力＝每毫克供试品效价单位数/每毫克供试品蛋白的体积（以毫升计）$$

（三）药理作用与临床应用

尿激酶属蛋白水解酶，在体内可作为酶原激活剂，活化血纤溶酶原成为血纤溶酶。它对血纤维蛋白，血纤维蛋白原，凝血因子 V、Ⅶ、Ⅷ、Ⅸ 等均有溶解作用，因而具有溶血栓、抗凝血功能，是一种高效的溶血栓剂。此外，动物试验还发现尿激酶有明显降低血压的作用。

目前，临床上已将尿激酶用于治疗各种血栓的形成、血栓梗死性疾病，如脑血栓、中央视网膜血管闭塞症、急性心肌梗死、肺栓塞、四肢及周围动脉血栓症等；还用于动静脉交织血栓以及风湿性关节炎等。尿激酶的制剂为注射用 UK，规格有 1 万、5 万、10 万、20 万、25 万、50 万、100 万、150 万 IU 等多种针剂。临用前，加灭菌注射用水适量使溶解。眼科局部注射时，将其溶于适量灭菌注射用水中，使成等渗溶液。用于急性心肌梗死时，一次 50 万～150 万 IU，溶于氯化钠注射液或 5% 葡萄糖注射液 50～100 mL 中静脉滴注，或一次 20 万～100 万 IU 溶于氯化钠注射液或 5% 葡萄糖注射液 20～60 mL 中冠状动脉内灌注。

> ● **思政：研发与爱国教育（降纤酶）**。降纤酶（defibrase）是从蝮蛇毒中提取的蛋白水解酶。自 1968 年以来国外已有蛇毒抗栓剂商品问世，日本东菱精纯克栓酶是丝氨酸酶的单成分制剂，为溶血栓微循环治疗剂。我国近年研制并生产的有蝮蛇抗栓酶、精制蝮蛇抗栓酶、江浙蝮蛇抗栓酶、去纤酶等制剂，1997 年卫生部部颁标准统一更名为降纤酶。

四、溶菌酶

溶菌酶又称胞壁质酶或 N-乙酰胞壁质聚糖水解酶。该酶广泛存在于人体心、肝、脾、肺、肾等多种组织中，以肺与肾中含量最高。鸟类和家禽的蛋清，哺乳动物的泪、唾液、血浆、尿、乳汁等体液以及微生物中也含此酶，其中以蛋清含量最为丰富。人体内的溶菌酶常与激素或维生素结合，以复合物的形式存在。该酶由粒细胞和单核细胞持续合成和分泌，对革兰氏阳性细菌有较强杀灭作用。溶菌酶被认为是人体非特异性免疫中的一种重要的体液免疫因子。

（一）结构与性质

溶菌酶活性中心的必需基团是天冬氨酰（52 位）和谷氨酰（35 位）残基。能催化黏多糖或甲壳素中的 N-乙酰胞壁酸和 N-乙酰氨基葡萄糖之间的 β-1，4 糖苷键水解，如图 3-2 所示。

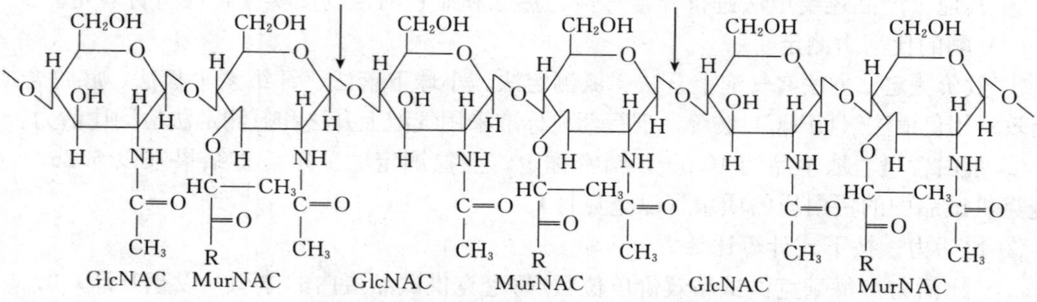

图 3-2　溶菌酶水解细胞壁 β-1,4 糖苷键

溶菌酶主要以鸡蛋清、鸭蛋清或蛋壳膜为原料提取，也可从动物肝或其他生物体中制备此酶。卵蛋白中，蛋清溶菌酶含量约为 0.3%，可分解溶壁微球菌、巨大芽孢杆菌、黄色八叠球菌等革兰氏阳性菌。鸡蛋清溶菌酶由 18 种 129 个氨基酸残基构成单一肽链，富含碱性氨基酸，有 4 对二硫键维持酶构型，是一种碱性蛋白质；其 N 末端为赖氨酸，C 末端为亮氨酸。免疫学分析发现，酶大分子中抗原决定簇是由第 64～83 位氨基酸残基所形成的环形结构，其中第 64 位与第 80 位氨基酸残基之间有 2 对二硫键维持该环形结构。环形结构中的精氨酸和脯氨酸特别重要，如被其他氨基酸取代或将环打开，溶菌酶将丧失抗原的特异性。用超离心和光散射法测得溶菌酶相对分子质量为 14 000～15 000；最适 pH 6.6，pI 为 10.5～11.0；分子为一扁长椭圆球体。溶菌酶的结晶形状随结晶条件而异，有菱形八面体、正方形六面体及棒状结晶等。蛋清溶菌酶非常稳定，耐热、耐干燥，室温下可长期稳定，在 pH 4～7 的溶液中，100 ℃加热 1 min 仍保持酶活性；在 pH 5.5、50 ℃加热处理 4 h 后，该酶变

得更活泼。该酶热变性是可逆的，在中性 pH 稀盐溶液中，它的变性临界点是 77 ℃；随溶剂的变化变性临界点也会改变，在 pH 1～3 时下降至 45 ℃。低浓度的 Mn^{2+}（10^{-7} mol/L）在中性和碱性条件下，能使该酶免除受热失活的影响。吡啶、盐酸胍、尿素、十二烷基磺酸钠等对该酶有抑制作用，但该酶对变性剂相对不敏感。如在 6 mol/L 盐酸胍溶液中，该酶完全变性，而在 10 mol/L 尿素中则不变性。此外，氧化剂有利于该酶的纯化，氢氰酸可部分恢复酶活力。

（二）生产工艺与产品检验

1. 生产工艺路线

蛋清 $\xrightarrow[\text{pH 8.0}]{\text{预处理}}$ 处理后的蛋清 $\xrightarrow[\text{724型树脂pH 6.5, 5 ℃}]{\text{吸附}}$ 吸附物 $\xrightarrow[\text{pH 6.5, 4 ℃}]{\text{洗脱（10\%硫酸铵）}}$ 洗脱液 $\xrightarrow[\text{（硫酸铵）}]{\text{沉淀}}$

粗品 $\xrightarrow[\text{水, 10 ℃}]{\text{透析}}$ 透析液 $\xrightarrow[\text{pH 3.5, 48 h}]{\text{盐析（氯化钠）}}$ 盐析物 $\xrightarrow[\text{0 ℃}]{\text{干燥（丙酮）}}$ 溶菌酶干粉 $\xrightarrow[\text{压片等}]{\text{制剂}}$ 口含片等

2. 工艺过程说明

（1）预处理、吸附、洗脱　取新鲜或冷冻蛋清让其自然融化，测 pH 在 8.0 左右，过铜筛，除去杂物。处理过的蛋清冷至 5 ℃ 左右，移入搪瓷桶中，在搅拌下加入已处理好的 724 型树脂，调 pH 至 6.5，按蛋清量的 14％ 左右加入，使树脂全部悬浮在蛋清中，在 0～5 ℃ 下，搅拌吸附 6 h，低温静置 20 h 以上，待分层后，弃去上清液，下层树脂用清水反复洗几次，以除去杂蛋白，最后滤干树脂。在树脂中加入等体积 pH 6.5、0.15 mol/L 磷酸缓冲液，搅拌洗脱 20 min，滤除含杂质的洗脱液，再按同法处理 2 次。将除去杂物的树脂加入等量浓度为 10％ 的硫酸铵溶液，搅拌洗脱 30 min，滤出洗脱液，重复洗脱树脂 3 次，过滤抽干，合并洗脱液。

（2）沉淀、透析、盐析　按洗脱液总体积的 32％（质量体积分数）加入固体硫酸铵粉末，搅拌使其完全溶解，冷处放置过夜，虹吸弃去上清液，沉淀离心分离或抽滤，得粗品。将粗品用蒸馏水全部溶解，装入透析袋中，在 10 ℃ 水中透析过夜，除去大部分硫酸铵，收集透析液。将澄清的透析液移入搪瓷桶中，慢慢滴加 4％ 氢氧化钠溶液，同时不断搅拌，调节 pH 至 8.5～9.0，如有白色沉淀，应立即离心除去。然后在搅拌下加 3 mol/L 盐酸调节 pH 至 3.5，缓慢加入溶液质量 5％ 的固体氯化钠，搅拌均匀，置冷处放置 48 h 左右，离心或过滤收取溶菌酶盐析物。

（3）干燥、制剂　将沉淀的盐析物加入 10 倍量的冷至 0 ℃ 的无水丙酮中，不断搅拌，冷处放置 2 h 左右，滤除丙酮，沉淀经真空干燥即得溶菌酶，产品收率约为蛋清质量的 2.5％。取干燥粉碎的糖粉，加入总量 5％ 的滑石粉，过 120 目筛，加 5％ 淀粉浆适量，混合搅拌均匀，12 目筛制颗粒，70 ℃ 烘干，用 1.00 mm 孔径筛整理颗粒，控制水分在 2％～4％，再按计算量加入溶菌酶粉混合，加 1％ 硬脂酸镁，过 1.18 mm 孔径筛 2 次，压片得口含片，每片含溶菌酶 20 mg。根据需要也可制成肠溶片、膜剂及眼药水滴剂等。

3. 工艺分析与讨论

（1）原材料处理　用蛋清提取时要注意原料的清洁卫生，防止细菌污染变质，pH 应为 8～9。不要掺入蛋黄和其他杂质，以避免降低树脂对酶的吸附能力，影响收率。操作的全过程要在低温 0～10 ℃ 下进行，防止蛋清发酸、变质和酶失活。

（2）洗脱与树脂再生　724 型树脂吸附溶菌酶的洗脱峰较宽，有拖尾现象，可用三氯醋

酸检查洗脱液，如沉淀不明显应另行收集，供下次洗脱用。724 型树脂用过一定时间后要彻底再生和转型处理，以提高树脂吸附率。转为钠型后再用 0.15 mol/L、pH 6.5 磷酸缓冲液平衡过夜，平衡液的 pH 要保持在 6.5，否则用氢氧化钠溶液调整。用过的树脂可用浓氢氧化钠溶液及浓盐酸直接浸泡，再生和转型后再用缓冲液平衡。

（3）离子交换层析再纯化　溶菌酶在一般精制的基础上，还可通过各种层析方法进一步纯化。如离子交换层析法，溶菌酶为碱性蛋白质，常采用阳离子交换层析柱，如 Duolite C464、磷酸纤维素、羧甲基纤维素、羧甲基琼脂糖等都有较强的吸附能力。采用 Duolite C464 分离纯化溶菌酶，在工业生产上可自动化连续操作，主要工艺流程是先用弱缓冲液将树脂平衡，加入卵蛋白后，溶菌酶被吸附，其他杂蛋白随弱缓冲液流出。再改用强缓冲液将溶菌酶洗脱，得到产品。使用过的树脂在进入下一轮使用之前，无须进行常规的酸洗、碱洗等树脂再生程序，直接用两倍柱床体积平衡液平衡，即可再次加料，进入下一轮的使用，并仍能保持较高的收率。

4. 产品检验

（1）质量检查

① 性状特点。溶菌酶外观呈白色或略带黄色；无臭、味甜，易溶于水，不溶于丙酮、乙醚。本品是与氯离子结合的溶菌酶氯化物，故其水溶液偏酸性。水溶液的 pH 规定为 3.5～6.0。总氮量规定为 15.0%～17.0%。

② 干燥失重。溶菌酶的吸湿性强，在生产、贮存过程中含有一定量的水分，随测定方法不同，规定的减失质量也不同。本法规定取样量 0.5 g，于硅胶干燥器中减压 3 h，减失质量不得超过 5.0%。由于该酶易吸湿，故一般在干燥器中放五氧化二磷吸湿剂更适合。

（2）酶活力测定　溶菌酶活力测定一般可分为四种：比浊法、间接法、相对活性法、抑菌圈直径法。常用比浊法测定溶菌酶活力，使用菌种为 *Micrococcus lysodeikticus*，酶活力单位规定为在 25 ℃、pH 6.2、波长 450 nm 下每分钟引起吸光度减少 0.001 的酶量为一个酶活力单位。

> **思政：首创精神（溶菌酶）**。溶菌酶（lysozyme）的研究始于 1907 年 Nicolle 发表的枯草芽孢杆菌溶解因子的报告。1922 年 Fleming 发现人鼻黏膜中有强力杀菌物质，经分离得到一种酶，命名为溶菌酶。1963 年 Jolles 等测定了蛋清溶菌酶的一级结构。1965 年 Phillips 等用 X 射线衍射法解析溶菌酶，使之成为第一个完全弄清立体结构的酶，为酶学研究写下了光辉的一页。哺乳动物溶菌酶与蛋清溶菌酶性质类似，催化功能相同，空间结构也十分相似。人溶菌酶含 130 个氨基酸残基，与鸡的溶菌酶有 35 个氨基酸不同，其溶菌活性比鸡的高 3 倍以上。猪溶菌酶主要集中在肝线粒体中，对脂溶性物质极不稳定，分离时易导致酶失活。

（三）药理作用与临床应用

溶菌酶具有多种生化功能，包括非特异性的防御感染免疫反应、血凝作用、间隙连接组织的修复、参与多糖的生物合成以及抗菌作用等。革兰氏阳性细菌细胞壁的主要成分是由杂多糖与多肽组成的糖蛋白，杂多糖是由 N-乙酰胞壁酸与 N-乙酰氨基氧葡萄糖以 β-1，4

糖苷键相连而成。溶菌酶可水解此糖苷键使细菌细胞壁破裂，在细胞内对吞噬后的病原菌起破坏作用，保护机体不受感染。它还能分解黏厚的黏蛋白，消除黏膜炎症，分解黏脓液，促使黏多糖代谢及清洁上呼吸道。临床上溶菌酶主要用于五官科多种黏膜疾病的治疗，如治疗慢性副鼻窦炎及口腔炎等，也用于慢性支气管炎的去痰、鼻漏及耳漏等脓液的排出。本品与抗生素合用具有良好的协同作用，可增强疗效，常用于治疗难治的感染病症。它能影响消化道细菌对皮层的渗透力，用于治疗溃疡性结肠炎；也可分解突变链球菌等病原菌，预防龋齿；还用于治疗咽喉炎、扁平苔藓。溶菌酶能与带负电荷的病毒蛋白直接作用，与 DNA、RNA、脱辅基蛋白形成复盐，有抗病毒作用。溶菌酶常用于带状疱疹、腮腺炎、鸡水痘、肝炎及流感等病毒性疾病的治疗。

第五节　微生物发酵法制备 L-天冬酰胺酶

一、L-天冬酰胺酶的来源与性质

L-天冬酰胺酶是酰胺基水解酶，是从大肠杆菌等菌体中提取分离的酶类药物，用于治疗白血病。本品呈白色粉末状，微有湿性，溶于水，不溶于丙酮、氯仿、乙醚及甲醇；水溶液 20 ℃贮存 7 d，5 ℃贮存 14 d 均不降低酶的活力；干品在 50 ℃下 15 min 酶活力降低 30%，60 ℃下 1 h 内失活；最适 pH 8.5，最适温度 37 ℃。L-天冬酰胺酶的产生菌有霉菌和细菌，故霉菌和细菌可作为制造 L-天冬酰胺酶的原料。

二、生产工艺

（一）生产工艺路线

大肠杆菌 —菌种培养（肉汤培养基）37 ℃，48 h→ 肉汤菌种 —种子培养（玉米浆）37 ℃，4～8 h→ 种子菌种 —发酵罐培养（玉米浆）37 ℃，6～8 h→

发酵液 —压滤，风干（丙酮）→ 菌体干粉 —提取（硼酸缓冲液）pH 8，37 ℃→ 提取液 —沉淀(HAc) pH 4.2～4.4→ 干粗酶 —热处理(甘氨酸) 60 ℃，30 min→

酶溶液 —精制(聚乙二醇) 不同 pH 处理→ 无热原酶沉淀 —冻干 无菌分装→ L-天冬酰胺酶冻干制剂

（二）工艺过程说明

1. 菌种培养 菌种培养，采取大肠杆菌 A.S, 1.357，培养基配方为牛肉汁 100 mL、蛋白胨 1 g、氯化钠 0.5 g、琼脂 2～2.5 g，37 ℃下在试管中培养 24 h，茄瓶培养 8 h，锥形瓶培养 16 h。种子培养，培养基用玉米浆 30 kg 加水至 300 kg，接种量 1%～1.5%，37 ℃下通气搅拌培养 4～8 h。发酵罐培养，培养基用玉米浆 100 kg 加水至 1 000 kg，接种量 8%，37 ℃下通气搅拌培养 6～8 h，离心分离发酵液，得菌体，加 2 倍量丙酮搅拌，压滤，滤饼过筛，自然风干成菌体干粉。

2. 提取、沉淀、热处理 每千克菌体干粉加入 0.01 mol/L、pH 8 硼酸缓冲液 10 L，37 ℃保温搅拌 1.5 h，降温到 30 ℃以后，用 5 mol/L 醋酸调节 pH 至 4.2～4.4，进行压滤，滤液中加入 2 倍体积的丙酮，放置 3～4 h，过滤，收集沉淀，自然风干，即得干粗酶。粗酶 1 g 加入 0.3%甘氨酸溶液 20 mL，调节 pH 至 8.8，搅拌 1.5 h，离心，收集上清液，加热到

60 ℃进行热处理 30 min。离心弃去沉淀，上清液加 2 倍体积的丙酮，析出沉淀，离心，收集酶沉淀，加 0.01 mol/L、pH 8 磷酸缓冲液，再离心弃去不溶物，得上清酶溶液。

3. 精制、冻干　上述酶溶液调节 pH 至 8.8，离心弃去沉淀，上清液再调 pH 至 7.7，加入 50%聚乙二醇使终浓度达到 16%，在 2～5 ℃放置 4～5 d，离心得沉淀。用蒸馏水溶解，加 4 倍量的丙酮，沉淀，同法反复 1 次。沉淀用 pH 6.4、0.05 mol/L 磷酸缓冲液溶解，得精制酶溶液。调节 pH 至 5～5.2，再加 50%聚乙二醇，如此反复处理 1 次。再调 pH 至 7.7，加 50%聚乙二醇反复处理 1 次，即得无热原的 L-天冬酰胺酶。无热原酶沉淀溶于 0.5 mol/L 磷酸缓冲液，在无菌条件下用 6 号垂熔漏斗过滤，分装，冷冻干燥制得注射用 L-天冬酰胺酶成品，每克 1 万或 2 万单位。

三、L-天冬酰胺酶的药理作用与临床应用

L-天冬酰胺酶最早是从豚鼠的血清中提取的，含量很低，后来开发用微生物发酵法生产，可采用大肠杆菌、黏质赛氏杆菌（*Serralia marcescens*）等产生菌制备。该酶制剂分解血中的天冬酰胺变成天冬氨酸和氨，抑制白血病细胞的生长。随着酶学的发展，对酶分子进行化学修饰，可提高其生物活性，降低抗原性。国外报道，L-天冬酰胺酶游离氨基经脱氨、酰化、碳化二亚胺反应，可增长酶在血浆中的半衰期。若多聚体与酶偶联，如用丙氨酸-羧基酸酐处理，与 L-天冬酰胺酶形成聚丙氨酸-天冬酰胺酶的复合物，可延长酶的半衰期，对天然酶的抗体反应也减少到原来的 1/500～1/300。

我国自 1974 年应用大肠杆菌发酵法生产 L-天冬酰胺酶，供临床作为抗肿瘤药。

小　结

临床应用的酶类药物包括消化酶、抗炎酶、黏痰溶解酶、与纤溶蛋白溶解作用有关的酶类、抗肿瘤的酶类、其他生理活性酶、复合酶等。本章主要介绍了酶类药物的一般制备方法及部分酶类药物的具体制备工艺。酶类药物的制备一般包括原材料的处理、酶的提取、酶的纯化和酶活力测定几个基本步骤，核心工作是酶的提取和纯化。首先要把酶从原料，即从动、植物或微生物及其发酵液中引入溶液，再将酶由溶液中有选择性地分离出来，去除夹杂的杂质，特别是杂蛋白，进行纯化，得到纯净的产品或制成符合标准的酶类药物制剂。本章着重介绍了胃蛋白酶、尿激酶、溶菌酶、细胞色素 c、L-天冬酰胺酶等酶类药物的性质、制备工艺、药理作用和临床应用。

习　题

1. 酶类药物的临床应用有哪些方面？
2. 酶类药物的提取方法有哪些？
3. 酶类药物提纯中，如何除去杂蛋白、核酸和糖类杂质？
4. 简述胃蛋白酶的药理作用与制备工艺。

第四章 CHAPTER 4

核酸类药物 ▶▶▶

> ●**课程思政与内容简介**：*新治疗方法和抗代谢药物的科学发现。核酸是一类生物大分子，分为核糖核酸（RNA）和脱氧核糖核酸（DNA）两种，它们不仅是携带遗传信息的遗传物质，而且还影响生物的蛋白质合成和脂肪、糖类的代谢。核酸类药物是在恢复正常代谢或干扰某些异常代谢中发挥作用的。本章主要介绍核酸类药物的作用和制备方法，主要核酸类药物的一般制备方法和典型核酸类药物的制备工艺。*

第一节　核酸类药物的药用价值

核酸类药物指从生物中提取或者人工合成的、具有药用价值的碱基、核苷、核苷酸及不同长度的核酸链，是一类药物的统称。核酸类药物包括核酸、核苷酸、核苷、碱基，它们的类似物、衍生物或这些类似物、衍生物的聚合物，以及反义寡核苷酸药物、多肽核苷酸药物（PNA）、小干扰 RNA 药物（siRNA）、微小 RNA 药物（miRNA）和基因治疗药物。核酸类药物在生物信息流的上游阶段起作用，与特定疾病的基因结合或使其裂解，针对性强、效果显著。肿瘤、遗传性疾病、基因突变疾病都与核酸的生理功能改变密切相关，因此影响核酸代谢的药物在抗肿瘤和抗病毒治疗中广泛使用。除了小分子核酸类药物的开发，研究人员也在不断探索核苷酸、基因载体等大分子核酸类药物的开发，目前以反义寡核苷酸、小干扰 RNA 为代表的小核酸药物和基因治疗药物已经成为新药开发的热点。核酸类药物分类及其作用如下。

一、碱基及其衍生物类药物

嘧啶碱基和嘌呤碱基是 DNA 和 RNA 的主要成分。嘧啶碱基或嘌呤碱基的衍生物类药物特点是，这类衍生物与天然的碱基具有结构相似性，与天然碱基竞争结合到酶分子上或者掺入产物中，通过干扰肿瘤细胞或病毒存活与繁殖的代谢过程，发挥治疗作用。尿嘧啶的衍生物氟尿嘧啶（fluorouracil）是胸腺嘧啶合成酶的抑制剂，干扰脱氧胸腺嘧啶核苷酸的形成，具有较好的抗肿瘤作用。同类型的代表性药物还有替加氟、卡莫氟、去氧氟尿苷等。次黄嘌呤是生物合成腺嘌呤和鸟嘌呤的重要中间体，嘌呤类抗代谢药物主要是次黄嘌呤和嘌呤的衍生物，代表药物有磺巯嘌呤钠（tisupurine）等。

二、核苷与核苷酸类药物

核苷由五碳糖（核糖或脱氧核糖）与碱基（嘧啶碱基或嘌呤碱基）组成。核苷或核苷酸类药物是通过对天然碱基或糖基进行化学修饰，而得到的人工合成核苷，是天然核苷的代谢拮抗剂。核苷与核苷酸类药物的特点是，与天然的核苷竞争结合 DNA 或 RNA 聚合酶，通过抑制肿瘤细胞或病毒 DNA 或 RNA 的合成，或者掺入生成的 DNA 或 RNA 分子中导致 DNA 或 RNA 结构不稳定或功能缺失，从而抑制病毒繁殖和肿瘤生长。核苷类药物在抗病毒药物中占有重要地位，包括嘧啶核苷类药物、嘌呤核苷类药物和糖基修饰的核苷类药物等（表 4 - 1）。

表 4 - 1　核苷与核苷酸类药物举例

药物名称	作用机制	临床用途	开发时间
碘苷	与胸腺嘧啶核苷竞争 DNA 聚合酶	抗病毒	1959 年
三氟胸苷	与胸腺嘧啶核苷竞争 DNA 聚合酶	抗病毒	1975 年
阿糖胞苷	与胸腺嘧啶核苷竞争 DNA 聚合酶	主要用于抗肿瘤	1969 年
溴乙烯尿苷	与胸腺嘧啶核苷竞争 DNA 聚合酶	主要用于抗肿瘤	2001 年
氮唑核苷	阻断鸟苷单磷酸的合成	广谱抗病毒	1986 年
叠氮胸苷	抑制 HIV 反转录酶和病毒 DNA 的合成	治疗 HIV 感染	1987 年
司他夫定	抑制 HIV 反转录酶和病毒 DNA 的合成	治疗 HIV 感染	1994 年
拉米夫定	抑制 HIV 反转录酶	治疗 HIV 感染	1995 年
阿昔洛韦	掺入病毒 DNA 中使 DNA 断裂	治疗疱疹病毒感染	1981 年
更昔洛韦	掺入病毒 DNA 中使 DNA 断裂	治疗巨细胞病毒感染	1988 年
喷昔洛韦	掺入病毒 DNA 中使 DNA 断裂	治疗疱疹病毒感染	1996 年

注：HIV，人类免疫缺陷病毒。

嘧啶核苷类药物的代表药物是碘苷（idoxuridine）。碘苷的结构与胸腺嘧啶脱氧核苷相似，在体内由胸腺嘧啶核苷激酶磷酸化生成三磷酸碘苷，与胸腺嘧啶核苷酸竞争 DNA 聚合酶，抑制病毒 DNA 的合成。

嘌呤核苷类药物的代表药物是阿糖腺苷（vidarabine）。它在体内通过形成三磷酸阿糖腺苷而在 DNA 合成的早期阶段发挥抑制作用。

糖基修饰的核苷类药物的代表药物是阿昔洛韦（aciclovir）。阿昔洛韦是尿苷类似物，抑制病毒编码的胸苷激酶和 DNA 聚合酶，进而抑制感染细胞中 DNA 的合成，并可以掺入病毒 DNA 中使 DNA 断裂。

三、反义寡核苷酸类药物

反义寡核苷酸（antisense oligonucleotide）通常是指长度为 15～25 个核苷酸，并经过化学修饰的短链核酸。该短链核酸进入细胞后按照碱基互补配对原则与靶标 RNA 序列互补，形成双链结构，结合之后通过不同的机制影响靶标基因的表达。反义寡核苷酸的特点是能够高度特异性地识别指定的靶标 RNA 序列，能够调控一个基因家族中的单个基因乃至调控特定的基因突变体，从而有效地调控基因的表达，发挥治疗疾病、恢复机体平衡的作用。

目前，反义寡核苷酸有三种来源。第一种是由人工构建的载体表达反义 RNA，利用 DNA 重组技术，构建含有靶 DNA 序列的反义 RNA 表达载体，载体转录产生反义 RNA。第二种是利用诱变剂启动体内存在的编码反义 RNA 的基因以产生反义 RNA。第三种是人工合成反义寡核苷酸，这种方式可以合成反义 RNA 和反义 DNA，并且可以合成经化学修饰的反义核苷酸链，优化反义寡核苷酸的性能，是目前最为常用的来源。

由于天然的反义寡核苷酸在细胞内环境中容易被降解，对反义寡核苷酸进行化学修饰以提高稳定性、优化生物活性是十分必要的。目前开展的化学修饰可分为碱基的修饰、核糖的修饰、磷酸二酯键的修饰和骨架改造。其中，碱基的修饰主要为杂环修饰，如 5-甲基胞嘧啶和 2-氨基嘌呤修饰；核糖的修饰是 2' 位的各种修饰，如己糖、环戊烷、α 构象核糖修饰等；磷酸二酯键的修饰主要是硫代、甲基代修饰等；骨架改造有肽核酸和吗啉寡核苷酸改造等。

多肽核苷酸（peptide nucleic acid，PNA）是目前反义寡核苷酸修饰的前沿与热点。多肽核苷酸是 1991 年首次合成的第三代寡核苷酸，它是由重复的 N-（2-氨基乙基）甘氨酸单元通过酰胺键相连取代 DNA 分子中的磷酸酯键骨架的一类 DNA 类似物。这种结构兼具多肽与核酸的某些理化性质，又与两者有一定差别。PNA 可以有效地抵抗核酸酶和蛋白酶的降解，具有很高的生物稳定性；可进行多种化学修饰，制备探针分子。更为重要的是，PNA 分子具有特殊的与靶标核酸结合的性能，它具有更强的亲和力，并且结合过程不受介质中离子强度的干扰。相比于磷酸二酯键为骨架的寡核苷酸，PNA 的碱基错配率更低，即 PNA 的靶标特异性更强。通过与 DNA 或 RNA 的紧密结合，PNA 可以阻止 DNA 的转录与表达，在肿瘤等疾病的研究和治疗方面具有广阔的应用前景。

反义寡核苷酸可以剂量和时间可控性地调剂目标基因的表达，因此，可用于研究和确认基因的功能、发现与确证药物靶标，并应用于肿瘤治疗。

> ●思政：精准医疗（反义寡核苷酸的作用机制）。反义寡核苷酸通过多种机制发挥活性，通过与靶标 RNA 的互补结合，可以影响 RNA 的转录、剪切和翻译等各个过程。
>
> （1）当寡核苷酸链与靶标 RNA 结合形成 RNA-DNA 杂交体时，细胞内的 RNA 酶 H 会识别这一互补杂交位置并在某些杂交位点上水解 RNA 链，造成 RNA 的降解、基因的沉默。这种抑制作用与 RNA 酶 H 在细胞内的含量与活力大小呈密切正相关。
>
> （2）调节前体 mRNA 的剪接。针对 mRNA 上剪接所需要的序列设计出反义寡核苷酸链，可以改变剪接位点，改变基因的表达。
>
> （3）阻断蛋白质的翻译。反义寡核苷酸与信使 RNA（mRNA）的结合，可以干扰蛋白质翻译的起始、延长和终止中的一步或多步，从而抑制蛋白质的表达。
>
> （4）切除 mRNA 5' 端的帽子结构，调节 mRNA 的多聚腺苷酸化位点。

四、小干扰 RNA 类药物

小干扰 RNA（small interfering RNA，siRNA）是一类由 20～25 对核糖核苷酸组成的双链 RNA，也称为短链干扰 RNA（short interfering RNA）或沉默 RNA（silencing RNA）。siRNA 两条单链末端为 5' 端磷酸和 3' 端羟基，每条单链的 3' 端都有 2～3 个配对的碱基，使

siRNA 在结构上与其他小双链 RNA 有所不同。siRNA 最引人关注的特点是 siRNA 进入细胞质后形成 RNA 诱导的沉默复合体（RNA induced silencing complex，RISC），以 siRNA 的反义链作为引导序列。通过碱基互补配对原则与靶标 mRNA 特异结合，降解特定基因转录后的 mRNA，抑制特定序列基因的表达，并且这种抑制作用与 siRNA 的用量相关。

siRNA 具有高度的靶向性，可以有效地抑制特定基因的表达，可针对肿瘤基因或病毒基因开发 siRNA 药物，比传统化学药物有更好的靶向性。siRNA 药物以其高特异性、高效的抑制基因表达的能力成为各大医药公司投资的热点之一。

> **思政：靶向治疗（siRNA 药物与肿瘤治疗、抗病毒治疗）**。肿瘤的发生可能与肿瘤基因的高表达有关，也可能与抑癌基因的低表达或功能缺失型突变有关。siRNA 可特异性降低肿瘤基因或者抑癌基因突变体的表达，可以抑制肿瘤细胞生长、引起肿瘤细胞凋亡，发挥治疗肿瘤的作用，有望开发出肿瘤治疗的新方法。
>
> 病毒在感染宿主细胞之后，利用宿主细胞大量复制核酸、转录表达蛋白质，组装成子代病毒，释放子代病毒，进行新一轮的感染。利用 siRNA 药物靶向性地降解病毒的核酸，可以有效地阻断病毒的生命周期。目前，开展抗病毒治疗的研究主要集中在单链 RNA 病毒的治疗，包括人类免疫缺陷病毒（HIV）、丙型肝炎病毒（HCV）、流感病毒和骨髓灰质炎病毒等。针对 HCV 基因组的 siRNA 在体外培养的细胞实验中可以抑制 90% 的病毒 RNA 和蛋白质合成。另一方面，siRNA 药物的研究也面临巨大的挑战：在研究中发现，改变了 siRNA 的 1 个碱基，就会降低 RNA 干扰的效果，甚至失去 RNA 干扰的作用，这就提示 siRNA 与靶标序列一致的重要性；同时，RNA 病毒具有较高的突变率，因此对 siRNA 药物的设计提出了更高的要求。

五、微小 RNA 药物

微小 RNA（microRNA，miRNA）是一类有 21～23 个核苷的单链 RNA，它是由 70～100 个核苷形成的标准茎环结构的前体经过加工产生的。miRNA 在生物进化过程中高度保守，它的表达具有时序特异性和组织特异性，参与生命过程中系列重要进程，包括发育、增殖、分化、凋亡、代谢等。miRNA 也参与疾病发生发展过程，如 miRNA 直接或间接参与肿瘤的发生与发展，miRNA 表达谱可以用于肿瘤的分类、诊断、预防评估和靶向治疗。

miRNA 参与基因表达调控，影响非常广泛，它调节信号分子如生长因子、转录因子及肿瘤基因、抑癌基因的表达，实现对细胞死亡、增殖、分化发育和新陈代谢的调控，与肿瘤、高血压、糖尿病等多种疾病的发生发展有关。

> **思政：个性化医疗（miRNA 的作用机制）**。miRNA 的作用机制是一种翻译后基因沉默机制，通过抑制靶标基因 mRNA 的翻译、降解靶标 mRNA 两种方式来调节基因表达。在植物细胞中，当 miRNA 与靶标 mRNA 通过碱基互补配对结合时，miRNA 直接介导 RNA 干扰复合体（RISC）切割靶标 mRNA；在动物细胞中，miRNA 多与 mRNA 的 3′端非翻译区不完全互补配对，抑制 mRNA 的翻译。

六、基因治疗

基因治疗（gene therapy）是以核酸（DNA 或 RNA）为治疗物质，通过特定的基因转移技术将治疗性核酸输送到患者的病变细胞中发挥治疗作用。治疗性核酸可以通过促进正常功能蛋白表达或者抑制异常功能蛋白的表达，纠正或替换异常基因等方式发挥治疗作用。

欧洲药品监督管理局（EMA）将基因治疗产品定义为符合以下两个特征的生物产品：①该产品包含重组的核酸用于调节、修复、替换、增加、删除人体细胞内的基因序列等功能中的一个或多个；②该产品的预防、诊断或治疗作用与它包含的核酸物质或者基因表达产物直接相关，同时，基因治疗产品不包含针对传染病的疫苗产品。美国食品药品监督管理局（FDA）对于基因治疗产品的定义是该产品通过转录或者翻译被输入细胞的核酸物质来发挥作用，其存在形式可以是核酸、病毒或者基因工程改造的微体，用于在体外或体内修改患者的细胞。

总之，基因治疗可分为两大类：生殖细胞基因治疗和体细胞基因治疗。区别在于：体细胞基因治疗改变的是某些特定细胞的基因，且这种改变不会遗传到下一代；生殖细胞基因治疗中被改造后的基因将遗传给后代。目前在伦理上只允许开展体细胞基因治疗的研究与实践。

> ➲思政：　全新的治疗方法（基因治疗的发展）。科学家在研究生物体遗传现象中发现，基因工程可能成为治疗遗传病的新途径。1966 年，Edward Tatum 发表了研究成果，展示了病毒用于体细胞遗传和基因治疗领域的有效性。1982 年 Cline 成功地将外源基因导入小鼠的骨髓干细胞中，并且被修饰的干细胞能够在其他小鼠体内分裂繁殖；1998 年美国重组 DNA 顾问委员会（RAC）批准了在肿瘤患者体内使用外源基因，用于追踪肿瘤浸润的血细胞运动的研究。1990 年 9 月 14 日 FDA 批准了第一例基因治疗临床试验，两个患有腺苷脱氨酶缺乏症（ADA‑SCID）儿童接受了基因治疗试验。此后基因治疗经历一段暴发式的发展，每年的临床试验数量直线上升，直到 1999 年患者 Jesse Gelsinger 的意外死亡遏制了其上升势头。Jesse Gelsinger 是一位鸟氨酸转氨甲酰酶缺陷的患者，他在接受宾夕法尼亚大学的基因治疗临床试验过程中，对大剂量注射的腺病毒载体产生强烈的免疫反应，并于 4 d 之后死于多器官衰竭。然而，基因治疗的发展并未中断，2012 年 EMA 批准了第一个基因治疗药物 Gybera 用于治疗脂蛋白脂酶缺乏遗传病（LPLD），极大地推动了基因治疗的发展。截止到 2018 年 5 月，被批准开展的基因治疗临床试验累计有 2 600 例，基因治疗为人类治疗肿瘤、遗传病等难治性疾病提供新手段和治疗前景。

第二节　核酸类药物的制备方法

核酸及其衍生物类药物，属天然、大分子、结构复杂的物质，多采用生物材料为原料提取制备，而核苷酸、核苷或者碱基为小分子，结构简单，多采用化学合成法制备。

一、RNA 的制备

(一) RNA 的提取

对于动物组织而言，先把组织捣碎，制成组织匀浆，然后用 0.14 mol/L 氯化钠溶液能溶解 RNA 核蛋白而不能溶解 DNA 核蛋白这一特性，将匀浆中含有的 RNA 核蛋白提取出来（含有 DNA 的物质则留在沉淀中），通过调节 pH 为 4.5 沉淀核糖核蛋白，再通过以下方法将 RNA 与蛋白质分开。

1. 乙醇沉淀法 将核糖核蛋白溶于碳酸氢钠溶液中，加入含少量辛醇的氯仿并连续振荡，除去蛋白质，然后用 10％氯化钠溶液提取 RNA，去沉淀留上清液后，再用 2 倍体积的乙醇使 RNA 沉淀。

2. 去污剂处理法 在核糖核蛋白溶液中加入 1％十二烷基磺酸钠（SDS）、乙二胺四乙酸二钠（EDTA）、三乙醇胺、苯酚、氯仿等以去除蛋白质，使得 RNA 留在上清液中，然后用乙醇沉淀 RNA。或者先用 2 mol/L 盐酸胍溶液 38 ℃下溶解蛋白质，再冷至 0 ℃左右，使 RNA 沉淀，沉淀中混有少量蛋白质，然后再用去污剂处理。

3. 酚处理法 酚处理法最大的优点是能获得未被降解的 RNA。酚溶液能沉淀蛋白质和 DNA，经酚处理的 RNA 和多糖处于水相中，可用乙醇使 RNA 从水相中析出。随 RNA 一起沉淀的多糖可通过以下步骤去除：用磷酸缓冲液溶解沉淀，再用 2 -甲氧乙醇提取 RNA，透析，然后用乙醇沉淀 RNA。其改良后的皂土酚处理法，由于皂土能吸附蛋白质、核酸酶等杂质，因此，其稳定性比酚处理法好，其 RNA 得率也比酚处理法高。

(二) RNA 的纯化

用上述方法制得的 RNA 多为混合物，有时需要均一性的 RNA，这就必须将其进一步纯化。常用的纯化方法有密度梯度离心法、柱层析法和凝胶电泳法等。

1. 密度梯度离心法 一般采用蔗糖溶液作为分离 RNA 的介质，建立从管底向上逐渐降低的浓度梯度，管底浓度为 30％，最上面为 5％；将混合 RNA 溶液小心地放于蔗糖面上，经高速离心数小时后，大小不同的 RNA 分子即分散在相应密度的蔗糖部位中。然后从管底依次收集系列样品，分别在 260 nm 处测其吸光度并绘成曲线。合并同一峰内的收集液，即可得到相应较纯的 RNA。

2. 柱层析法 用于分离 RNA 的柱层析法有多种系统，较常用的载体有二乙胺乙基（DEAE）纤维素、葡聚糖凝胶、DEAE -葡聚糖凝胶以及 MAK（甲基化清蛋白吸附于硅藻土）等。混合 RNA 从层析柱上洗脱下来时一般按分子质量从小到大的顺序。分步收集即可得到相应的 RNA。

3. 凝胶电泳法 各种 RNA 分子所带电荷与其质量之比都非常接近，故一般电泳法无法使之分离。但若用具有分子筛作用的凝胶作载体，则不同大小的 RNA 分子在电泳中将具有不同的泳动速度，从而可分离纯化 RNA。琼脂糖凝胶和聚丙烯酰胺凝胶即有这种作用，故被用作分离 RNA 的载体。

二、DNA 的制备

将含 DNA 的沉淀物用 0.14 mol/L 氯化钠溶液反复洗涤，尽量除去 RNA，然后用生理盐水溶解沉淀物，并加入去污剂 SDS 溶液中使 DNA 与蛋白质解离、变性，此时溶液变黏稠。冷藏过夜后，再加入氯化钠溶液使 DNA 溶解。当盐浓度达 1 mol/L 时，溶液黏稠度下降，DNA 处在液相，蛋白质沉淀。离心去杂质，得乳白状清液，过滤后加入等体积的95％乙醇，使 DNA 析出，得白色纤维状粗制品。在此基础上反复用去污剂除去蛋白质等杂质，可得到较纯的 DNA。当 DNA 中含有少量 RNA 时，可用核糖核酸酶、异丙醇等处理，用活性炭柱层析以及电泳去除。分离混合 DNA 可采用与分离、纯化 RNA 类似的方法。

三、核苷酸、核苷及碱基的制备

核苷酸、核苷及碱基虽然是互相关联的物质，但要得到某种特定的单一物质，往往必须采取某种特别的制备方法。至于非天然的类似物或衍生物，制备方法则更是不同。

1. 直接提取法　类似于 RNA 和 DNA 的制备，可直接从生物材料中提取。此法的关键是去杂质，被提取物不管是呈溶液状态还是呈沉淀状态，都要尽量与杂质分开。为了制得精品，有时还需多次溶解、沉淀。

2. 水解法　核苷酸、核苷和碱基都是 RNA 或 DNA 的降解产物，所以前者能通过相应的原料水解制得。水解法又分酶水解法、碱水解法和酸水解法 3 种。

（1）酶水解法　在酶的催化下水解 RNA 或 DNA 获得产物的方法称酶水解法。如用 $5'$-磷酸二酯酶将 RNA 或 DNA 水解成 $5'$-核苷酸，就可用来制备混合 $5'$-（脱氧）核苷酸。酶的来源不同，其特性也往往有些不同，因此，提取酶时常常指明其来源，如牛胰核糖核酸酶（RNase A）、蛇毒磷酸二酯酶（VPDase）、脾磷酸二酯酶（SPDase）等。橘青霉 A. S. 3.2788 产生的 $5'$-磷酸二酯酶的最佳催化条件是：pH 6.2～2.7，温度 63～65 ℃，底物浓度 1％，酶液用量 20％～30％，反应 2 h。

（2）碱水解法　在稀碱条件下可将 RNA 水解成单核苷酸，产物为 $2'$-核苷酸和 $3'$-核苷酸的混合物。这是因为水解过程中能产生一种中间环状物 $2'$,$3'$-环状核苷酸，然后磷酸环被打开所致。DNA 的脱氧核糖 $2'$ 位上无羟基，无法形成环状物，所以 DNA 在稀碱作用下虽会变性，却不能被水解成单核苷酸。

（3）酸水解法　用 1 mol/L 盐酸溶液在 100 ℃加热 1 h，能把 RNA 水解成嘌呤核苷酸和嘧啶核苷酸的混合物。DNA 的嘌呤碱也能被水解下来。在高压釜或封闭管中酸水解，可使嘧啶碱从核苷酸上释放下来，但此时胞嘧啶常常会脱氨基而形成尿嘧啶。

3. 化学合成法　利用化学方法将易得到的原料逐步合成为产物，称为化学合成法。腺嘌呤即可用次黄嘌呤或丙二酸二乙酯为原料合成，但此法多用于以自然结构的核酸类物质作原料，半合成为其结构改造物，且常与酶促合成法同时使用。

4. 酶促合成法　即利用酶系统和模拟生物体条件制备产物，如酶促磷酸化生产 ATP 等。

5. 微生物发酵法　利用微生物的特殊代谢使某种代谢物积累，从而获得该产物的方法称微生物发酵法。如微生物在正常代谢下肌苷酸是中间产物，不会积累，但当其突变为腺嘌呤营养缺陷型后，该中间产物不能转化成单磷酸腺苷（AMP），于是在前面的代谢不断进行下，大量的肌苷酸就成为终产物而积累在发酵液中。事实上肌苷酸的制备正是采用了此法。

第三节 核酸类药物的制备

一、化学合成 6-巯基嘌呤

6-巯基嘌呤是次黄嘌呤的类似物，多用化学合成法制备。

（一）结构与性质

6-巯基嘌呤亦称乐宁，为单水合物，呈微黄色结晶性粉末或菱形片状结晶，无臭，味微甜，含 1 分子结晶水，在 140 ℃时失去结晶水。6-巯基嘌呤的结构式如图 4-1 所示。6-巯基嘌呤易溶于碱性水溶液，但不稳定，会缓慢水解，置空气中光照会变成黑色；可溶于沸水、热乙醇，微溶于水，几乎不溶于乙醇、乙醚、丙酮和氯仿；熔点 313～314 ℃。

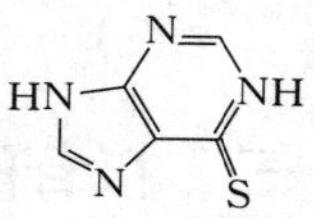

图 4-1 6-巯基嘌呤的结构式

（二）生产工艺与产品检验

1. 生产工艺路线

氰乙酸乙酯 $\xrightarrow[\text{76 ℃ 4 h, 90 ℃}]{\text{环合（乙醇钠、硫脲、无水乙醇、乙酸）}}$ 2-巯基-4-羟钠-6-氨基嘧啶 $\xrightarrow[\text{2 h, pH 3～4}]{\text{亚硝化（NaNO}_2\text{、HCl、HNO}_3\text{）}}$

2-巯基-4-羟基-5-亚硝基-6-氨基嘧啶 $\xrightarrow[\text{25 ℃以下0.5 h, 35 ℃ 2 h}]{\text{还原（保险粉）}}$ 2-巯基-5, 6-二氨基-4-羟基嘧啶

清除、脱硫（Na$_2$CO$_3$、Ni、冰醋酸）$\xrightarrow[\text{90～98 ℃, 4 h}]{}$ 5, 6-二氨基-4-羟基嘧啶 $\xrightarrow[\text{回流4 h, 118 ℃ 4 h}]{\text{再环合、置换（HCOOH、P}_2\text{S}_5\text{、吡啶）}}$ 6-巯基嘌呤

2. 工艺过程说明

（1）环合 按氰乙酸乙酯：硫脲：160 g/L 乙醇钠＝1：0.75：3.75 的质量比投料。在干燥反应罐中加入无水乙醇、乙醇钠，配成 16% 溶液，搅拌加热至 76 ℃，投入硫脲，在回流下滴加氰乙酸乙酯，加完后保持回流 4 h，冷至 30 ℃，过滤，得粗品。加 3.5 倍水溶解，加入适量活性炭脱色，过滤，滤液加热至 90 ℃，搅拌下滴加 40% 乙酸调 pH 至 4～5 冷却，过滤，得缩合物 2-巯基-4-羟钠-6 氨基嘧啶，收率 95%。

（2）亚硝化、还原 按 2-巯基-4-羟钠-6-氨基嘧啶：盐酸：硝酸：亚硝酸钠：保险粉＝1：0.31：0.47：0.48：2.5（质量：体积：体积：质量：质量）的配料比投料。将 2-巯基-4-羟钠-6-氨基嘧啶加水溶解后，加入盐酸至中性，再加硝酸，于 15 ℃滴加亚硝酸钠溶液，加完后，继续反应 2 h，控制 pH 在 3～4。甩滤，水洗至中性，即得 2-巯基-4-羟基-5-亚硝基-6-氨基嘧啶。再加入水中悬浮并冷至 20 ℃以下，加保险粉，升至 25 ℃以下反应 0.5 h，35 ℃保温反应 2 h，出料，甩滤，得还原物 2-巯基-5,6-二氨基-4-羟基嘧啶，收率 78%。

（3）消除、脱硫 按 2-巯基-5,6-二氨基-4-羟基嘧啶：碳酸钠：活性镍：冰醋酸＝1：0.75：1.5：1（质量：质量：质量：体积）的配料比投料 2-巯基-5,6-二氨基-4-羟基嘧啶、适量水和碳酸钠投入反应罐中，加热 90 ℃搅拌溶解，缓缓加入活性镍和水，保持 98 ℃搅拌回流 4 h 过滤。滤液以冰醋酸调节 pH 至 7.5，加适量活性炭脱色、过滤。滤液减压浓缩后冷却，析出结晶，过滤，得脱硫物 5,6-二氨基-4-羟基嘧啶，收率 94%。

（4）再环合、置换 按 5,6-二氨基-4-羟基嘧啶：甲酸：吡啶：五硫化二磷＝1：12：13：2.7（质量：体积：体积：质量）的配料比投料。将 5,6-二氨基-4-羟基嘧啶、甲酸投入反应罐中，搅拌加热溶解，升温回流 4 h，减压回收甲酸至净。加入 6 mol/L 氢氧化钠溶解，加活性炭脱色，过滤，滤液冷至 20 ℃，滴加冰醋酸调节 pH 至 6，放置过夜，次日过滤，收集结晶，得环合物 6-羟基嘌呤。再将 6-羟基嘌呤、吡啶和五硫化二磷投入反应罐中，搅拌，加热溶解，于内温 118 ℃反应 4 h。减压回收吡啶，至呈浓黏胶状，冷却，加适量水和活性炭，加热煮沸脱色，趁热过滤，滤液冷却，结晶，过滤，得 6-巯基嘌呤粗品，收率 60%。粗品精制，加适量水，加热溶解，活性炭脱色，过滤，滤液搅拌冷却，析出结晶，过滤，水洗，干燥，得 6-巯基嘌呤精品，收率 95%～96%。

3. 产品检验

（1）质量标准 本品为黄色结晶性粉末，取本品 0.25 g，加水 25 mL，振摇 5 min，过滤，滤液加稀盐酸 1 mL 与氯化钡试液 2 mL，摇匀后，不得发生混浊。在 255 nm 与 325 nm 波长处的吸光度比值不得超过 0.06。含水分应为 10.0%～12.0%，含重金属不得超过 10 mg/kg。

（2）含量测定 取本品，精密称定，加 0.1 mol/L 盐酸溶液溶解并定量稀释制成每毫升中约含 5 μg 的溶液，作为供试品溶液，在 325 nm 的波长处测定吸光度，按 $C_5H_4N_4S$ 的吸收系数为 1 265 计算，即得。

（三）药理作用与临床应用

6-巯基嘌呤是次黄嘌呤类似物，能竞争性地抑制次黄嘌呤变成肌苷酸，阻止鸟嘌呤转变为鸟苷酸，从而抑制 RNA 和 DNA 的合成，杀伤各期增生细胞。6-巯基嘌呤是嘌呤抗代谢物，进入体内转变成 6-巯基嘌呤核苷酸，阻止肌苷酸转变为腺苷酸、黄嘌呤核苷酸，抑制辅酶Ⅰ（CoⅠ）的生物合成。6-巯基嘌呤在临床上用于急性白血病，对儿童患者的疗效优于成人；亦用于治疗绒毛膜上皮癌、乳腺癌、直肠癌、结肠癌及其他内脏肿瘤。

> ➡ **小分子抗代谢物 [6-巯基嘌呤（6-MP）的作用机制]** 。6-MP 的化学结构与次黄嘌呤相似，唯一不同的是分子中 6 位 C 上由巯基取代了羟基。6-MP 通过竞争性抑制次黄嘌呤-鸟嘌呤磷酸核糖转移酶，使 5-磷酸核糖-1-焦磷酸（PRPP）分子中的磷酸核糖不能向鸟嘌呤及次黄嘌呤转移，阻断嘌呤核苷酸的补救合成途径。6-MP 可在体内经磷酸核糖化而生成 6-MP 核苷酸，并以这种形式抑制单磷酸次黄嘌呤核苷（IMP）转变为 AMP 及单磷酸鸟苷（GMP）的反应。由于 6-MP 核苷酸结构与 IMP 相似，还可以反馈抑制 PRPP 酰胺转移酶而干扰磷酸核糖胺的形成，从而阻断嘌呤核苷酸的从头合成。

二、化学合成叠氮胸苷

叠氮胸苷是治疗艾滋病的药物，又名齐多夫定（AZT），商品名称 Refrovir，是胸腺核苷的类似物，由英国 Welleome 公司美国分公司首先开发，于 1987 年获 FDA 批准而上市，为临床上第一个抗 HIV 的药物。叠氮胸苷合成路线报道较多；1996 年国内陈发普报告了以脱氧胸苷为原料合成叠氮胸苷的合成路线，此合成路线除起始原料胸苷来源少外，其他原料来源丰富，工艺简化易行，小试总收率 6%。

（一）结构与性质

叠氮胸苷（AZT）的化学名称为 $3'$-叠氮-$2'$-脱氧胸腺嘧啶核苷，呈白色至浅黄色粉末或针状结晶，无臭，易溶于乙醇，难溶于水，其水溶液 pH 约 6，遇光分解，避光在 30 ℃ 以下，可保存 2 年。其结构式如图 4-2 所示。

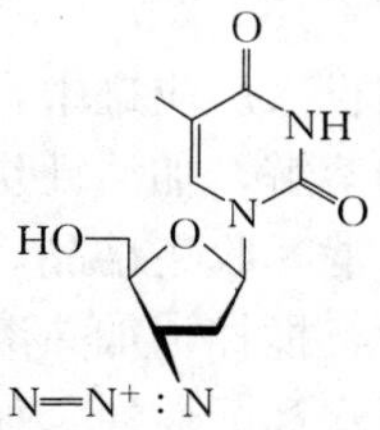

图 4-2　叠氮胸苷的结构式

（二）生产工艺与产品检验

1. 生产工艺路线

$$\text{脱氧胸苷} \xrightarrow[\text{4-CH}_3\text{OC}_6\text{H}_4\text{COOH}]{\text{Ph}_3\text{P、DMF、EDAD}} \text{氧桥物} \xrightarrow{\text{NaN}_3\text{、DMF}} \text{叠氮物} \xrightarrow{\text{NaOH、NaOCH}_3} \text{叠氮胸苷}$$

2. 工艺过程说明

以脱氧胸苷为原料，经保护 6 位羟基后，通过 Mitsunobu 反应以 NaN_3 取代同时发生构型转换接上叠氮基，然后脱去保护基得 AZT。用酸碱中和法和盐析法纯化制得 AZT 精品。

3. 工艺分析与讨论

胸苷的制备方法，目前主要用 DNA 水解法制备，来源较少。此外还有从 $2'$-脱氧胞苷、$2'$-脱氧鸟苷或 $2'$-脱氧腺苷与胸腺嘧啶反应，经大肠杆菌产生的磷酸化酶催化生成胸苷；或由鸟苷（300 mmol/L）与胸腺嘧啶（300 mmol/L）反应，在欧文氏菌 AJZ992 所产生的嘌呤核苷磷酸化酶和嘧啶核苷磷酸化酶的催化下生成 $5'$-甲基尿苷，再经化学合成法合成胸苷。

4. 产品检验

（1）质量标准　本品为白色至浅黄色结晶性粉末。取本品 0.1 g，加水 10 mL 使溶解，溶液应澄清无色；含水分不得超过 1.0%，遗留残渣不得超过 0.1%，重金属不得超过 10 mg/kg；含司他夫定不得超过 0.5%，胸腺嘧啶均不得超过 1.0%。其他单个杂质峰面积不得大于对照溶液中叠氮胸苷峰面积的 0.5 倍（0.5%），杂质总量不得超过 2.5%，三苯甲醇不得超过 0.5%，三乙胺不得超过 0.02%。

（2）含量测定

① 色谱条件与系统适用性试验。用十八烷基硅烷键合硅胶为填充剂，以甲醇-水（20：80）为流动相，检测波长为 265 nm。取叠氮胸苷对照标准品与杂质 I 对照标准品适量，加甲醇溶解并稀释制成每毫升含叠氮胸苷 1 mg 与杂质 I 0.01 mg 的混合溶液作为系统适用性溶液，取 10 μL 注入液相色谱仪，记录色谱图，叠氮胸苷峰与杂质 I 峰的分离度应大于 2.0。

② 测定法。取本品约 10 mg，精密称定，置 50 mL 量瓶中，加甲醇溶解并稀释至刻度，摇匀，作为供试品溶液，精密量取 10 μL 注入液相色谱仪，记录色谱图；另取叠氮胸苷对照标准品，同法测定。按外标法以峰面积计算，即得。

（三）药理作用与临床应用

在体外，叠氮胸苷能抑制 HIV 的复制；在体内，叠氮胸苷经磷酸化后生成 $3'$-叠氮-$2'$-脱氧胸腺嘧啶核苷酸，取代了正常的胸腺嘧啶核苷酸参与 DNA 的合成，使 DNA 不能继续复制，从而阻止病毒的增生。

三、微生物发酵法制备肌苷

肌苷又称次黄嘌呤核苷，可以通过肌苷酸脱磷酸法制备，也可以通过微生物发酵法制备。

（一）结构与性质

肌苷是由次黄嘌呤与核糖结合而成的核苷类化合物，其结构如图 4-3 所示。肌苷为白色结晶性粉末，溶于水，不溶于乙醇、氯仿；在中性、碱性溶液中比较稳定，酸性溶液中不稳定，易分解成次黄嘌呤和核糖。

图 4-3　肌苷的
结构式

（二）生产工艺与产品检验

1. 生产工艺路线

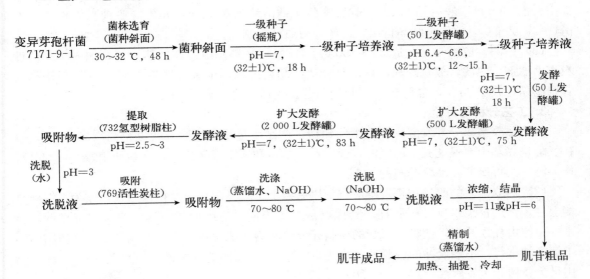

2. 工艺过程说明

（1）菌株选育　变异芽孢杆菌 7171-9-1 移接到斜面培养基上，30～32 ℃培养 48 h。在 4 ℃冰箱中菌种可保存 1 个月。斜面培养基成分为：葡萄糖 1%、蛋白胨 0.4%、酵母浸膏 0.7%、牛肉浸膏 1.4%、琼脂 2%，pH=7，120 ℃灭菌 20 min。

（2）种子培养

① 一级种子。培养基成分为：葡萄糖 2%、蛋白胨 1%、酵母浸膏 1%、玉米浆 0.5%、尿素 0.5%、氯化钠 0.25%。灭菌前 pH=7，用 1 L 三角瓶装 150 mL 培养基，115 ℃灭菌 15 min。每个三角瓶中接入菌种，放置在往复式摇床上，冲程 7.6 cm，振荡频率 100 次/min，(32±1)℃培养 18 h。

② 二级种子。培养基同一级种子，放大 50 L 发酵罐，定容体积 25 L，接种量 3%，(32±1)℃培养 12～15 h，搅拌速度 320 r/min，通风量 0.25 L/(L·min)，生长指标菌体数吸光度 A_{650}=0.78，pH 6.4～6.6。

（3）发酵　50 L 不锈钢标准发酵罐，定容体积 35 L。培养基成分为：淀粉水解糖 10%、干酵母水解液 1.5%、豆饼水解液 0.5%、硫酸镁 0.1%、氯化钾 0.2%、磷酸氢二钠 0.5%、尿素 0.4%、硫酸铵 1.5%、有机硅油（消泡剂）0.05%，pH=7。接种量 19%，(32±1)℃

培养 93 h，搅拌速度 320 r/min，通风量 0.5 L/(L·min)。

500 L 发酵罐，定容体积 350 L。培养基成分为：淀粉水解糖 10%、干酵母水解液 1.5%、豆饼水解液 0.5%、硫酸铵 1.5%、硫酸镁 0.1%、磷酸氢二钠 0.5%、氯化钾 0.2%、碳酸钙 1%、有机硅油小于 0.3%，pH=7。接种量 7%，(32±1)℃培养 75 h，搅拌速度 230 r/min，通风量 0.25 L/(L·min)。

扩大发酵进入 20 000 L 发酵罐，培养基同上，接种量 2.5%，(35±1)℃培养 83 h。

（4）提取、吸附、洗脱　取发酵液 30～40 L，调节 pH 至 2.5～3，连同菌体通过 2 个串联的 35 kg 732 氢型树脂柱吸附。发酵液上柱后，用相当树脂总体积 3 倍的 pH=3.0 的水冲洗 1 次，然后把 2 个柱分开，用 pH=3 的水把肌苷从柱上洗脱下来。上 769 活性炭柱吸附后，先用 2～3 倍体积的水洗涤，后用 70～80℃水洗，在 70～80℃、1 mol/L 氢氧化钠溶液中浸泡 30 min，最后用 0.01 mol/L 氢氧化钠溶液洗脱肌苷，收集洗脱液真空浓缩，在 pH=11 或 6.0 下放置，结晶析出，过滤，得肌苷粗制品。

（5）精制　取粗制品配成 50～100 g/L（5%～10%）溶液，加热溶解，加入少量活性炭作助滤剂，热滤，放置冷却，得白色针状结晶，过滤，少量水洗涤 1 次，80℃烘干得肌苷精制品，收率 44%，含量 99%。目前肌苷国内最高收率为 75%。

3. 工艺分析与讨论

（1）培养基成分　发酵碳源采用葡萄糖，产品质量最好。肌苷含氮量高（20.9%），故在发酵培养基中要保证充足的氮源，通常用硫酸铵和尿素或氯化铵，如能使用氨气，则既可作氮源，又可调节发酵培养基的 pH。

（2）提取工艺的改进　将发酵液沉菌以后再上 732 型阳离子交换树脂柱，改为不沉菌直接上柱，再用自来水反冲树脂柱。其优点是缩短周期，节约设备。其反冲作用可把糖、色素、菌体由柱顶冲走，使吸附肌苷的树脂充分地暴露在洗脱剂中，并能适当地松动树脂，利于解吸的进行。不经反冲的洗脱液收率为 54.9%，经反冲的洗脱液收率则为 79.6%。树脂用量为：树脂：发酵液=1：（20～30）（体积比）。

（3）温度对肌苷提取的影响　在温度较高且 pH 较低时，有部分肌苷分解成次黄嘌呤。季节影响总收率，冬、夏低，春、秋高。提取周期冬季较长，夏季较短。32℃放置 15 h 后进行洗脱，收率降低约 10%，48 h 后洗脱，收率降低约 30%；室温 20℃放置 48 h 洗脱，收率降低约 5%。

国内选用强酸性 732 型阳离子交换树脂，从发酵液中提取肌苷。其树脂对肌苷的吸附为非极性吸引作用，这种非极性吸引作用明显地受温度影响。苏州味精厂的试验表明，用 732 氢型树脂柱洗脱肌苷时，冬天改用人工控制洗脱液的温度，可提高洗脱收率和缩短周期，其肌苷总收率可提高 15%～20%；夏季采用冷却发酵液、避免暴晒、增添冷库设备等降温措施，能提高总收率 10%～15%。

（4）用产氨短杆菌发酵生产肌苷酸（5′-IMP）　关键酶是 PRPP 酰胺转移酶，此酶受 ATP、ADP、AMP 及 GMP 反馈抑制（抑制度达 70%～100%），被腺嘌呤阻遏。因此，第一步用诱变育种的办法，筛选缺乏 AMP 合成酶的腺嘌呤缺陷型菌株，在发酵培养基中提供适量的腺嘌呤，这些腺嘌呤除了补救合成菌体适量生长所需的 DNA 及 RNA 之外，没有多余的腺嘌呤衍生物能够产生反馈抑制和阻遏，从而解除了对 PRPP 酰胺转移酶的活性影响。产氨短杆菌自身的 5′-核苷酸降解酶活力低，故产生的肌苷酸不会再被分解变成其他产物。

在培养基中有限量 Mn^{2+} 的情况下，产氨短杆菌的成长细胞呈伸长、膨润或不规则形，此时的细胞膜不仅易透过肌苷酸，而且嘌呤核苷酸补救合成所需的几个酶和中间体 $5'$-磷酸核糖都很易透过，在胞外重新合成大量的肌苷酸。在大型发酵罐工业生产中，利用诱变育种的方法选育了对 Mn^{2+} 不敏感的变异株，在发酵培养基中含 Mn^{2+} 高达 $1\,000\ \mu g/mL$ 时，也不影响肌苷酸的生物合成。发酵水平达 $40\sim50\ g/L$，对糖转化率达 15%，总收率达 80%。

（5）变异芽孢杆菌的菌种优化　最初，生产肌苷用棒状杆菌发酵制得肌苷酸，再以化学法加压脱掉磷酸得到肌苷，其工艺复杂，产量低，成本高。后来由上海味精厂、上海市工业微生物研究所及中国科学院上海生物化工研究所等单位，以腺嘌呤及硫胺素双重营养缺陷型的变异芽孢杆菌菌株，一步发酵制备肌苷获得成功，进罐产量可达 $4\sim5\ g/L$。现多采用直接发酵法生产。

4. 产品检验

（1）质量标准　本品为白色结晶性粉末。取本品 $0.5\ g$，加水 $50\ mL$ 使溶解，在 $430\ nm$ 处的透光率大于 98.0%。在 $105\ ℃$ 干燥至恒量，减失质量不得超过 1.0%。注射用炽灼残渣小于 0.1%，口服用炽灼残渣小于 0.2%。重金属含量不得超过 $10\ mg/kg$。

（2）含量测定　用十八烷基硅烷键合硅胶为填充剂；以甲醇-水（$10:90$）为流动相；检测波长为 $248\ nm$。取肌苷对照标准品约 $10\ mg$，加 $1\ mol/L$ 盐酸溶液 $1\ mL$，$80\ ℃$ 水浴加热 $10\ min$，放冷，加 $1\ mol/L$ 氢氧化钠溶液 $1\ mL$，加水至 $50\ mL$，取 $20\ \mu L$ 注入液相色谱仪，调整色谱系统，肌苷峰与相邻杂质峰的分离度应符合要求，理论板数按肌苷峰计算不低于 $2\,000$。

（三）药理作用与临床应用

肌苷能直接进入细胞，参与糖代谢，促进体内能量代谢和蛋白质合成，尤其能提高低氧病态细胞的 ATP 水平，使处于低能、低氧状态的细胞顺利地进行代谢。该品在临床上主要用于治疗各种急、慢性肝疾病，洋地黄中毒症，冠状动脉功能不全，风湿性心脏病，心肌梗死，心肌炎，白细胞或血小板减少症及中心性视网膜炎、视神经萎缩等；还可解除或预防因用血吸虫药物所引起的心、肝损害等不良反应。该品几乎无毒性。

> ➲ **肌苷的衍生物肌苷二醛（IDA）**。肌苷二醛的化学名称为 α-（次黄嘌呤-9）-α-羟甲基缩乙醇醛，为肌苷的过碘酸氧化物，对啮齿类动物肿瘤具有强烈抑制作用，显著延长 L1210 白血病小鼠的生命。作用机制可能是抑制核苷酸还原酶进而抑制了核酸合成。I 期临床实验表明，该药物对精巢上皮瘤、肉瘤和麦粒细胞癌有一定疗效。

四、提取法和微生物发酵法制备腺苷三磷酸

腺嘌呤核苷三磷酸，简称腺三磷（ATP），又称腺苷三磷酸。核苷三磷酸是一类具有高能键的化合物，在生物体内起着很重要的作用。生产 ATP 的方法有很多，有提取法、光合磷酸化法、氧化磷酸化法和微生物发酵法。

ATP 的生产发展和革新代表了一般生化药物的发展。人们开始用兔肉作原料，通过提取分离精制，每千克得 $2\ g$ ATP，收率 0.2% 左右。20 世纪 60 年代则采用啤酒酵母发酵法以及酶转化腺嘌呤、腺苷、AMP 制造 ATP，用 $5'$-AMP 为原料，以菠菜提供叶绿体进行

光合作用生产 ATP，称为光合磷酸化法，但这个方法的大规模生产受到菠菜和光源的限制。于是又研发了氧化磷酸化法，即利用酵母腺苷酸激酶几乎可以定量地从 $5'$- AMP 中得到 ATP。为了解决某些地区酵母缺乏的问题，又筛选出一种毛霉菌株，自 $5'$- AMP 实现酶合成 ATP，转化率可达 90%，理论收率 85%。但是 $5'$- AMP 供应不足，价格也高，又研究以腺嘌呤为原料制备 ATP。腺嘌呤可用化学法合成或从谷氨酸发酵母液中取得，1975 年投产后，成本较原来方法降低一半。1979 年有报道，用产氨短杆菌 ATCC687 加入嘌呤碱基或其衍生物转化相应的氨基酸获得成功。若经硫酸二酯诱变和多次单菌纯化菌株 B_1 - 787 进行发酵，投入腺嘌呤，在发酵液中可堆积 2 g/L 的 ATP。此外，给棒状杆菌、小球菌、节杆菌等投入腺嘌呤，在发酵培养液中都能合成 ATP，经活性炭和阴离子交换树脂（氯型）处理，获得电泳纯、含量大于 75% 的药用产品。

（一）结构与性质

药用 ATP 是其二钠盐，即腺苷三磷酸二钠（ATP - Na_2），带有 3 个结晶水（ATP - Na_2 · $3H_2O$），呈白色结晶形粉末，无臭，微有酸味，有吸湿性；易溶于水，难溶于乙醇、乙醚、苯、氯仿，在碱性溶液中较稳定，ATP - Na_2 为两性化合物。其结构如图 4 - 4 所示。

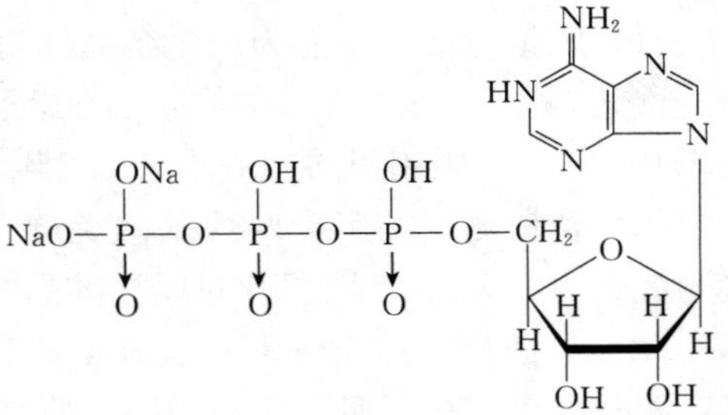

图 4 - 4　腺苷三磷酸二钠的结构式

（二）生产工艺与产品检验

1. 以兔肉为原料的提取法

（1）生产工艺路线

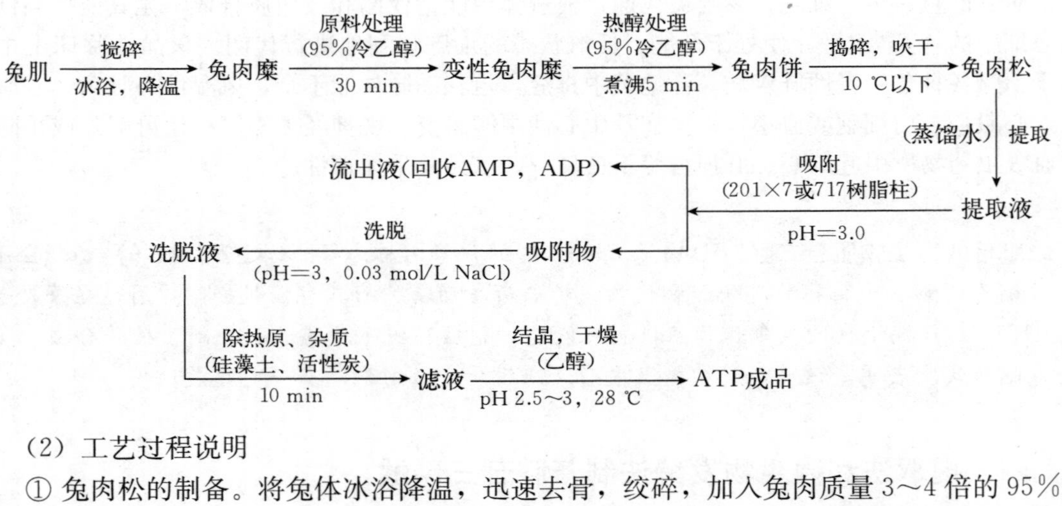

兔肌 $\xrightarrow[\text{冰浴，降温}]{\text{搅碎}}$ 兔肉糜 $\xrightarrow[\text{30 min}]{\text{原料处理}(95\%\text{冷乙醇})}$ 变性兔肉糜 $\xrightarrow[\text{煮沸5 min}]{\text{热醇处理}(95\%\text{冷乙醇})}$ 兔肉饼 $\xrightarrow[\text{10 ℃以下}]{\text{捣碎，吹干}}$ 兔肉松

兔肉松 $\xrightarrow[]{\text{（蒸馏水）提取}}$ 提取液 $\xrightarrow[\text{pH=3.0}]{\text{吸附}(201\times7\text{或}717\text{树脂柱})}$ 流出液（回收AMP，ADP）及吸附物

吸附物 $\xrightarrow[\text{(pH=3, 0.03 mol/L NaCl)}]{\text{洗脱}}$ 洗脱液 $\xrightarrow[\text{10 min}]{\text{除热原、杂质}(\text{硅藻土、活性炭})}$ 滤液 $\xrightarrow[\text{pH 2.5~3, 28 ℃}]{\text{结晶，干燥}(\text{乙醇})}$ ATP成品

（2）工艺过程说明

① 兔肉松的制备。将兔体冰浴降温，迅速去骨，绞碎，加入兔肉质量 3～4 倍的 95% 冷乙醇，搅拌 30 min 过滤，压榨，制成肉糜。再将肉糜捣碎，以 2～2.5 倍量的 95% 冷乙醇同上操作处理 1 次，然后置于预沸的乙醇中（乙醇为前面用过的乙醇回收的），继续加热至沸，保持 5 min，取出兔肉，迅速置于冷乙醇中降温至 10 ℃以下，过滤，压榨，肉饼再捣碎，分散在盘内，冷风吹干至无乙醇味，即得兔肉松。

② 提取。取肉松加入 4 倍量的冷蒸馏水，搅拌提取 30 min，过滤，压榨成肉饼，捣碎后再加 3 倍量的冷蒸馏水提取 1 次。合并 2 次滤液，按总体积加冰醋酸至 4%，再用 6 mol/L

盐酸调 pH 至 3，冷处静置 3 h，经布氏漏斗过滤至澄清，得提取液。

③ 吸附。用处理好的氯型 201×7 或 717 阴离子交换树脂装入色谱柱，柱高与直径之比为（3:1）～（5:1），用 pH＝3 的酸液平衡树脂柱。将提取液上柱，流速控制在 0.6～1 mL/(cm² · min)，吸附 ATP。上柱过程中用 DEAE - C* 薄板检查，待出现 AMP 或 ADP 斑点时，即开始收集（从中回收 AMP 和 ADP）。继续进行，待追踪检查出现 ATP 斑点时，说明树脂已被 ATP 饱和，停止上柱。

④ 洗脱。饱和 ATP 柱，用 pH＝3、0.03 mol/L 氯化钠液洗涤柱上滞留的 AMP、ADP 及无机磷等，流速控制在 1 mL/(cm² · min) 左右。薄板检查无 AMP、ADP 斑点并有 ATP 斑点出现时，再用 pH＝3.8、1 mol/L 氯化钠液洗脱 ATP，流速控制在 0.2～0.4 mL/(cm² · min)，收集洗脱液。在 0～10 ℃进行操作，以防 ATP 分解。

⑤ 除热原与杂质。将洗脱液按总体积计，以 0.6％的比例加入硅藻土，以 0.4％的比例加入活性炭后，搅拌 10 min，用 4 号垂熔漏斗过滤，收集 ATP 滤液。

⑥ 结晶、干燥。用 6 mol/L 盐酸调 ATP 滤液 pH 至 2.5～3，在 28 ℃水浴中恒温，加入滤液量 3～4 倍体积的 95％乙醇，不断搅拌，使 ATP - Na₂ 结晶，用 4 号垂熔漏斗过滤，分别用无水乙醇、乙醚洗涤 1～2 次，收集 ATP 结晶，置五氧化二磷干燥器内真空干燥。

2. 产氨短杆菌直接发酵法

（1）生产工艺路线

（2）工艺过程说明

① 菌种培养。培养基组成为葡萄糖 10％、硫酸镁（$MgSO_4 \cdot 7H_2O$）1％、尿素 0.3％、氯化钙（$CaCl_2 \cdot 2H_2O$）0.01％、玉米浆适量、磷酸氢二钾 1％、磷酸二氢钾 1％，pH＝7.2。种龄通常为 20～24 h，接种量 7％～9％，pH 控制在 6.8～7.2。

② 发酵培养。500 L 发酵罐培养 28～30 ℃，24 h 前通风量 0.5 L/(L · min)，24 h 后通风量 0.5 L/(L · min)，40 h 后投入腺嘌呤 0.2％、椰子油酰胺 0.15％、尿素 0.3％，升温至 37 ℃，pH＝7.0。

③ 提取、精制。发酵液加热使酶失活后，调节 pH 至 3～3.5，过滤去菌体。滤液通过 769 活性炭柱，用氨醇溶液洗脱，洗脱液再经氯型阴离子树脂柱，经氯化钠-盐酸溶液洗脱，洗脱液加入冷乙醇沉淀，过滤。沉淀用丙酮洗涤，脱水，置五氧化二磷真空干燥器中干燥，得 ATP 精品。

3. 工艺分析与讨论

① 应用兔肌肉为原料的提取法生产 ATP 曾采用三氧乙酸沉淀蛋白质,以钡盐和汞盐纯化 ATP。此法耗用试剂多,成本高,易造成环境污染和直接危及操作人员身体健康。后改用蒸馏水提取 ATP,树脂精制纯化,从根本上解决了上述存在的问题,又可回收 AMP、ADP,兔肉渣还可食用,总收率不比汞盐法低。

② 产氨短杆菌 B_1 是生物素缺陷型菌株,其诱变菌株也依赖生物素作为生长因子。玉米浆含有丰富的生物素,加入培养基中使 ATP 的产量显著提高。

由腺嘌呤转化成 AMP、ADP、ATP,常是 AMP 为最多。为了提高 ATP 的产量,在适当的时候加入表面活性剂或有机溶剂如椰子油酰胺、聚山梨酸 60、正丙醇、三氯甲烷、乙二醇等十余种物质,对 ATP 生成有促进作用。最好的是椰子油酰胺、三氯甲烷,促进作用比较稳定,使用方便。发酵后期的温度对 ATP 酶系有明显的影响。在 37 ℃投入腺嘌呤后,24 h 生成 ATP 达到高峰。

在菌体的不同培养时间,投入腺嘌呤观察其效果,以培养 36~48 h 投入腺嘌呤,对高产 ATP 最为适宜。投腺嘌呤前的温度 28~30 ℃,24 h 前通风量 0.5 L/(L·min),24 h 后为 1 L/(L·min)。发酵至 40 h 投入腺嘌呤 0.2%、椰子油酰胺 0.15%、尿素 0.3%,并升温至 37 ℃,控制 pH 在 7 左右,继续通风搅拌培养。

4. 产品检验

(1)质量标准 水分含量不超过 6%。取本品少量溶于注射用水或生理盐水中,溶液应澄清无色,水溶液的 pH 为 3.8~5.0,硫酸盐含量不得超过 1.5%,重金属不得超过 10 mg/kg。用 30%磺基水杨酸法鉴定,不得有蛋白反应。

(2)含量测定 ATP 在生产中易带进 ADP 等杂质,贮存中也易分解成 ADP 等,故多采用纸层析或纸电泳分离 ATP 后的分光光度法测定。纸层析展开剂用异丁酸-氨水(1 mol/L)-乙二胺四乙酸二钠溶液(0.1 mol/L)(100∶60∶1.6)或 1%硫酸铵溶液-异丙醇(1∶2)。纸电泳分离用 pH 3.0、0.5 mol/L 的柠檬酸缓冲液,电压梯度 20 V/cm。

(三)药理作用与临床应用

在生物体内,ATP 广泛参与各种生化过程,除参与核酸的合成外,主要起着提供能量和磷酸基团的作用。ATP - Na_2 在体内转变为 ATP,临床主要用于心力衰竭、心肌炎、心肌梗死、脑动脉硬化、心绞痛、阵发性心动过速、急性脊髓灰质炎、进行性肌萎缩、肝炎、肾炎的治疗。但本品不易通过细胞膜,能否发挥其生理效应,值得商榷。其能量注射液为本品与辅酶 A 等配制的复方注射液,用于治疗肝炎、肾炎、心力衰竭等。

> ● 思政:科学发现(ATP 的发现及应用)。早在 1929 年,德国生物化学家洛曼(Lohmann)就在肌肉组织浸出物中发现 ATP,它是机体自身产生的高能物质,为体内利用和贮存能量的中心,参与吸收、分泌和肌肉收缩等各种生化反应,在生命活动中起着极其重要的作用。20 世纪 50 年代后作为临床药物应用。

五、酶促合成法制备阿糖腺苷

阿糖腺苷早在 1960 年已能实验室合成,1969 年美国用 *Streptomyces antibioticus* NR-

RL3238 菌株、1972 年日本用 *Streptomyces hebacecus* 4334 菌株发酵分别成功制备了阿糖腺苷。1979 年从大肠杆菌中分离得到尿嘧啶磷酸化酶和嘌呤核苷磷酸化酶，以固相酶的方法将阿糖尿苷转化为阿糖腺苷。中国参照国外实验室的合成路线，进行了系统研究和改革工作，基本上形成了一条适合工业化生产的工艺路线。

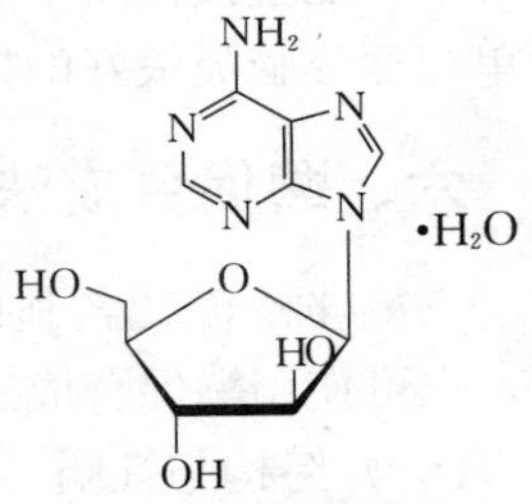

图 4-5　阿糖腺苷的结构式

（一）结构与性质

阿糖腺苷的化学名称为 9-β-D-阿拉伯呋喃糖腺嘌呤，又称腺嘌呤阿拉伯糖苷，分子中含有 1 个结晶水，呈白色结晶，熔点 259～261 ℃，其结构式如图 4-5 所示。

（二）生产工艺与产品检验

1. 生产工艺路线

$$\text{尿苷} \xrightarrow[\text{pH}=9.0]{\text{(POCl}_3\text{、DMF、H}_2\text{O)}} \text{阿糖尿苷} \xrightarrow[\text{60 ℃}]{\text{尿嘧啶核苷磷酸化酶}} \text{阿糖-1-磷酸} \xrightarrow{\text{腺嘌呤核苷磷酸化酶}} \text{阿糖腺苷}$$

2. 工艺过程说明　用尿苷为原料经三氯氧磷和二甲基甲酰胺（DMF）反应，生成氧桥化合物，在碱性水溶液中水解成阿糖尿苷，再利用阿糖尿苷中的阿拉伯糖，经酶法转化成阿糖腺苷。

3. 工艺分析与讨论　利用阿糖尿苷酶法合成阿糖腺苷，选育的优秀菌株是产气肠杆菌（*Enterbacteraer ogenes*）。该菌株能产生尿嘧啶核苷磷酸化酶（upase）和腺嘌呤核苷磷酸化酶（pynpase），用菌株的休止细胞作为酶源把阿糖尿苷和腺嘌呤高效地合成阿糖腺苷。菌体也可制成固定化细胞进行连续化生产。

上海第十二制药厂与复旦大学联合开发酶法生物合成阿糖腺苷的新工艺，成本降低 50% 左右，不污染环境，解决了化学合成法成本高、产率低、严重污染环境和影响工人身体健康等问题。

4. 产品检验

（1）质量标准　本品为白色或类白色针状结晶或结晶粉末，比旋光度为 +14°～+18°，1% 水溶液 pH 为 2.5～3.5，干燥失重小于 5.0%。

（2）含量测定　取本品适量，精确称量，加 0.01 mol/L 盐酸溶液制成每毫升约含 10 μg 的溶液，在 258 nm 的波长处测定吸光度；另取阿糖腺苷对照标准品适量，同法测定，可计算样品中阿糖腺苷含量。

（三）药理作用与临床应用

阿糖腺苷在体内生成阿糖腺三磷，起拮抗脱氧腺苷三磷酸（dATP）作用，从而阻抑了 dATP 掺入病毒 DNA 聚合酶的活力。而且阿糖腺三磷对病毒 DNA 聚合酶的亲和性比对宿主 DNA 聚合酶高，从而选择性地抑制病毒的增殖。

阿糖腺苷是广谱 DNA 病毒抑制剂，对单纯疱疹病毒Ⅰ、单纯疱疹病毒Ⅱ型、带状疱疹病毒、巨细胞病毒、痘病毒等 DNA 病毒在体内外都有明显抑制作用。该品在临床上用于治疗疱疹性角膜炎，静脉注射可降低由于单纯疱疹病毒感染所致的脑炎的病死率，从 70% 降到 28%。20 世纪 70 年代该产品开始用来治疗乙型肝炎，使病毒 DNA、DNA 聚合酶的含量明显下降，HBsAg 转阴，并可使带病毒患者失去传染能力。在种类繁多的治疗乙型肝炎的药物中，能直接作用于病毒的迄今公认的只有干扰素和阿糖腺苷，一般认为，阿糖腺苷是治疗单纯疱疹脑炎最好的抗病毒药物。

六、酶促合成法制备三氮唑核苷

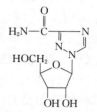

三氮唑核苷又名利巴韦林，可以用核苷或核苷酸为原料进行合成，也可使用酶促合成法生产，工业上主要使用酶促合成法生产。

（一）结构与性质

三氮唑核苷的化学名称为 1-β-D-呋喃核糖基-1,2,4-三氮唑-3-甲酰胺，结构式如图 4-6 所示。三氮唑核苷为无色或白色结晶，无臭、无味，常温下稳定；易溶于水，溶于甲醇和乙醇；熔点 174～176 ℃。

图 4-6　三氮唑核苷的结构式

（二）生产工艺与产品检验

1. 生产工艺路线

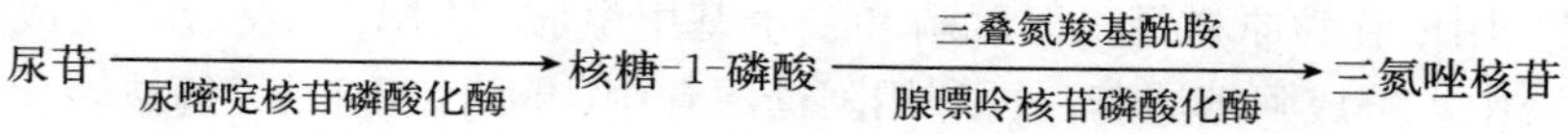

$$尿苷 \xrightarrow[尿嘧啶核苷磷酸化酶]{} 核糖\text{-}1\text{-}磷酸 \xrightarrow[腺嘌呤核苷磷酸化酶]{三叠氮羧基酰胺} 三氮唑核苷$$

2. 工艺过程说明　尿苷在尿嘧啶核苷磷酸化酶的催化下水解生成核糖-1-磷酸和尿嘧啶，核糖-1-磷酸在腺嘌呤核苷磷酸化酶的作用下，与三叠氮羧基酰胺（TCA）反应，生成三氮唑核苷。从产气肠杆菌（*Enterobuacter aerogenes*）中已经选育到能同时产生这两种酶的菌株，从而实现了三氮唑核苷的酶合成生产。

3. 产品检验

（1）质量标准　本品为白色或类白色结晶性粉末。取本品 1.0 g，加水 50 mL 溶解后，加饱和氯化钾溶液 0.2 mL，摇匀，pH 应为 4.0～6.5。取本品 0.5 g，加水 10 mL 溶解后，溶液应澄清无色；如显混浊，与 2 号浊度标准液比较，不得更浓；如显色，与黄色或黄绿色 1 号标准比色液比较，不得更深。在 105 ℃ 干燥至恒量，减失质量不得超过 0.5%。遗留残渣不得超过 0.1%。含重金属不得超过 10 mg/kg。

（2）含量测定　色谱条件与系统适用性试验：用磺化交联的苯乙烯-二乙烯基共聚物的氢型阳离子交换树脂为填充剂，以水（用稀硫酸调节 pH 至 2.5±0.1）为流动相，检测波长为 207 nm。理论板数按利巴韦林峰计算不低于 2 000。测定方法：取本品，精密称定，加流动相溶解并定量稀释制成每毫升约含 50 μg 的溶液，为供试品溶液，精密量取 20 μL 注入液相色谱仪，记录色谱图；另取利巴韦林对照标准品适量，同法测定。按外标法以峰面积计算，即可得出供试品中三氮唑核苷的含量。

（三）药理作用与临床应用

三氮唑核苷（利巴韦林）为一种强的单磷酸次黄嘌呤核苷（IMP）脱氢酶抑制剂，抑制 IMP 合成，从而阻碍病毒核酸的合成，具有广谱抗病毒性能。利巴韦林对多种病毒如呼吸道合胞病毒、流感病毒、单纯疱疹病毒等有抑制作用。该品对流感（由流感病毒 A 和 B 引起）、腺病毒肺炎、甲型肝炎、疱疹、麻疹等有防治作用，但临床评价不一。国内临床已证实该品对流行性出血热有效，对早期患者疗效明显，有降低病死率、减轻肾伤害、降低出血倾向、改善全身症状等作用。

小　结

核酸类药物指从生物中提取或者人工合成的、具有药用价值的碱基、核苷、核苷酸及不同长度的核酸链，是一类药物的统称。核酸类药物包括核酸、核苷酸、核苷及碱基，它们的类似物、衍生物，这些类似物、衍生物的聚合物，以及反义寡核苷酸药物、多肽核苷酸药物（RNA）、小干扰 RNA 药物（siRNA）、微小 RNA 药物（miRNA）和基因治疗药物。

核苷酸、核苷及碱基虽然是互相关联的物质，但要得到某种特定的单一物质，往往必须采取某种特别的制备方法。至于非天然的类似物或衍生物，制备方法则更是各不相同。主要的制备方法有直接提取法、水解法（又分酶水解法、碱水解法和酸水解法）、化学合成法、酶促合成法、微生物发酵法等。

习　题

1. 请简述核酸类药物的定义、分类。
2. RNA 与 DNA 分离的方法是什么？
3. RNA 的纯化方法有哪些？
4. 核苷酸、核苷及碱基的制备方法有哪些？
5. 利巴韦林的药理作用与临床应用有哪些？其工艺路线如何？

第五章 CHAPTER 5

糖类药物 ▶▶▶

> **◈ 课程思政与内容简介**：中药文化源远流长，许多重要中药的药用成分为多糖。单糖为多羟基醛或酮，寡糖是由 2~20 个单糖通过 C—O 糖苷键连接而成的缩合物，多糖是由 20 个以上单糖通过 C—O 糖苷键连接而成的大分子化合物。多糖广泛分布于动物、植物和微生物中，具有重要的药用价值。近 20 年来，多糖类结构的多样性和复杂性逐步被阐明，多糖类药物的研究也越来越受重视。本章主要介绍多糖类药物的提取、分离、检验和药理作用，并选取几种代表性药物进行重点阐述。

第一节　糖类药物概述

糖是人类赖以生存的食物来源，是植物的架构材料，也是很多动物外壳的主要成分。随着现代技术的发展，人们意识到，糖是生物体内重要的信息物质，能够在微克级甚至纳克级下起作用，在细胞之间的相互识别、相互作用，水和电解质的输送，在癌症的发生和癌细胞转移，在机体的免疫和免疫机制等生物过程中都起着关键作用。同时由于糖含有多个羟基，形成寡糖时又有多种连接方式，所以它们携带的信息量无比巨大。目前为止，人们对糖的结构和性能的认识已经取得了巨大的成就，但有可能只是冰山一角，还有更多的未知领域有待探索。

多糖广泛存在于自然界中，是生命科学中除肽链、核苷酸链之外的第三种链状生物大分子。由一种单糖组成的多糖称为均多糖，由两种及以上单糖组成的多糖称为杂多糖。多糖在自然界分布极广，高等植物、藻类、菌类及动物体内均有存在，是自然界含量最丰富的生物聚合物。多糖复合物的存在形式多种多样，也决定了其化学结构、性质及生物活性的差异。近年来，人们不断发现糖类物质具有多样的生物功能，例如抗肿瘤、抗病毒、抗衰老、降血糖等，并在生命现象中参与了细胞的多种活动，有些可作为或已经成为治疗疾病的药物。

一、糖类药物的特点

糖类药物是含有多糖结构的药物，由于多糖和糖复合物主要分布于细胞表面，参与了细胞和细胞、细胞和活性分子之间的相互作用。所以大多数糖类药物只作用于细胞表面，而不进入细胞内部。因此这类药物对于整个细胞，进而对整个机体的干扰，要比进入细胞质、细胞核内的药物小得多，对机体的毒副作用相对较小。

二、糖类药物的分类

糖类药物按来源可分为动物多糖、植物多糖和微生物多糖三类。①动物多糖类药物：是研究最多、临床应用最早的药物，重要的药物有肝素、类肝素、透明质酸、硫酸软骨素、壳聚糖等。②植物多糖类药物：包括人参多糖、刺五加多糖、黄芪多糖、枸杞多糖、当归多糖、牛膝多糖、海藻多糖等。③微生物多糖类药物：包括右旋糖酐类、云芝糖肽、灵芝多糖、香菇多糖、猪苓多糖、猴头菌多糖、银耳多糖等。

2020 年版《中国药典》收载糖类药品标准 20 个，见表 5-1。

表 5-1 中国药典（2020 年版）收载的糖类药品一览表

品种	来源	类别	剂型
右旋糖酐 20	发酵	血浆代用品	原料
右旋糖酐 20 葡萄糖注射液	右酐 20、葡萄糖	血浆代用品	注射剂
右旋糖酐 20 氯化钠注射液	右酐 20、氯化钠	血浆代用品	注射剂
右旋糖酐 40	发酵	血浆代用品	粉剂
右旋糖酐 40 葡萄糖注射液	右酐 40、葡萄糖	血浆代用品	注射剂
右旋糖酐 40 氯化钠注射液	右酐 40、氯化钠	血浆代用品	注射剂
右旋糖酐 70	发酵	血浆代用品	粉剂
右旋糖酐 70 葡萄糖注射液	右酐 70、葡萄糖	血浆代用品	注射剂
右旋糖酐 70 氯化钠注射液	右酐 70、氯化钠	血浆代用品	注射剂
右旋糖酐铁	络合物	抗贫血药	原料
右旋糖酐铁片	右酐铁	抗贫血药	片剂
右旋糖酐铁注射液	右酐铁	抗贫血药	注射剂
肝素钙	猪肠黏膜	抗凝血药	原料
肝素钙注射液	肝素钙	抗凝血药	注射剂
肝素钠	猪、牛肠黏膜	抗凝血药	原料
肝素钠注射液	肝素钠	抗凝血药	注射剂
肝素钠乳膏	肝素钠	抗凝血药	软膏
硫酸软骨素钠	猪喉骨、鼻中骨、气管	降血脂及镇痛药	原料
硫酸软骨素钠片	硫酸软骨素钠	降血脂及镇痛药	片剂
硫酸软骨素钠胶囊	硫酸软骨素钠	降血脂及镇痛药	胶囊剂

三、糖类药物的生理作用

近 20 年来，国内外糖类药物不断进入临床，目前在临床使用的糖类药物已有近 30 种，主要集中在抗肿瘤、抗炎、抗风湿、抗消化溃疡、降血脂、抗病毒、抗氧化和提高免疫功能等方面。

1. 增强免疫作用 多糖提高机体免疫功能的途径包括以下几个方面：第一是增强巨噬细胞的吞噬能力，诱导产生白细胞介素 1 和肿瘤坏死因子；第二是促进 T 细胞增殖，诱导其分泌白细胞介素 2；第三是促进淋巴因子激活的杀伤（LAK）细胞活性；第四是提高 B 细胞活性，增加多种抗体的分泌，加强机体的体液免疫功能；第五是通过不同途径激活补体系统，有些多糖是通过替代通路激活补体的，有些则是通过经典途径。

2. 抗肿瘤作用　某些高等植物、微生物、藻类和地衣中都含有抗肿瘤活性的多糖。从结构上分类，包括均多糖、杂多糖、肽聚糖以及多糖衍生物或复合物。其中高等真菌细胞壁含有的 $\beta-D-$ 葡聚糖活性最显著，香菇多糖、裂褶菌多糖、云芝多糖 K 已应用于癌症的免疫治疗。多糖类药物通过影响细胞的生化代谢、细胞周期和膜蛋白肿瘤细胞附着来刺激机体的各种免疫活性细胞的成熟、分化和繁殖，使机体免疫系统恢复平衡，从而消除、吞噬肿瘤细胞或诱导肿瘤细胞凋亡。如前所述，多糖对机体细胞无直接细胞毒作用，这是它区别于其他抗肿瘤药的优点之一。

3. 抗病毒活性　不同来源的多糖具有对抗不同类型病毒的活性，蒜多糖 A、B、C 对乙型肝炎病毒（HBV）基因转染的人肝癌胞系 2215 细胞分泌 HBsAg 有抑制作用。银耳胞外多糖用于治疗慢性活动性肝炎和慢性迁延性肝炎，能使 HBsAg 转阴。海藻多糖能诱导干扰素产生，具有抗流感病毒的作用，蜈蚣藻粗多糖有较显著的抗单纯疱疹病毒Ⅱ型（HSV-2）活性，明显抑制 HSV-2 对 Vero 细胞的致病变作用。香菇多糖对水疱性口炎病毒感染引起的小鼠脑炎有治疗作用，对阿拉伯耳氏病毒和 12 型腺病毒有较强的抑制作用。紫球藻胞多糖具有良好的抗柯萨奇 B3 病毒活性。此外，从海藻中分离得到的各种硫酸糖酯、卡拉胶、岩藻聚糖等多糖类化合具有抗 HIV、HSV 等病毒的活性。

4. 其他作用　多糖，如壳聚糖、硫酸软骨素、肝素及其他类似物分子具有硫酸基或羧基，临床上广泛用于抗血栓和抗肿瘤。又如，硫酸软骨素、小分子肝素、壳聚糖及其衍生物能削弱肠胃中的胆汁酸和胆固醇的吸收、消化，降低血液中甘油三酯和低密度脂蛋白含量，升高高密度脂蛋白与甘油三酯的比值。

四、糖类药物的发展

多糖与相关药物的研究分为两个方向：一是作为信息分子进入机体发挥补充调节或抑制的作用，这种特异性治疗随着糖功能基团的发现将不断涌现；二是以基质成分进行非特异性治疗，调节各种生理功能，或纠正病理过程。目前国内外大量的糖类药物为后者。目前糖类药物的进展可分为两方面：一是利用多糖在消化道的稳定悬浮、成膜、纳水、凝聚、润滑和延效等作用所发展的新型多糖复合药物，用于消化道多种疾病的防治，国内市场上的口服糖类药物大多属于此类。二是以多糖分子结构为基础而阐明的生物学现象，合成与模拟体内多糖分子或相应配体，或比自然多糖分子更有效的衍生物或类似物做体内治疗。国外基于先进的基础研究，大力发展此类药物，在消炎、抗肿瘤与抗病毒感染等方面有较瞩目的进展。

> ⊙**思政：安全教育（糖类药物的概念和特点）。**糖类药物狭义的概念是含糖结构的药物，而广义的概念可以扩展为以糖类为基础的药物。因为不仅糖类本身可以作为药物，其他结构的化合物可以通过与糖类或糖类相关的结合蛋白、酶等相互作用，从而影响某些生理和病理过程，所以广义上可以把这些以糖作为靶点的药物也称为糖类药物。糖类化合物具有高亲水性，溶解并存在于细胞外围的水相中，同时也可与生物大分子以共价键连接形成糖缀合物，这也就决定了糖类药物一般只作用于细胞表面，而不进入细胞内部，不仅可以作为药物，还可以作为保健品或食品使用。

第二节　糖类药物的提取和分离

制备糖类药物有提取法、微生物发酵法和酶促合成法，动植物来源多糖主要采用提取法，微生物来源多糖多采用发酵法。近年来，由于人们对多糖的药理作用的高度重视，使得糖类药物的提取与分离技术也得到了很大发展。

一、多糖的提取方法

1. 水提取法　水提取法是目前常用的一种提取多糖的方法：先以水进行溶解提取，可根据需要适当升高温度和延长提取时间以增加提取效率。再在所得的提取液中加入乙醇、甲醇或丙酮，利用多糖在乙醇溶液中不溶解的性质，使多糖成分沉淀，实现初步分离纯化。该方法的工艺简单、成本低，且安全，适合工业化生产。

2. 碱提取法　研究证实，有一部分多糖成分，尤其是含有糖醛酸基团的多糖，在碱溶液中具有较高的提取率。同时碱溶液提取时加入适量的氮气或硼氢化钠、硼氢化钾，可避免多糖发生降解。采取碱液提取多糖在提高提取率的同时也可有效缩短提取时间，但提取液中会含有较多的杂质，造成黏度相对较大，过滤时存在一定的困难。

3. 酸提取法　酸性条件下糖苷键可能发生断裂，所以糖类药物的提取一般避免在酸性条件下进行。但有研究报道，一些多糖物质适合在稀酸的条件下提取，例如采取乙酸或盐酸溶液提取含有葡萄糖醛酸等酸性基团的多糖，能够促进多糖沉淀的析出，提高提取率。研究表明是稀酸中氢离子对酸性杂质的溶出进行了有效抑制，使稀酸溶液黏度降低，从而提高提取效率。

4. 酶提取法　自然界中的多糖除以游离状态存在外，多以与蛋白质结合的形式存在，可用专一性比较低的蛋白酶，进行大范围分解、消化蛋白质，从而分离提取组织中的多糖。该法常用的酶有木瓜蛋白酶、链霉蛋白酶、胰蛋白酶、糜蛋白酶。优点是只降解蛋白部分，不会分解和破坏多糖，可取代碱提取法。

二、多糖杂质的去除

1. 蛋白质的去除　研究证实，在采取醇沉淀或其他溶剂进行多糖提取时会含有较多杂质，其中以蛋白质最为常见，因此需要采取有效的措施展开杂质去除操作，现阶段常用于去除蛋白质的方法有 Sevege 法和酶法。

2. 色素的去除　在提取过程中由于氧化作用会有色素生成，进而对多糖的色谱分析及性质鉴定产生一定程度的影响。目前常用的脱色方法有吸附法、氧化法、离子交换法等。吸附法常用纤维素、硅藻土、活性炭等，氧化法则以过氧化氢最为常用。

三、多糖的分离与纯化方法

1. 超滤法　超滤法对多糖成分进行分离纯化时，一般采取中空纤维滤膜对多糖中去除蛋白质后的小分子杂质进行过滤。

2. 沉淀法　目前常用的沉淀法以季铵盐沉淀法和分解沉淀法最为常用。季铵盐以及氢氧化物均属于乳化剂，可与酸性糖产生不溶性的沉淀，在酸性多糖的分离中比较常用。

3. 层析法 现阶段常用的层析法包括凝胶柱层析法、离子交换柱层析法。凝胶柱层析法用的凝胶为葡聚糖凝胶、琼脂糖凝胶，洗脱剂多为不同浓度的盐酸溶液及缓冲液。研究证实，该技术不适合对黏多糖进行分离。离子交换柱层析法中常用的交换介质为DEAE-葡萄糖凝胶、DEAE-纤维素、DEAE-琼脂糖凝胶等。该分离方法适合对各种酸性、中性多糖及黏多糖进行分离。常用的洗脱剂为不同浓度的碱溶液、硼砂溶液以及盐溶液等。

第三节　糖类药物的结构测定和质量分析

多糖具有多种多样的生物学功能，多糖的化学结构是其生物活性的基础，其生物活性又是应用的前提。因此，多糖的一级结构、高级结构与其生物活性关系的研究是当前糖化学和糖生物学共同关注的焦点问题，多糖的构效研究是寻找具有生物活性多糖和糖类药物的基础。

一、糖类药物的结构分析

多糖参与细胞的各种生命活动，具有多种生物学功能，然而并不是所有的多糖都具有生物活性，多糖的活性直接或间接地受到结构的制约。多糖的结构分初级结构和高级结构，一级结构为初级结构，二、三、四级结构为高级结构。一般将多于 20 个糖基的糖链称为多糖。多糖的结构研究是多糖化学研究的关键。由于组成的单糖种类与数目不相同，多糖的结构非常复杂。要完全阐明一个多糖的结构，一般需要提供以下几方面的信息：相对分子质量及组成单糖的种类与物质的量比；各糖环的构象（呋喃型或吡喃型）与异头碳的构型；各糖残基间的连接方式、糖残基的连接顺序；二级结构及空间构象等。一级结构是指糖基的组成，糖基的排列顺序，相邻糖基的连接方式，异头碳构型，一级糖链有无分支、分支的位置和长短等。与蛋白质和核酸相比，多糖的一级结构非常复杂。多糖的高级结构中，二级结构是指多糖主链间以氢键为主要次级键而形成的有规则的构象；多糖的三级结构是指以二级结构为基础，由于糖单位羟基、羧基、氨基以及巯基之间的非共价相互作用，导致二级结构在有序的空间里产生的有规则的构象；多糖的四级结构是指多聚链间非共价键结合形成的聚集体。

（一）一级结构的测定

多糖一级结构的研究方法有很多，目前已建立的一级结构测定方法有化学分析方法、仪器分析方法和生物学分析方法等。

1. 化学分析方法 常用的有高碘酸氧化法、Smith 降解法、甲基化反应等。

（1）高碘酸氧化法 高碘酸能作用于多糖分子中 1,2-二羟基和 1,2,3-三羟基官能团。如两分子葡萄糖以 1,2 糖苷键、1,4 糖苷键或 1,6 糖苷键缩合时，均能被高碘酸氧化，而 1,3 糖苷键缩合则不能被高碘酸氧化。不同位置的缩合，被氧化后生成的甲酸（或甲醛）的生成量也不同，测定生成甲酸（或甲醛）的量即可以测定出多糖中各单糖的连接位置，同时推算出支链数。

（2）Smith 降解法 将高碘酸氧化产物还原，在无机酸存在条件下控制水解，水解液经中和后，用纸层析法进行分离鉴定，以确定糖苷键的连接位置。

（3）甲基化反应　多糖经甲基化试剂作用使分子中的羟基甲基化，然后用甲酸和三氟乙酸水解，以气相色谱法鉴定甲基化水解产物及其之间的比例，即可推断出组成多糖分子中各单糖间的结合位置和糖链重复单元中各种单糖的数目。如多糖分子中带有支链，甲基化水解后可生成二甲基单糖，根据生成二甲基单糖的分子数即可推断有几个支链。

2. 仪器分析方法　该方法主要有紫外光谱（UV）法、红外光谱法（IR）法、核磁共振（NMR）法、高效液相色谱（HPLC）法、气相色谱（GC）法、质谱法（MS）法和电泳技术。

（1）UV法　主要用于检测 260 nm 和 280 nm 左右有无吸收峰来判断多糖中是否有蛋白质、多肽类及核酸。

（2）IR法　可帮助识别吡喃糖和呋喃糖，帮助确定糖苷键类型、糖的构型以及多糖链上羟基的取代情况等信息。$2\,800\sim3\,200\ cm^{-1}$ 和 $1\,200\sim1\,400\ cm^{-1}$ 这两组峰是初步判断该化合物是不是糖类化合物的关键峰，多糖的特征吸收峰 $730\ cm^{-1}$ 和 $960\ cm^{-1}$ 是鉴定多糖的关键峰。β 型糖苷键的红外吸收光谱在 $890\ cm^{-1}$ 处有特征性吸收，α 型糖苷键则在 $840\ cm^{-1}$ 处有特征性吸收。根据其红外吸收光谱，可以确定糖苷键连接方式是 α 型还是 β 型。同时根据红外吸收光谱的其他波数的吸收峰，可知是否有分子间氢键、C—H 键伸缩振动、羰基 C＝O 键伸缩振动、醚键 C—O—C 伸缩振动等情况。

（3）NMR法　主要解决多糖结构中糖苷的构型以及重复结构中单糖的数目，如在 ^{1}H-NMR 谱中的化学位移 5.4 ppm 和 5.1 ppm 处有两个信号，说明分子结构中的糖苷键为 α 型，而在化学位移 4.53 ppm 处有信号则说明糖苷键为 β 型。

（4）HPLC法和GC法　主要应用于单糖和甲基化单糖的分离和鉴定。

（5）MS法　主要用来研究糖链序列连接和结构鉴定信息，如快原子轰击质谱（FAB-MS）、电喷雾质谱（ESI-MS）、基质辅助激光解吸离子化质谱（MALDI-MS）等。

（6）电泳技术　毛细管电泳（CE）技术，把多糖衍生化后即可研究多糖的相对分子质量、组成、纯度鉴定和结构归属；荧光基团标记的糖的聚丙烯酰胺凝胶电泳（PAGEFS）技术可以对多个多糖样品平行地进行分离和定性分析；十二烷基硫酸钠-聚丙烯酰胺凝胶电泳-聚偏氟乙烯（SDS-PAGE-PVDF）薄膜电迁移技术是最新发展起来的专门用于糖蛋白分离的技术，该技术将电泳凝胶上的糖蛋白定量地转移到聚偏氟乙烯（PVDF）薄膜上直接进行酸水解，分析其氨基酸和糖基组成，或进行溴化氢降解，各种蛋白酶、糖肽酶和糖苷酶的水解，以及将 PVDF 膜直接置于蛋白质 GC 序列仪或 MS 仪上进行序列分析，从而获得皮摩尔级糖蛋白的肽链和糖链顺序以及糖肽连接方式。多糖结构的复杂性，决定了任何一种单一的方法都不可能确定多糖的结构，需要多种方法联合使用。

3. 生物学分析方法

（1）酶解法　利用各种特异性糖苷酶水解多糖分子得到寡糖片段，再与其他结构分析方法结合推测多糖的结构。

（2）免疫方法　分析糖链结构主要是利用相近抑制常数的多糖结构相似的原理，当某种未知结构的糖链对抗原和抗体的结合产生了抑制，通过测定其抑制常数，再与已知结构的糖链相比较，即可推测出未知结构的糖链顺序。

（二）高级结构的测定

多糖高级结构的测定方法主要有 X 射线衍射（XRD）法、原子力显微镜（AFM）法、电子显微镜（EM）法、扫描隧道显微镜（STM）法、核磁共振（NMR）法和圆二色谱（CD）法。

二、糖类药物的理化性质分析

1. 糖类药物的理化性质　主要包括性状、比旋光度、特性黏数以及纯度检查和含量测定等。由于多糖是高分子化合物，其纯度不能用小分子化合物的判别标准，即使是一种多糖纯品，其微观也并不均一，而是一定分子质量范围的均一组分，纯度只代表相似链长的平均分布。溶解度、比旋光度、黏度或特性黏数等物理常数的测定，可按照《中国药典》（2020年版）二部附录收载的方法进行测定。

2. 糖类药物的纯度检查　主要包括有关杂质、无机物、重金属、铁盐、大分子或小分子物质、砷盐等含量检查。糖类药物的有关杂质主要为来自提取所用的原始原料如动植物、微生物（细菌、真菌等）及海藻在分离提取过程中可能引入的杂质，例如部分水解的低聚糖以及混入的核酸、蛋白质等。常用的纯度检查方法有比旋光度法、超离心法、高压电泳法和高效凝胶渗透层析（HPGPC）法等。前三种方法误差较大，而 HPGPC 是近年来用于测定多糖纯度的新方法，具有快速、高分辨率和重现性好的优点，是目前最常用的方法，在国内外已得到广泛应用。如聚丙烯酰胺凝胶电泳法、琼脂糖电泳法及凝胶色谱法可以检查部分可能水解的低聚糖，一般多糖在 200 nm 或小于 200 nm 波长处有最大吸收峰，用紫外-可见分光光度法于 200～400 nm 处进行扫描，在 260 nm 和 280 nm 波长处应无最大吸收峰，如有吸收峰则表示可能混入核酸或蛋白质。常规杂质检查可按照《中国药典》（2020年版）二部的要求和方法对无机物、重金属、铁盐、大分子或小分子物质、砷盐等进行限度控制。

3. 糖类药物的含量测定方法　主要有比色法、紫外-可见分光光度法、分子排阻色谱法、离子色谱法、气相色谱法、生物测定法等。多糖的含量测定是糖类药物质量控制中考察产品内在质量的最有效的项目，也是该药品稳定性考察最重要的依据，但是目前研究中的一个难点。经典化学分析法中的蒽酮硫酸法、苯酚硫酸法、碘量法、二硝基水杨酸法、氨基己糖测定法和己糖醛酸测定法等，以及各种色谱法都是通过水解单糖的含量来反映多糖的含量，实际测定的是总糖的含量。

第四节　糖类药物的制备

一、黄芪多糖

黄芪为中药益气药，已证实其中所含黄芪多糖、胆碱和多种维生素，可明显提高人体白细胞诱生干扰素的功能，调节机体免疫，促成抗体形成。通过调节、诱导干扰素形成而破坏体内病毒增殖以达到治疗效果。黄芪多糖是黄芪的主要天然有效成分之一。

（一）结构与性质

黄芪多糖主要由相对分子质量约为 60 000 的多糖组成，是一种溶于水的中性杂多糖，主要成分是中性糖类，其次是糖醛酸和蛋白质。黄芪多糖主要由葡萄糖、果糖、半乳糖和阿拉伯糖等组成。

（二）生产工艺与产品检验

1. 生产工艺路线

黄芪饮片 —过滤10倍水 沸腾2～3 h→ 提取液 —真空浓缩 pH 6→ 浓缩液 —沉淀（乙醇）→ 沉淀物 —梯度脱水（乙醇）→ 粗品

—离心（乙醇、水）→ 清液 —沉淀（乙醇）→ 沉淀物 —溶解（水）→ 溶液 —超滤→ 柱层析 —真空浓缩→ 浓缩液

—沉淀（无水乙醇）→ 沉淀物 —干燥→ 黄芪多糖精制品

2. 工艺过程说明

黄芪多糖的提取主要有水提取法、碱提取法、超声波提取等方法，其中水提取法的工艺因为简单易操作，使用更广泛和普遍。黄芪多糖的水提取法基本流程为：一定量的黄芪饮片，放入若干比例量的水中，加热至沸腾，保持微沸状态 2～3 h，滤去药渣，将提取液进行浓缩至所要求的糖度，再使用某一特定浓度的乙醇将其中的有效成分沉淀。沉淀物使用乙醇进行梯度脱水，然后用某一低浓度乙醇进行溶解，然后高速离心分离，离心后的上清液再使用特定浓度的乙醇进行沉淀。沉淀物用水按一定比例溶解稀释后，通过超滤、柱层析、真空浓缩等浓缩至某一糖度范围，得到的浓缩液需要再次按比例使用特定浓度的乙醇沉淀，离心后得到浅黄色或白色沉淀物，去除上清液，将沉淀真空干燥后即得黄芪多糖精制品。碱提取法生产工艺是将水提取法中用水提取改为用碱水提取，碱水可用氧化钙、碳酸钠等配制，提取时 pH 保持在 8～11，同时为了提高收率，浓缩时将 pH 用酸调节到 6 左右。

3. 产品检验

（1）质量标准 本品水分不得超过 6.0%。本品制成 2% 水溶液，pH 应为 4.5～6.5。以生理盐水注射液配制成 0.05% 的溶液，依法检查不溶物，应符合规定。取本品 2% 水溶液 1 mL，加新鲜配制的 30% 磺基水杨酸溶液 1 mL，混匀，放置 5 min，不得出现混浊或沉淀。

取本品 1 g，依法检查，炽灼残渣不得超过 2.0%。取本品 1 g，置已炽灼至恒量的坩埚中，精密称定，依法检查，重金属不得超过 10 mg/kg。取本品 0.4 g，加盐酸 5 mL 与水 21 mL 使溶解，依法检查，含砷盐不得超过 0.000 2%。

（2）热原检测 取本品配制成 0.3% 生理盐水灭菌溶液，依法检查［《中国药典》（2020 年版）一部附录 1142］，剂量按家兔体重每千克注射 10 mL，应符合规定。

（3）无菌检测 取本品不少于 2 支，分别配制成 0.1% 的生理盐水灭菌溶液，依法检查，应符合规定。

（4）指纹图谱的测定 按照高效液相色谱法测定。色谱条件与系统适用性实验用多糖测定专用凝胶色谱柱，即 GS-620（7.6 mm×500 mm）和 GS-320H（7.6 mm×300 mm）串联，预柱为 GS-2G7B。柱温为室温，流速为 1.0 mL/min，以 0.7% 硫酸钠水溶液为流动相，示差折光检测器检测。

（三）药理作用与临床应用

黄芪多糖在近几年来被发现具有多种功能，如增强免疫力，提高机体耐缺氧及应激能力，促进机体代谢，改善心脏功能，降压，保肝，调节血糖，抗菌及抑制病毒，增加障碍性贫血患者的血红蛋白、血清蛋白与白蛋白指数等。

黄芪中含有的一些多糖类物质可以激活免疫细胞、加强网状内皮系统的吞噬作用。而且黄芪多糖可以有效促进机体生成抗体，能够提高细胞数与溶血测定值。黄芪中可提取出黄芪

多糖，黄芪多糖可作为干扰素的诱生剂，可起到抗病毒与提高免疫力的功能，当前可用来防治猪圆环病毒病、猪流感、蓝耳病等病毒性疾病，效果显著。

> ➥思政：文化自信（黄芪——补气之王的故事）。黄芪是具有两千多年历史的草药。黄芪一般指豆科植物膜荚黄芪或内蒙黄芪的根。黄芪的特点主要表现为性微温、味甘等。其功效则主要表现为补气升阳、益卫固表、利水消肿以及脱疮生肌等。糖类、多种氨基酸、蛋白质、胆碱、甜菜碱、叶酸、维生素P以及淀粉酶等是黄芪的主要成分，其中的多糖类（黄芪多糖）和黄芪皂苷类物质与其功效息息相关。

二、海藻酸

海藻酸是一种黏性有机酸，又名褐藻酸、藻朊酸，结构式如图5-1所示。工业上从巨藻、克劳氏海带、掌状海带、糖海带、楔基海带（*L. ochotensis*）、狭叶海带、泡叶藻（*Ascophyllum nodosum*）、沟鹿角藻、墨角藻（*Fucus vesiculosus*）、齿缘黑角藻、海裹藻和翅藻等藻类中提取而得。海藻酸还可转化为钠、钾、铵、钙盐或其他有机衍生物，总称为海藻胶，可用于医药、食品、纺织、橡胶等工业。

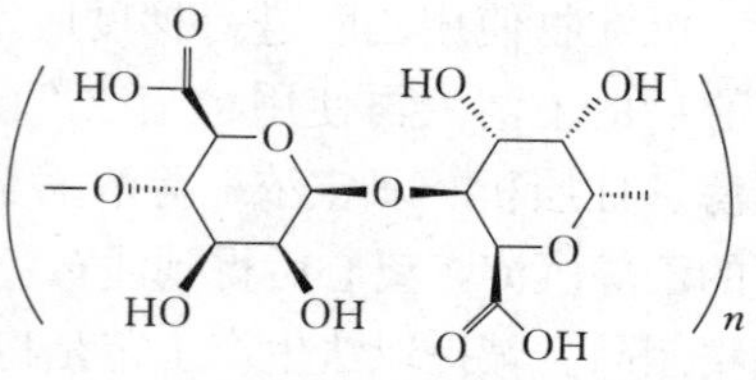

图5-1 海藻酸的结构式

（一）结构与性质

海藻酸是一种直链的嵌段聚糖醛酸，由均聚的α-L-吡喃古罗糖醛酸嵌段、均聚的β-D-吡喃甘露糖醛酸嵌段以及这两种糖醛酸的交聚嵌段，以1,4糖苷键连接而成。海藻酸以钙、镁、钠、钾、锶盐等形式存在于许多海洋褐藻的细胞壁中。海藻酸钠纯品为白色或淡黄色粉末，几乎无臭、无味，在冷水中不溶解，微溶于热水；酸性较强，具有耐酸性，但易被热碱分解；在浓盐酸作用下发生脱羧；对金属离子有一定的选择吸附作用，特别是Fe^{2+}；其碱金属盐和铵盐溶于水中生成黏稠液，但不易生成凝胶；平均相对分子质量约为240 000；熔点大于300 ℃。

（二）生产工艺与产品检验

海藻酸钠生产工艺主要包括预处理、消化及纯化三大步骤。工艺研究的重点是如何在前处理、消化和纯化步骤中提高海藻酸盐的产率、减少其降解和改善其外观。

原料海藻 ——预处理(2%甲醛水溶液或乙醇)→ 固色海藻 ——消化(碳酸钠水溶液)→ 海藻酸钠 ——纯化酸凝或钙凝→ 海藻酸或海藻酸钙 ——醇沉、烘干、粉碎→ 海藻酸钠成品

1. 预处理 由于褐藻中含多种色素及蛋白质，提取的海藻酸钠常带有颜色，一般认为在提取海藻酸钠前对原料进行脱色处理可以提高产品品质。主要是通过在有机体系或水体系中长时间浸渍原料来脱除色素。目前，实验室和工业提取中大多采用2%的甲醛水溶液来使海带中色素富集至表面而脱除色素。不过脱色处理过程中所使用甲醛的处理与排放会对环境造成危害，也可以采用乙醇浸泡处理来代替甲醛水溶液，只是会增加成本。

2. 消化　对原料进行预处理后，需要进行消化将海藻酸从海藻的细胞壁提取出来，即将海藻酸盐转化为可溶性的海藻酸钠，工业上采用碳酸钠溶液进行消化。

3. 酸凝-酸化法　消化后加去离子水稀释，过滤去除溶液中的颗粒，随后，缓慢加入稀酸将可溶性的海藻酸钠转化为絮状的海藻酸凝块，调节 pH 至 $1\sim2$，静置过夜，将沉淀分离得到的海藻酸洗涤后，加入一定量的 Na_2CO_3 中和，静置 $4\sim6$ h，使其完全转化生成海藻酸钠，经过醇沉、烘干、粉碎得到海藻酸钠成品。酸凝-酸化法成本低廉而在早期得到广泛应用，但是酸凝沉降速度相当缓慢，而且胶状沉淀粒径非常小，难过滤；同时需要依次加入大量酸和碱，因此在提取过程中容易使海藻酸的分子链降解，导致产品的收率和纯度降低。

4. 钙凝-酸化法　钙凝-酸化法是目前我国工业上常用的提取工艺，其原理与酸凝-酸化法基本相似，只是后面的凝固工序消化液是在弱酸下加入一定浓度的可溶性钙盐溶液形成海藻酸钙沉淀，然后水洗去除沉淀物中残留的无机盐，加入酸酸化，将其转化为海藻酸凝块，用碱液通过液相法或者固相法转化成海藻酸钠，最后经过滤、干燥、粉碎获得海藻酸钠成品。钙凝-酸化法工艺中海藻酸钙沉降的速度较快，沉淀颗粒的粒径也比较大，易于过滤分离。研究发现，海藻酸钠与钙离子形成的凝胶，具有耐冻结性和干燥后可吸水膨胀复原等特性。海藻酸钠的黏度影响所形成凝胶的脆性，黏度越高，凝胶越脆。增加钙离子和海藻酸钠的浓度而得到的凝胶，强度增大。凝胶形成过程中可通过调节 pH，选择适宜的钙盐和加入磷酸盐缓冲剂或螯合剂来控制。也可以通过逐渐释出多价阳离子或氢离子，或两者同时来控制。通过调节海藻酸钠与酸的比例，来调节凝胶的刚性。通过控制钙盐的溶解度，可调节凝胶的品种和刚性，使用易溶性的氯化钙，迅速制成凝胶；而使用磷酸二氢钙时，温度升到 $93\sim107$ ℃方能释放出钙，可延迟凝化时间。钙离子加入量达 2.3% 时，得到稠厚的凝胶；加入量低于 1% 时，为流动状体。采用酸凝和钙凝均需加入大量酸，造成生成的海藻酸结构不稳定，极易降解，导致最终海藻酸钠的提取率低。

5. 钙凝-离子交换法　该法利用离子交换原理，直接将海藻酸钙凝胶放置于高浓度氯化钠溶液之中，由于盐析的作用使得生成的海藻酸钠呈凝胶状析出，钙析速度快、沉淀颗粒大。利用离子交换生成的海藻酸钠，经过滤、干燥、粉碎后即可得到成品的海藻酸钠。在脱钙过程中采用离子交换缩短了提取时间，产品收率明显提高。此外还避免了大量酸、碱的加入，避免了海藻酸钠的降解。由于离子交换脱钙是可逆反应，为了提高海藻酸钠的产量，需适当提高氯化钠溶液的浓度。

6. 产品检验　本品为白色至浅棕黄色粉末，几乎无臭，无味；在水中溶胀成胶体溶液，在乙醇中不溶。

（1）鉴别反应

① 取本品 0.2 g，加水 20 mL，振摇至分散均匀。取溶液 5 mL，加 5% 氯化钙溶液 1 mL，即生成大量胶状沉淀。

② 取①中供试溶液 5 mL，加稀硫酸 1 mL，即生成大量胶状沉淀。

③ 取本品约 10 mg，加水 5 mL，加新制的 1% 1,3-二羟基萘的乙醇溶液 1 mL 与盐酸 5 mL，摇匀，煮沸 3 min，冷却，加水 5 mL 与异丙醚 15 mL，振摇。同时做空白试验。上层溶液应显深紫色。

④ 取炽灼残渣，加水 5 mL 溶解，显钠盐的鉴别反应。

（2）杂质

① 氯化物。取本品 2.5 g，精密称定，置 100 mL 量瓶中，加稀硝酸 50 mL，振摇 1 h，加稀硝酸稀释至刻度，摇匀，过滤；精密量取滤液 50 mL，精密加入硝酸银滴定液（0.1 mol/L）10 mL，加甲苯 5 mL 与硫酸铁铵指示液 2 mL，用硫氰酸铵滴定液（0.1 mol/L）滴定，滴至近终点时，用力振摇。每毫升硝酸银滴定液（0.1 mol/L）相当于 3.545 mg 的 Cl^-。含氯化物不得超过 1.0%。

② 干燥失重。取本品 0.5 g，105 ℃干燥 4 h，减失质量不超过 15.0%。

③ 炽灼残渣。取本品 0.5 g，依法检查，按干燥品计算，遗留残渣应为 30.0%～36.0%。

④ 重金属。取炽灼残渣项下遗留的残渣，依法检查，含重金属不得超过 40 mg/kg。

⑤ 砷盐。取本品 1.0 g，加氢氧化钙 1.0 g，混合，加水湿润，烘干，先用小火加热使其反应完全，逐渐加大火力烧灼使炭化，再在 500～600 ℃下炽灼使完全灰化，放冷，加盐酸 8 mL 与水 23 mL 使溶解，依法检查，应符合规定（小于 0.0002%）。

⑥ 微生物限度。取本品，依法检查，每克供试品中细菌数不得超过 1 000 个、霉菌及酵母菌数不得超过 100 个，不得检出大肠杆菌。每 10 g 供试品中不得检出沙门氏菌。

（三）药理作用与临床应用

海藻酸钠被广泛应用于药物制剂、组织工程、临床治疗、细胞培养、食品加工等领域。在药物制剂领域，海藻酸钠常用作增稠剂、助悬剂和崩解剂，也可用作微囊化材料和细胞的抗寒保护剂，还具有降血糖、抗氧化、增强免疫活性等作用。可用低聚海藻酸钠纯品配制成"代血浆"，临床试验证明，本产品可以治疗失血性休克、烧伤、烫伤、中毒性休克、肠道出血及其他脱水等症，是维持血容量的良好扩容剂。还可用海藻酸钠制取海藻酸钙和海藻酸钠止血海绵，可制成有良好止血效果的止血纱布、绑带和治疗烧烫伤用的涂料等。

> ➲ **海藻酸钠在药物制剂上的应用。**海藻酸钠在 1938 年被收入《美国药典》，海藻酸在 1963 年收入《英国药典》。海藻酸不溶于水，但放入水中会膨胀。传统上，海藻酸钠用作片剂的黏合剂，而海藻酸用作速释片的崩解剂。海藻酸钠对片剂性质的影响取决于处方中放入的量，并且在有些情况下，海藻酸钠可促进片剂的崩解。海藻酸钠需在制粒的过程中加入，而不是在制粒后以粉末的形式加入，这样制作过程更简单。与使用淀粉相比，所制的成片机械强度更大。

三、肝素钠

肝素钠为抗凝血药，是一种黏多糖类物质，系从猪、牛、羊的肠黏膜中提取的硫酸氨基葡萄糖的钠盐，在人体内由肥大细胞分泌而自然存在于血液中。

（一）结构与性质

肝素钠为白色或类白色粉末，无味，有吸湿性；易溶于水，不溶于乙醇、丙酮等有机溶剂；在水溶液中有强负电荷，能与一些阳离子结合成分子络合物；水溶液在 pH 为 7 时较稳定。肝素钠是分子质量大小各异的一簇酸性黏多糖混合物的统称，由葡萄糖胺、L-艾杜糖醛苷、N-乙酰葡萄糖胺和 D-葡萄糖醛酸交替组成的黏多糖硫酸酯，具有由六糖或八糖重复单位构成的线形链状分子，相对分子质量在 3 000～30 000，平均相对分子质量为 15 000 左右。

（二）生产工艺与产品检验

1. 生产工艺路线（盐解-离子交换工艺）

猪肠黏膜 $\xrightarrow[\text{pH 9，55～60 ℃；95 ℃，10 min}]{\text{提取(3%NaCl、NaOH)}}$ 滤液 $\xrightarrow{\text{吸附(714型树脂)}}$ 吸附物 $\xrightarrow{\text{洗涤(5%NaCl)}}$

$\xrightarrow{\text{洗脱(20%～22%NaCl)}}$ 洗脱液 $\xrightarrow{\text{除杂(稀碱，pH 11～12)}}$ 除杂液 $\xrightarrow[\text{95%乙醇}]{\text{醇沉(HCl)pH 7～7.5}}$ 肝素钠浆

$\xrightarrow{\text{脱水}}$ $\xrightarrow[\text{50～55 ℃}]{\text{干燥}}$ 精品

2. 工艺过程说明

（1）提取　将刮好的新鲜猪肠黏膜每 50 kg 加入清水 50 kg，按猪肠黏膜和水的总质量加入 3%的工业盐，搅拌均匀，再加烧碱液调 pH 为 9，缓慢升温至 50～55 ℃，加温时每 10～20 min 加水搅拌一次，恒温 2 h，注意要间隔搅拌。恒温结束后，要快速升温到 95 ℃，恒温 10 min，趁热捞出上层的渣子，用 100 目尼龙布过滤，收集滤液。

（2）吸附　待提取液温度冷至 50 ℃以下，检测盐浓度为 3.5%～5%时，即可加入已处理好的 714 型树脂。如树脂上含有盐水，需用清水将树脂洗净控干，方可使用。搅拌吸附 8 h，转速以 60～80 r/min 为宜，搅拌使树脂上下翻动，否则吸附效果差，收率低。吸附完毕，弃去上层吸附液，然后用 100 目尼龙布过滤出树脂。加入提取液的树脂量：新树脂可按提取液的 5%～6%加入，旧树脂可按提取液的 8%～10%加入。

（3）洗涤　过滤后的树脂用水漂洗干净，再放入与树脂质量相等的盐溶液中（盐溶液的浓度为 5%左右）洗涤 10～20 min，除去低分子肝素钠和一些蛋白质，然后将树脂过滤。

（4）洗脱　第一次洗脱将过滤好的树脂放入浓度为 20%～22%的盐溶液中搅拌洗脱 5～6 h，树脂和盐水的比例为 1∶0.7。过滤后将树脂控干进行第二次洗脱，调盐溶液浓度为 16%～18%，搅拌 3 h 以上。树脂和盐水的比例与第一次相同，过滤后的水即是洗脱液。

（5）除杂　将稀碱加入洗脱液里，要快搅慢加，调 pH 为 10～12，搅拌 2 min，静置沉淀 20 h 后，抽出上层药液，下沉的是杂质，且渣子放另外桶内过滤。过滤后的药液和下次药液除杂时合并待用。

（6）沉淀　将抽出除杂后的药液加入盐酸调 pH 为 7～7.5，即可加入 95%乙醇进行沉淀。向药液里加入乙醇，要快搅慢加，密封，沉淀 20 h。弃去废酒精，收集糊状肝素钠。

（7）脱水　将生产的肝素钠浆用双层纱布过滤后放入 95%的乙醇内浸泡 20 h，加盖密封。过滤后按上述方法重复一次，使其充分将肝素钠上的水分交换下来。

（8）干燥　待肝素钠浆沥干后，放在不锈钢盘中烘干，用铲子来回翻动，温度保持在 50～55 ℃。温度低不易烘干，温度高于 60 ℃时会使肝素钠的生物活性下降。干燥后的肝素钠很易吸潮，应及时用双层塑料袋密封包装，于通风干燥处存放。

3. 工艺讨论与分析

① 盐解提取时，加盐过多会使下一步交换吸附含量超过规定，同时还能使一些蛋白质溶解度增大，造成过滤困难。加盐过少，肝素钠和蛋白质分离不完全；碱性过强，会使肝素钠降解破坏，收率下降。碱性不足可造成提取液偏酸，则在高温的情况下，肝素钠迅速被破坏；升温过急会使蛋白质早凝固，影响肝素钠的分解和溶出。

② 醇沉后在虹吸出废乙醇时，不可抽动沉淀的肝素钠。将多次生产的肝素钠浆收集在

一起，以备集中脱水干燥。

4. 产品检验 本品为白色或类白色的粉末；有吸湿性，在水中易溶。按干燥品计算，每毫克的效价不得少于 150 IU。

（1）鉴别

① 取本品，精密称定，加水溶解并稀释制成每毫升含约 40 mg 的溶液，依法测定，比旋光度应不小于 +35°。

② 取本品与肝素钠对照标准品，分别加水制成每毫升含 2.5 mg 的溶液，照电泳法试验，供试品和对照标准品所显斑点的迁移距离之比应为 0.9～1.1。

③ 本品的水溶液显钠盐的鉴别反应。

（2）酸碱度 取本品 0.10 g，加水 10 mL 溶解，依法测定，pH 应为 5.0～5.5。

（3）溶液的澄清度与颜色 取本品 0.50 g，加水 10 mL 溶解后，溶液应澄清无色。

（4）吸光度 取本品，加水制成每毫升含约 4 mg 的溶液，照分光光度法测定。在 260 nm 的波长处，其吸光度不得大于 0.20；在 280 nm 的波长处，其吸光度不得大于 0.15。

（5）黏度 精密称取本品 40 万 IU，加水适量研细，移入干燥并称定质量的 10 mL 量瓶中，研钵用水冲洗并移入容量瓶中，将容量瓶置 25 ℃ 水浴内，温度平衡后，加 25 ℃ 水至刻度，摇匀，称定质量，计算供试品溶液的密度。取溶液，必要时用 0.45 μm 的滤膜过滤，照黏度测定法，用内径约 1 mm 的毛细管，在 25 ℃±0.1 ℃ 测定其动力黏度，不大于 0.030 Pa·s。

（6）总氮、硫量等 按干燥品计算，含总氮量应为 1.3%～2.5%，含硫量不得少于 10.0%。

（7）干燥失重 本品置 P_2O_5 干燥器内，60 ℃ 减压干燥至恒量，减失质量不超过 5.0%。

（8）炽灼残渣 取本品 0.50 g，依法检查，遗留残渣应为 28.0%～41.0%。

（9）钾盐、重金属 照原子吸收分光光度法，钾盐含量应符合规定，重金属不超过 30 mg/kg。

（10）热原 取本品，加氯化钠注射液制成每毫升含约 1 000 IU 的溶液，依法检查，剂量按家兔每千克体重注射 2 mL，结果应符合规定。

（11）效价测定 照肝素钠生物检定法测定，结果应符合规定。结果应为标示量的 91%～110%。

（三）药理作用与临床应用

肝素钠的主要药理作用是通过与抗凝血酶Ⅲ形成复合物来加速抗凝血酶Ⅲ中和已激活的凝血因子；灭活凝血因子Ⅹ而防止凝血酶原转变为凝血酶；灭活凝血酶和早期凝血反应的凝血因子而防止纤维蛋白原转变为纤维蛋白，从而抗凝血。肝素钠除具有抗凝血活性外，还可抑制血小板凝集和破坏，增加血管壁的通透性，抑制血管平滑肌细胞增殖和迟发型变态反应的作用，并可调控血管新生。肝素钠的抗血栓作用也是因为它能抑制凝血酶的生成或使其灭活。凝血酶在血栓形成过程中起着重要作用，它不仅使纤维蛋白原变成纤维蛋白，并能激活因子Ⅷ以稳定纤维蛋白凝块，还通过激活因子Ⅷ、Ⅴ使凝血反应增强。肝素钠还有调血脂作用。肝素钠进入血液循环后，促进血浆脂蛋白酯酶的释放，该酯酶有降低致动脉粥样硬化的低密度脂蛋白、极低密度脂蛋白、三酰甘油和胆固醇的作用，同时使有益的高密度脂蛋白增加。肝素钠可作用于补体系统的多个环节，以抑制补体系统过度激活。与此相关，肝素钠还具有抗炎、抗过敏等作用。

肝素钠是需要迅速达到抗凝作用的首选药物，例如治疗深层近端静脉血栓形成、肺栓塞、急性动脉闭塞或急性心肌梗死；也可用于外科预防血栓形成以及妊娠者的抗凝治疗。对于已确诊的急性近端静脉血栓中肺栓塞的病人，可以静脉或皮下注射给予肝素钠适当的剂量（以使活化部分凝血酶时间延长至对照值的 1.5～2.0 倍为宜），使病人开始即能迅速达到低凝状态，且可继续应用 5～10 d，继而使用口服抗凝药物治疗。对于急性心肌梗死患者，可用肝素钠预防病人发生静脉血栓栓塞病，并可预防大块的前壁透壁性心肌梗死病人发生动脉栓塞。肝素钠的另一重要临床应用是在心脏手术和肾透析时维持血液体外循环畅通。肝素钠还用于治疗各种原因引起的弥散性血管内凝血（DIC），也用于治疗肾小球肾炎、肾病综合征、类风湿性关节炎等。

肝素钠的毒性较低，自发性出血倾向是肝素钠过量使用的最主要危险。口服无效，须注射给药。肌内注射或皮下注射刺激性较大，偶可发生过敏反应，逾量甚至可使心脏停搏，偶见一过性脱发和腹泻。此外，使用肝素钠也可能引起自发性骨折。长期使用肝素钠有时反而形成血栓，可能是抗凝酶Ⅲ耗竭的后果。有出血倾向、严重肝或肾功能不全、严重高血压、血友病、颅内出血、消化性溃疡、孕妇及产后、内脏肿瘤、外伤及手术后均禁用肝素钠。通常把相对分子质量小于 6 000 的称为低分子肝素钠。低分子肝素钠与普通肝素钠比较，其半衰期较长，抗血栓效果好，而抗凝出血倾向较弱，有取代普通肝素钠的趋势。近年临床常用的肝素有达肝素钠（法安明）、依诺肝素钠（克赛）、低分子肝素钙（速避凝、那屈肝素钙）。目前正在深入研究的肝素制剂中还有低抗凝活性肝素、改构型肝素、类肝素等，这些药物的特点是具有低抗凝、高抗栓、作用时间长和出血作用少的优点，很有开发前途。

四、硫酸软骨素

硫酸软骨素是从猪、牛、鸡和鲨鱼的软骨中提取的一种混合酸性黏多糖，按其化学组成和结构的差异，又分为 A、B、C、D、E、F、H 等多种。

（一）结构与性质

硫酸软骨素是从动物组织中提取的一类酸性黏多糖-糖胺聚糖。硫酸软骨素相对分子质量为 5 000～50 000，由 50～70 个双糖单位组成，是由 N-乙酰-D-氨基半乳糖以 β-1,3 糖苷键与 D-葡萄糖醛酸连接而形成二糖，二糖再由 β-1,4 糖苷键聚合形成的大分子多糖。硫酸软骨素主要含有硫酸软骨素 A 和硫酸软骨素 C 等黏多糖成分，硫酸软骨素 A 和 C 都含有 D-葡萄糖醛酸和 2-氨基-脱氧-D-半乳糖，且含等量的乙酰基和硫酸残基，两者结构的差异只是在氨基己糖残基上硫酸酯位置的不同。该品常温下为白色或略带黄色粉末，无臭，无味，吸水性强，易溶于水而成黏度大的溶液，遇较高温度或酸即不稳定，主要是脱乙酰基或降解成单糖或分子质量较小的多糖；不溶于乙醇、丙酮和乙醚等有机溶剂中；由于其分子中含有较多硫酸基和氨基，故呈酸性。硫酸软骨素可与阳离子结合形成金属盐，其盐类对热较稳定，受热80 ℃亦不被破坏，图5-2为硫酸软骨素钠盐的结构式。

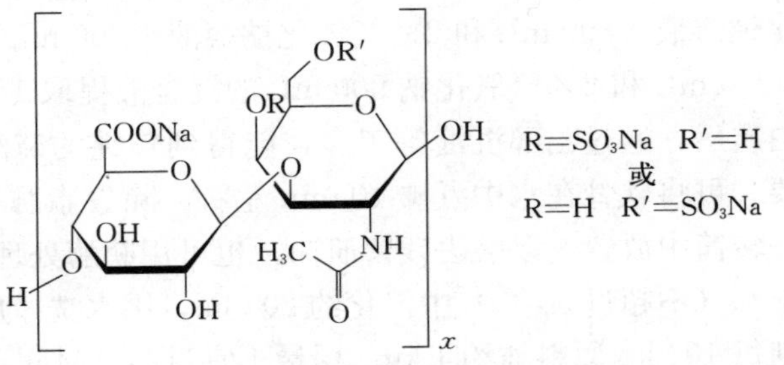

图 5-2　硫酸软骨素钠盐的结构式

（二）生产工艺与产品检验

1. 生产工艺路线

绞碎的软骨 —2%氢氧化钠，浸提24 h／过滤→ 浸提液 —酶解盐酸、胰酶 pH 8.5～9.0，53～56 ℃ 6～7 h→ 水解液 —调pH至7.0／过滤→ 滤液

—减压浓缩／过滤→ 浓缩滤液 —95%乙醇／沉淀→ 沉淀物 —洗涤，干燥→ 粗品 —溶解，盐酸调pH至3.0／过滤→ 滤液

—20%氢氧化钠，pH 8.5～9.0 胰酶，53～56 ℃ 4 h→ 水解液 —过滤，pH 6.0～7.0 100 ℃，20 min→ 滤液 —95%乙醇／沉淀→ 沉淀物 —洗涤，干燥→ 精制品

2. 工艺过程说明

（1）提取　将除去脂肪及其他结缔组织的软骨绞碎，加入 4 倍量 2%氢氧化钠溶液浸提 24 h，过滤，弃去滤渣，滤液合并。

（2）酶解　用 1∶1（体积比）盐酸调 pH 为 8.5～9.0，加入 0.4%量的胰酶，在 53～56 ℃条件下不断搅拌消化 6～7 h，速冷至 30 ℃以下，用 1∶1（体积比）盐酸调 pH 至 7.0后，放置过夜。虹吸上清液后，沉淀用布袋吊滤。

（3）沉淀　所得滤液在 60 ℃以下，减压浓缩至原体积的 1/2，过滤。滤液加入 95%乙醇，使醇浓度下降至 65%～70%，放置过夜，过滤。沉淀物用 95%乙醇洗涤 3 次，在 60 ℃以下干燥得粗品。

（4）精制　取上述粗品，加入 20 倍量蒸馏水溶解，用 1∶1（体积比）盐酸调 pH 至 3.0，冷库内放置过夜，过滤。滤液用 20%氢氧化钠溶液调 pH 至 8.5～9.0，加入 0.4%量的胰酶，于 53～56 ℃搅拌消化 4 h，放冷至 30 ℃以下，调 pH 至 6.0～7.0，加热到 100 ℃保持 20 min，冷却后过滤。滤液加入 95%乙醇，使乙醇浓度下降至 70%左右，放置 4 h，过滤。沉淀物以乙醇、丙酮、乙醚洗涤，减压下干燥得精品。

3. 工艺说明与讨论　有的工艺用稀碱提取后，滤液用盐酸调节 pH 至 2.8～3.0，加热至 60 ℃，过滤的溶液用氢氧化钠溶液调 pH 至 7.0～7.5，加热至 70 ℃，过滤后乙醇沉淀得粗品，精制时用胃蛋白酶、胰蛋白酶、霉菌蛋白酶进行水解，效果也好。

提取前的 24 h 应间歇搅拌；消化后要立即冷却以防腐败；浓缩工序可浓缩至原体积的 1/5 左右，以减少乙醇用量；精制工序中在酶水解并调 pH 至 6.0～7.0 后。可加 2%～3%针剂炭再加热至 100 ℃。

本工艺制得的硫酸软骨素制粉，含量为 65%左右。所以在注射液配方中所规定硫酸软骨素量并不是实际称量的值，而是应按精粉的实际百分含量进行折算。软骨每千克用 2%氯化钠溶液 4 800 mL 和 2%氢氧化钠溶液 1 200 mL 的混合液提取 24 h，残渣再用 2%氯化钠 3 200 mL 和 2%氢氧化钠 800 mL 的混合液提取 1 次。所得提取液经胰酶水解，加热除去蛋白质后，通过乙醇沉淀等工序，能得到较纯的硫酸软骨素。无论哪种工艺，原料处理很重要。可将软骨在水中煮沸 10 min 左右，除去脂肪和其他结缔组织，然后与带棱角的石子置一转筒中放置，以磨去残留肌肉，也可用胰酶处理，即每 100 kg 原料加入胰酶粉约 8 g，在温水（不超过 50 ℃）中消化约 20 min，用水洗净后即可投料。如用生产药用胰酶后的粗酶，则每 100 kg 原料加约 1 kg。用量不宜过多，时间不宜过长，否则会造成有效成分损失。

4. 产品检验　本品为白色或类白色粉末，无臭，有吸湿性。本品的水溶液具黏稠性，

加热不凝结。本品在水中易溶，在乙醇、丙酮或冰醋酸中不溶。

（1）鉴别 在含量测定的色谱图中，供试品溶液中三个主峰的保留时间应与对照标准品溶液中软骨素二糖、6-硫酸化软骨素二糖、4-硫酸化软骨素二糖的保留时间一致。本品的红外光吸收图谱应与硫酸软骨素钠对照标准品的图谱一致。本品的水溶液显钠盐鉴别的相关反应。

（2）比旋光度测定 取本品，精密称定，加水溶解并定量稀释制成每毫升约含 40 mg 的溶液。依法测定，比旋光度为 $-25°\sim-32°$。

（3）检查

① 含氮量。按干燥品计算，含氮量应为 $2.5\%\sim3.5\%$。

② 酸度。取本品 0.5 g，加水 10 mL 溶解后，依法测定，pH 应为 $6.0\sim7.0$。

③ 氯化物。取本品 0.01 g，依法检查（通则 0801），与 5 mL 标准 NaCl 溶液制成的对照液比较，不得更浓（0.5%）。

④ 硫酸盐。取本品 0.1 g，依法检查（通则 0802），与标准硫酸钾溶液 2.4 mL 制成的对照液比较，不得更浓（0.24%）。

⑤ 残留溶液。乙醇的残留量应符合规定。

⑥ 干燥失重。本品在 105 ℃ 干燥 4 h，减失质量不得超过 10.0%。

⑦ 炽灼残渣。取本品 1.0 g，依法检查（通则 0841），按干燥品计算，炽灼遗留残渣应为 $20.0\%\sim30.0\%$。

⑧ 重金属。取炽灼遗留的残渣，依法检查（通则 0821 第二法），含重金属不得超过 20 mg/kg。

（三）药理作用与临床应用

硫酸软骨素可以清除体内血液中的脂质和脂蛋白，清除心脏周围血管的胆固醇，防治动脉粥样硬化，并增加脂质和脂肪酸在细胞内的转换率。硫酸软骨素能有效地防治冠心病。对实验性动脉硬化模型具有抗动脉粥样硬化及抗致粥样斑块形成作用；增强动脉粥样硬化的冠状动脉分支或侧支循环，并能加速实验性冠状动脉硬化或栓塞所引起的心肌坏死或变性的愈合、再生和修复；能增加细胞的信使核糖核酸（mRNA）和脱氧核糖核酸（DNA）的生物合成，以及具有促进细胞代谢的作用。硫酸软骨素具有缓和的抗凝血作用，每毫克硫酸软骨素 A 相当于 0.45 U 肝素的抗凝血活性。这种抗凝血活性并不依赖于抗凝血酶Ⅲ而发挥作用，它可以通过纤维蛋白原系统而发挥抗凝血活性。硫酸软骨素还具有抗炎、加速伤口愈合和抗肿瘤等方面的作用。

在我国硫酸软骨素用于治疗神经痛、神经性偏头痛、关节痛、关节炎、肩胛关节痛、腹腔手术后疼痛等；预防和治疗链霉素引起的听觉障碍以及各种噪声引起的听觉困难、耳鸣症等，效果显著。在欧美、日本，硫酸软骨素作为保健食品或保健药品长期用于防治冠心病、心绞痛、心肌梗死、冠状动脉机能不全、心肌缺血等疾病，无明显的毒副作用，能显著降低冠心病患者的发病率和死亡率。长期的临床应用发现，硫酸软骨素可使在动脉和静脉壁上沉积的脂肪等脂质被有效地去除或减少，能显著降低血浆胆固醇含量，从而防止动脉粥样硬化的形成。硫酸软骨素对慢性肾炎、慢性肝炎、角膜炎以及角膜溃疡等有辅助治疗作用。近年来报道，鲨鱼软骨中的软骨素有抗肿瘤的作用。此外，硫酸软骨素还应用于化妆品以及作为外伤伤口的愈合剂等。硫酸软骨素还用于滴眼剂。

○思政：团结协作精神（硫酸软骨素片及复方制剂）。以氨基葡萄糖和硫酸软骨素为主要成分的保健产品可以抑制关节组织中的多种炎症介质和氧自由基的产生，抑制金属蛋白酶活性及稳定溶酶体膜，从而起到抗炎和镇痛的作用。两者联用还可以促进关节软骨组织中蛋白多糖及胶原的合成，维持软骨细胞外基质的稳定，也间接地起到消除炎症和缓解疼痛的作用。

五、甲壳素和壳聚糖

甲壳素（chitin），又名几丁质、甲壳质或壳多糖等，是自然界第二大丰富的生物聚合物，分布十分广泛，是许多低等动物特别是节肢动物如虾、蟹、昆虫等外壳的重要成分，也存在于低等植物如菌藻类和真菌的细胞壁中。据估计，甲壳素每年的生物合成量超过 10 亿 t，是一种巨大的可再生资源。甲壳素脱去乙酰基后的产物为壳聚糖（chitosan）。甲壳素和壳聚糖及由此改性后的衍生物具有比纤维素及其衍生物更加丰富的功能性质，除在食品工业中有许多用途外，在医药、化工、生物、农业、纺织、印染、造纸、环保等众多领域中均具有极其重要的用途。

（一）结构与性质

甲壳素外观呈白色或微黄色透明体，是 2 - 乙酰氨基葡萄糖多聚体，其化学结构与天然纤维素相似，分子中除存在羟基外，还含有乙酰氨基和氨基功能基团，可供结构修饰的基团多，具有比纤维素及其衍生物更加丰富的功能性质，不溶于水、乙醇、乙醚、盐类、稀酸、稀碱，能溶于醋酸。用强碱水解或酶解脱去甲壳素糖基上的乙酰基得到壳聚糖（图 5 - 3）。壳聚糖，又称脱乙酰甲壳素、脱酰甲壳素、可溶性几丁质、可溶性甲壳素等，为无定形固体，几乎不溶于水，但溶于甲酸、乙酸、苯甲酸和环烷酸等有机酸以及稀无机酸；工业品为白色或灰白色的半透明片状固体，略带珍珠光泽；无味、无毒、易降解，是少有的天然阳离子聚电解质；能溶于低酸度水溶液，有良好的生物相容性，无抗原性，不溶于人体液体。

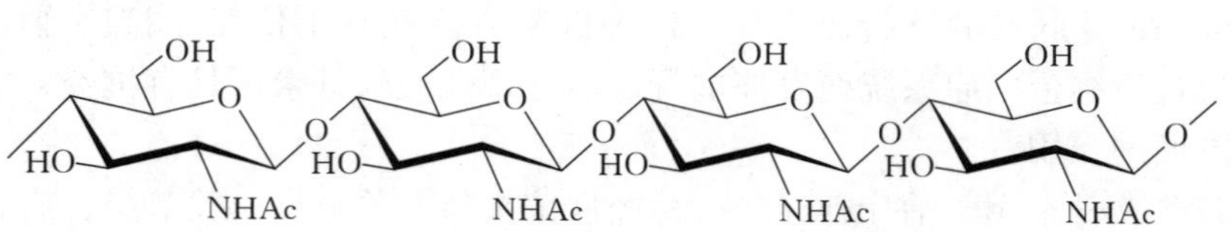

甲壳素

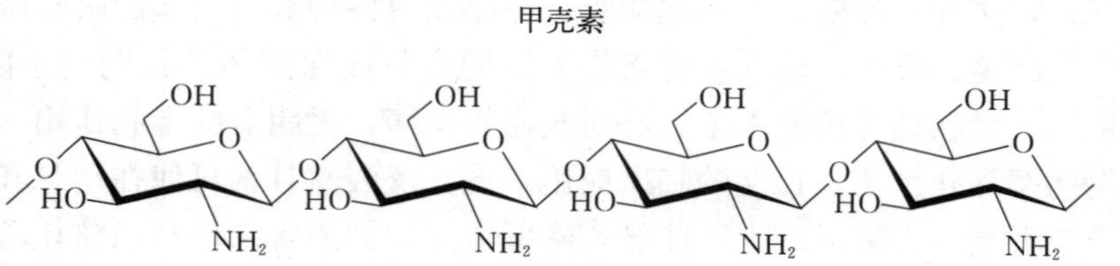

壳聚糖

图 5 - 3　甲壳素和壳聚糖的结构式

（二）生产工艺与产品检验

我国目前工业生产甲壳素、壳聚糖的主要原料是水产加工厂废弃的虾蟹壳。由于虾蟹壳中含有大量的碳酸钙（20%～50%）和蛋白质（20%～40%），因此提取甲壳素的关键问题就是如何去除其中的碳酸钙和蛋白质等物质。甲壳素的提取方法主要有化学法、酶解法和微生物发酵法。化学法又称酸碱法，是提取甲壳素的传统方法和主要方法。其主要包括脱盐、脱蛋白和脱色三个步骤，操作简单，效率高，但要消耗大量的酸碱，并且会产生大量的酸碱废液，蛋白质、钙和虾青素等有效成分无法回收，既浪费资源又污染环境。酶解法，目前多采用酶法和化学法相结合来制备甲壳素，条件温和，不仅解决了污染的问题，还能对酶解液中的蛋白质与钙等有效成分进行回收利用，但是该方法耗时长，脱蛋白的效果没有酸碱法好，商业化酶较贵，成本也较化学法高。微生物发酵法，就是利用一些细菌和真菌发酵体产生的有机酸或蛋白酶来去除蛋白质和钙盐，从而达到制取甲壳素的目的，其条件温和；耗能少，不产生二次污染；发酵过程不会水解甲壳素。但也存在成本高，不适合大批量生产等缺点。

1. 化学法生产工艺路线

虾蟹壳 ──除杂，洗净 干燥──→ 净壳 ──4%～6%盐酸 浸酸1～2 d──→ 软壳 ──消化 8%～10%氢氧化钠 煮沸1.5 h──→ 消化产物 ──脱色 高锰酸钾溶液──→ 脱色产物

──晒干──→ 甲壳素 ──脱乙酰基 40%氢氧化钠 60～65 ℃，24 h──→ 脱酰基产物 ──洗至中性 晒干──→ 壳聚糖

2. 工艺过程说明

（1）预处理　原料虾或蟹壳，去除肉质、污物等杂质，用水洗净。如短期内不加工需要贮藏时，必须洗净晒干后贮藏。

（2）浸酸　将净壳浸于4%～6%的稀盐酸内（壳与稀盐酸的比例为1∶1.5）拌匀，壳不得露出。经过1～2 d，无气泡产生时，壳软化，说明碳酸钙已全部溶解。用清水反复清洗（以除去壳内杂质）至pH试纸测定的水洗液呈中性时，表明清洗完成。

（3）浸碱煮消化　将酸处理后的软壳放入锅内，加入清水和8%～10%的氢氧化钠，煮沸约1.5 h，使蛋白质、脂肪完全溶解，然后用水洗，直到水洗液呈中性。

（4）氧化脱色　将上述消化产物加水并加入适量高锰酸钾溶液，除去色素，然后用水洗净。

（5）晒干　将脱色产物压去水分，摊开晒干，即得到甲壳素。

（6）脱乙酰基　将甲壳素置于夹层锅内，加入40%氢氧化钠溶液，拌匀，在60～65 ℃下保持24 h，并定时搅拌。当甲壳素在1%冰醋酸溶液中能溶解时，说明脱乙酰基已完成。取出用水洗呈中性，晒干后得壳聚糖。

3. 脱乙酰基制备壳聚糖工艺讨论与分析

① 碱浓度一般采用40%～60%，不得低于30%。碱浓度低于30%，不论操作温度多高和时间多长，也只能脱除甲壳素中半数的乙酰基。随着碱浓度的增加，甲壳素脱乙酰基速度加快，脱乙酰化度也增加，但碱浓度达到50%以上，反应速度增加缓慢，且易使主链水解断裂，分子质量降低，产品黏度下降。

② 随着反应温度升高，甲壳素的脱乙酰化速度加快。在脱乙酰度达到80％时，150℃只需反应15 min，120℃需要反应3 h，而80℃则需要反应16 h。反应温度对壳聚糖的黏度有一定的影响，随着反应时间的延长，无论温度的高低，壳聚糖黏度均有所下降，且温度愈高，壳聚糖黏度下降愈快，也影响产品的色泽。

4. 产品检验　壳聚糖作为药用辅料、崩解剂、增稠剂等质量要求和检验方法介绍如下。本品为类白色粉末，无臭，无味；本品微溶于水，几乎不溶于乙醇。

（1）鉴别　本品的红外光吸收图谱应与对照标准品的图谱一致。取本品0.2 g，加水80 mL，搅拌使分散，加羟基乙酸溶液（羟基乙酸：水＝0.1：20，体积比）20 mL，室温下缓慢搅拌使溶液澄清（搅拌30～60 min），加0.5％十二烷基硫酸钠溶液5 mL生成凝胶状团块。

（2）黏度　精密称取本品1.0 g，加1％冰醋酸100 mL，搅拌使完全溶解，用NDJ-1型旋转式黏度计依法检查，在20℃时的动力黏度为标示量的80％～120％。

（3）脱乙酰度　取本品约0.5 g，精密称定，精密加入盐酸滴定液（0.3 mol/L）18 mL，室温下搅拌2 h使溶解，加1％甲基橙指示剂3滴，用氢氧化钠滴定液（0.15 mol/L）滴定至变为橙色。脱乙酰度应大于70％。

（4）酸碱度　取本品0.50 g，加水50 mL，搅拌30 min，静置30 min，pH应为6.5～8.5。

（5）蛋白含量　取本品0.1 g，加入10 mL量瓶中，以1％冰醋酸溶液溶解并稀释至刻度，摇匀。取适量该溶液，依法测定，蛋白质含量不得超过0.2％。

（6）干燥失重等　取本品1.0 g，在105℃干燥至恒量，减失质量不得超过10％。取本品1.0 g，依法检查，炽灼遗留残渣不得超过1.0％。取炽灼残渣，依法检查，含重金属不得超过10 mg/kg。取本品2.0 g，加氢氧化钙1.0 g，混合，加水2 mL，搅拌均匀，置水浴上蒸干，以小火烧灼使炭化，后以500～600℃炽灼使完全灰化，放冷，加盐酸5 mL，加水23 mL，依法检查，含砷盐不得超过0.000 1％。

（三）药理作用与临床应用

1. 药理作用　甲壳素不活泼，不与体液发生反应，对组织不引起异物反应，无毒，具有抗血栓、耐高温消毒等特点。壳聚糖是碱性多糖，具有止酸抗溃疡、抗菌、消炎作用，也可降低胆固醇、血脂。

2. 临床应用

（1）手术缝合线　壳聚糖有着止血功能，能够促进伤口愈合，可将其制成手术缝合线，在溶菌酶的作用下酶解，能被人体组织吸收，减少拆除手术线的疼痛，降低伤口感染的可能性。

（2）人造皮肤　甲壳素对人体细胞有很强的亲和能力，能被人体内的酶溶解，有着较好的成膜性及吸湿性等特点，被广泛应用在医学材料领域。甲壳素能够很好促进细胞再生，将其植入伤口处，便可生成人造皮肤。

（3）止血材料　甲壳素及其衍生物有止血效果，它本身具有多糖大分子结构，骨架上带正电荷的氨基可与红细胞上的负电荷相互吸引，形成网状结构，最终形成牢固的血凝块，从而达到止血的效果，是一种理想的止血材料。

（4）药物控释载体　壳聚糖作为药物控释载体有着独特的优点：无毒、较好的生物相容性。壳聚糖中大量羟基可以形成较强的氢键相互作用，在中性和碱性条件下不溶解，在酸性条件下可形成凝胶以及抗酸抗溃疡的活性，可有效地解决药物对肠道的副作用。此外，壳聚糖还可降低药物吸收前代谢，提高药物的生物利用度，是很有应用前景的药物缓释载体材料。

> ➲**药物控释（壳聚糖）**。壳聚糖作为药物缓释载体，在减少给药次数、降低药物毒副作用、提高药物疗效等方面具有重要作用。这是由于壳聚糖分子中含有大量的羟基（—OH）和氨基（—NH₂），使其易进行化学修饰，且具有较强的吸附性。壳聚糖中氨基非常活泼，在酸性介质中可以结合 1 个氢离子（H⁺）被质子化，形成带正电荷的聚电解质；在中性介质中，氨基易与芳香醛（或酮）、脂肪醛反应生成席夫碱。这些性质为壳聚糖的改性和功能化提供了基础。对壳聚糖载体表面进行修饰，使其具有靶细胞、靶组织和靶器官所要求的选择性，可用于多肽、蛋白质、核酸和疫苗一类生物活性大分子药物的包埋和释放。

六、香菇多糖

　　香菇又名厚菇、花菇等，属担子菌纲伞菌目侧耳科香菇属。香菇是一种药食两用真菌，其营养丰富，具有较好的医疗保健作用，是人类理想的食品。香菇多糖（lentinan，LNT）是从香菇的子实体中分离纯化得到的高分子葡聚糖，于 1969 年被 Chihara 等在日本首次发现并提取出来，其主要成分为葡萄糖，还含有少量的甘露糖、岩藻糖、木糖、半乳糖、阿拉伯糖等，具有调节免疫力、抗病毒、抗肿瘤、抗突变、抗氧化、降血糖等功能。

（一）结构与性质

　　香菇多糖纯品为白色粉末，在 250 ℃分解；无臭或略有异臭，无味；溶于碱溶液或甲酸，微溶于热水或二甲基亚砜，不溶于冷水、醇、乙醚、氯仿、吡啶或六甲基磷酰胺；对硫酸和盐酸稳定；比旋光度为 +13.5°～+14.5°（2%氢氧化钠）、+19.5°～+21.5°（10%氢氧化钠）。关于香菇多糖化学成分与结构的报道很多，但已明确有免疫活性的只有 β-葡聚糖一类。香菇多糖的一级结构具有由 β（1→3）键连接的吡喃葡聚糖主链，在主链上的葡萄糖通过 6-C 分支连接侧链，一般每 5 个葡萄糖就有 2 个支点，侧链是由 β（1→6）和 β（1→3）键连接的葡萄糖低聚合物，结构式如图 5-4 所示。水溶性 β-葡聚糖为线状结构，无长分支。以 β（1→3）键为主结构的葡聚糖，其生理活性高于以 β（1→6）为主的多糖，而 β（1→3）和 β（1→6）结合的侧链共存是抗肿瘤作用所需要的。香菇多糖具有三重螺旋立体结构，当这种立体结构被尿素和二甲基亚砜破坏后，免疫活性随之消失。

> ➲**结构与功能（香菇多糖的构效关系）**。研究表明，多糖的高级结构较初级结构影响其药理活性更大，具有螺旋状立体结构多糖的抗病毒活性高于屈状多糖，而呈皱纹形带状或可拉伸带状结构的多糖活性普遍较低甚至无活性，三股螺旋构型是多糖高级结构中最具活性的空间构型，如具有抗肿瘤活性的香菇多糖其空间构型为三股螺旋立体结构。如果香菇多糖中加入尿素或二甲基亚砜，破坏其三股螺旋构象，改变空间结构，其抗肿瘤活性显著降低。因此利用先进的技术对多糖的结构进一步深入的分析，并进行药理活性研究，寻求多糖结构与药理活性的关系是糖类药物研究的重要方向。

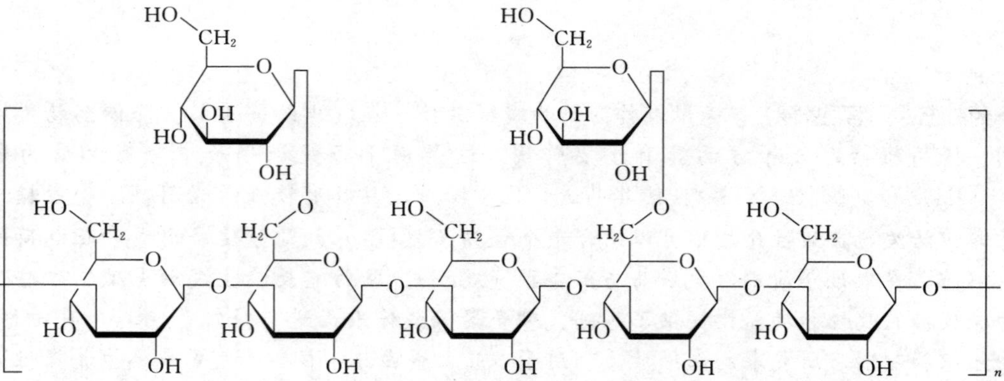

图 5-4　香菇多糖的结构式

（二）生产工艺与产品检验

香菇多糖的制备包括提取、分离纯化和干燥三个步骤。香菇多糖提取的方法主要有热水浸提法、碱法、酶法等，辅助提取方法有超声波、微波等；分离纯化的方法主要有吸附层析、超滤、色谱等，干燥方法有热风、冻干、真空干燥等。热水浸提是最传统、使用最广泛的一种提取方法，是通过不断加热使植物细胞壁破裂软化，多糖从细胞内扩散到细胞外，再溶解在热水中。由于香菇多糖大多聚集在植物细胞的外部，所以热水浸提法不会破坏多糖结构，不影响香菇多糖的生物活性。此方法的优点是提取设备简单、工艺实操性强，成本低，广泛用于工厂的大规模生产。缺点是时间长、提取率不高、能耗大等。碱法提取是在相同工艺条件下，用稀碱（一般是碳酸钠或碳酸氢钠溶液）代替纯水进行提取。弱碱可破坏细胞壁，能打断植物细胞壁中纤维素、半纤维素与木质素之间连接的酯链，溶解与细胞壁多聚糖结合的酚醛酸、糖醛酸、乙酰基，增加纤维素之间的空隙度，使细胞壁膨胀疏松。碱处理前，各细胞壁间紧密相连。在碱处理之后，所有样品的细胞壁都发生变形，细胞之间已经分开，变得相对松散。这是因为处于细胞外壁、作为两个细胞之间的填充物的胶质层在加热后有部分溶入水中所致。需要注意的是稀碱的浓度不能过高，否则会破坏多糖的分子结构。酶法提取是利用酶在温和条件下分解香菇组织，加速多糖溶出；且香菇提取液中其他杂质（蛋白质、粗纤维、淀粉、脂肪、胶质等）会被酶分解，从而纯化了香菇多糖；可用的酶有纤维素酶、中性蛋白酶、果胶酶等，既可单独使用也可复配。

1. 生产工艺路线

香菇子实体 —干燥、粉碎→ 香菇粉 —提取 沸水，2 h 重复两次→ 合并滤液 —80 ℃，浓缩→ 浓缩液 —沉淀 95%乙醇→ 粗提物

—溶解 蒸馏水→ 溶液 —Sevage试剂 搅拌，离心重复两次→ 上清液 —沉淀 95%乙醇 离心→ 沉淀物 —溶解 蒸馏水 醇沉，重复三次→ 溶液 —冻干→ 香菇粗多糖

2. 工艺过程说明

（1）提取　将干燥的香菇子实体粉碎后，加入 30 倍的蒸馏水，用沸水提取 2 h，过滤，滤渣再按第一次提取工艺提取 1 次，将上清液合并后于 80 ℃下浓缩。在冷却后的浓缩液中加入一定量的 95%乙醇，使乙醇的浓度为 75%，室温下放置过夜，离心，将收集到的沉淀

用真空冷冻干燥机冻干，放到 4 ℃冰箱中保存，备用。

（2）Sevage 法除蛋白 称取得到的样品 10 g（含水率 9.7%），充分溶解于 100 mL 蒸馏水中。加入一定体积的 Sevage 试剂，用磁力搅拌器剧烈搅拌 20 min 左右，离心，留上清液弃粗多糖中蛋白质杂质沉淀。重复 2 次。

（3）乙醇沉淀 向除去了蛋白的多糖溶液（上清液）中缓慢加入 95% 的乙醇，至乙醇体积占溶液总体积的 75%，边加边搅拌，使多糖均匀沉淀。放在 4 ℃冰箱中 6 h，6 000 r/min 离心 10 min，弃去上清液，将沉淀再溶解于蒸馏水中，重复以上操作 3 次，将最后得到的溶液放在 −40 ℃的冷冻干燥机中冻干，即得香菇粗多糖。

3. 产品检验 本品为类白色或浅黄色粉末，无味，有吸湿性；在水、甲醇、乙醇或丙酮中几乎不溶，在 0.5 mol/L 氢氧化钠中溶解；加水制成 0.05% 的匀浆液，pH 应为 6.0～8.0。

（1）鉴别

① 取含量测定项下的溶液 2 mL，加蒽酮溶液（取蒽酮 35 mg 置 100 mL 容量瓶中加硫酸溶解，并用硫酸稀释至刻度，即得，临用配制）5 mL，振摇混匀，置水浴中加热，应显蓝绿色。

② 取本品约 10 mg，滴加水少许研磨，再加水制成每毫升中约含 0.5 mg 的溶液，置匀浆器中制成匀浆液。取 10 mL 匀浆液，加高碘酸钠溶液〔取高碘酸钠（$NaIO_4$）4.28 g，加 0.005 mol/L 硫酸溶液，溶解并稀释至 1 000 mL〕1 mL，摇匀，立即取反应液 4 mL，以水为空白对照，依照分光光度法，在 295 nm 的波长处测定吸收度（A_1）。剩余的反应液置避光容器中，于 30 ℃连续搅拌 6 h 后，取出，测定吸收度（A_2）。两次吸收度之差（$A_1 - A_2$）应为 0.15～0.25。

③ 红外光吸收图谱应与对照标准品的图谱一致，在 890 cm^{-1} 附近有弱吸收峰。

（2）特性黏数 取本品置 P_2O_5 干燥器中，减压干燥至恒量，精密称取适量，加 0.5 mol/L 氢氧化钠溶液数滴，使充分溶胀，研磨均匀，在 25～30 ℃放置 6～8 h，使完全溶解，制成每毫升约含 0.5 mg 的溶液，摇匀，依法测定，特性黏数应为 60～130。

（3）干燥失重 取本品适量，置 P_2O_5 干燥器中，减压干燥至恒量，减失质量不超过 3.5%。

（三）药理作用与临床应用

香菇多糖是一种以香菇为原料经过物理或者化学等方式提取得到的葡聚糖，具有多种功能活性，从而引起广泛的关注。

1. 免疫调节作用 香菇多糖具有很高的药用价值，当机体的免疫功能降低时，香菇多糖就会刺激人体的免疫系统，可以恢复并能提高人体的免疫功能。香菇多糖能够促进关键细胞成熟，使之进行分化并增加繁殖，并且能够使宿主的机体平衡能力增强，之后宿主细胞对淋巴细胞因子和激素等活性因子的反应都会得到恢复或者提高。

2. 抗肿瘤作用 香菇多糖并不是通过直接杀死肿瘤细胞起作用的，而是激发 T 细胞，提高巨噬细胞的诱导能力，使得由于受到肿瘤细胞影响而降低的免疫能力差不多恢复到正常的水平，这就直接或间接抑制了肿瘤细胞继续生长，起到抗肿瘤的作用。

3. 抗感染作用 香菇多糖之所以能够起到抗感染的作用，是因为香菇多糖会抢先黏附在病原体表面，从而阻止了人体正常细胞表面的糖分子与病原体发生结合，因此病原体感染的途径就被阻断了。

4. 抗病毒作用 香菇多糖之所以能起抗病毒的作用是因为香菇刺激人体产生可以抗病毒的干扰素，而这种干扰素是在人体的白细胞和网状细胞受到双联核糖核酸的刺激而产生的。也有研究认为，香菇多糖能够抵抗病毒是因为香菇多糖阻止了病毒在人体内进行复制，并且可能和体内的巨噬细胞被激活有关系。

5. 其他作用 香菇多糖可以阻止血小板发生聚集、降低血糖的含量、阻止氧化、抵抗肝炎，同时对由于化学物质的原因所引起的肝损伤有保护作用。

小 结

糖类药物来源于动物、植物和微生物，糖类药物的制备方法有提取法、微生物发酵法和酶促合成法，动植物来源的多糖主要采用提取法，微生物来源的多糖一般采用发酵法。多糖的提取方法，根据溶剂不同可分为水提取法、碱提取法、酸提取法、酶提取法等。多糖和黏多糖多以与蛋白质结合的状态存在，且混杂一些类似物在里面，因此，使用降解蛋白多糖的蛋白酶打开其糖和蛋白质间的键，使多糖释放出来，再提取和纯化，是制备多糖有价值的工艺。

本章主要介绍了糖类药物的概念、来源、分类、结构特点、制备方法和药理作用，并对其提取分离和纯化方法进行了总结讨论。在此基础上重点介绍了几种具有代表性的多糖药物，包括植物性来源的黄芪多糖、海藻酸，动物性来源的肝素钠、硫酸软骨素和壳聚糖等。

习 题

1. 糖类药物提取的方法及药理作用有哪些？
2. 糖类药物对机体毒副作用较小的原因是什么？
3. 多糖的分离纯化方法及一级结构的测定方法有哪些？
4. 甲壳素和壳聚糖结构上有什么区别？对性质有什么影响？
5. 香菇多糖的提取工艺及药理作用是什么？
6. 结合肝素钠分子结构分析以肠黏膜为原料制备肝素钠的工艺中为什么用强碱性树脂吸附肝素钠？肝素钠的药理作用是什么？

第六章 CHAPTER 6

脂类药物 ▶▶▶

> **➡课程思政与内容简介**：*脂类物质种类繁多，性质相近，可营养及药用。脂类，即脂质化合物，为疏水或两性的小分子化合物。脂类广泛存在于动物、植物等生物体中。有些脂质具有特定的生理、药理效应，或具有较好的营养、预防和治疗效果，称为脂类药物。本章主要介绍脂类药物的药理作用和一般制备方法，并介绍几种典型脂类药物的制备工艺。*

第一节　脂类药物概述

一、脂类药物的概念和简介

脂质化合物的传统定义为："一类难溶于水而易溶于非极性溶剂的生物有机分子"。2009年，Lipid Maps 网站更新了脂质化合物的分类信息，并将脂质化合物重新定义为"疏水或两性的小分子化合物"。脂质化合物是细胞的重要组成物质，也是生物体能量的储存物质。除此之外，脂质化合物还具有多种多样的生物学功能，如物质运输、能量代谢、信息传递等。

由于脂质化合物分子中的碳氢比例都较高，因此易溶于乙醚、氯仿、苯、丙酮等极性小的有机溶剂，不溶或微溶于水。脂质化合物的这种性质称为脂溶性，利用这种性质，可以通过有机溶剂将脂质化合物从生物体中提取出来，制备脂类药物。通过对脂质化合物代谢途径的研究，发现这些化合物之间有着密切的联系，因此在生物化学中，脂质化合物作为一个适宜的类名而沿用下来。

有些脂质化合物具有特定的生理、药理效应，或具有较好的营养、预防和治疗效果，称为脂类药物。随着生化制药工业的发展，从自然界中不断地发现新的脂类药物，很多已能够实现工业化生产，并广泛用于疾病的防治，投入人类的康复保健事业中。

二、脂类药物的分类

目前通常将脂质化合物分为八大类，即甘油脂类（glycerolipid）、甘油磷脂类（glycerophospholipid）、鞘脂类（sphingolipid）、脂肪酰类（fatty acyl）、糖脂类（glycolipid）、甾醇脂类（sterol lipid）、异戊烯醇脂类（prenol lipid）和多聚酮类（polyketide）。它们的代表性化合物结构如图6-1所示。

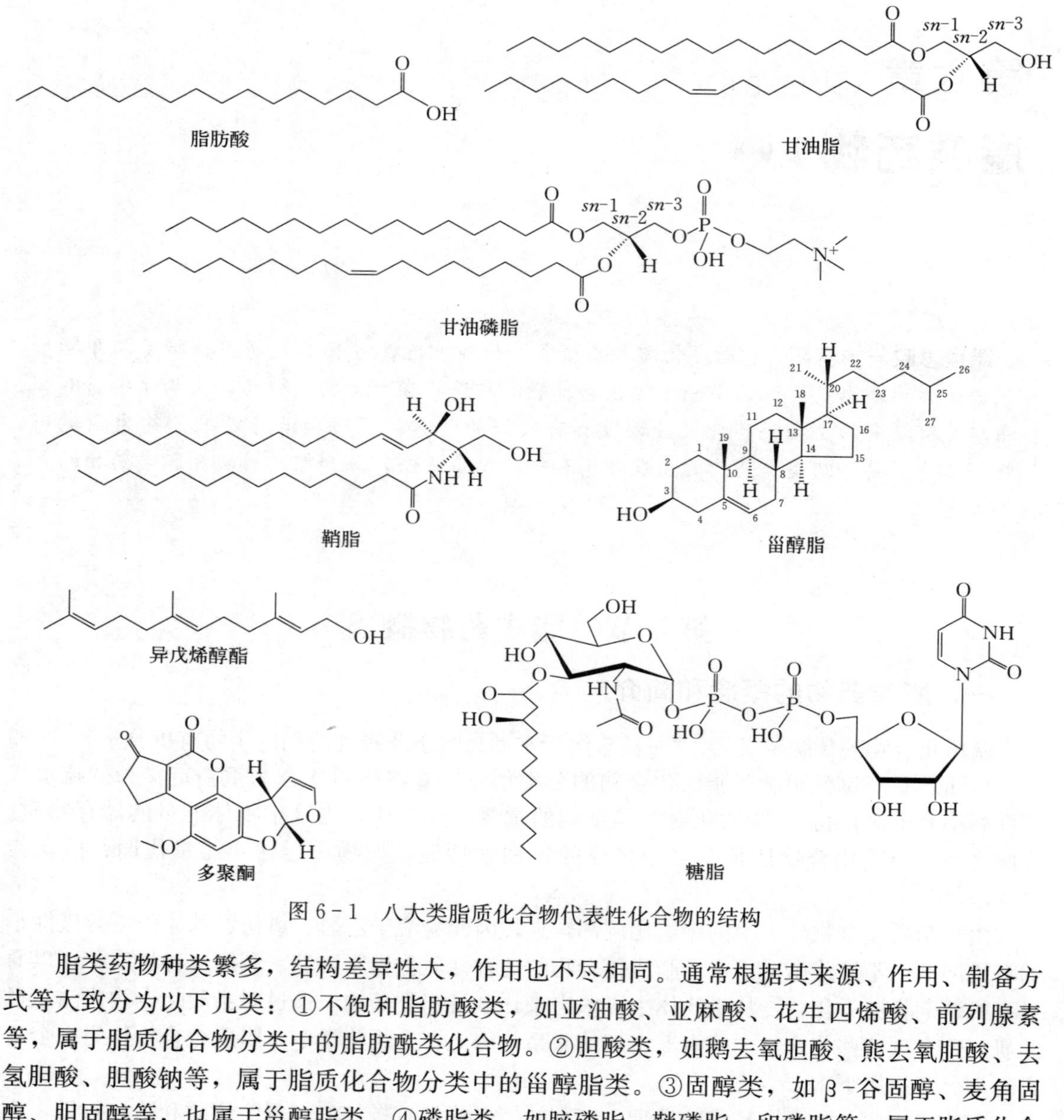

图 6-1　八大类脂质化合物代表性化合物的结构

　　脂类药物种类繁多，结构差异性大，作用也不尽相同。通常根据其来源、作用、制备方式等大致分为以下几类：①不饱和脂肪酸类，如亚油酸、亚麻酸、花生四烯酸、前列腺素等，属于脂质化合物分类中的脂肪酰类化合物。②胆酸类，如鹅去氧胆酸、熊去氧胆酸、去氢胆酸、胆酸钠等，属于脂质化合物分类中的甾醇脂类。③固醇类，如β-谷固醇、麦角固醇、胆固醇等，也属于甾醇脂类。④磷脂类，如脑磷脂、鞘磷脂、卵磷脂等，属于脂质化合物分类中的鞘脂类。⑤其他类脂类药物，如色素类（胆红素、血红素、原卟啉、胆绿素等）、鲨烯等。

　　此外，脂质体（liposome）是将药物包封于类脂质双分子层内形成的微型泡囊，目前已广泛应用于抗癌、主动靶向、基因治疗等方面。

三、脂类药物的化学结构、性质及用途

（一）不饱和脂肪酸类

　　不饱和脂肪酸类药物的基本结构如图 6-2 所示。天然不饱和脂肪酸如较常见的十八碳

烯酸，有一个双键的称为油酸，有两个双键的称为亚油酸，有三个双键的称为亚麻酸。这三个十八碳烯酸的第一个双键都在 9 位和 10 位碳之间，在分子中间部位。天然的均是顺式结构，存在顺反异构体。前列腺素（PG）是一类五元环的氧化甘碳酸。动物体中，有很多组织都有前列腺素合成和释放，含量极微，活性很强。近年已知天然稳定的前列腺素有 30 多种，有的是引人注目的生化药物，如 PGE_1 用于平喘和排痰，PGE_2 用于抗早孕和中期引产。

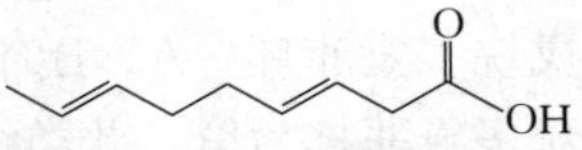

图 6-2 不饱和脂肪酸类药物的基本结构

脂肪酸均能溶于乙醚、氯仿、苯及热乙醇中，分子比较小（十六碳以下）的也溶于冷乙醇、丙酸、丁酸等，也能溶于水；熔点和凝固点无差别。常见不饱和脂肪酸类药物见表 6-1。

表 6-1 常见不饱和脂肪酸类药物的来源及用途

名称	分子式	来源	用途
亚油酸	$C_{18}H_{32}O_2$	玉米油或大豆油	调血脂
亚麻酸	$C_{18}H_{30}O_2$	月见草油	防治动脉粥样硬化
花生四烯酸	$C_{20}H_{32}O_2$	猪肾上腺	合成前列腺素 E_2 的原料
前列腺素 E_2	$C_{20}H_{34}O_5$	羊精囊	中期引产、催产
二十碳五烯酸	$C_{20}H_{30}O_2$	鱼油	调血脂，防止血小板凝集
二十二碳六烯酸	$C_{22}H_{32}O_2$	鱼油	防治动脉粥样硬化，健脑促智

（二）磷脂类

磷脂有甘油磷脂和神经鞘磷脂。甘油磷脂主要包括卵磷脂和脑磷脂，结构如图 6-3 所示。

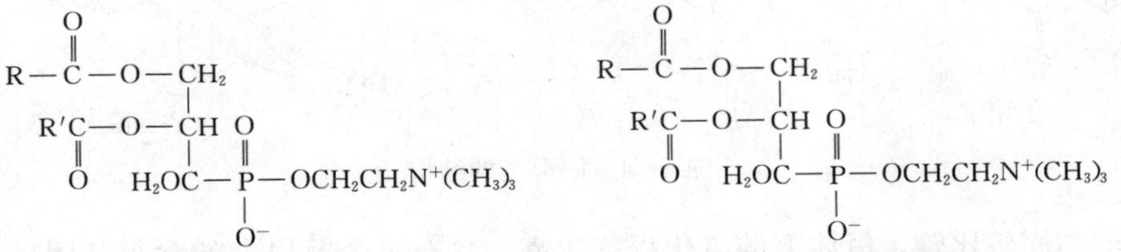

图 6-3 磷脂的结构

磷脂通常以酯键形式将胆碱和脂肪酸相结合，图 6-3 结构中 R 和 R′ 代表脂肪酸，一个是饱和的，一个是不饱和的。常见的能够形成磷脂的脂肪酸有硬脂酸、软脂酸、油酸、亚油酸、亚麻酸以及花生四烯酸等。自然状态的磷脂分子均有两条较柔软的长碳氢链脂肪酸，其脂肪酸酰基链是疏水基团，溶于有机溶剂；磷脂基团是亲水基团，如胆碱或乙醇胺等，可乳化于水，以胶体状态在水中扩散，不溶于丙酮。磷脂与氯化镉结合，可以生成一种不溶于乙醇的复盐，生产工艺中通常根据复盐溶解度的差别，对磷脂进行进一步纯化。脑磷脂来源于动物脑，具有止血、防治动脉粥样硬化及神经衰弱的功能；卵磷脂由动物脑或者大豆制备，能够防治动脉粥样硬化、治疗肝疾病及神经衰弱等。

（三）甾醇脂类（固醇和胆酸）

甾醇是脂质中不被皂化、在有机溶剂中容易结晶出来的化合物。一般甾醇结构都有一个环戊烷多氢菲环，A、B环之间及C、D环之间都有一个甲基称为角甲基。带有角甲基的环戊烷多氢菲称为甾。此类结构包含的药物有固醇类及胆酸类，固醇类的结构见图 6-4。

胆烷醇在 5、6 位碳脱氢后变成胆固醇，胆固醇在 7、8 位碳上脱氢变成 7-脱氢胆固醇。7-脱氢胆固醇存在于皮肤和毛发中，经阳光或紫外线照射后，可以转变为维生素 D_3。在酵母和麦角菌中，含有麦角固醇，它的B环上有 2 个双键，17 位碳上的侧链是 9 个碳的烯基，经紫外线照射能转化为维生素 D_2。在大豆油和其他种类的豆油中含有豆固醇（stigmosterol），在高等植物中广泛地分布着谷固醇（sitosterol），它们的B环上有 1 个双键，17 位碳上有 1 个 11 碳的侧链。麦角固醇、豆固醇和谷固醇在人体肠道中都不能被吸收，研究认为，饭前服用β-谷固醇能抑制肠黏膜对胆固醇的吸收。因此，谷固醇在临床上可作为降血脂药物应用。

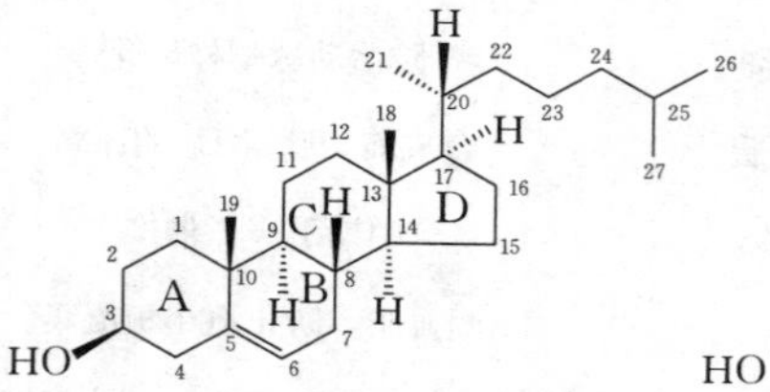

甾醇

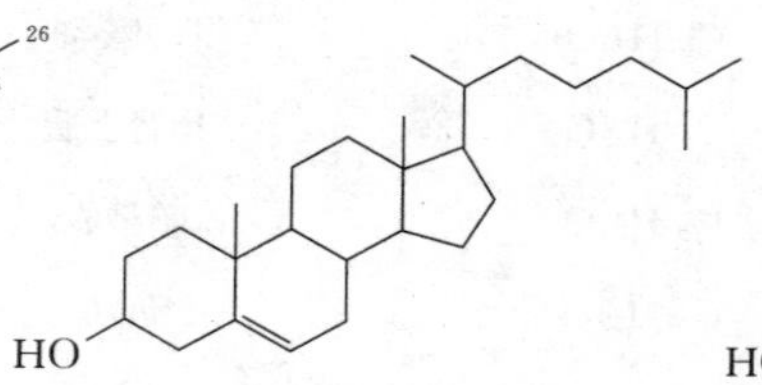

胆固醇

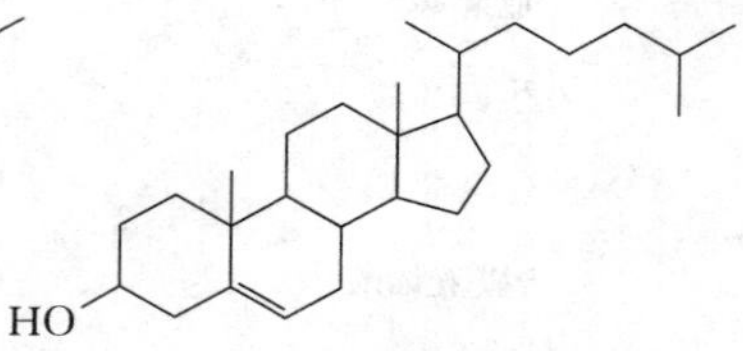

7-脱氢胆固醇

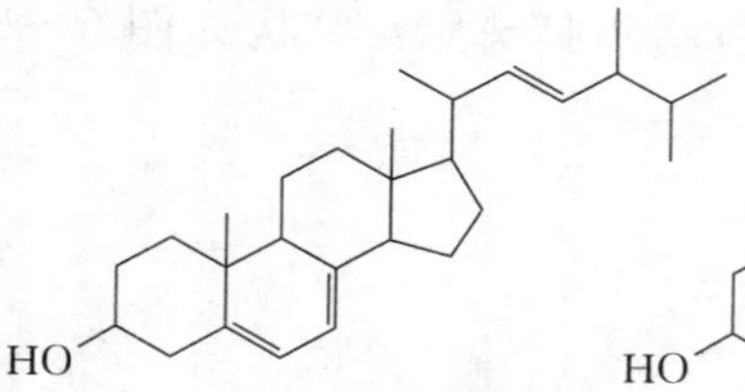

麦角固醇

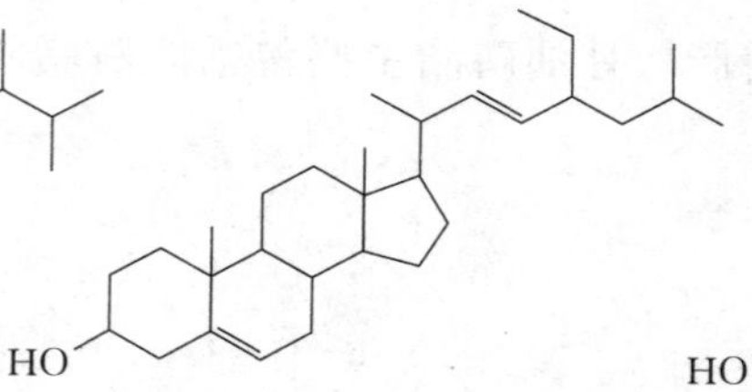

豆固醇

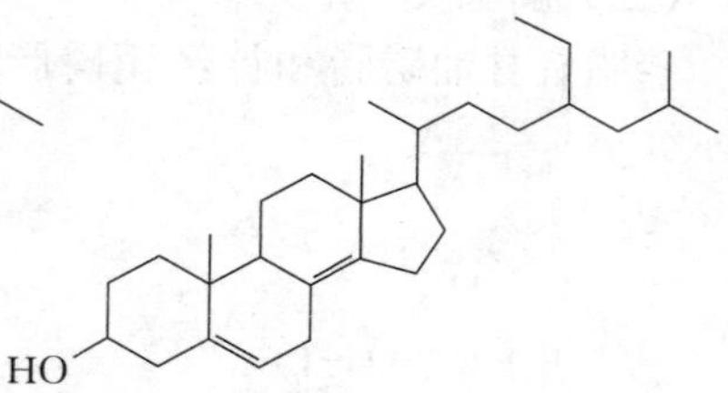

谷固醇

图 6-4　固醇类的结构

类固醇与固醇比较，甾体上的氧化程度较高，含有 2 个及以上的含氧基团，这些含氧基团以羟基、酮基、羧基和醚基的形式存在。主要化合物有胆酸、鹅去氧胆酸、熊去氧胆酸、睾酮、雌二醇、黄体酮（孕酮）等。胆酸的 3、7、12 位碳上的羟基都是α型，A、B环是顺式的，侧链上的羧基或磺酸基都是亲水基团。如果胆酸的 12 位碳上失去一个羟基，可得到鹅去氧胆酸，7 位上失去 1 个羟基可到去氧胆酸。几种胆酸的结构如图 6-5 所示。

（四）其他类

在生物体中，存在着由若干个异戊二烯碳架构成的一类脂质化合物，由五碳整数倍组成的碳架，有规则地出现甲基侧链。如从鲨鱼肝中分离出来的鲨烯，是 6 个异戊二烯构成的不饱和脂肪烯烃，分子中的双键全是反式的，属于一种非环式的三萜结构，见图 6-6。

鲨烯原作为化妆品原料、润滑油、气相色谱固定液等应用于各个领域。它因具有抗氧

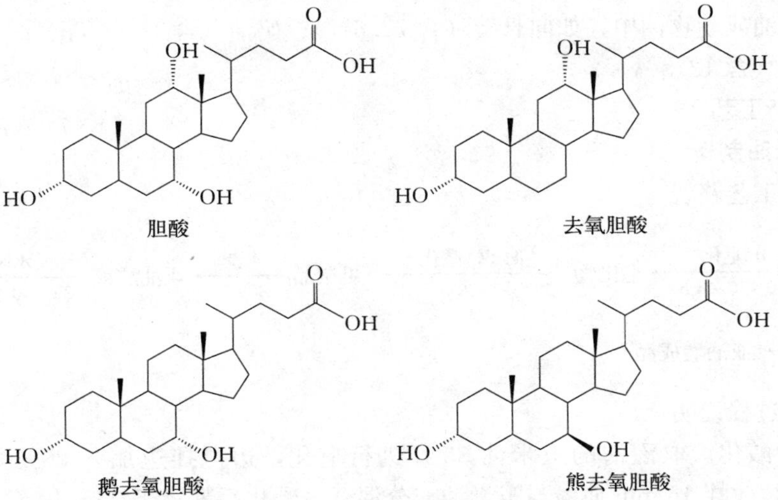

胆酸

去氧胆酸

鹅去氧胆酸

熊去氧胆酸

图 6-5　胆酸类的结构

化、抗辐射、抑制有害微生物生长等功效，被广泛用于化妆品和食品工业等领域的开发中。近年来，在药物治疗方面，鲨烯能够通过抑制信号调控通路中的关键蛋白，发挥调控胆固醇代谢的作用。

严格来讲，鲨烯属于烯烃而不应属于脂质化合物，但由于其化学性质和制备方法与其他脂质化合物相似，因此通常也将它归为脂类药物。其他诸如色素类（胆红素、血红素、原卟啉、胆绿素等）也是如此。因此笼统地归为"其他"类别。色素类在此不展开叙述，将在后面人工牛黄中详细介绍。

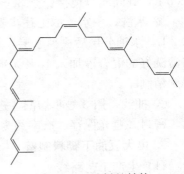

图 6-6　鲨烯的结构

四、脂类药物的制备方法

由于脂类药物物理化学性质差异较大，因此其来源和生产方法也多种多样。有些脂质化合物可以从生物细胞中直接提取和纯化，有的则需要通过微生物发酵或酶转化法生产。例如，胆酸及胆红素可以从胆汁中分离，鱼油多不饱和脂肪酸要从鱼油中取得，去氢胆酸采用化学半合成法生产，前列腺素 E_2 用酶转化法生产，辅酶 Q_{10} 则可用烟草细胞培养法生产。下面几节我们将按照制备方法的不同来分类具体介绍脂类药物。

第二节　提取纯化法制备脂类药物

一、亚油酸

(一) 结构

亚油酸（$C_{18}H_{32}O_2$）学名顺，顺-9，12-十八（碳）二烯酸，属于十八碳烯酸，是一种天然的不饱和脂肪酸，结构式如图 6-7 所示。其分子中含有两个双键，位于 6、7 位和 9、

10 位。亚油酸又称亚麻二烯酸、维生素 F 等。亚油酸主要存在于植物的种子油或动物油中，如向日葵（含 72.6%）、奶油（含 3.6%）、猪油（含 12.3%）。

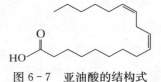

图 6-7 亚油酸的结构式

（二）生产工艺

1. 由玉米油制备

（1）生产工艺路线

$$玉米油 \xrightarrow[25\sim40\ ℃,\ 48\ h]{NaOH皂化} 皂化物 \xrightarrow[30\sim40\ ℃,\ 6\sim7\ h]{H_2SO_4酸化} 粗制品 \xrightarrow[30\ ℃]{水洗} 亚油酸液 \xrightarrow[25\sim30\ ℃,\ 48\sim96\ h]{无水Na_2SO_4脱水}$$

$$精制品 \xrightarrow[抽滤]{真空} 亚油酸成品$$

（2）工艺过程说明

① 皂化、酸化。取澄清的玉米油 33 L 进行皂化，边搅拌边加入 20% 氢氧化钠溶液 21.5 L，并持续搅拌 15 min 使碱与玉米油充分混合。乳化后静置于 25～40 ℃ 的环境中继续皂化 48 h，待皂化完全后取出皂化物并用木铲进行破碎，然后慢慢加入 45%～50% 的硫酸 22.5 L，其间充分搅拌。于 30～40 ℃ 的环境中持续酸化 6～7 h 即可得到粗制品。

② 水洗、脱水。取上述步骤得到的粗制品 1 L 放入 5 L 分液漏斗中，加入 30 ℃ 的自来水 2 L，水油分层后去掉水层，重复 5～6 次，再加入温蒸馏水洗 2 遍，直至无硫酸盐反应。将清洗好的混合液加入 10% 无水硫酸钠进行脱水，在 25～30 ℃ 的环境中静置 48～96 h，即得到精制品。

③ 抽滤。用 3 号垂熔漏斗进行真空抽滤，漏斗上铺滤纸。收集澄清溶液得到亚油酸成品，密封并避光保存。产率约为 80%。

2. 由大豆油下脚料制备

（1）生产工艺路线

$$大豆油下脚料 \xrightarrow[>90\ ℃,\ 2\sim3\ h]{NaOH皂化} 皂化物 \xrightarrow[酸化]{NaCl} 皂浆 \xrightarrow[酸化]{H_2SO_4} 酸化液 \xrightarrow[>80\ ℃,\ pH\ 6\sim7]{水洗}$$

$$黑脂酸 \xrightarrow[190\sim200\ ℃,\ 0.1\ MPa]{初蒸馏} 混合脂肪酸 \xrightarrow[0\sim2\ ℃,\ 10\sim12\ h]{冷压分离} \begin{cases} 硬脂酸 \\ 亚油酸粗品 \xrightarrow[185\sim200\ ℃,\ 0.1\ MPa]{精蒸馏} 亚油酸成品 \end{cases}$$

（2）工艺过程说明

① 皂化、盐析。取大豆油下脚料 1 000 kg，用蒸汽加热至高于 90 ℃，加入氢氧化钠溶液继续加热搅拌 15 min，再加入氢氧化钠、酚酞指示剂至混合液呈紫红色。加热煮 2～3 h 即得皂化物。然后加入固体工业用氯化钠，待加热翻动片刻再继续加入固体盐（总体用盐 50～100 kg），继续加热至铲刀取样时皂浆不粘刀且有明显黑水析出为止。继续加热 1～2 h 并保温静置 3 h，抽出下层黑水。

② 酸化、水洗。经盐析抽去黑水的皂浆加入第一次酸化抽出的废酸水，直接用蒸汽加热翻动 0.5 h，静置沉淀 1 h，抽去废水后加入浓硫酸（缓慢加入，每 1 000 kg 下脚料用浓硫酸 100～150 kg），其间取样至样品入量杯后迅速明显分层，中间夹层极少时停止加酸。静置

1 h将下层废酸水抽出，留存用于下批酸化。将酸化液加入3倍清水，直接用蒸汽加热至温度高于80 ℃保持20 min，静置0.5 h后抽去废水，重复上述操作3～4次，至废水pH为6～7停止，即得黑脂酸。黑脂酸收率约40%（以下脚料计算），酸价应高于165。

③ 初蒸馏。黑脂酸加热至105 ℃附近，分批吸入蒸馏塔进行减压蒸馏。联苯炉温度保持在270～290 ℃，压力保持在0.5～1.2 kg/cm²，蒸馏塔真空度在1.00×10^5 Pa以上，气相温度190～200 ℃馏出物全部收集备用。每1.5 h蒸出混合脂肪酸60 kg，并放黑脂酸蒸馏过程中的废弃物1次，重10～15 kg。蒸馏时保持冷凝器温度高于4 ℃来防止凝结。

④ 冷压分离。混合脂肪酸放入冷藏间冷至0～2 ℃，取出装入湿布袋中用油压机进行分离压榨，保持压出液体酸细流且不间断，逐步提高压力，每隔15～30 min开泵1次，增压5 kg/cm²，压榨10～12 h至终末压力约为150 kg/cm²。压出的液体即为亚油酸粗制品，留在布袋内的固体为硬脂酸。

⑤ 精蒸馏。亚油酸粗制品加热至100 ℃，吸入蒸馏塔，保持联苯炉温度在265～275 ℃，压力为0.2～0.5 kg/cm²，真空度大于1.00×10^5 Pa，收集气相温度在185～200 ℃的馏出物为亚油酸，收率约为90%，酸价大于195，碘价大于148。

3. 工艺分析与讨论 原料为玉米胚芽热榨油时，胚芽不能过焦，以微黄色最佳。加盐自然沉淀，保证室温为20 ℃左右，可使沉淀加快。皂化过程中避免光和空气，可适当延长皂化时间或者提高碱浓度以完成皂化（其程度由酸价控制）。

（三）药理作用与临床应用

亚油酸具有调节胆固醇的生理功能，临床常用于动脉粥样硬化的预防及治疗。

二、花生四烯酸

（一）结构

花生四烯酸（arachidonic acid，AA）全名为顺式-5，8，11，14-二十碳四烯酸，为高级不饱和脂肪酸，其结构式如图6-8所示。花生四烯酸存在于藻类、苔藓和其他植物中，在牛、猪等动物的肾上腺、肝及肺中均有分布。

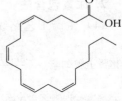

图6-8 花生四烯酸的结构式

（二）生产工艺

1. 溴化脱溴法

（1）生产工艺路线

猪肾上腺 $\xrightarrow[\text{pH 10，充氮回流}]{\text{（皂化）乙醇，KOH}}$ 皂化液 $\xrightarrow[\text{pH 3}]{\text{HCl，乙醚，分油}}$ 油醚液 $\xrightarrow[\text{0 ℃以下}]{\text{Br}_2\text{，乙醚（溴化）}}$

溴化物 $\xrightarrow[\text{充氮回流，8 h}]{\text{Zn，甲醇（脱溴）}}$ 脱溴液 $\xrightarrow[\text{pH 3（提取、浓缩）}]{\text{乙醚，硫酸钠，氮气}}$ 粗制油 $\xrightarrow[\text{70～80 ℃，回流6 h}]{\text{甲醇（补甲酯化）}}$

甲酯液 $\xrightarrow[\text{190～200 ℃，267 Pa}]{\text{（蒸馏）}}$ 花生四烯酸甲酯 $\xrightarrow[\text{40～80 ℃，充氮回流，0.5 h}]{\text{乙醚，KOH、硫酸钠（水解、提取）}}$ 花生四烯酸成品

（2）工艺过程说明

① 皂化、分油。取80 kg猪肾上腺进行组织破碎，加入等体积的95%乙醇和5 kg氢氧

化钾，调节 pH 至 10，搅拌均匀后加热充氮回流。完全皂化后停止反应。将反应液冷却至约 50 ℃，用 1∶1（体积比）盐酸调节 pH 至 3 进行分油，弃掉水层，乳化层用乙醚提取，合并该提取液及油层，将油醚液浓缩至原体积一半，置于 −20 ℃ 冷库过夜，于 0 ℃ 用滤纸自然过滤。滤渣经过乙醚洗涤后合并滤液，浓缩至一半体积，然后继续置于 −20 ℃ 冷库过夜。反复处理除去固体的饱和脂肪酸，得到油醚液。

② 溴化、脱溴。将预冷至 0 ℃ 的溴和乙醚配制成 1∶2（质量体积比）的溴醚液，激烈搅拌将其加入冰浴的油醚液中。完全溴化后得到橘黄色沉淀，停止加入溴醚液。去掉溴醚液，用乙醚清洗沉淀至洗涤液无色，沉淀为白色。晾干后得到溴化物。将溴化物研磨精细，每千克溴化物加入 1 kg 锌粉、7.5～10 L 甲醇和 20～40 mL 盐酸，于 75～80 ℃ 水浴中充氮回流，激烈搅拌 8 h 后停止回流，过滤后收集滤液，滤渣用适量甲醇洗涤，合并滤液，得到脱溴液。

③ 提取、浓缩、补甲酯化、蒸馏。脱溴液浓缩至原体积的 1/3，加入 3 倍体积的水进行稀释，用 4 mol/L 的盐酸酸化至 pH＝3，用乙醚提取 3～4 次并合并乙醚提取液。用无水硫酸钠脱水后，充氮浓缩除去乙醚，得到粗制油。称量后加入 2～3 倍量的甲醇（含饱和氯化氢），于 70～80 ℃ 水浴中回流 6 h，补甲酯化即完成。用 2 mol/L 氢氧化钠调节 pH 为 5～6，过滤并用乙醚洗涤沉淀与滤液合并，减压浓缩得到甲酯液，再通过高真空蒸馏（267 Pa）取 190～200 ℃ 馏分，即得花生四烯酸甲酯。以猪肾上腺质量计产率约为 0.2％。

④ 水解、提取。向花生四烯酸甲酯中加入 10 倍量的 1 mol/L 氢氧化钾液，40～80 ℃ 水浴中充氮回流 0.5 h。水解完全后停止回流并减压浓缩，除去部分甲醇，加入 3 倍水稀释，再用 4 mol/L 盐酸酸化至 pH＝3。用乙醚提取，并将醚层用水洗至 pH 为 5～6，用无水硫酸钠脱水后充氮减压浓缩，将乙醚除尽即得花生四烯酸成品。该品需要避光、充氮并于冷处保存。

2. 尿素包含法

（1）生产工艺路线

猪肾上腺匀浆 $\xrightarrow[\text{pH 10，充氮回流，pH 3}]{\text{乙醇，KOH，HCl或H}_2\text{SO}_4\text{，乙醚(提取、皂化、酸化)}}$ 混合脂肪酸乙醚液

$\xrightarrow[\substack{-5\ ℃\to-25\ ℃\to-45\ ℃\to-72\ ℃，\\ \text{每次2 h}}]{\text{丙酮(分级冷冻)}}$ 混合不饱和脂肪酸 $\xrightarrow[-3\ ℃\to-20\ ℃\to-75\ ℃]{\text{尿素，甲醇，无水Na}_2\text{SO}_4\text{(尿素包含结晶，干燥)}}$

花生四烯酸成品

（2）工艺过程说明

① 提取、皂化、酸化。取猪肾上腺匀浆液，加入 3 倍量的 95％ 乙醇提取，过滤并向滤渣中加入 2 倍量的 95％ 乙醇提取、过滤，合并滤液后浓缩除去乙醇。加入适量的乙醚提取，除去不溶物、蒸除乙醚后得到类脂物。向类脂物中加入 1.5 倍量的乙醇溶液，并加入 50％ 氢氧化钾调节 pH 至大于 10，充氮回流皂化，得到混合脂肪酸钾盐。用 50％ 盐酸或硫酸酸化至 pH＝3，继而用乙醚提取，得到混合脂肪酸乙醚液。

② 分级冷冻。上一步得到的混合脂肪酸乙醚液进行乙醚蒸除，加入 10 倍量的丙酮溶解，并依次于 −5 ℃、−25 ℃、−45 ℃、−72 ℃ 冷冻，每次 2 h，过滤除去饱和脂肪酸、蒸除丙酮，得到混合不饱和脂肪酸。

③ 尿素包含结晶。上步得到的混合不饱和脂肪酸用适量甲醇溶解，按脂肪酸：尿素：甲醇＝1：3：7的比例加入，待尿素完全溶解后依次于－3 ℃、－20 ℃、－75 ℃分级冷冻结晶，过滤后除去不饱和程度较低的脂肪酸的尿素包含结晶，滤液用无水硫酸钠干燥并蒸除甲醇，得到花生四烯酸。以猪肾上腺质量计收率约为 1.5 g/kg。

3. 工艺分析与讨论 花生四烯酸在制备、保存时需要在充氮、低温避光的环境中进行，储存于棕色瓶中，以免其活泼的次甲基与氧作用生成自由基。

（三）药理作用与临床应用

花生四烯酸是生物体合成前列腺素的重要原料，尚未直接应用于临床。

三、胆酸

（一）结构与性质

胆酸（cholic acid，CA）化学名为 3α、7α、12α－三羟基- 5β -胆烷酸，分子式 $C_{24}H_{40}O_5$，相对分子质量为408.6，熔点为 198 ℃，可溶于碱金属氢氧化物或碳酸盐的溶液中，其结构式如图 6－9 所示。胆酸通常由牛、猪、羊的胆汁经过皂化分离提取得到，是一种游离胆汁酸，通常在胆汁中没有或仅有微量胆酸存在，且不同种属的动物，其含量不同。制备胆酸通常使用牛、羊胆汁，含量在5％～6％。胆酸通常与甘氨酸和牛磺酸以酰胺键（肽键）的形式相结合存在于胆汁中。

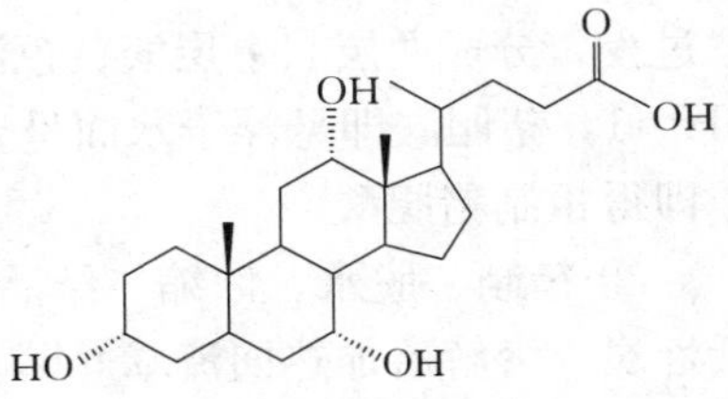

图 6－9 胆酸的结构式

（二）生产工艺

1. 乙醇结晶法

（1）生产工艺路线

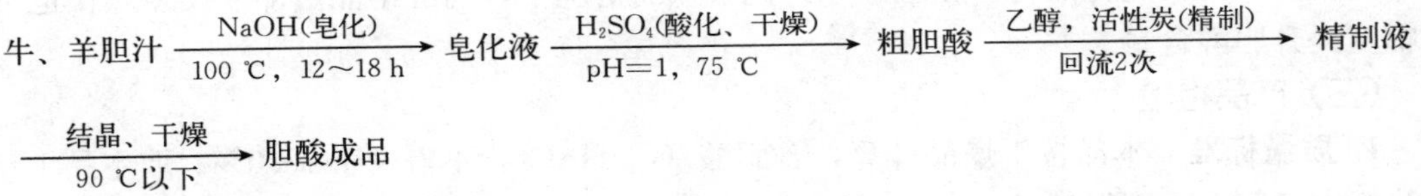

牛、羊胆汁 →(NaOH(皂化), 100 ℃，12～18 h)→ 皂化液 →(H₂SO₄(酸化、干燥), pH＝1, 75 ℃)→ 粗胆酸 →(乙醇，活性炭(精制), 回流2次)→ 精制液 →(结晶、干燥, 90 ℃以下)→ 胆酸成品

（2）工艺过程说明

① 皂化、酸化、干燥。取牛、羊胆汁加入 10％氢氧化钠溶液，加热煮沸进行皂化 12～18 h，并且不断补充蒸发损失的水。冷却后用稀释后的浓硫酸（浓硫酸：水＝2：1）酸化到pH＝1，浮在水面的即为胆酸。将其取出后置入锅内，加入少量水加热煮沸成硬的块状物，取出漂洗到中性为止，75 ℃干燥后磨粉，即得到粗制的胆酸。

② 精制、结晶、干燥。取上述步骤得到的粗制胆酸，加入 0.5～1 倍量的 95％乙醇，投入溶解缸内，加热搅拌回流至固体全部溶解，放出置于桶内冷却结晶，通常 3～4 d 完成。取出结晶捣碎并过滤，用少量 95％乙醇洗至滤液无色并滤干。结晶再加入 4 倍量的 95％乙醇，并加入 10％～15％活性炭，投入溶解缸内搅拌回流加热，溶解后趁热过滤，浓缩至原体积的 1/4 时倒出，冷却结晶过滤，并用少量乙醇洗涤结晶，小于 90 ℃干燥，即得胆酸成品。以牛、羊胆汁质量计，收率为 1％～3％。

2. 醋酸乙酯分离法

（1）生产工艺路线

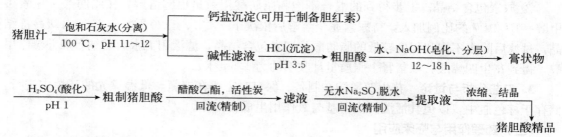

(2) 工艺过程说明

① 沉淀、皂化、分层、酸化。猪胆汁碱性滤液加盐酸调节 pH 到 3.5，即产生绿色胶体状的粗胆汁沉淀，静置超过 12 h 即得粗胆酸。将粗胆酸取出后用水冲洗，加入 1.5 倍量的氢氧化钠、9 倍量的水，加热煮沸皂化 12～18 h，其间不断补充蒸发损失的水分。冷却后静置过夜，分成两层（上层淡黄色液体，下层膏状物）。取膏状物补充少量水后用硫酸酸化至 pH＝1，猪胆酸即悬浮于水面呈金黄色。放冷后取出，置于冷水中打碎，漂洗至无酸性，滤干即得粗制猪胆酸。

② 精制、脱水、浓缩、结晶。上述粗制猪胆酸加入 4 倍量的醋酸乙酯和 15%～20% 的活性炭，溶解后加热回流 0.5 h，放冷过滤，滤渣用 1.5～2.5 倍量的醋酸乙酯再处理 1 次，放冷过滤，合并滤液。向滤液中加入 20% 的无水硫酸钠进行脱水，静置过夜后提取液浓缩回收乙酸乙酯至 1/3 体积，冷却结晶并过滤，结晶用醋酸乙酯洗涤，于 75 ℃ 干燥即得猪胆酸精品。以新鲜猪胆汁质量计收率约 3%。

3. 工艺分析与讨论 实际生产中，皂化 18 h、24 h 或 32 h 对胆酸收率影响不大。乙醇的洗涤液和吸附过的活性炭可集中回收少量的胆酸，胆酸结晶母液可考虑回收去氧胆酸和鹅去氧胆酸。应用过氧化氢脱色，应在冷却后的皂化液中加入 0.5% 的过氧化氢（30% 浓度）放置过夜，次日再进行酸化。在胆酸原料比较差的情况下，乙醇结晶法即使反复操作也不会大幅度提升胆酸含量。

（三）产品检验

1. 质量标准 本品按干燥品计算，含胆酸（$C_{24}H_{40}O_5$）不得少于 80.0%。取本品 1.0 g，依法检查遗留残渣不得超过 0.3%。取本品，在 105 ℃ 干燥 2 h，减失质量不得超过 1.0%。

2. 含量测定

（1）对照标准品溶液的制备 取在 105 ℃ 干燥至恒量的胆酸对照标准品 12.5 mg，精密称定，置 25 mL 容量瓶中，加 60% 冰醋酸溶液使溶解，并稀释至刻度，摇匀即可（每毫升中含胆酸 0.5 mg）。

（2）标准曲线的制备 精密量取对照标准品溶液 0.2 mL、0.4 mL、0.6 mL、0.8 mL、1.0 mL，分别置具塞试管中，各管加入 60% 冰醋酸溶液稀释成 1.0 mL，再分别加入新制的糠醛溶液 1.0 mL，摇匀，在冰浴中放置 5 min，精密加入硫酸溶液（取硫酸 50 mL 与水 65 mL 混合）13 mL，混匀，在 70 ℃ 水浴中加热 10 min，迅速移至冰浴中，放置 2 min，以相应的试剂为空白，依照紫外-可见分光光度法，在 605 nm 波长处测定吸光度，以吸光度为纵坐标，质量为横坐标，绘制标准曲线。

（3）测定。取本品约 0.15 g，精密称定，置 50 mL 容量瓶中，加 60% 冰醋酸溶液适量，超声处理，取出放冷，加 60% 冰醋酸溶液稀释至刻度，摇匀，过滤，弃去初滤液，精密量取续滤液 5 mL，置 50 mL 容量瓶中，并用 60％冰醋酸溶液稀释至刻度，精密量取各 1 mL，分别置甲、乙两个试管中。于甲管中加新制的糠醛溶液 1 mL，乙管中加水 1 mL 作空白，照"标准曲线的制备"项下的方法，自"在冰浴中放置 5 min"起，依法测定吸光度。从标准曲线上读出供试品溶液中含胆酸的质量，计算，即得含量。

（四）药理作用与临床应用

胆酸用于制备人工牛黄。胆酸类化合物对肠道脂肪起乳化作用，促进脂肪消化吸收，同时促进肠道正常菌落繁殖，抑制致病菌的生长，维持肠道的正常功能。

四、鹅去氧胆酸

（一）结构与性质

鹅去氧胆酸（chenodeoxycholic acid，CDCA）化学名为 3α，7α-二羟基-5-β-胆烷酸，分子式 $C_{24}H_{40}O_4$，结构式如图 6-10 所示。本品为白色针状结晶，无味；可溶于甲醇、乙醇、氯仿、冰醋酸、烯碱、丙酮等有机溶剂，不溶于水、苯及石油醚；熔点为 141～142 ℃。鹅去氧胆酸于 1848 年首先在鹅胆汁中发现并因此得名。很多种动物和人的胆汁、肝、肾、脑等组织器官中均含有鹅去氧胆酸，通常采用鸡、鹅、鸭的胆汁进行制备。鸡胆汁中有 4 种主要的胆汁酸，其中鹅去氧胆酸占胆汁酸总量的 80％左右，根据其中不同胆汁酸理化性质的不同，鹅去氧胆酸可与可溶性钡盐形成结晶沉淀而进行制备。

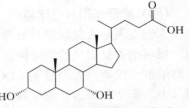

图 6-10　鹅去氧胆酸的结构式

（二）生产工艺

1. 生产工艺路线

鸡（鸭、鹅）胆汁 →（NaOH（水解）煮沸20～24 h）→ 皂化液 →（HCl（酸化）pH 2～3）→ 总胆汁酸 →（乙醇、活性炭（脱色）回流2 h）→ 滤液

→（120#汽油（脱脂）2～3次）→ 膏状物 →（BaCl₂（回流）pH 8～8.5,2 h）→ CDCA钡盐 →（Na₂CO₃，HCl（脱钡）pH 2～3）→ CDCA精品 →（醋酸乙酯结晶）→ CDCA结晶

CDCA结晶 →（真空干燥）→ CDCA成品

2. 工艺过程说明

（1）水解、酸化　取新鲜的鸡（或者鸭、鹅）胆汁加入 1/10（质量体积比）的工业氢氧化钠进行水解，加热煮沸 20～24 h 并不断补充蒸发损失的水分。冷却后加入 6 mol/L 的盐酸调节 pH 为 2～3，取出生成的黑色膏状物，用水充分洗涤至近中性，即得总胆汁酸。以胆汁质量计收率为 8％～9％。

（2）脱色、脱脂、成盐　向总胆汁酸中加入 2 倍量的 95％乙醇加热回流 2 h，并于同时加入 5％～10％的活性炭脱色然后趁热过滤。滤液冷却后用等体积的 120#汽油萃取 2～3 次脱脂，静置分层后取下层减压浓缩，回收乙醇得到膏状物。加入大量水析出沉淀（确保沉淀完全），并用水洗沉淀至洗涤液近无色，向其中加入 2 倍量的 95％乙醇及 5％ NaOH 溶液，调节 pH 至 8.5，加热回流 2 h，再向其中加入膏状物 2 倍量的 15％氯化钡水溶液加热回流 2 h，趁热过滤并蒸馏滤液，回收乙醇。内容物出现晶膜或混浊时停止加热，冷却后析出针状结晶。结晶完全后抽滤得到白色 CDCA 钡盐结晶，用水充分洗涤，收率约为 50%。必要时可用 65%～75% 乙醇重结晶并减压干燥。

（3）脱钡、结晶、干燥　钡盐干燥后研细并悬浮于 15 倍体积的水中，加入稍微过量的碳酸钠加热使其充分回流。趁热过滤，冷却，再次过滤并除去沉淀，滤液用 10% 盐酸调节 pH 至 2～3。析出沉淀并过滤，水洗沉淀至洗涤液中性，用醋酸乙酯进行结晶，真空干燥后再次以醋酸乙酯结晶 1～2 次，即得 CDCA 成品。收率以钡盐质量计约为 80%。

（三）产品检验

1. 质量标准　本品含 $C_{24}H_{40}O_4$ 不得低于 98.0%。取本品，在 80 ℃ 减压干燥至恒量，减失质量不得超过 2.0%。本品炽灼残渣不得超过 0.2%。

2. 含量测定　采用酸碱滴定法进行含量测定。称取本品约 0.5 g，精密称量，加入中性乙醇 25 mL 溶解后，加入酚酞指示试剂 2 滴，用 0.1 mol/L 氢氧化钠滴定液滴定即得。每毫升氢氧化钠滴定液相当于 39.26 mg $C_{24}H_{40}O_4$。

（四）药理作用与临床应用

人们发现鹅去氧胆酸具有降低胆汁内胆固醇的饱和度，从而溶解结石中的胆固醇的作用。服用鹅去氧胆酸后脂类恢复微胶粒状态，胆固醇则处于不饱和状态，从而使结石中的胆固醇溶解、脱落。大剂量的 CDCA 可抑制胆固醇的合成，并增加胆石症患者胆汁的分泌，但其中的胆盐和磷脂分泌量维持不变。CDCA 在临床上主要用于治疗胆固醇结石、胆囊结石等，但剂量较大时易发生腹泻，且对肝有一定毒性。

五、人工牛黄

（一）简介

牛黄是牛的胆囊结石，少数为胆管结石或肝管结石，是一种疗效确切的名贵中药材。天然牛黄资源非常有限，远无法满足医疗用途。20 世纪 50 年代开始我国科学家参考天然牛黄成分成功制备了人工牛黄，并进行了一系列的药理和临床研究工作。70 年代初制定了统一配方和质量标准。1989 年，我国又修订了人工牛黄质量标准。后续经过 5 年的试验研究和专家论证，按新标准生产的人工牛黄，其质量与组成成分明显优于原人工牛黄。为此，重新修订、发布的人工牛黄质量标准自 1995 年 7 月 1 日起予以执行。新配方组成由牛胆粉、胆酸、猪去氧胆酸、胆红素、胆固醇、无机盐及其他与天然牛黄相似的物质配制而成。牛胆粉是牛胆汁真空或冷冻干燥制得，主要含有牛磺胆酸盐、牛磺去氧胆酸盐、甘氨胆酸盐、甘氨去氧胆酸盐等结合型胆汁酸，占总量的 80% 左右，其中牛磺结合型与甘氨结合型胆汁酸的含量接近。胆固醇含量很低，以酯结合型为主。

现将各主要成分的制备方法及人工牛黄的组方和配制进行介绍。

（二）生产工艺

1. 猪去氧胆酸　猪去氧胆酸（hyodeoxycholic acid, HDCA）化学名为 3α，6β-二羟基-5β-胆烷酸。分子式为 $C_{24}H_{40}O_4$，相对分子质量为 392.58，其结构式如图 6-11 所示。本品为白色粉末，无臭或微腥味，味苦，熔点 197 ℃，易溶于乙醇和冰醋酸，在丙酮、乙醚、氯仿、苯乙酸乙酯中微溶，几乎不溶于水。HDCA 主要存在于猪胆汁中，可

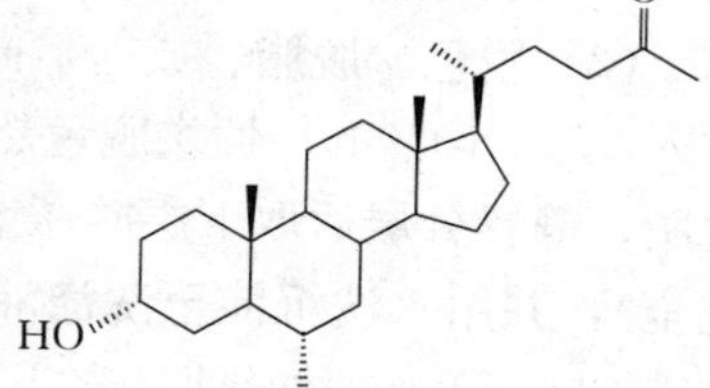

图 6-11　猪去氧胆酸的结构式

由其制备而得。

（1）生产工艺路线

粗胆汁酸 $\xrightarrow[118℃]{\text{NaOH（水解）}}$ 水解液 $\xrightarrow{\text{盐酸（酸化）}}$ 粗品 $\xrightarrow[\text{回流，过滤}]{\text{醋酸乙酯，活性炭（溶解、脱色）}}$ 滤液

$\xrightarrow{\text{无水硫酸钠（脱水）}}$ 滤液 $\xrightarrow{\text{蒸馏（浓缩）}}$ 结晶 $\xrightarrow{\text{干燥}}$ 成品

（2）工艺过程说明

① 制备粗胆汁酸。取猪胆汁制取胆红素钙盐的滤液，趁热加盐酸酸化至 pH＝2，静置 12～18 h，取上层液体，得到黄色膏状的粗胆汁酸，水洗后真空干燥。

② 水解、酸化。将粗胆汁酸加入 1.5 倍的氢氧化钠和 9 倍量的水，加热水解 16～18 h，冷却，静置分层吸去上层淡黄色液体，向沉淀物中加入少量水溶解。用 6 mol/L 的盐酸酸化至水溶液 pH＝2，过滤，滤渣用水洗至中性，真空干燥得到 HDCA 粗品。

③ 精制。将上步得到的粗品加入 5 倍量的醋酸乙酯、15％活性炭（均为质量比）加热搅拌回流溶解，冷却后过滤。滤渣用 3 倍体积的醋酸乙酯回流，过滤后合并滤液，加入 20％的无水硫酸钠脱水，然后过滤，滤液浓缩至原体积的 1/5～1/3，放置冷却结晶，抽滤，结晶用少量醋酸乙酯洗涤，真空干燥得到成品。

2. 胆红素 胆红素（bilirubin）为红褐色的色素体，是血红蛋白分解代谢后的还原产物，为四吡咯化合物，属于二烯胆素类。胆红素不溶于水，难溶于醇、醚，易溶于碱；主要在肝中生成，其次是肾。在胆汁中胆红素与 1 或 2 个葡萄糖醛酸结合生成胆红素酯。结合胆红素呈弱酸性，溶于水且带电荷。在血液中胆红素主要以胆红素结合白蛋白的形式存在，不能透过细胞膜。游离胆红素因其脂溶性易透过细胞膜。胆红素的结构如图 6-12 所示。

图 6-12 胆红素的结构

（1）生产工艺路线

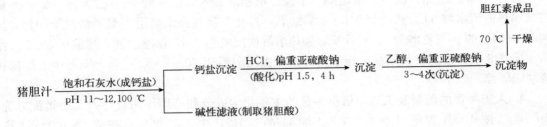

（2）工艺过程说明

① 成钙盐。取新鲜猪胆汁，在搅拌下加入 3～3.5 倍量的饱和石灰水上清液，继续搅拌 5～10 min，调节 pH 至 11～12，升温，在 60 ℃以前的泡沫用纱布除掉，再升温至沸腾 2 min，要防止胆红素钙盐溢出。冷却后过滤，得到胆红素钙盐沉淀。碱性滤液供制备猪胆酸使用。

② 酸化、沉淀、干燥。将胆红素钙盐加入 0.8 倍量的水调成糊状，过筛滤（0.425～

0.600 mm 孔），在滤液中加入 30％偏重亚硫酸钠抗氧化处理，搅拌下用盐酸调节 pH 至 1.5，静置 4 h，过滤并向沉淀中加入 8～10 倍量的 80％乙醇捣碎混匀，再加入偏重亚硫酸钠静置过夜，使其分层沉淀。吸去上层乙醇液，再加入 4～6 倍量的 80％以上乙醇和适量偏重亚硫酸钠，搅拌后浸泡过夜，反复操作 3～4 次至醇液不显黑色为止。抽滤，沉淀物于 70 ℃烘干，即得到胆红素成品。以新鲜猪胆汁质量计，产率为 0.02％～0.04％。

3. 胆固醇 胆固醇（cholesterol）是一种环戊烷多氢菲的衍生物，化学名为胆固- 5 -烯- 3β -醇。它不溶于水，易溶于乙醚、氯仿等溶剂。胆固醇是制备人工牛黄的重要原料。它是一种细胞膜脂质成分，是高等动物体中的主要甾醇。胆固醇广泛存在于动物体内，尤以脑及神经组织中最为丰富，在肾、脾、皮肤、肝和胆汁中含量也高。其结构如图 6-13 所示。

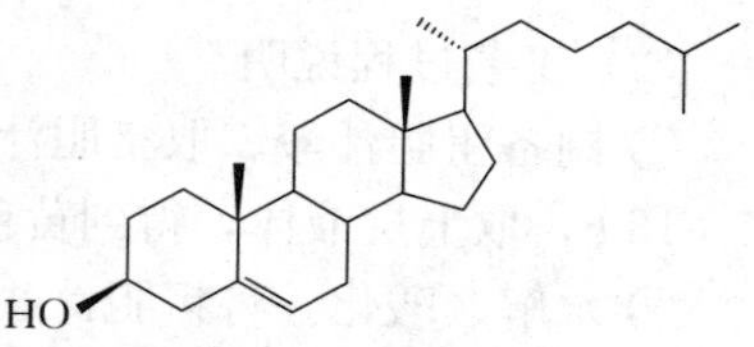

图 6-13 胆固醇的结构

（1）生产工艺路线 猪脑和蛋黄中含有的胆固醇含量高达 2％，因此常用猪（或牛、羊）的脑来提取制备胆固醇，其技术路线如下：

$$脑（猪、牛、羊）\xrightarrow[40\sim50\ ℃]{处理原料} 干脑粉 \xrightarrow[先后6次，蒸馏]{丙酮（提取、浓缩）} 黄色固体物 \xrightarrow[回流1h]{乙醇（溶解）} 胆固醇乙醇溶液$$

$$\xrightarrow[0\sim5\ ℃]{结晶} 胆固醇结晶粗品 \xrightarrow[回流8h]{乙醇，硫酸（酸水解）} 水解液 \xrightarrow[0\sim5\ ℃]{结晶} 结晶 \xrightarrow[回流1h]{乙醇，活性炭（脱色、重结晶、干燥）} 精制胆固醇$$

（2）工艺过程说明

① 原料处理。取新鲜的动物脑或脊髓（除去脂肪和脊髓膜）绞碎，于 40～50 ℃烘箱内烘干制成干脑粉，收率约 20％，含水量低于 8％。

② 提取、浓缩、溶解、结晶。取干脑粉 100 kg 加入冷丙酮 120 L 浸泡，搅拌提取 4.5 h，反复提取 6 次过滤。提取液合并后蒸馏，回收丙酮直至浓缩物中出现大量黄色固体为止。将该固体加入 10 倍量的 95％乙醇，加热回流 1 h 使之溶解，过滤并将滤液在 0～5 ℃冷却，静置析出结晶，过滤得到胆固醇结晶粗品。

③ 酸水解、结晶、脱色、重结晶、干燥。取粗品加入 5 倍量的 95％乙醇和 5％～6％硫酸，加热回流水解 8 h，再冷却于 0～5 ℃结晶，过滤并将滤出结晶用 95％乙醇洗至中性，再加入 10 倍量的 95％乙醇和 3％活性炭，加热溶解回流脱色 1 h，保温过滤，滤液于 0～5 ℃结晶。反复 3 次，过滤收集结晶，压干，挥发除去乙醇后于 70～80 ℃真空干燥器中干燥即得精制胆固醇。收率为 6％～8％。

4. 人工牛黄的配制及工艺 依据牛黄的主要化学成分和药理作用设计人工牛黄配方为：胆红素（按 100％含量计算）0.7％，胆固醇 2.0％，牛、羊胆酸（按含量 100％计算）12.5％，猪胆酸（熔点大于 150 ℃）15％，无机盐 5％，硫酸镁 1.5％，硫酸亚铁 0.5％，磷酸三钙 3.0％，淀粉加至 100％。按照比例称取各种原料，先将胆红素溶解在少量有机溶剂中，再加入胆酸、胆固醇、无机盐、赋形剂等混合均匀。真空干燥后将干燥物磨粉碎，过筛（0.180 mm 孔）即得人工牛黄成品。该品味微苦，有吸湿性，呈土黄色，疏松粉末状，应置于棕色瓶中保存。

5. 制牛黄 制牛黄是利用新鲜牛胆汁人工配制成石胆汁，在流体力学涡流效应的作用下形成的牛胆红素钙结石。制牛黄的理化性质及药物效应与天然牛黄基本一致，微量元素光谱分析几乎完全相同。

6. 人工培育牛黄　20世纪70年代初，人们将适宜的异物人工植入活牛的胆囊中，自然培育得到牛黄，成为人工培育牛黄。后来有人发现羊与牛类似，也可产生"羊黄"。且羊体积小，成本低，成黄率达4%～8%。该方法为人工牛黄的制备开辟了新的途径。

（三）产品检验

1. 质量标准　本品为疏松的黄色粉末，味苦、微甘。

① 取本品适量分成2份，一份加入硫酸，显污绿色；另一份加入硝酸，显红色。

② 对其进行薄层色谱分析，在硅胶G板上，以标准胆酸、猪去氧胆酸为对照品，异辛烷-正丁醇-冰醋酸（8∶5∶5）为展开剂，用10%磷钼酸的乙醇溶液显色，烘干后供试品应与对照品在相应的位置上呈现相同颜色的斑点。

本品按干燥品计算，含胆酸（$C_{24}H_{40}O_5$）不得少于13.0%。按干燥品计算，含胆红素（$C_{33}H_{36}N_4O_6$）不得少于0.63%。

2. 含量测定　本品需控制胆酸及胆红素含量。其中胆酸的含量测定方法已有介绍，不再赘述。

胆红素含量测定：取胆红素对照品10 mg，精密称量后加入100 mL容量瓶中（棕色），加入三氯甲烷80 mL，超声使之充分溶解，然后用三氯甲烷稀释至刻度，摇匀。精密量取10 mL该溶液置于50 mL棕色量瓶中，加入三氯甲烷稀释至刻度，摇匀后即得胆红素对照品溶液。精密量取对照品溶液4 mL、5 mL、6 mL、7 mL、8 mL分别置于25 mL容量瓶中，用三氯甲烷稀释至刻度并摇匀，即得标准样品。于453 nm波长处测定吸光度，做标准曲线。取本品约80 mg精密称量，置于100 mL棕色容量瓶中，加入三氯甲烷80 mL超声溶解，充分溶解后用三氯甲烷稀释至刻度，摇匀，过滤并弃去初滤液。取续滤液，在453 nm波长处测定吸光度，将供试品溶液中的吸光度与标准曲线进行对比，计算后即得胆红素含量。

（四）药理作用与临床应用

牛黄具有镇静、抗惊厥、解热等作用，能够扩张微血管、降低血压、解痉平滑肌，还具有显著增加红细胞数量、兴奋呼吸、利胆等功效，外用可治疗疖疮、口疮等。此外，人工牛黄还是百余种中成药的重要原料药。

六、卵磷脂

（一）结构

卵磷脂（lecithin）即胆碱磷酸甘油酯，或磷脂酰胆碱，其结构如图6-14所示。卵磷脂是构成细胞膜的主要成分之一，蛋黄中含有丰富的卵磷脂，动物脑、脊髓、心脏及牛奶中也含有卵磷脂。

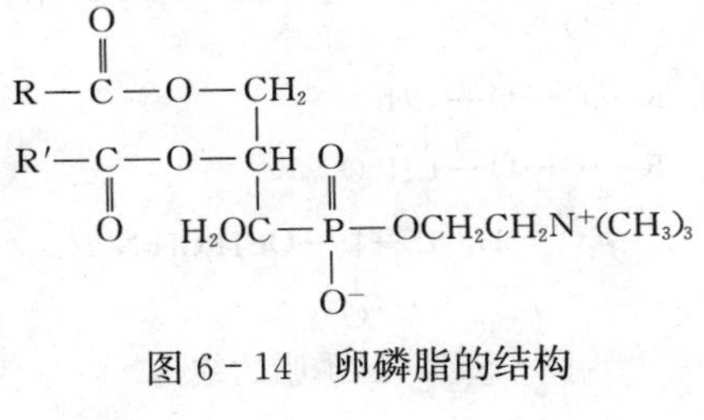

图 6-14　卵磷脂的结构

（二）生产工艺

1. 生产工艺路线

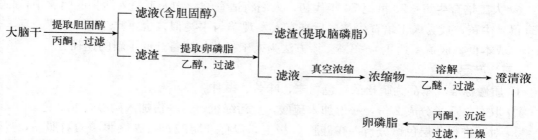

2. 工艺过程说明

（1）提取、浓缩　称取大脑干并用 3 倍量的丙酮循环浸泡 20～24 h，过滤，滤液用于制备胆固醇。滤渣蒸发并除去丙酮，加入 2～3 倍量的乙醇提取 4～5 次，合并乙醇提取液。残渣用于脑磷脂的提取。将乙醇提取液真空浓缩并趁热放出浓缩液。

（2）溶解、沉淀、干燥　浓缩液加入 1/2 体积的乙醚并不断搅拌。放置 2 h 至白色沉淀物完全沉淀，过滤。上层乙醚清液在急速搅拌下加入丙酮（上清液质量的 1.5 倍）中析出沉淀，过滤掉乙醚、丙酮，得到膏状。用丙酮洗涤膏状物两次，真空干燥除去乙醚、丙酮，得到卵磷脂成品。

（三）产品检验

1. 质量标准　本品质量以含磷量计算，要求含磷量不低于 2.5%；水分不超过 5%，乙醚不溶物＜1%，丙酮不溶物不低于 90%。

2. 含量测定　采用干法样品消化法进行含磷量的测定。精确称取本品 1.0 g 于坩埚中，加入氧化锌 0.5 g，滴加乙醇数滴，于通风橱中点燃磷脂并置于电炉上加热炭化，然后放在电热高温炉中于 550 ℃灼烧 2 h，取出冷却并用 6 mol/L 盐酸溶液 10 mL 加热沸腾 5 min。冷却后用蒸馏水稀释并转移到 100 mL 容量瓶中，稀释至刻度后摇匀。该分解液按照 GB/T 6437 计算可得总磷的含量。

（四）药理作用与临床应用

磷脂除了是构成生物膜的基本物质外，还是构成各种脂蛋白的主要成分。卵磷脂在临床上可用于辅助治疗动脉粥样硬化、脂肪肝，也可用于治疗小儿湿疹，神经衰弱等症。

七、脑磷脂

（一）结构与性质

脑磷脂（cephalin）又称为磷脂酰乙醇胺，存在于动物的脑及脊髓中。脑磷脂呈微黄色，非结晶体，无定形粉末，无一定熔点，有旋光性，在空气中极易氧化。其结构如图 6-15 所示。

图 6-15　脑磷脂的结构

（二）生产工艺

1. 生产工艺路线

大脑干 $\xrightarrow[\text{乙醚，过滤}]{\text{提取}}$ 滤液 $\xrightarrow{\text{浓缩}}$ 浓缩液 $\xrightarrow[\text{乙醇，过滤}]{\text{提取}}$

　　滤液(含卵磷脂、胆固醇)

　　沉淀 $\xrightarrow[\text{100 ℃过滤}]{\text{水，氯化钙}}$ 粗脑磷脂 $\longrightarrow$

$\xrightarrow[\text{乙醇，过滤}]{\text{除杂质}}$ 沉淀 $\xrightarrow[\text{乙醚，过滤}]{\text{溶解}}$ 滤液 $\xrightarrow[\text{过滤，干燥}]{\text{乙醚或丙酮}}$ 脑磷脂

2. 工艺过程说明

（1）提取　取大脑干搅碎，加入 3 倍质量的乙醚加热沸腾，过滤。滤渣重复提取一次。

（2）浓缩、溶解　合并滤液浓缩至原体积的 1/3，加入 3 倍体积的乙醇（浓度 80% 以上），水浴加热，全部溶解后冷室内放置过夜并过滤。滤液含有卵磷脂和胆固醇，沉淀含有粗磷脂。

（3）沉淀　沉淀加入少量水和 0.5% 的氯化钙加热至 100 ℃，过滤，取沉淀干燥，得粗脑磷脂。

（4）精制　粗脑磷脂加入 3 倍量的 95% 乙醇，于冷室内放置 4 h，过滤并将沉淀用乙醇反复处理五次，溶于乙醚中，过滤后滤液中加入 95% 乙醇或丙酮，沉淀出脑磷脂，过滤，真空干燥即得脑磷脂成品。

（三）产品检验

1. 质量标准　本品要求含氮量 1.6%~1.8%，含磷量不低于 2.5%，胆碱检查呈阳性，水分不超过 5%。

2. 含量测定　含磷量测定参考卵磷脂中的含量测定方法。

（四）药理作用与临床应用

脑磷脂在临床上用于局部止血、神经衰弱、动脉粥样硬化、肝硬化和脂肪性病变等。此外，羊脑磷脂可作为肝功能的诊断试剂。

第三节　微生物发酵法、酶转化法制备脂类药物

一、前列腺素

（一）简介

目前已发现的前列腺素（PG）种类众多，它们都是以二十碳五碳环的前列腺烷酸为基本骨架的脂肪酸及其衍生物。按照五碳环及五碳环上各种取代基的不同，前列腺素被分为 A、B、C、D、E、F、G、H 八类。按照侧链上分别含有 1 个、2 个和 3 个双键的不同分为 1、2、3 三种。PGA~PGF 是 1975 年发现的，PGG 和 PGH 是 1975 年之后发现的。主要的六种前列腺素为 PGE_1、PGE_2、PGE_3、$PGF_{1\alpha}$、$PGF_{2\alpha}$、$PGF_{3\alpha}$（α 指 9 位的羟基位于环平面后），它们的结构如图 6 - 16 所示。

现已知在烷基侧链上的 15 位羟基对前列腺素的生物活性有很重要的作用，在前列腺素 15 位羟基脱氢酶的作用下脱氢成酮基，就丧失了生物活性。

前列腺素普遍存在于人与动物的组织及体液中，如精液、雄性副性腺、蜕膜、卵巢、胎

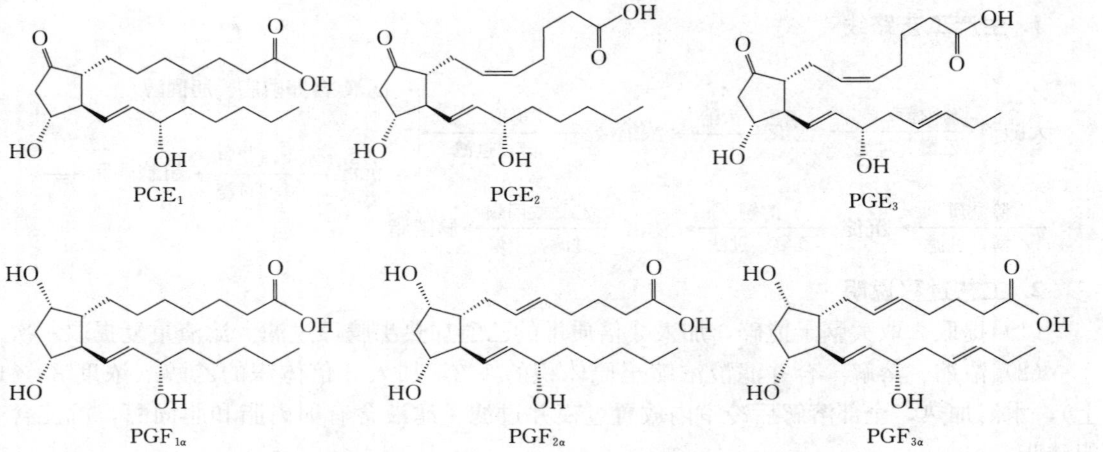

图 6-16 前列腺素的结构

盘、月经血、脐带、羊水等。以人的精液中含量为最高，其总浓度在 0.3 mg/mL 以上。在怀孕期满和分娩时，羊水和脐带中含有大量的 $PGF_{1\alpha}$ 和 $PGF_{2\alpha}$。脑、肺、胸腺、脊髓、脂肪、肾上腺、肠、胃、脾、神经等组织也能释放出少量的前列腺素。海洋腔肠动物珊瑚中有较高含量的前列腺素，如柳珊瑚含前列腺素高达 1.5%。

在体内合成前列腺素的前体是花生三烯酸、花生四烯酸、花生五烯酸等，促进其合成的酶是前列腺素合成酶。如 8，11，14-全顺式花生三烯酸、5，8，11，14-全顺式花生四烯酸及 5，8，11，14，17-全顺式花生五烯酸经前列腺素合成酶的作用，可分别转化为 PGE_1、PGE_2、PGE_3 或 $PGF_{1\alpha}$、$PGF_{2\alpha}$、$PGF_{3\alpha}$。

在人和动物的许多组织中都存在着前列腺素合成酶，如精囊、睾丸、肾髓质、肺、胃、肠等，其中以精囊中含量最高。绵羊精囊的前列腺素合成酶底物转化率达 75%，其次为兔肾髓质 41%，羊睾丸 18%，大鼠肾髓质 17%。另外，大豆类脂氧化酶 2 及 *Achlya americana* ATCC 10977、*Achlya bisexualis* ATCC 11397 等微生物也可将花生四烯酸转化为前列腺素。目前多采用以羊精囊为酶原，以花生四烯酸为原料生产前列腺素。

（二）生产工艺

前列腺素种类繁多，此处仅介绍 PGE_2 的制备。PGE_2 的化学名为 11α，15（S）-二羟基-9-羰基-5-顺-13-反前列双烯酸，分子式为 $C_{20}H_{32}O_5$，相对分子质量为 352。PGE_2 为白色结晶，熔点 68～69 ℃，溶于乙酸乙酯、乙醇、丙酮、乙醚、甲醇等有机溶剂，不溶于水。在酸性和碱性条件下 PGE_1 可分别异构化为 PGA_2 和 PGB_2，二者最大紫外吸收波长分别为 217 nm 和 278 nm。

1. 生产工艺路线

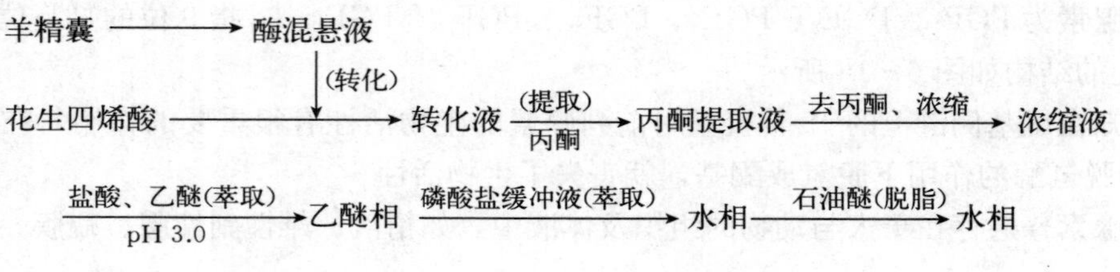

羊精囊 ——→ 酶混悬液
                    ↓（转化）
花生四烯酸 ——————→ 转化液 $\xrightarrow[\text{丙酮}]{\text{（提取）}}$ 丙酮提取液 $\xrightarrow{\text{去丙酮、浓缩}}$ 浓缩液

$\xrightarrow[\text{pH 3.0}]{\text{盐酸、乙醚（萃取）}}$ 乙醚相 $\xrightarrow{\text{磷酸盐缓冲液（萃取）}}$ 水相 $\xrightarrow{\text{石油醚（脱脂）}}$ 水相

$$\xrightarrow[\text{pH 3.0}]{\text{盐酸、二氯甲烷(萃取)}} \text{二氯甲烷相} \xrightarrow[\text{减压蒸馏}]{\text{(浓缩)}} \text{PG粗品}$$

$$\xrightarrow[\text{硅胶}]{\text{(层析分离)}} \begin{array}{c}\text{PGA}\\\text{PGE}\end{array} \xrightarrow[\text{硝酸银硅胶}]{\text{(层析分离)}} \begin{array}{c}\text{PGE}_1\\\text{PGE}_2\end{array} \xrightarrow[\text{减压蒸馏}]{\text{N}_2\text{(浓缩)}} \text{浓缩液} \xrightarrow[\text{醋酸乙酯}]{\text{(溶解)}}$$

$$\text{PGE}_2\text{醋酸乙酯溶液} \xrightarrow[\text{无水硫酸钠}]{\text{(脱水)}} \text{无水PGE}_2\text{醋酸乙酯溶液} \xrightarrow[\text{除掉醋酸乙酯}]{\text{N}_2\text{减压蒸馏}} \text{PGE}_2\text{纯品}$$

$$\xrightarrow[\text{醋酸乙酯-己烷}]{\text{(结晶)}} \text{PGE}_2\text{结晶}$$

2. 工艺过程说明

（1）酶的制备　取 $-30\ ℃$ 冷藏的羊精囊去掉结缔组织，按每千克加 $0.154\ mol/L$ 氯化钾溶液 $1\ L$，分次加入。匀浆后，$4\ 000\ r/min$ 离心 $25\ min$，取上层液以双层纱布过滤得清液。残渣再加氯化钾溶液、匀浆、离心、过滤，合并两次滤液。以 $2\ mol/L$ 柠檬酸溶液调 pH 至 5.0 ± 0.2，于 $4\ 000\ r/min$ 离心 $25\ min$。弃上清液，用 $0.2\ mol/L$ 磷酸盐缓冲液（pH8.0）$100\ mL$ 洗出沉淀，再加入 $6.25\ mol/L$ EDTA－Na$_2$ 溶液 $100\ mL$ 搅匀，用 $2\ mol/L$ 氢氧化钾溶液调 pH 至 8.0 ± 0.1 作为酶混悬液。

（2）转化　取酶混悬液按每升加入抗氧化剂氢醌 $40\ mg$、反应辅助剂谷胱甘肽 $500\ mg$，用少量水溶解后加入酶混悬液中，再按每千克羊精囊加花生四烯酸 $1\ g$，搅拌通氧，$37\sim38\ ℃$ 保温 $1\ h$。加 3 倍体积的丙酮，搅拌 $30\ min$。

（3）PG 粗品提取　将上述丙酮液过滤后，压干，残渣再用少量丙酮提取一次，合并两次丙酮液，于 $45\ ℃$ 以下减压浓缩以除去丙酮。浓缩液用 $4\ mol/L$ 盐酸调 pH 至 3.0，以 $2/3$ 体积的乙醚分三次振摇萃取，弃水层，取醚层，再以 $2/3$ 体积的 $0.2\ mol/L$ 磷酸盐缓冲液分三次振摇萃取，弃醚层取水层。用 $2/3$ 体积石油醚（$30\sim60\ ℃$）分三次振摇脱脂，弃醚层取水层。以 $4\ mol/L$ 盐酸调 pH 至 3.0，用 $2/3$ 体积二氯甲烷三次振摇萃取，取二氯甲烷层。以少量水洗酸后，加少量无水硫酸钠，密塞，置冰箱内放置过夜以脱去水分，滤除硫酸钠，在 $40\ ℃$ 以下减压浓缩得黄色油状物，即 PG 粗品。

（4）PGE$_2$ 的分离

① PGE 与 PGA 的分离。按每克 PG 粗品用硅胶 $15\ g$，称取过 $100\sim160$ 目的活化硅胶，混悬于氯仿，湿法装柱。PG 粗品用少量氯仿溶解上柱，依次以氯仿、氯仿-甲醇（98∶2，体积比）、氯仿-甲醇（96∶4，体积比）洗脱，以硅胶薄层层析鉴定追踪，分别收集 PGA 和 PGE 部分，在 $35\ ℃$ 以下减压浓缩，除尽氯仿、甲醇，得 PGE 粗品。

② PGE$_2$ 与 PGE$_1$ 的分离。按每克 PGE 粗品称取粒径 $58\sim75\ \mu m$ 经活化的硝酸银-硅胶（1∶10，质量比）$20\ g$，混悬于醋酸乙酯-冰醋酸-石油醚（沸程 $90\sim120\ ℃$）-水（200∶22.5∶125∶5，体积比）展开剂中装柱，样品以少量的同一展开剂溶解后上柱，并以同一溶剂洗脱，以硝酸银-硅胶 G（1∶10，质量比）薄层层析鉴定追踪，分别收集 PGE$_1$ 和 PGE$_2$。各管于 $35\ ℃$ 以下充氮减压浓缩至无醋酸味，用适量醋酸乙酯溶解后，以少量水洗酸，生理盐水除银。醋酸乙酯溶液加无水硫酸钠适量，充氮，密塞，置冰箱中过夜，滤去硫酸钠后，在 $35\ ℃$ 下充氮减压浓缩，除尽醋酸乙酯，得 PGE$_2$ 纯品。经醋酸乙酯-己烷结晶，可得 PGE$_2$

结晶。PGE$_1$ 可用少量醋酸乙酯溶解，置冰箱得 PGE$_1$ 结晶（熔点 115～116 ℃）

（三）产品检验

1. 质量标准 以 PGE$_2$ 为例，要求其含量不低于标示量的 85%。含银量不得超过 0.02%，且热原、无菌检验应合格。

2. 含量测定 根据 PGE 的理化性质、生物活性等特点，采用多种方法均可进行检测。利用 PGE 能够兴奋平滑肌或降低血压，可以进行生物测定微量的 PG 的存在；利用高效液相色谱、硝酸银-硅胶薄层层析进行鉴别；利用红外、紫外光谱进行鉴定。此外，PGE 在碱性条件下可以异构为 PGB，在 278 nm 处有特征吸收，可通过此特征吸收波长进行测定。

（四）药理作用与临床应用

前列腺素是一类具有多种生理活性，可能是调节机体局部功能的一种重要活性物质。对心血管的平滑肌有显著的抑制作用，可降低血压；对非血管的平滑肌有显著的兴奋作用；与生殖系统有关的前列腺素，如 PGE$_2$ 和 PGF$_{2\alpha}$，对各期妊娠子宫均有收缩作用，并可直接使宫颈变软，有利于宫颈扩张。

临床应用：PGE$_2$ 在临床上用于过期妊娠、先兆子痫以及胎儿宫内生长迟缓时的引产，还可用于过期流产、28 周前的宫腔内死胎以及良性葡萄胎时排除宫腔内容物，常与缩宫药同用。PGF$_{2\alpha}$在临床上用于妊娠中期人工流产（16～20 周），也适用于过期流产、胎死宫内或较明显的胎儿先天畸形的引产，低浓度药液静脉滴注可用于足月妊娠时引产，在动脉造影时可作为血管扩张药动脉注射。

> ⊙思政：科学发现（前列腺素的发现）。1930 年发现人的新鲜精液有使生育过的子宫的肌肉收缩和松弛的双重作用。1935 年前后分别从人精液和羊精囊的脂质提取物中得到一种活性物质，可使平滑肌收缩，注入动物体内引起血压下降。当时推测这种物质是由前列腺分泌的，欧拉把它命名为前列腺素。后来证明，这种活性物质不是来自前列腺，而是来自贮精囊及其他组织细胞，其来源命名是一种误称。30 年后，博格斯特伦等人分离出前列腺素精品，阐明了它的化学结构和酶促合成。从此，前列腺素的研究有了迅速的发展。

二、辅酶 Q$_{10}$

（一）结构与性质

辅酶 Q$_{10}$（coenzyme Q$_{10}$，CoQ$_{10}$）是辅酶 Q 类的重要成员之一。辅酶 Q 类广泛存在于生物界，如人、动物、各种酵母等，结合其结构又被称为泛醌。辅酶 Q 类在人体内主要集中于心脏、肝、肾、肾上腺等组织。在细胞内辅酶 Q 类与线粒体内膜相结合，是氧化呼吸链中的重要递氢体。辅酶 Q 是醌类化合物，它们都是 2,3-二甲氧基-1,4-苯醌的衍生物，6 位上有聚-［2-甲基丁烯（2）基］链，结构通式如图 6-17 所示。自然界存在的辅酶 Q，不同生物来源的 n 值为 6～10，人体辅酶 Q 的 $n=10$，即为辅

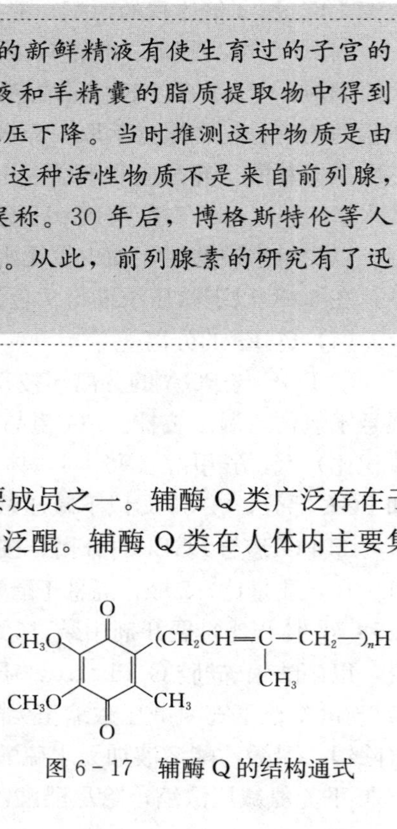

图 6-17 辅酶 Q 的结构通式

酶 Q_{10}，其余类推。辅酶 Q_{10} 又名泛醌 Q_{10}，化学名为 2,3-二甲氧基-5-甲基-6-{十聚-[2-甲基丁烯（2）]基}-苯醌，分子式为 $C_{59}H_{90}O_4$，相对分子质量为 863.36。

其物理性质为：①本品为黄色或淡橙黄色、无臭无味的结晶状粉末，易溶于氯仿、苯、四氯化碳，能溶于丙酮、乙醚、石油醚，微溶于乙醇，基本上不溶于水和甲醇，遇光易分解成微红色物质，对温度和湿度较稳定，熔点 49 ℃。②本品在环己烷中的紫外线最大吸收波长为 272 nm，吸收系数 $\varepsilon_{1cm}^{1\%}=172$；最小吸收波长为 238 nm，吸收系数 $\varepsilon_{1cm}^{1\%}=32.5$。它在无水乙醇中最大吸收波长为 275 nm，最小吸收波长为 236 nm。

本品很容易被还原，这使它在环己烷中的最大吸收波长改变为 291 nm，吸收系数 $\varepsilon_{1cm}^{1\%}$ 由 172 转化为 52，经重新氧化后可恢复为原来的氧化型值。它的氧化还原电势是 0.542 V，氧化型较还原型稳定。

（二）生产工艺

辅酶 Q_{10} 的制备有组织提取法、微生物细胞培养法和化学合成法。组织提取法较常用的提取原料有动物心等；微生物细胞培养法的主要菌种有红极毛杆菌、脱氮极毛杆菌等；化学合成法较不经济，很少采用。国内从提取细胞色素 c 的猪心残渣中生产辅酶 Q_{10}，其收率与新鲜猪心相当。因此下面对微生物细胞培养法和以猪心残渣为原料提取辅酶 Q_{10} 的方法加以介绍。

1. 微生物细胞培养法　天然的辅酶 Q 类广泛存在于需氧生物中，从低等微生物至高等动植物，含量差异很大。在微生物中，尤其是各种菌中，有其特有的分布规律，在不需氧呼吸的细胞中无辅酶 Q。革兰氏阴性菌则具有高浓度的辅酶 Q，主要是辅酶 $Q_{8\sim10}$。酵母及真菌类也有各种辅酶 Q。经长期筛选有几种微生物适合作为生产辅酶 Q_{10} 的主要菌种。

红极毛杆菌属红色无硫黄细菌科，是日本早期研究发酵生产辅酶 Q_{10} 的菌种之一，1 kg 干菌体可得辅酶 Q_{10}1.5～1.8 g。脱氮极毛杆菌系假单胞杆菌属细菌，为日本近年来研究用于生产辅酶 Q_{10} 的菌种，1 kg 干菌体可得辅酶 Q_{10}1.55 g。还有甲烷微环菌、鱼精蛋白杆菌、放射形土壤杆菌、红酵母、铁艾酵母、根癌病土壤杆菌、隐球酵母、假丝酵母、外担子菌等也可用于生产辅酶 Q_{10}。

辅酶 Q_{10} 的化学组成是芳香环和异戊烯基侧链。芳香环在不同生物中其合成途径不同，在动物器官中，主要是苯丙氨酸和酪氨酸，直接前体是由酪氨酸经一系列中间芳香酸形成的对羟基苯甲酸，也可由去甲肾上腺素合成。在微生物中，是由莽草酸经对羟基苯甲酸合成芳香环。另一条合成芳香环的途径是乙酸-丙二酸途径，这是微生物中特有的。关于葡萄糖生成对羟基苯甲酸，一般遵循芳香基合成莽草酸的途径。

在 1976 年日本召开的辅酶 Q_{10} 国际专题会议上，Rudney 提出由芳香环合成辅酶 Q_{10} 的途径和异戊烯基侧链的生物合成路线如下：

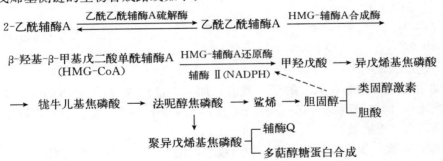

日本采用 *Paracoccus denitrificons* 发酵，加入有关前体或代谢物质，如 L-酪氨酸、L-苯丙氨酸、原儿茶酸、p-香豆酸、p-羟基苯酸、反（式）桂皮酸、莽草酸、甲硫氨酸、甲羟戊酸、异戊间二烯醇及香草醛，加入的天然物有蚕粪、烟草提取物，加入量为培养基的 0.1%～2%（质量体积分数），最好为 0.5%～1%（质量体积分数），均可使辅酶 Q_{10} 产量提高。

2. 纯碱皂化法

（1）生产工艺路线

$$\text{猪心残渣} \xrightarrow[\text{回流（皂化）}]{\text{焦性没食子酸、乙醇、氢氧化钠}} \text{皂化液} \xrightarrow{\text{石油醚或汽油（萃取）}} \text{萃取液}$$

$$\xrightarrow[\text{减压蒸馏}]{\text{（浓缩）}} \text{浓缩液} \xrightarrow[\text{硅胶柱}]{\text{（层析）}} \text{洗脱液} \xrightarrow[\text{减压蒸馏}]{\text{（除溶剂）}} \text{黄色油状物} \xrightarrow[\text{无水乙醇}]{\text{（结晶）}} \text{辅酶}Q_{10}\text{精品}$$

（2）工艺过程说明

① 皂化。取生产细胞色素 c 的猪心残渣压干称重，按干渣量加入 30%（质量分数）工业焦性没食子酸，拌匀，缓慢加入干渣重 3～3.5 倍量乙醇及干渣重 32%（质量分数）氢氧化钠（预先配制成醇碱溶液），置反应锅中，加热搅拌回流 25～30 min，迅速冷却至室温，得皂化液。

② 萃取。将冷却皂化液立即加入其体积 1/10 量的石油醚或 120#汽油，搅拌后静置分层，分取上层。下层再以同样溶剂萃取 2～3 次，直至萃取完全，合并萃取液，以水反复洗涤至近中性。

③ 浓缩。将上述萃取液减压蒸馏浓缩至约原体积的 1/10，冷却，−5 ℃以下放置过夜，滤除析出物，得浓缩液。

④ 层析分离。将浓缩液上硅胶吸附柱，先以石油醚或 120#汽油洗脱，除去杂质，再以 10%（体积分数）乙醚-石油醚混合溶剂洗脱，收集黄色带部分的洗脱液。

⑤ 除溶剂。将洗脱液减压蒸除溶剂得黄色油状物。

⑥ 结晶。在黄色油状物中加入适量无水乙醇，温热使之溶解，趁热过滤，滤液静置结晶完全，滤得结晶，以无水乙醇再结晶或经硅胶层析柱分离，得辅酶 Q_{10} 精品。

3. 溶剂提取法

（1）生产工艺路线

$$\text{猪心残渣} \xrightarrow[\text{回流}]{\text{混合有机溶剂（提取）}} \text{提取液} \xrightarrow[\text{减压蒸馏}]{\text{（浓缩）}} \text{浓缩液} \xrightarrow[\text{石油醚}]{\text{（萃取）}} \text{萃取液}$$

$$\xrightarrow[\text{减压蒸馏}]{\text{（浓缩）}} \text{浓缩液} \xrightarrow[\text{硅胶柱}]{\text{（层析）}} \text{洗脱液} \xrightarrow[\text{减压蒸馏}]{\text{（除溶剂）}} \text{黄色油状物} \xrightarrow[\text{无水乙醇}]{\text{（结晶）}} \text{辅酶}Q_{10}\text{精品}$$

（2）工艺过程说明

① 提取。取生产细胞色素 c 的猪心残渣，加 1.5 倍量醇-醚混合溶剂（乙醇：乙醚＝3：1，体积比），加热回流提取 15～20 min，冷却至室温，过滤，滤渣反复提取 2～3 次，直至提取完全，合并提取液。

② 浓缩、萃取。提取液蒸馏浓缩，加适量水，用石油醚萃取，得萃取液。

③ 浓缩、层析、结晶。将上述萃取液减压浓缩，得到浓缩液，经硅胶柱层析得到洗脱液，再减压蒸馏除溶剂，得黄色油状物。油状物再以丙酮溶解，低温（−10 ℃左右）下析出杂质，过滤析出物，滤液蒸除溶剂，以少量石油醚溶解，同醇碱皂化法经硅胶柱层析分离，减压蒸除溶剂，以无水乙醇结晶，得辅酶 Q_{10} 精品。

（三）产品检验

1. 质量标准　本品含 $C_{59}H_{90}O_4$ 不得少于 98.0%。取本品 1.0 g，依法检查残渣不超过 0.1%。取炽灼残渣的遗留物，重金属含量不得超过 20 mg/kg。

有关物质检查需避光操作。取含量测定项下的供试品溶液作为供试品溶液，精密量取 1 mL，置 100 mL 容量瓶中，用无水乙醇稀释至刻度，摇匀，作为对照溶液；精密量取对照溶液 1 mL，置 20 mL 容量瓶中，用无水乙醇稀释至刻度，摇匀，作为灵敏度溶液。照含量测定项下的色谱条件，取灵敏度溶液 20 μL，注入液相色谱仪，主成分色谱峰的信噪比不小于 10。再精密量取供试品溶液和对照溶液各 20 μL，分别注入液相色谱仪，记录色谱图至主成分峰保留时间的 2 倍。供试品溶液色谱图中如有杂质峰，单个杂质峰面积不得大于对照溶液主峰面积的 0.5 倍（0.5%），各杂质峰面积的和不得大于对照溶液的主峰面积（1.0%）。供试品溶液色谱图中小于灵敏度溶液主峰面积的峰忽略不计。

2. 含量测定　辅酶 Q_{10} 的苯醌结构易被硼氢化钾或者硼氢化钠还原成氢醌，利用氧化型和还原型在一定波长处的紫外吸收度差值和吸收系数差值计算含量。称取本品适量，精密称量，加入无水乙醇制成 30～40 μg/mL 的溶液，按照分光光度法以无水乙醇为空白，在（275±1）nm 的波长处测定氧化型吸光度。再加入硼氢化钠或硼氢化钾溶液 10μL，摇匀并待气泡完全消失，继续在同一波长处测定还原型的吸光度。将氧化型吸光度减去还原型吸光度，按 $C_{59}H_{90}O_4$ 氧化型-还原型的吸收系数为 144 计算。

（四）药理作用与临床应用

辅酶 Q_{10} 的药理作用主要有：①作为细胞自身产生的天然抗氧剂；②作为细胞代谢激活剂，能改善脑水肿所致的脑缺氧，并有防治氰化物中毒所致的细胞及组织缺氧的作用；③增强机体免疫反应，提高恶性肿瘤动物的生存率；④改善心肌能量代谢，增加心脏排血量，降低周围血管阻力，降低动物实验性高血压的风险；⑤有保护肝、恢复肝功能的作用。

辅酶 Q_{10} 主要用于辅助治疗心脏病和肝病，如冠心病、心肌炎、急慢性肝炎等；也用于癌症的辅助治疗。

第四节　其他方法制备脂类药物

一、去氢胆酸

（一）结构与性质

去氢胆酸化学名为 3α,7α,12α-三酮-5β-胆烷酸。分子式为 $C_{24}H_{34}O_5$，相对分子质量为 402.53，它是刺激胆汁分泌，使胆汁变稀而不增加固体量的利胆药物。其化学结构式如图 6-18 所示。

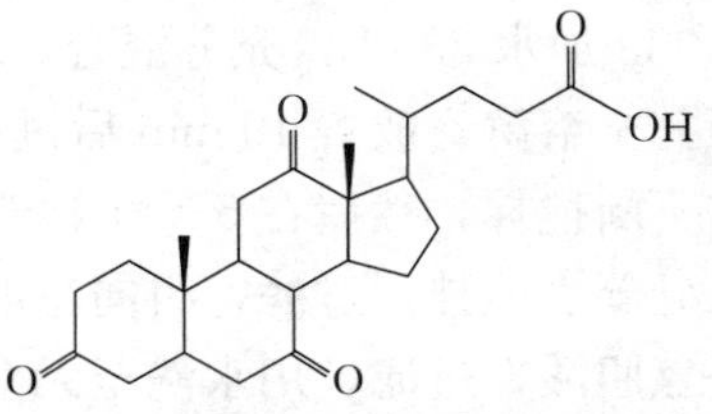

其物理性质为：白色疏松状粉末，无臭，味苦。略溶于氯仿，微溶于乙醇，几乎不溶于水，可在氢氧化钠溶液

图 6-18　去氢胆酸的结构式

中溶解。熔点为 231～242 ℃，熔距＜3 ℃。

其化学性质为：可在碱性条件下与间二硝基苯溶液发生反应，产生紫红色或紫色溶液，静置一段时间，会逐渐变为褐色。呈现酸的性质，可与碱发生中和反应，生成相应的盐。

（二）生产工艺

工业上采用化学半合成法制备去氢胆酸。胆酸在酸性条件下，与强氧化剂（氯或重铬酸钠等）反应，3α，7α，12α-三羟基被氧化成三酮基，生成 3α，7α，12α-三酮-5β-胆烷酸（去氢胆酸）。

1. 生产工艺路线

胆酸 → 氧化 Cl₂或Na₂Cr₂O₇ → 去氢胆酸

2. 工艺过程说明

（1）氯气氧化法　在精制胆酸中加入 4 倍量的 50％醋酸和 1.23 倍量的醋酸钠，搅拌均匀。于 18～20 ℃通入氯气，4 h 后成澄明溶液，继续通氯气，溶液逐渐变黏稠，并且有白色固体析出。加入大量蒸馏水，过滤，洗至中性。60 ℃烘干，得到去氢胆酸粗品。取上述粗品，加入 3～5 倍量（质量体积比）95％乙醇，3％活性炭，加热回流 30 min，趁热过滤。滤液冷却，移入冰浴使结晶析出。过滤，结晶用少量冷乙醇洗 2～3 次，真空干燥得成品。收率 50％左右，含量 98％～100.5％。

（2）重铬酸钠氧化法　按胆酸：丙酮：重铬酸钠：硫酸＝1∶1.75∶1.1∶1.5 的配料比投料。将精制胆酸、丙酮加入氧化釜中，在搅拌下慢慢加入事先溶于硫酸中的重铬酸钠，反应温度控制在 30～35 ℃。保温反应 4～5 h，将反应物倾入 3 倍量水中，边加边搅拌，析出沉淀，用水洗至白色，抽干。加入 5％碳酸钠溶液使 pH 达到 8.0，加热至 60～70 ℃溶解，放冷，析出不溶性铬的化合物，抽滤，滤液在搅拌下缓缓加入 20％醋酸溶液，使 pH 达 3～4，即有去氢胆酸析出。抽滤，以去离子水洗涤至中性。抽干，置 80 ℃左右干燥，得去氢胆酸粗品。

在回流罐中投入粗品及其 3 倍量（质量体积比）95％乙醇和 20％的药用活性炭，水浴加热回流 30 min，趁热过滤。滤液先用自来水冷却后移至冰浴中搅拌结晶，再抽干，用少量乙醇洗涤，抽干。置 60～80 ℃干燥得去氢胆酸精品。另一精制方法：去氢胆酸粗品每 100 kg 加水 230 L，充分混合。取适量氢氧化钠溶于水 20 L 中，边搅拌边加于上述混合物中至完全溶解，放置 10 min 后过滤，滤液加入氯化钠（每 100 L 中加入 35 kg），加热至 60 ℃并不断搅拌，然后在 5 ℃下冷却，放置过夜，抽滤，得去氢胆酸钠。用水 1 000 L 溶解，加入硅藻土搅拌，过滤，再向滤液中加入蒸馏水 1 000 L，用稀盐酸调 pH 至 2.0～2.5，析出去氢胆酸，过滤，用水洗至无 Cl⁻反应为止，干燥，即得精制去氢胆酸，熔点 238 ℃，收率 35％～40％。如果再重复一次或用丙醇重结晶，可得熔点为 240 ℃左右的精品。

3. 工艺分析与讨论 本工艺所用原料的胆酸纯度应比较高，否则精制困难。

（三）产品检验

1. 质量标准 本品含 $C_{24}H_{34}O_5$ 不得少于 98.5%。取本品，在 105 ℃干燥至恒量，减失质量不得超过 1.0%。取本品 1.0 g，依法检查遗留残渣不得超过 0.3%。取炽灼残渣项下遗留的残渣，依法检查含重金属不得超过 20 mg/kg。

2. 含量测定 去氢胆酸的含量测定是利用中性乙醇溶解后，通过标准氢氧化钠溶液滴定至终点计算而得。取本品约 0.5 g 精密称定，加中性乙醇（对酚酞指示液显中性）60 mL，置沸水浴上加热使溶解，冷却，加酚酞指示液数滴与新沸过的冷水 20 mL，用氢氧化钠滴定液（0.1 mol/L）滴定，至近终点时加新沸过的冷水 100 mL 继续滴定至终点。每毫升氢氧化钠滴定液（0.1 mol/L）相当于 40.25 mg 的 $C_{24}H_{34}O_5$。

（四）药理作用与临床应用

去氢胆酸能促进肝分泌黏度较低的胆汁，增加胆汁容量，但胆盐及胆色素的总含量不变，可使胆道畅通，起到利胆作用；对脂肪的消化和吸收也有一定的促进作用。口服去氢胆酸能有效吸收，由粪便排出。去氢胆酸在临床上用于胆囊及胆道功能失调、胆囊切除后综合征、慢性胆囊炎、胆结石及某些肝疾病（如慢性肝炎）。

二、熊去氧胆酸

（一）结构与性质

熊去氧胆酸（ursodeoxycholic acid，UDCA）化学名为 3α，7β-二羟基-5β-胆烷酸（$C_{24}H_{40}O_4$），结构式如图 6-19 所示，是熊胆汁中的特有成分。本品无臭，味苦。本品在乙醇中易溶，在氯仿中不溶；在冰醋酸中易溶，在氢氧化钠试液中溶解。日本于 1927 年首先分离出结晶，1937 年阐明了其化学结构，1952 年人工合成成功。熊去氧胆酸在不同种类和地区的熊中含量不同，差异较大，为 44.2%～74.5%，可作为提取熊去氧胆酸的原料。但在我国熊是禁止捕杀的保护野生动物，且熊胆本身即为珍贵中药材，不可能通过捕杀提取，因此采用化学合成法制备熊去氧胆酸。

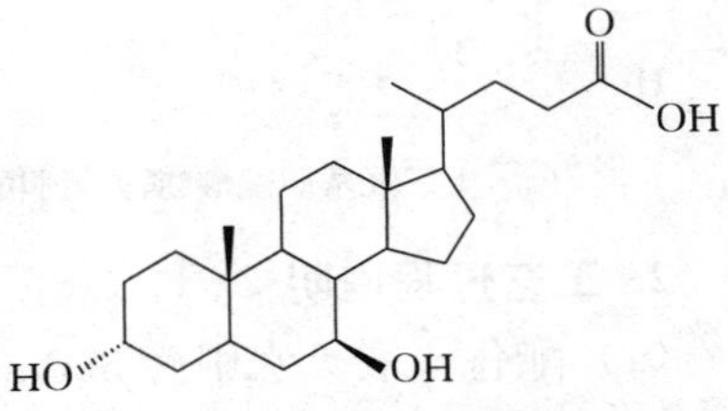
O
OH
HO
OH

图 6-19 熊去氧胆酸的结构式

（二）生产工艺

用胆酸为原料，进行酯化反应得到胆酸甲酯，经过乙酰化、氧化、还原制得鹅去氧胆酸，再氧化成 3α-羟基-7-酮基胆烷酸，还原后得熊去氧胆酸。

1. 生产工艺路线

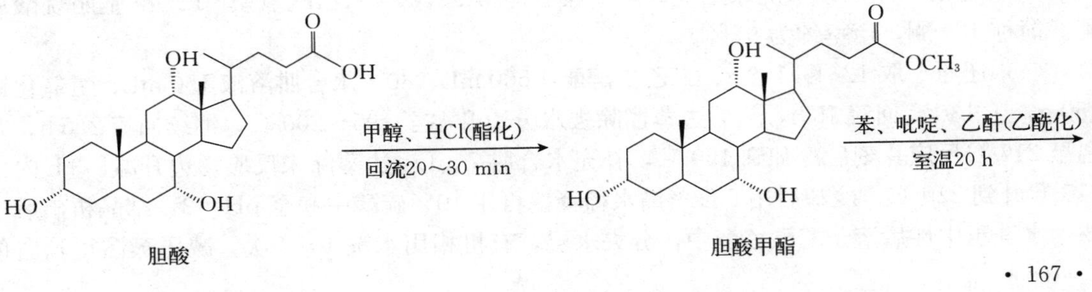
OH
O
OH
HO
OH
胆酸
甲醇、HCl(酯化)
回流20～30 min
OH
O
OCH₃
HO
OH
胆酸甲酯
苯、吡啶、乙酐(乙酰化)
室温20 h

3α，7α-二乙酰胆酸甲酯 → 铬酸钾(氧化) 40 ℃,8 h → 3α，7α-二乙酰氧基-12-酮基胆烷酸甲酯 → 水合肼(还原)

3α，7α-二羟基胆烷酸 → 铬酸钾(氧化) 室温 → 3α-羟基-7-酮基胆烷酸 → 金属钠(还原) 115 ℃

3α，7β-二羟基胆烷酸(熊去氧胆酸)

2. 工艺过程说明

（1）酯化　取无水甲醇 360 mL 通入干燥的盐酸气体 10～11 g，再加入 120 g 胆酸进行搅拌，升温回流 20～30 min，室温放置数小时后有结晶析出，经过冷冻过滤后用乙醚洗涤，干燥后即得胆酸甲酯，收率约 95%。

（2）乙酰化　取 96 mL 苯、24 mL 吡啶、24 mL 乙酐，加入胆酸甲酯 20 g，振荡 10～15 min，在室温放置 20 h 后再将反应液倒入 1 L 水中进行分层。分除苯层，反复用蒸馏水洗涤并回收溶剂。固体残渣用石油醚洗涤 1 次，用甲醇-水溶液重结晶，即得 3α，7α-二乙酰胆酸甲酯。

（3）氧化　取上述步骤的产物 15 g，加醋酸 240 mL，另取铬酸钾 7.6 g 溶解于 18 mL 水中，倾倒于上述反应液中，加热至 40 ℃，保持温度反应 8 h 后加入水 1.2 L，振摇片刻，放置 12 h 后过滤，用蒸馏水洗涤至中性，干燥后即得 3α，7α-二乙酰氧基-12-酮基胆烷酸甲酯，简称 12-酮，产率约为 97%。

（4）还原　取 12-酮 150 g、二乙二醇醚 1 500 mL、80% 水合肼溶液 150 mL、氢氧化钾 150 g，于 130 ℃回流 15 h，然后边蒸馏除去水分边升温至 195～200 ℃，继续回流 2.5 h。升温至 217 ℃反应片刻后冷却到 190 ℃，补充水合肼 7 mL。边蒸除未反应物边升温，3 h 内由 215 ℃升到 220 ℃，冷却后用 6 L 蒸馏水稀释，再用 10% 硫酸中和至 pH=3，结晶析出后过滤，水洗至中性后溶于醋酸乙酯中，分去水层，有机相用水洗 1～2 次，减压蒸馏得到白色

的 3α，7α-二羟基胆烷酸（鹅去氧胆酸），收率约为 98%。

（5）氧化 取鹅去氧胆酸 20 g，溶于 1 L 醋酸中，加入醋酸钾 200 g 振荡溶解，加入铬酸钾 15 g（溶解于 100 mL 水中）放置在室温下，静置反应后过夜，加入水 2 L，结晶析出，过滤结晶并水洗，即得 3α-羟基-7-酮基胆烷酸，收率约 84%。

（6）还原 取精品 3α-羟基-7-酮基胆烷酸 40 g 加入 1 L 正丁醇中，搅拌升温至 115 ℃左右，分不同次加入金属钠 80 g，逐渐观察到白色浆状物析出。持续反应半小时，加入水 1.2 L，搅拌升温溶解透明，减压除去有机相并向残渣中加入 5 L 水，溶解后过滤，滤液加入 10% 硫酸中和至 pH＝3，白色絮状物沉淀析出。过滤并用水洗至中性，干燥后用醋酸乙酯洗涤，稀乙醇重结晶，即得 3α,7β-二羟基胆烷酸，即熊去氧胆酸精品，回收率约 67.4%。

（三）产品检验

1. 质量标准 本品按干燥品计算，含 $C_{24}H_{40}O_4$ 不得少于 98.5%。取本品，在 105 ℃ 干燥 2 h，减失质量不得超过 1.0%。取本品 1.0 g，依法检查遗留残渣不得超过 0.2%。取炽灼残渣项下遗留的残渣，依法检查含重金属不得超过 20 mg/kg。

2. 含量测定 熊去氧胆酸的含量测定方法是先用中性乙醇溶解后，再用标准氢氧化钠溶液进行滴定而计算得到含量。取本品 0.5 g，精密称定，加入中性乙醇 40 mL 与新沸腾后放冷的水 20 mL，溶解后加入酚酞指示剂 2 滴，用 0.1 mol/L 氢氧化钠滴定液滴定，近终点时，加入新沸腾后放冷的水 100 mL，继续滴定至终点。每毫升氢氧化钠滴定液相当于 39.26 mg 的 $C_{24}H_{40}O_4$。

（四）药理作用与临床应用

熊去氧胆酸能够增加胆汁酸分泌，并使胆汁成分改变，降低胆汁中胆固醇及胆固醇脂，有利于胆结石中的胆固醇逐渐溶解。熊去氧胆酸在临床上主要用于不宜手术治疗的胆固醇型胆结石，基本不影响胆囊功能，结石直径在 5 mm 之下且 X 射线能够透过的非钙化型浮动胆固醇型结石治愈率较高。熊去氧胆酸对中毒性肝障碍、胆囊炎、胆汁性消化不良、胆道炎等也有一定治疗效果。

小 结

脂类药物在人类的康复保健事业中起到了举足轻重的作用，有促进肠道正常功能、抑制细菌生长、治疗消化不良、预防动脉粥样硬化、催产、抗男性不育等作用。根据脂质化合物的种类、理化性质、在细胞中存在的状态，选择适宜的提取溶剂、工艺路线和操作条件，将脂质化合物提取出来，是工业生产脂类药物的主要方法。脂类药物粗品的提取可利用有机溶剂提取法和超临界流体萃取技术进行。脂类药物精品的纯化常用丙酮沉淀法、色谱分离法、尿素包埋法、结晶法、蒸馏法、膜分离技术等多种纯化技术。本章分别介绍了亚油酸、花生四烯酸、胆酸、鹅去氧胆酸、人工牛黄、卵磷脂、脑磷脂、前列腺素、辅酶 Q_{10}、去氢胆酸、熊去氧胆酸等代表性药物的结构与性质、生产工艺、质量要求与检测方法、药理作用与临床应用。

随着科学技术的发展和制备工艺的完善，脂类药物将会迎来更好的发展前景，为人类健康事业做出更大的贡献。

习　题

1. 脂类药物分为哪几类？
2. 脂质化合物可以分为几类？
3. 工业上常用的脂类药物的制备方法有哪些？
4. 简述胆酸的分子结构特点及其主要药理作用。
5. 人工牛黄包含哪些物质？
6. 卵磷脂和脑磷脂的结构分别是什么？有哪些用途？
7. 简述花生四烯酸的制备工艺路线。
8. 辅酶 Q_{10} 的结构通式是什么？通常用何种方法进行制备？简述其工艺路线。
9. PGE_2 的临床应用有哪些？
10. PGE_2 采用何种方法制备？
11. 去氢胆酸用何种物质通过什么条件化学合成？
12. 熊去氧胆酸主要存在于哪种动物中？
13. 简述熊去氧胆酸的制备工艺路线。

第七章 CHAPTER 7

动物器官或组织提取制剂及小动物制剂 ▶▶▶

> ⊙ **课程思政与内容简介**：动物器官或组织及小动物类药物在中医药典籍中多有记载。猪、牛、羊等哺乳动物及家禽和鱼类的器官或组织都可以作为原料提取制备各种药用制剂，一般它们成分复杂，制备方法各异。小动物制剂是用较小的药用动物及其分泌物为原料经过加工而制成的药物制剂。动物器官或组织提取制剂及小动物制剂各有特殊的药用。

第一节　动物器官或组织提取制剂

动物器官或组织提取制剂是将动物的脏器或其他组织、器官，经过粗加工获得的有效成分尚不清楚的但在临床上确有疗效的一类粗提取药物制剂。

一、一般制备方法与检测

（一）制备方法

1. 原料的选择和处理　主要选择猪、牛、羊等哺乳动物及家禽和鱼类的器官或组织，包括肝、脑、胰、胃、黏膜、脾、小肠、心脏、肺、肾上腺、扁桃体、甲状腺、睾丸、胎盘、气管软骨、眼球、鸡冠等。

（1）选择方法　选择动物脏器或组织原材料，需要考虑其来源、价格、目标物的含量，以及杂质的种类、数量和性质等，应选用来源丰富的、富含有效成分的品种及其脏器或组织。避免选用杂质与目标物性质相似的原料，以避免对纯化工作的干扰。

（2）原料处理　动物脏器、组织主要由蛋白质和脂肪等成分构成，容易受微生物的作用或组织细胞自溶而导致有效成分被破坏。因此，原料必须及时处理。常用的处理方法有 3 种：①冷冻。动物器官或组织分离后立即置于冷库中冷冻。②加防腐剂。将脏器或组织立即投入乙醇或浓氯化钠等溶液中。③干燥。除去脏器或组织中附着的结缔组织及脂肪等，切碎，置真空干燥器中，在 60 ℃以下干燥，或用丙酮浸泡脱水，风干，磨为细粉，置密闭容器中保存备用。

2. 制剂的一般方法　动物器官或组织提取制剂的一般制备方法因剂型而异，简介如下：

（1）干燥粉末状制剂　取原料，去除附着的其他组织，洗净，切碎，干燥，研成细分即得。多口服。必要时经过含量测定后稀释到规定标准。

（2）脏器浸膏　取动物脏器等，切碎或绞碎，用适量溶剂，如水、醇、稀酸、丙酮等，浸渍提取、过滤，滤液浓缩至规定标准，即得。必要时脱脂并加入防腐剂。

（3）注射剂　将动物器官或组织提取物制成注射剂，需选用适当的方法。将提取物中常含有的脂肪、蛋白质或无机盐等杂质除去。脂肪可用有机溶剂溶解除去，或将提取液冷藏若干时间，使脂肪凝集于表面后除去。蛋白质可选用等电点沉淀法、盐析法、有机溶剂处理法、吸附法、酶解法以及重金属或生物碱沉淀法、离子交换法等方法除去。无机盐类一般可通过透析法除去。

（二）检测方法

动物器官或组织提取物制剂的成分复杂，大多数为有效成分未明或是混合成分，而且由于取材不同、制剂工艺或剂型不一、质量控制指标特异性不强等因素，均可能给制剂的质量控制带来不利的影响。因此，为保证用药的安全与有效，必须强调按质量标准规定的原料和批准的工艺生产，并严格按质量标准进行检测。

制剂的检验项目有质量检查和有效成分含量测定等，前者还包括原料来源、生药含量、性状、鉴别试验、pH、杂质限度（包括蛋白质、总金属、氯化物、总固体、灼烧残渣、有机物及重金属等）、安全试验、无菌试验、生物活性检测等。

二、脑制剂

脑组织主要含有脂类及蛋白质，脂类占总含量的 13.5％，主要是脑磷脂、肌醇磷脂、神经磷脂、脑苷脂、神经节苷脂和胆固醇。蛋白质占总含量的 8％～10％。此外，还含有神经递质、多种神经肽以及黏多糖等。以动物脑组织为原料而制成的组织制剂统称脑制剂，如脑活素注射液、大脑组织液、促脑素等。

（一）脑活素注射液

从 20 世纪 70 年代，国外已有脑活素类制剂用于临床。根据药理作用及临床试验表明，脑活素能透过血脑屏障，直接影响神经细胞的核酸代谢、蛋白质合成以及呼吸链功能，从而改善脑组织代谢与功能，在临床上用于治疗脑血管代谢不足所引起的功能失调、中风及脑外伤引起的功能紊乱、脑震荡后遗症等。目前，我国已成功研制和开发出脑活素的类似物产品，如脑活素注射液，其活性成分分析表明与脑活素完全一致，并于 1995 年获我国卫生部批准为生化新药。此外，国内文献报道所研制的类似物尚有胎牛脑活素注射液、乳猪脑提取物及乳牛脑精素注射液等。

1. 化学组成与性质　脑活素注射液不含蛋白质，但含有 85％游离氨基酸、15％小分子肽以及乙酰胆碱。脑活素注射液含有 16 种游离氨基酸，如天冬氨酸、丝氨酸、甘氨酸、丙氨酸、缬氨酸、色氨酸、苯丙氨酸、赖氨酸、谷氨酸、组氨酸、苏氨酸、精氨酸、甲硫氨酸、异亮氨酸、亮氨酸、脯氨酸，其中包括人体所需 8 种必需氨基酸，各种氨基酸的总量达到 28.8～42.18 mg/mL，是一种优良的氨基酸补给剂；含有 3～4 种小分子多肽，总含量约为 10 mg/mL。乙酰胆碱含量为 200～1 000 mmol/L。经分析证实其乙酰胆碱原为结合型，与束泡蛋白（相对分子质量为 1 万的可溶性蛋白）相结合，该复合物对酸、碱、热、胃酶、胰酶均稳定，但易被脑组织的乙酰胆碱酯酶所分解。在乙酰胆碱＞3 mmol/L 时，由于神经组织的自我调控机制，乙酰胆碱酯酶被抑制，故脑活素仍能够发挥乙酰胆碱神经递质的作用，抑制慢波睡眠，加强中枢乙酰胆碱活性，改善学习与记忆能力。

2. 生产工艺与产品检验

（1）生产工艺路线

新鲜胎猪脑 $\xrightarrow[\text{水}]{\text{匀浆}}$ 匀浆液 $\xrightarrow[\text{pH 3, 40~50 ℃, 48 h}]{\text{酶解，胃蛋白酶}}$ 水解物 $\xrightarrow[\text{pH 7.2~7.5, 48~50 ℃, 1 h}]{\text{酶解，猪胰浆}}$ 水解物

$\xrightarrow[\text{pH 7.2~7.5, 48~50 ℃, 2 h}]{\text{3.942霉菌蛋白酶}}$ 水解物 $\xrightarrow[\text{pH 10.5, pH 3}]{\text{热变性}}$ 滤液 $\xrightarrow[\text{活性炭, pH 7.2}]{\text{去热原}}$ 滤液 $\xrightarrow[\text{超滤，灌封}]{\text{制剂}}$

脑活素注射液 ←

（2）工艺过程说明

① 匀浆。新鲜胎猪脑为原料，除去筋膜等杂质，用无菌水洗涤，称量，加 2 倍质量无菌水，高速匀浆，得匀浆液。

② 酶解。用 10 mol/L 盐酸溶液调匀浆液 pH 至 3，加热微沸，冷至 45 ℃，加投料量 1/50 的胃蛋白酶，恒温 40～45 ℃，随时搅拌及调整 pH 至 3。酶解 48 h 后取出，升温至 48～50 ℃，加投料量 1/5 的猪胰浆，用石灰乳调 pH 至 7.2～7.5。酶解 1 h 后，再按每千克原料加入 10 000 IU 精制 3.942 霉菌蛋白酶（先溶于少量水），酶解 2 h 后取出，加热至微沸，室温放置过夜。酶解过程保持（48±2）℃，调 pH 至 3，2 h 后取出。

③ 热变性。将酶解物减压过滤，滤液调 pH 至 10.5，加热微沸，放置过夜，次日减压过滤，滤液调 pH 至 3，加热微沸，放置过夜，次日减压过滤。

④ 去热原。滤液调 pH 至 7.2，按滤液质量加入 0.2％活性炭，允许搅拌，加热微沸，放置过夜，次日减压过滤。

⑤ 制剂。将滤液超滤，滤膜截留相对分子质量为 10 000，调整浓度至相当于含脑组织 0.5 g/mL，除菌过滤，装罐，即得。

（3）产品检验

① 性状。本品为淡黄色澄明液体。

② 鉴别。取待测定含量的溶液 10 μL，用适宜的高效液相色谱氨基酸分析系统测定，其色谱峰应与氨基酸对照标准品相应的色谱峰一致。取本品 2 mL，加双缩脲试剂 14 mL，应显紫红色。

③ 检查。pH 应为 6.9～7.5，折光率应为 1.340～1.342。蛋白质：取本品 5 mL，加入 20％磺基水杨酸液 1 mL，溶液应澄清，不得发生沉淀。含氮量：取本品依法检验，总含氮量应为 4.68～5.72 mg/mL。热原：依法检验，应符合规定。无菌试验：依法检验，应符合规定。其他：应符合注射剂有关的各项规定。

3. 药理作用与临床应用 本制剂为游离氨基酸和小分子多肽的混合物，含有大量游离的必需氨基酸，易通过大脑屏障，直接作用于神经细胞的核苷酸代谢和蛋白质合成过程，激活并改善脑内神经递质和酶的活性，增加脑组织对葡萄糖的利用，同时不断激发激素的复合产生，以保护中枢神经不受毒物损害，具有明显的促进和调节神经递质代谢、调节神经系统功能及抗组织缺氧等作用。

本制剂在临床上用于改善颅脑损伤及脑血管病后遗症有记忆力减退及注意力集中障碍的症状。以静脉滴注方式给药，但不能与平衡氨基酸注射液同时滴注，因可能导致各种氨基酸比例的不平衡。癫痫持续状态及癫痫大发作期，严重肾功能不良者及孕妇禁用本制剂。

（二）其他脑制剂

1. 大脑组织液 动物的大脑经热处理制备的脑组织液，有效成分是极耐热的多种活性物质，在 $100 \sim 120\ ℃$ 下不被破坏，可溶于水，总氮含量 $0.12\% \sim 0.18\%$，呈微黄色、澄明或有轻微混浊的液体，pH $6.5 \sim 9.5$，没有种属和组织特异性。本品 $50\% \sim 80\%$ 游离氨基酸可通过血脑屏障进入神经细胞，相对分子质量在 $10\ 000$ 以下的小分子肽也可通过血脑屏障并影响其呼吸链，具有抗缺氧的保护功能，能激活尿苷酸环化酶、催化激素系统，改善记忆。动物实验证实本品可加快小鸡、大鼠的大脑发育和成熟，提高大脑抗缺氧能力，保护神经元不被有毒物质的侵害，并增强鼠识别能力。大脑组织液在临床上有催醒作用和恢复记忆力功能。适应证：用于器质性脑性精神综合征、记忆力障碍、神经衰弱、轻度婴儿大脑发育不全、脑震荡或脑挫伤后遗症、中风、脑膜炎及严重脑感染和休克症状等。其疗效有待进一步总结。该品也可用于改善阿尔茨海默病及血管性痴呆和婴儿轻度智力迟钝。

2. 促脑素 促脑素可直接影响神经蛋白质的合成，还具有影响呼吸链、刺激产生各种激素、防止有害物质对中枢神经的损伤、促进神经细胞的生长并增强其生理功能、促进神经的修复与再生、加快创口的愈合等作用。促脑素是用幼年期哺乳动物的脑组织及脊髓等神经组织加工制得的，含有神经营养肽和多种氨基酸等，相对分子质量约 $30\ 000$，为一组低分子质量的活性肽。促脑素在临床上用于辅助治疗脑挫伤或脑震荡后遗症、头痛、头晕、记忆力减退、小儿发育迟滞、阿尔茨海默病等，对病程短、年龄小的患者效果更明显，口服剂型称为促脑素胶囊。

三、眼制剂

动物眼的内容物，如房水、玻璃体、水晶体等都含有多种可溶性成分，经分析测定，含有蛋白质，谷胱甘肽，肌醇，眼酸（由谷氨酸、氨基丁酸和甘氨酸组成的三肽），谷氨酸、谷氨酰胺等多种氨基酸，多种核苷酸，乳酸、苹果酸、柠檬酸、丙酮酸等多种有机酸，肌醇，肌酸，维生素 C，烟酸，维生素 B_1，维生素 B_2，细胞色素 c，己糖胺，辅酶 A，葡萄糖以及 Ca、Na、K、Mg、Fe、Cu、Mn、Ba、Sr、Si、Mo、Ag、Sn、Pb、Ni、B 等元素。20 世纪 50 年代，国内报道用鹰眼、猫眼或牛眼为原料提取制备眼科用药，但未正式投产。到 70 年代，采用牛、猪、羊等动物的眼球制成眼生素注射液、眼宁注射液、眼明注射液、眼清注射液等治疗眼科疾病的生化药物，陆续投入生产。国外类似产品有罗马尼亚的全眼提取物等，已有专利发表。

（一）眼生素注射液

1. 化学组成与性质 眼生素注射液是以牛或羊的眼为原料提取的混合物，经分析认为主要含有氨基酸，多肽如谷胱甘肽和眼酸，核酸及其产物如鸟苷酸、腺苷酸、胞苷酸、尿苷酸、ATP、ADP、核苷等，Na、K、Li 含量较多，还有 Si、Fe、Al、Ca、Mg、Mn、Cu 等元素，具有促进眼组织新陈代谢、增强机体抵抗力、加速伤痕愈合、促进眼角膜上皮组织再生、抗炎等作用。眼生素注射液在临床上主要用于治疗中心视网膜炎、病毒性角膜炎、视神经炎、视神经萎缩、眼疲劳、青少年近视眼、玻璃体混浊、葡萄膜炎，以及巩膜炎、老年性白内障、角膜瘢痕、视网膜变性等。

2. 生产工艺与产品检验

（1）生产工艺路线

牛（羊）眼内容物 --绞碎--> 碎内容物 --提取 95%乙醇--> 提取液 --浓缩--> 浓缩液 --除蛋白 HAc，滑石粉 pH 5，100℃；0～5℃，保存3～5 d-->

精制滤液 --吸附 氯化钠，活性炭 pH 7～7.5，100℃，30 min--> 澄清液 --制剂 活性炭 pH 6.7～7.4，<4℃，12～24 h--> 眼生素注射液

（2）工艺过程说明

① 绞碎、提取、浓缩。将冷冻牛眼或羊眼内容物（房水、玻璃体、水晶体、部分视网膜等）用绞肉机绞碎，加入相当于内容物 2 倍量的 95% 的乙醇，搅拌 40～50 r/min，提取 8 h，帆布过滤，收集滤液，滤渣用上述半量的 85% 的乙醇再提取 4 h，帆布过滤，两次滤液合并得提取液。放入浓缩罐中，减压浓缩约为原体积的 1/4，再加入与浓缩液等体积的蒸馏水，继续浓缩。如此反复进行至无醇为止，得浓缩液。

② 除蛋白。浓缩液过滤，滤液中加入蒸馏水至投料量的 70%，混匀，用 10% 乙酸调节 pH 为 5，加热至沸腾，趁热过滤，滤液加入 3% 的滑石粉，搅拌 15 min，0～5℃冷存 3～5 d，分离上层液，加 2% 的滑石粉，搅拌 15 min，静置片刻。观察液体上部近液面处，如仍混浊，可适量增加滑石粉用量，布氏漏斗铺滑石粉层抽滤。底层混浊液可先用滤纸粗滤，滤液按同法加滑石粉搅拌，抽滤，滤液应澄明，得精制滤液。

③吸附。取滤液加蒸馏水至投料量的 80%，按总体积加氯化钠和活性炭，使终浓度分别为 3 g/L 和 0.5 g/L，调 pH 至 7～7.5，加热至 100℃，保温 0.5 h，冷至 50℃以下，抽滤除炭，得澄清液，检查应无蛋白质。

④ 制剂。将滤液用 4% 氢氧化钠溶液调 pH 为 6.7～7，加活性炭使终浓度为 0.5 g/L，搅拌 20 min，4℃以下冷存 12～24 h，过滤除炭，并加水至投料量的 80%，用 G4 垂熔玻璃器过滤至澄明，灌装，熔封，100℃灭菌 30 min 即得成品。规格为每支 1 mL 或 2 mL。

（3）产品检验　本品为无色或微黄色澄明液体，用纸层析上行法展开，应有甘氨酸、谷氨酸、丙氨酸、赖氨酸、缬氨酸等斑点显示。显钠盐与氯化物的鉴别反应。本品 pH 6.5～7.5，总固体量 1.0%～1.5%，灼烧残渣 0.7%～1.15%，有机物含量≥0.3%，氯化物含量≥0.3%。热原试验合格。

3. 药理作用与临床应用　该品具有增强眼的新陈代谢、促进角膜组织再生等作用，适用于非化脓性角膜炎、葡萄膜炎、中心性浆液性视网膜炎，对玻璃体混浊、巩膜炎、早期老年性白内障、视网膜色素变性、轻度近视、视力疲劳等眼病也有不同程度的疗效。

（二）眼宁注射液

将健康猪眼球用绞肉机绞碎，加相当于原料质量 1.5 倍的 95% 乙醇和 0.5 倍的蒸馏水浸提，搅拌 24 h，过滤，滤渣再加上述半量的乙醇及蒸馏水浸提。搅拌 2 h，过滤，两次滤液合并，加磺基水杨酸调节 pH 为 5 左右，过滤，滤液浓缩到原料质量的 38% 左右。在浓缩液中加入磺基水杨酸使 pH 达 3.8 左右，加入硅藻土使终浓度为 10～20 g/L，搅拌 10 min，离心或过滤，滤液用布氏漏斗反复滤至澄清，再加原料量约 10% 的阴离子季铵型 717 树脂，pH 达到 10 以上，不断搅拌 30 min。取小样调节 pH 至 6 左右，滴入氯化铁试液，应无水杨酸盐反应，否则，应酌情加树脂除去磺基水杨酸。合格后，在滤液中加入适量的阳离子磺酸型 732 树脂使溶液 pH 上升到 6 左右，立即过滤除去树脂。交换溶液于布氏漏斗过滤至清，

以酸、碱调节 pH 至 5.6～6.2，取样检查氯化物含量，按所需加入的量使氯化钠达到 8.5～9.5 g/L，加注射用水至投料量的 40%，用 4 号垂熔漏斗过滤，灌封，100 ℃ 通蒸汽灭菌 30 min，即得成品。

本品为几乎无色或微带乳光的澄明液体，用双向层析展开，应有甘氨酸、谷氨酸、丙氨酸、赖氨酸、亮氨酸等斑点显出。显钠盐与氯化物的鉴别反应。本品 pH 6.5～7.5，总固体量 1.2%～1.8%，灼烧残渣 0.8%～1.3%，热原试验合格。

本品具有增强眼的新陈代谢、促进角膜上皮组织再生等作用，适用于非化脓性角膜炎、葡萄膜炎、中心性浆液性视网膜炎，对玻璃体混浊、巩膜炎、早期老年性白内障、视网膜色素变性、轻度近视、视力疲劳等眼病也有不同程度的疗效。

四、骨制剂

（一）骨肽注射液

1. 结构与性质　骨肽注射液或骨宁注射液是以新鲜动物长骨中提取的多肽类活性物质精制而成的注射针剂，主要含有多种调节骨代谢的多肽类生长因子，如骨生长因子（SGF）、转化生长因子（TGF）、骨源性生长因子（BDGF）、骨钙素等。

经发射光谱定量分析，该品证明含有金属元素 Ca、Mg、Al、Fe，还含有微量元素 Mn、Ba、Cu、Pb、Sn、Ti、Zr 等。内含有效成分可溶于水和 75% 乙醇，对热稳定。该品具有调节骨代谢，刺激成骨细胞增殖，促进新骨形成，调节钙、磷代谢，增加骨钙含量，镇痛、消炎等作用。

2. 生产工艺与产品检验

（1）生产工艺路线

猪四肢骨 --提取（水）117.72 kPa--> 提取液 --去脂 0～5 ℃--> 去脂液 --浓缩 ＜70 ℃--> 浓缩液 --沉淀，浓缩（乙醇，苯酚）36 h，＜60 ℃--> 浓缩液

--酸性沉淀 HCl，pH 4，100 ℃--> 滤液 --碱性沉淀（NaOH，HCl）pH 8.5，100 ℃，pH 7.2--> 滤液 --吸附（活性炭）100 ℃--> 滤液 --精制（水，NaCl）pH 7.1～7.2--> 骨肽注射液

（2）工艺过程说明

① 提取、去脂、浓缩。取健康新鲜猪四肢骨，洗净、打碎、称重。每 75 kg 原料加蒸馏水 150 kg，经 117.72 kPa 热压 1.5 h，取双层纱布过滤。骨渣再加蒸馏水 150 kg，同上操作热压 1 h，过滤，合并两次滤液，立即置于 0～5 ℃ 冷室中，静置 36 h。撇去上层脂肪，加温使陈状物融成液体，70 ℃ 以下真空浓缩，得体积约 50 L 的浓缩液。

② 沉淀、浓缩。浓缩液中加入乙醇至浓度为 70%，静置沉淀 36 h，用滤槽过滤，除去杂蛋白，得澄清液。再于 60 ℃ 以下真空浓缩至体积约 20 L，加入 0.3% 的苯酚，补加蒸馏水至 50 L。

③ 酸性沉淀、碱性沉淀。上述液体在搅拌下加入 6 mol/L 盐酸，调 pH 至 4，常压下 100 ℃ 加热 45 min，布氏漏斗过滤，除去酸性蛋白质，收集滤液，于冷室静置。次日取出，用滤纸自然过滤 1 次，滤液在搅拌下加入 500 g/L 氢氧化钠溶液调节 pH 至 8.5，100 ℃ 加热 45 min，于冷室静置。次日用滤纸自然过滤，除去沉淀，滤液用 6 mol/L 盐酸调节 pH 至

7.2，放置于冷室中。

④ 吸附。上述滤液用滤纸自然过滤，滤液加入活性炭使浓度为 5 g/L，100 ℃搅拌加热 30 min，布氏漏斗过滤，得滤液。

⑤ 精制。将滤液按每毫升相当于 1.5 g 猪骨补加蒸馏水至全量，加氯化钠至 9 g/L，调节 pH 至 7.1～7.2，100 ℃加热 45 min，放冷至室温，静置。送检，合格后，用 4 号、5 号垂熔漏斗各滤 1 次，灌封，每支 2 mL，蒸汽 100 ℃灭菌 30 min，即得骨肽注射液成品。

（3）产品检验　本品为微黄色至淡黄色澄明液体。取本品 2 mL，加入 6%氢氧化钠溶液 2 mL，混合均匀，再加双缩脲试液 0.2 mL，混合均匀，于室温放置 15 min，溶液应呈蓝紫色或紫色。本品 pH 6.5～7.5。取本品 1 mL，加 30%磺基水杨酸溶液 1 mL，不得发生混浊。其他应符合注射剂项下的各项规定。

3. 药理作用与临床应用　本品具有抗炎、镇痛作用，用于治疗增生性骨关节疾病及风湿性、类风湿性关节炎等。

（二）其他骨制剂

1. 祛风湿注射液　取健康犬全骨用蒸馏水反复洗净，加蒸馏水浸没全骨，煮沸 2 h，双层纱布过滤，滤除上层油脂后备用。取出去骨剔净残留肉，称重，粉碎成适宜碎块，加入洗净捣碎的甜瓜种子，倾加上述滤液的半量，再加适量蒸馏水浸没，煮沸 2 h，过滤，滤渣再同上法操作煎煮 1 次，过滤，合并两次滤液，浓缩至 500 mL，相当于犬骨的 500 g。稍冷，加 3 倍量体积的乙醇，静置 72 h，使蛋白质等沉淀完全，过滤，滤液回收乙醇至无醇味为止，加入石蜡 8～10 g，搅拌煮沸 10 min，充分冷却后过滤脱脂。滤液加活性炭至 2 g/L，煮沸 15 min，过滤，滤液加氯化钠，用氢氧化钠溶液调整 pH，再加蒸馏水至全量，3 号垂熔漏斗过滤，灌封，每支 2 mL，流通蒸汽灭菌 30 min，即得祛风湿注射液。

2. 鲨鱼软骨制剂　取鲨鱼软骨 300 g，粉碎，加入 2 mol/L 盐酸胍提取 48 h，过滤，用 45%～65%丙酮分级沉淀，经截留相对分子质量为 10 000 和 300 000 的 Amicon 膜超滤后，得粗提物。将粗提物于 Sephadex G-75 进行柱层析，得到两个洗脱峰。收集第 1 峰，再透析、浓缩、冻干，即得鲨鱼软骨制剂 1（Sp-1），呈白色粉末，得干物质 32.6 mg。收集第 2 峰，同上操作，即得鲨鱼软骨制剂 2（Sp-2），呈白色粉末，得干物质 25.47 mg。

经抑制动物肿瘤细胞、Hela 细胞和血管内皮细胞生长试验证明，鲨鱼软骨制剂对以上细胞的 DNA 合成具有明显的抑制作用。细胞试验结果揭示，Sp-1 对人皮肤成纤维细胞的 DNA 合成有明显的促进作用；Sp-2 在高浓度时对人皮肤成纤维细胞的 DNA 合成有明显的抑制作用，在低浓度时有明显的促进作用。因此，可以说 Sp-1 和合适浓度的 Sp-2 能选择性地抑制血管生成和直接抑制某些肿瘤的生长，而不抑制正常人成纤维细胞生长。Sp-2 还具有提高机体免疫功能的作用。国外报道，鲨鱼软骨含抑制新生血管生长因子、抗病毒及细菌、抗风湿及类风湿等多种活性成分，同时能增进人体内抗体的产生，也是一种生物反应调节剂（BRM）。此外，该品也用于治疗关节炎。

⊃思政：爱国教育（骨制剂研制）。以动物骨为药物来治疗疾病已有悠久的历史。早在 1 500 多年前，古医药典籍就有用牲畜骨治病的记载。《本草纲目》中，对虎骨、犬骨、猪骨等药用性能均有专门的论述。1976 年我国生化制药工作者在传统医药学的启发下，以猪四肢骨为原料，应用现代生物技术提取有效成分，研制成功了新的生化药物——骨宁注射液。1981年报道，用骆驼四肢骨经提取制备的灭菌水溶液，其药理、毒性试验证明具有明显的抗炎、镇痛作用，化学分析初步认为主要成分是多肽。根据王振玉等（1986）报道，用梅花鹿骨为主要原料，加配葫芦科植物甜瓜干燥种子混合制成灭菌液，称为松梅乐注射液，有效成分是小分子多肽和多种氨基酸，适用于治疗风湿性关节炎和类风湿性关节炎。

五、鹿茸制剂

鹿茸是雄鹿未骨化而带有绒毛的嫩角，分叉称为小二杠或大二杠，再分叉称为三岔，以二杠茸最好。梅花鹿的嫩角称为花鹿茸，马鹿的嫩角称为马鹿茸，为重要的中药材。

（一）结构与性质

药用的鹿茸主要采用驯养的梅花鹿和马鹿。鹿茸的化学组分较复杂，含有蛋白质、多肽及人体8种必需氨基酸和谷氨酸、精氨酸、甘氨酸、丙氨酸、天冬氨酸、脯氨酸等多种非必需氨基酸，还含有卵磷脂、脑磷脂、神经磷脂、神经节苷脂、磷脂酸、胆固醇、雌酮、雌二醇、睾酮、油酸、亚油酸、软脂酸、硬脂酸、棕榈油、硫酸软骨素、维生素A、糖脂、前列腺素等，多种元素如 Ca、P、Fe、Zn、Mn、Cu、Ba、Sr、Co、Cr、Al、Mo、Ni、Pb、Pd、Ti、Zr、Ag、Sn、Na 等。

（二）生产工艺与产品检验

以鹿茸为原料，经提取其有效成分而制成的无色或淡黄色的灭菌水溶液称为鹿茸精注射液，每2 mL 相当于原药材0.2 g，即10%的溶液。

1. 生产工艺路线

鹿茸 —(水蒸气蒸软)→ 鹿茸碎块 —(提取、浓缩)→ 浓缩液 —(脱蛋白，乙醇 反复5次)→ 滤液 —(稀释蒸馏水 80℃，10℃)→ 60%鹿茸精液 —(制剂 甲酚，活性炭 pH 7.2～7.5)→ 10%鹿茸精注射液

2. 技术过程说明

（1）原料处理　取鹿茸用水蒸气蒸软，剥去皮毛，锯成2～4 cm 小段，再劈成厚0.5～1 cm 小块，备用。

（2）提取　取600 g 切好的鹿茸置于回流提取装置中，加入1倍量的50%乙醇，在水溶液上回流提取1 h，停止加热，放置24 h，用两层纱布过滤，滤渣和残渣再用1倍量的50%乙醇反复提取，共5次，残渣干燥后保存。合并提取液，回收乙醇至无醇味，然后蒸发浓缩至体积与原药材量相等，即1 mL 相当于1 g 原药材。

（3）脱蛋白、稀释　上述浓缩液经两层纱布过滤，滤液进行5次脱蛋白。每次脱蛋白过滤的沉淀，撕碎后用80%洗涤浸泡1夜后，过滤，滤液与下次脱蛋白的乙醇合并，最后一次的沉淀用95%乙醇洗涤1次，过滤，滤液与洗液合并，回收乙醇。滤液用蒸馏水稀释成60%的水溶液，80℃以上处理30 min，放置冷冻，用冰冷却到10℃以下，用勺除去油脂，

4 层纱布过滤，滤渣用蒸馏水洗 1 次，洗液与滤液合并，采用纸浆棉花漏斗过滤，适量蒸馏水洗净漏斗，滤至澄明，得 60％鹿茸精液。

（4）精制　60％鹿茸精液中加入 1.2％甲酚，边加边搅拌，均匀后，100 ℃热处理 30 min，放冷，冰箱中（－20 ℃）冷冻结冰为止。取出融化后，立即向溶液中投入 0.037 5％的活性炭，搅拌 10 min，用铺有活性炭（用量为过滤液的 0.112 5％）的布氏漏斗过滤至澄明，再在 100 ℃下处理 30 min，放冷，于冰箱中冷冻结冰。取出融化后向溶液中投入 0.02％活性炭，搅拌 10 min，用铺有活性炭（用量为过滤液的 0.03％）的布氏漏斗过滤至澄明，再进行 1 次加热和冷冻处理，直至冷冻后不再有棕色物或仅有少量棕色物析出为合格。一般处理 5 次。再将处理合格的 60％鹿茸精液加适量的注射用水，补加甲酚至药液总量的 0.3％，补加注射用水至需要量，用 20％氢氧化钠溶液调节 pH 到 7.2～7.5，加入精制活性炭使浓度为 0.01％，搅拌 10 min，脱炭后，用 3 号垂熔玻璃滤球滤净，灌封于 2 mL 安瓿瓶中，100 ℃灭菌 30 min，即得 10％鹿茸精注射液成品。

3. 产品检验　本品为无色或几乎无色的澄明液体，pH 6.0～7.0。取本品 2 mL，加入乙酸盐缓冲溶液 1 mL，煮沸 2 min，溶液应澄明。取本品 10 mL，加稀盐酸 1 mL，加温至 50 ℃，添加水 10 mL，通入硫化氢 5～8 min，不得发生任何暗黑色混浊或沉淀。其他应符合注射剂有关的各项规定。

（三）药理作用与临床应用

鹿茸精注射液具有增强机体活力、促进全身细胞代谢等作用，在临床上用于心脏衰弱、神经衰弱、食欲缺乏、性功能低下和健忘症等。

六、蹄甲制剂

以动物蹄甲为原料制备的生化药物统称蹄甲制剂，如妇血宁、氨肽素等，其主要原料为猪蹄甲。妇血宁的生产工艺是参考民间用猪蹄甲煅炭治疗功能性子宫出血的经验和现代有关猪蹄甲组分的提取方法，并结合近代医学对猪蹄甲药理作用的研究，经试验后确定的。

（一）妇血宁

1. 结构与性质　猪蹄甲的化学本质是角蛋白，妇血宁则是部分水解的角蛋白，相对分子质量为 6 000～30 000，化学组分为多肽，主要含谷氨酸、亮氨酸、天冬氨酸以及苯丙氨酸等近 20 种氨基酸。用 Sephadex G-100 柱层析分离妇血宁在 pH 7 的水溶性部分，可得相对分子质量 30 000 以上（F1）、约 10 000（F2）、约 3 500（F3）的三个组分，各组分均呈淡褐色，但深浅程度略有不同。F3 具有明显吸湿性。紫外分光光度计扫描显示，各组分在 195～220 nm 和 280～285 nm 处有最大吸收峰，在 275 nm 处有较低吸收峰，说明各组分均为多肽或蛋白质。化学分析表明，F1 为蛋白质混合物，F2 和 F3 各含数种分子大小相近而带电不同的多肽。

2. 生产工艺与产品检验

（1）生产工艺路线

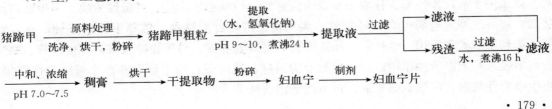

（2）工艺过程说明

① 原料处理。取新鲜或干燥的猪蹄甲，筛选剔除杂物、毛发等杂质，清水冲洗 2 次后用水浸泡，加工业盐酸调至酸性，静置过夜。将浸泡液弃去，用清水反复冲洗蹄甲至中性，并反复搓洗干净，烘干、粉碎成粗粒。

② 提取。将猪蹄甲粗粒置不锈钢反应罐中，加原料 18 倍量的自来水，并用氢氧化钠调 pH 至 9～10，煮沸提取 24 h，过滤。药渣再用 10 倍量自来水，煮沸提取 16 h 左右，过滤，合并滤液。提取时必须使溶液保持沸腾状态，且不可溢出。如用夹层锅提取，蒸汽压力一般为夏季 0.08 MPa、冬季 0.1～0.15 MPa。

③ 中和。提取滤液采用 0.180 mm 孔径网趁热过滤，倾入不锈钢桶中，等冷却后用盐酸调 pH 至 7.0～7.5，静置过滤。

④ 浓缩。将过滤后的提取滤液置于夹层锅内，采用蒸气压 0.15 MPa，浓缩至稠膏状，需 2 h 左右。

⑤ 干燥。将稠膏均匀地摊放在铝盘中，一般厚度为 4 mm，置于真空干燥箱内，在 75～83 ℃干燥 2 h 左右。

⑥ 粉碎、包装。采用 100 目万能粉碎机或球磨机粉碎干提取物，细粉即妇血宁。粉碎后迅速用双层防潮塑料袋包装，外加纸箱，置于阴凉干燥处贮藏。

⑦ 制剂。取检验合格的妇血宁细粉，按以下配方制成片剂。取妇血宁细粉，用 70%～80%乙醇湿润制成软材，过 1.4 mm 孔径筛选粒，湿粒于 60～70 ℃干燥，加入硬脂酸镁混合，再过 1.4～1.7 mm 孔径筛，用 10 mm 糖衣冲模压片，每片重 0.3 g。

（3）产品检验

① 性状。本品为淡黄褐色的无定形粉末，味微咸、腥，有吸湿性。

② 检查。pH：取本品适量，加水温热使之成为 1%的溶液，pH 为 7.0～8.5。干燥失重：取本品在 105 ℃干燥至恒量，测得减失质量不得超过 4.0%，灼烧残渣不得超过 13.5%。

③ 鉴别。取本品 0.5 g，加水 50 mL，振荡、过滤。取滤液 5 mL，加双缩脲溶液显紫红色。取滤液 2 mL，加三氯乙酸试液，即生成白色沉淀。

④ 含量　取本品 0.2 g，依照氮测定法测定，按干燥品计算，含总氮量不得少于 13.5%。

3. 药理作用与临床应用　妇血宁具有兴奋子宫、调节内分泌、促凝血、促血小板凝集及抗炎作用，临床上可用于治疗功能性子宫出血、月经过多、鼻衄、血小板减少性紫癜和血友病等，还可用于治疗风湿性、类风湿性关节炎及子宫内膜炎、子宫颈炎等。

（二）氨肽素

氨肽素以猪蹄甲为原料，经提取、精制而得的制剂，含有多种氨基酸、多肽以及微量元素。该品用于治疗慢性原发性血小板减少性紫癜、白细胞减少症、过敏性紫癜、再生障碍性贫血，对寻常型银屑病也有良好疗效。无不良反应，针对性强。猪蹄甲质地坚韧，并有腥气，不利于煎煮和服用，沙炒后，质地酥脆，可矫其腥气，易于粉碎和煎出有效成分。醋淬后，增强入肝散瘀消肿作用，用于痈肿等的治疗。适应证：用于原发性血小板减少性紫癜、再生障碍性贫血、白细胞减少症，也可用于银屑病。

> **➔思政：中医文化（猪蹄炮制）** 。猪蹄甲古方制法为酒浸半日，炙焦用。炮猪蹄甲：用热碱水洗净，晾干，投入用武火加热至全翻动状态的沙中，炒至整体鼓起，表面呈金黄色或棕黄色，取出，筛去沙，放凉，用时捣碎。醋猪蹄甲：将按上法炒好的炮猪蹄甲趁热投入醋中浸淬，捞出，干燥。用时捣碎。每100 kg猪蹄甲用米醋20～30 kg。

第二节　小动物制剂的制备

小动物制剂是指以较小的药用动物及其分泌物为原料经过加工而制成的药物制剂，如蜂王浆、蜂毒、蛇毒、水蛭素、软骨粉、蟾蜍膏等。

一、斑蝥素

斑蝥素，也称斑蝥酸酐，是从昆虫斑蝥中经酸性丙酮提取、精制的结晶制品，为一种单萜烯类成分。成虫中含量约1%，人工合成了112个斑蝥素的衍生物，从中发现N-甲基斑蝥胺、N-羟基斑蝥胺等，毒性均低于斑蝥素。

（一）结构与性质

斑蝥素的化学名称为六氢-3α,7α-二甲基-4,7-环氧异苯并呋喃-1,3-二酮，纯品呈斜方形鳞状结晶，无臭，有剧毒；不溶于冷水，溶于热水、丙酮、氯仿、醋酸乙酯和油类，微溶于乙醇；熔点218 ℃，约120 ℃升华。

（二）生产工艺

1. 生产工艺路线

斑蝥虫体 $\xrightarrow{\text{粉碎}}$ 粗粉 $\xrightarrow[\text{浓盐酸，丙酮2次}]{\text{酸化、提取}}$ 提取液 $\xrightarrow{\text{浓缩}}$ 油状物 $\xrightarrow[\text{石油醚，乙醇}]{\text{过滤，洗涤}}$ 斑蝥素粗品

斑蝥素粗品 $\xrightarrow[\text{丙酮}]{\text{重结晶}}$ 斑蝥素

斑蝥素片 $\xleftarrow{\text{制剂}}$ 斑蝥素

2. 工艺过程说明

（1）斑蝥素制备　按照斑蝥虫粗粉：浓盐酸：丙酮＝1：0.025：5.5的比例投料。取干燥粗粉，加入0.025倍浓盐酸，然后用粗粉3倍量的丙酮浸提48 h，滤取丙酮。残渣再用2.5倍丙酮浸提48 h，过滤，合并两次的丙酮提取液，残渣再用适量丙酮洗1次，洗液与提取液合并，浓缩回收丙酮，得深色的浓缩油状物，即有大量结晶析出。过滤，结晶用石油醚洗涤，除去色素及动物脂肪，再用95%的乙醇洗涤数次，得斑蝥素粗品，用丙酮再结晶即得斑蝥素。对斑蝥虫粗粉质量计算，总收率为1%。

（2）制剂　按装备10万片计算，需用斑蝥素25 g、淀粉2 kg、白及粉5 kg、三硅酸镁1 kg、氢氧化铝2 kg、35%乙醇9～10 kg、硬脂酸镁0.1 kg。取斑蝥素与淀粉置于球磨机中，研磨24 h，过100目筛，加入白及粉、氢氧化铝及三硅酸镁，混合，通过40目筛，混合均匀，加35%乙醇搅拌湿润制成软材，过14目筛制粒，干燥。再向干颗粒中加入硬脂酸镁，稍加混合，过14目铁筛整粒，再充分混合均匀，贮存于衬有布袋的铁桶中，称重，化

验，合格后压片。每片含斑蝥素 0.25 mg，理论片重每片为 0.101 g。

3. 毒性与安全　斑蝥素为剧毒药物，制备中必须注意安全防护，切勿与皮肤接触，防止吸收入粉尘、蒸汽。操作人员要穿长袖工作服，袖口、头颈要用布扎紧，戴好防尘帽、口罩、眼镜及长胶皮手套等。操作人员需多饮浓绿茶或开水，如发现泌尿道及肠胃刺激症状、尿频、尿急、尿痛或口腔黏膜、喉部不适等，应停止操作。斑蝥素的解毒药有绿茶、黄连、黄檗、生绿豆粉、葱、六一散等，如排尿有痛感可用车前、木通、泽泻、猪苓煎服。

（三）药理作用与临床应用

斑蝥素结构如图 7-1 所示，对多种实验动物肿瘤有一定抑制作用。试验表明，斑蝥素对小鼠腹水肝癌、网状细胞肉瘤有疗效。斑蝥素的作用原理可能是抑制肿瘤细胞的蛋白质和核酸的合成。口服或注射给药均易吸收，血中维持浓度持久，在肠、胃、胆、肝和肿瘤组织中的含量较高。使用中、

图 7-1　斑蝥素

小剂量时不抑制免疫功能，较大剂量时可使免疫力下降。斑蝥素在临床上对原发性肝癌有一定疗效，表现在主要症状改善，生存时间延长，部分病例可见肿块缩小；对乳腺癌、食道癌、肺癌等亦有一定的疗效。

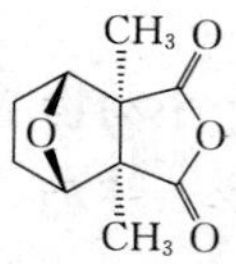

二、地龙注射液

（一）化学组成与性状

地龙为巨蚓科动物参环毛蚓或缟蚯蚓等的干燥体，所含化学成分为次黄嘌呤、脂肪酸类、琥珀酸、胆甾醇、胆碱、氨基酸类、核酸衍生物、地龙素、地龙热解素等。地龙注射液是用中药广地龙为原料提取制备的灭菌水溶液，呈淡黄色至浅棕色，1 mL 相当于原药材 2 g。

（二）生产工艺

1. 生产工艺路线

$$地龙 \xrightarrow[\text{水，煮沸30 min}]{\text{提取}} 提取液 \xrightarrow[\text{蒸发}]{\text{浓缩}} 浓缩液 \xrightarrow[\text{乙醇}]{\text{沉淀，浓缩}} 精制浓缩液 \xrightarrow[\text{pH 7.5}]{\text{制剂}} 地龙注射液$$

2. 工艺过程说明

（1）提取、浓缩　将广地龙 40 kg 加水浸没，浸泡 30 min，然后煮沸 30 min，吸取提取液，再加适量水煮沸 30 min，如此反复煎煮 5 次，合并提取液，得 400～500 L，用 0.125 mm 孔径筛过滤，滤液蒸发浓缩至 40 kg，得浓缩液。

（2）沉淀、浓缩　取浓缩液加入乙醇，使醇浓度达 60%，放置过夜，滤除沉淀，滤液回收乙醇并浓缩至糖浆状，再加乙醇使醇浓度达 82%，放置过夜，过滤，滤液回收乙醇并浓缩至无醇味为止，得精制浓缩液。

（3）制剂　上述浓缩液加注射用水至 20 L，冷藏过夜，然后用石棉滤器滤清后，调整 pH 至 7.5 左右，灌封，100 ℃流通蒸汽灭菌 30 min，即得成品。

3. 相关介绍　地龙或蚯蚓是一种中药材，用参环毛蚓晒干或焙干的商品称为广地龙，用背暗异唇蚓晒干或烘干的商品称为土地龙。我国古代就已知用蚯蚓可退热、滋补。明代李时珍《本草纲目》中记载了用蚯蚓可配制 40 多种药方，具有清热、平肝、止喘、通络等功

能，用于治疗高热狂躁、小儿受惊、半身不遂、喘息、疔腮以及妇科疾病等。

以蚯蚓为原料的药物，除了地龙注射液，还有复方地龙注射液（含黄芩素）和口服地龙粉，用于治疗无严重并发症的支气管哮喘及哮喘性支气管炎。临床观察，注射液和口服粉对哮喘有一定的解痉、平喘作用，还可使痰易咳出，口服粉剂的患者可见胸闷逐渐减轻。复方地龙注射液对"热喘"即舌质红、苔青厚、痰黏黄的患者，疗效较好；对于高度过敏体质的患儿注射第一针时，须观察 10～15 min，如发生过敏反应，要及时治疗。

根据资料记载，全世界有 2 500 多种蚯蚓，分布非常广泛，多数生长在淡水泥底或潮湿的土壤中，最大的个体产于澳大利亚，长逾 3 m。随着应用的广泛，日本、美国等许多国家已进行了大量的人工饲养，我国有些地区也开始了人工养殖。

（三）药理作用与临床应用

药理实验表明，该注射液对多数动物有缓慢、持久的降压作用，舒张平滑肌，也有解痉作用。毒性很小，无过敏反应。该注射液在临床上适用于治疗哮喘，有效率达 72.7%～80%，适用于支气管哮喘发作，对热喘疗效更好。与其他常用抗哮喘药比较，该注射液具有作用缓慢，疗效稳定持久，无明显副作用等特点。与抗癫痫药物合用，有控制抗癫痫发作的效能，对病程短、年龄小的患者疗效更佳。

> **溶栓药物（蚯蚓纤溶酶）**。从蚯蚓内脏匀浆中分离出的具有溶纤活性的酶，称为蚯蚓纤溶酶，相对分子质量为 20 000～70 000，等电点为 3～5，最适 pH 8 左右，pH 5～10 范围内酶的活力保持稳定。该品可激活血纤蛋白酶原，能溶解血栓，具有安全、无毒性等优点，很有希望成为治疗血栓疾病的强效溶栓药物。

小　结

动物器官或组织提取制剂是将动物的脏器或其他组织、器官，经过粗加工获得的有效成分尚不清楚的但在临床上确有疗效的一类粗提取药物制剂。主要选择猪、牛、羊等哺乳动物及家禽和鱼类的器官或组织，包括肝、脑、胰、胃、黏膜、脾、小肠、心脏、肺、肾上腺、扁桃体、甲状腺、睾丸、胎盘、气管软骨、眼球、鸡冠等。动物器官或组织提取制剂的一般制备方法因剂型而异，一般有干燥粉末状制剂、脏器浸膏和注射剂等。本章主要介绍了脑制剂（脑活素注射液、大脑组织液、促脑素）、眼制剂（眼生素注射液、眼宁注射液）、骨制剂（骨肽注射液、祛风湿注射液、鲨鱼软骨制剂）以及鹿茸制剂、蹄甲制剂（妇血宁、氨肽素）等，重点介绍了这些制剂的药理作用与制备工艺。

小动物制剂是指以较小的药用动物及其分泌物为原料经过加工而制成的药物制剂，常见的有蜂王浆、蜂毒、蛇毒、水蛭素、软骨粉、蟾蜍膏等。本章主要介绍了斑蝥素、地龙注射液等的制备工艺与药理作用。

习　题

1. 试述动物器官或组织提取制剂原料的选择和处理方法。

2. 推测脑活素注射液的制备工艺中酶解的作用是什么。

3. 简述眼生素注射液的制备工艺与药理作用。

4. 简述鹿茸制剂的制备工艺与药理作用。

5. 简述地龙注射液的药理作用和临床应用。

第八章 CHAPTER 8

菌体及其提取物类药物 ▶▶▶

> ●**课程思政与内容简介**：中医药典籍对菌类多有记载。微生物除应用于制造抗生素、氨基酸、酶及其酶抑制剂等以外，也可直接利用微生物的菌体以及代谢物制成预防和治疗的药物，是开发生化制药资源、创制生化新药的重要内容之一。本章主要介绍菌体及其提取物类药物的药理作用和制备方法，主要为一般制备方法和典型菌体及其提取物类药物的制备工艺。

第一节　菌体及其提取物类药物概述

一、菌体及其提取物类药物及其制备方法

所谓菌体药物及其提取物类，是指直接利用微生物的菌体或浸出物或发酵液中的代谢产物等制成的药物制剂，含有多种有效成分或是尚未弄清楚的混合物，不包括抗生素类药物。尽管这类药物品种不多，产量不大，但仍是防治疾病不可缺少的药物制剂。

在制造工艺上，一般是利用微生物发酵来完成，按菌的生长及产物形成速度等分为：发酵型Ⅰ，即简单发酵；发酵型Ⅱ，即复杂发酵；发酵型Ⅲ，即生物合成的发酵；按发酵过程中是否需要供气分为厌氧发酵和需氧发酵；按发酵设备和培养基质的不同，有浅层发酵、深层发酵、固体发酵和液体发酵等，主要向纯种、液体培养基、自动化和机械化的深层发酵方向发展。

二、常见的菌体及其提取物制剂

1. 酵母　又称食母生，是麦酒酵母的干燥菌体，呈黄色粉末，有特殊气味，含 B 族维生素，还含有肌醇、转化酶及麦芽糖酶等。常做成酵母片，是治疗食欲不振、消化不良，以及 B 族维生素缺乏引起的疾病的辅助药物。

2. 溶链菌制剂　为 A 组溶血性链球菌，低毒变异株 Su 株的制剂，又称溶血链球菌 Su。成品含有毒素 G 钾盐、麦芽糖、硫酸镁等成本，呈白色吸湿性粉末。溶链菌制剂的发现，是受肿瘤患者偶因链球菌感染而使恶性肿瘤得以缓解的启示。经研究发现，筛选制成的溶链菌制剂是抗肿瘤药物，具有提高宿主免疫力的作用，有人称它为免疫化疗型药物。临床应用时最好在化疗药物诱导缓解后使用，起预防复发的作用。该品适用于乳腺癌、胃癌，疗效较好，亦可在肺癌、胃癌、恶性淋巴肿瘤中作为诱导缓解的合并化疗药物之一，使晚期肺癌的

存活率比单化疗时有所提高；对面、舌、喉癌也有一定疗效。使用该品后，常见毒性反应有高热、白细胞增加、轻度贫血，一般出现的副反应可以耐受，最长的可持续使用 2 年。肌内注射一般使用 0.2 KE（KE 表示临床单位，1 KE 相当于 0.1 mg Su 株干燥菌量），10 ℃以下，防冻保存。

3. 嗜酸乳杆菌制剂　本品是将嗜酸乳杆菌（*Lactobacillus acidphilus*）经冻干制成的菌体制剂，每克含大约 1×10^7 个菌体，呈粉末状。该品能对抗青霉素、链霉素、金霉素、土霉素、新霉素、红霉素、氯霉素以及螺旋霉素等多种抗生素作用。本品用于接受抗生素治疗患者，可减少由抗生素破坏肠内菌群引起的不良反应，克服肠内菌所致的紊乱。本品用于治疗慢性肝性脑病患者，可干扰结肠内大肠杆菌生长，从而降低血氨，改善患者的临床症状。

4. 猴菇菌　本品又称猴头菇，是多孔菌目齿菌科猴头菌〔*Hericium erinaceus*（Bull. ex Fr.）Pers〕的子实体。食用真菌小株猴头菇的菌丝体制成的制剂，称为猴菇菌片，为多肽和多糖类物质。民间用猴头菇治疗胃溃疡，经临床验证，对溃疡病有效，能控制和减轻因溃疡或慢性胃炎引起的上腹疼痛、上腹饱胀等症状，并无不良反应；在个别病例中，还发现有升白细胞作用。动物实验对 S180 恶性肿瘤细胞有一定抑制作用。猴头菇在临床上适用于食道癌、胃癌等；对晚期消化道癌症患者，给药后，能使大部分病人食欲增加，少数病例肿块缩小，生存期延长。

5. 大肠杆菌制剂　本品是将大肠杆菌变株（*E. coli* var. *communis* Fcs 80）用无蛋白培养基发酵制得，具有激活网状内皮系统，提高白细胞吞噬作用，强化毛细血管管壁；加强血清杀菌作用；可缩短凝血时间，增加凝血活酶、血小板和凝血酶原；可抑制透明质酸酶活性，防止炎症发生和解除磺胺类药物的白细胞机能抑制作用。该品在临床上适用于丹毒、疖、面疔、湿疹、中耳炎、关节炎、肌炎、淋巴炎、扁桃体炎、扁桃腺炎、支气管炎、肾盂肾炎、膀胱炎、齿龈炎及口腔炎等。

6. 磷光杆菌制剂　本品是将磷光杆菌（*Photobacterium phosphoreum* Molisch）菌体中提取的有效成分制得的微生物镇痛镇静药物，适用于治疗肩骨酸痛、神经痛、风湿性关节炎和关节痛，也可用于天然药物的过敏患者。

7. 促皮质糖　本品是自非致病荧光假单孢杆菌菌体提取的一种复合多糖体制剂，具有类似于皮质激素和促皮质激素的作用，可能是直接作用于下丘脑，促进垂体释放促皮质激素和改善肾上腺皮质功能，临床适用于急慢性风湿性关节炎，患有肝、肾疾病和心脏病者忌用。

8. 沙门氏菌多糖体　本品自巴拿马沙门氏菌（*Sallmonella panama*）菌体提取精制而得，其主要成分是多糖体；可溶于水，不溶于乙醇和丙酮；能刺激网状内皮系统机能，促进淋巴细胞、白细胞生成，增强白细胞吞噬作用，提高机体抗病毒、抗溶血链球菌感染能力，并有类似肾上腺皮质激素和促皮质素的效果，临床适用于神经痛、急慢性风湿性关节炎、风湿病、腰痛、肩骨酸痛，对由急慢性风湿性关节炎、风湿病所引起的心脏病也适用。

9. 云芝多糖　本品是自担子菌纲云芝（*Coriolus versicolor*）发酵后的菌丝体中提取而制得的蛋白多糖类物质，含糖约 70%，含蛋白质 15%，相对分子质量大于 10 000。自我国长白山云芝实体中提取的云芝多糖，为葡萄糖残基借 1→3、1→6 β-糖苷键连接组成的高分子化合物，相对分子质量大于 1×10^6。本品性状呈茶褐色粉末，无臭，无味，易溶于水，遇空气和光稳定；不溶于乙醇、乙醚、丙酮、氯仿等有机溶剂；经真空干燥制得的疏松固体，其水溶液自然晾干可形成具有一定韧性的透明膜。本品的抑瘤作用可能与提高机体免疫机能有关，单独或配以其他疗法治疗消化道癌、头颈部肿瘤、肺癌、恶性淋巴瘤等均可改善体质，促进食欲，增加体重，缓解疼痛，减少胸腔积液，缩小肿瘤，见效缓慢，无副作用。

10. 维酶素　本品是由依蒙菌假囊酵母（*Eremothecium ashbyii guillermond*）经固体发酵所得的一种复合制剂，是我国 20 世纪 80 年代创制的新型微生物类药物。经化学分析证实，该品含有 B 族维生素、维生素 C、维生素 A、维生素 E、维生素 K 等 12 种维生素，含量约 0.6%；含有 18 种氨基酸，其中 6 种是人体必需的，含量高达 10%；还含有 23 种微量元素，约为 0.32%。本品在临床上适用于萎缩性胃炎、浅表性胃炎、食管上皮细胞增生等，均有显著治疗效果，并可预防胃癌和食道癌。

11. 促菌生　促菌生是一种以菌制菌的奇特的活菌制剂。该品由一种需氧蜡样芽孢杆菌经过加工处理制成片剂，口服进入肠道后，需氧蜡样芽孢杆菌能消耗氧气，造成充满二氧化碳的厌氧环境，从而扶持和促进双歧杆菌生长繁殖，重新恢复肠内的生态平衡。本品可治疗多种肠道感染，如急慢性肠炎、痢疾、婴幼儿腹泻、肠功能紊乱等症。成人每次口服 4～8 片，3 次/d。据大连医学院报道，用促菌生治疗 413 例婴幼儿腹泻，治愈率 95.5%，疗程一般 5 d，多数 3 d 痊愈。有些研究还发现本品对肝炎病人有缓解腹胀、增加食欲、缩短疗程的作用。

12. 短小棒状杆菌　本品为加热灭活的短小棒状杆菌株 WFLCH6134 的冷冻干燥针剂（混悬剂），菌体干重 7 mg。小鼠与人的试验表明该品能调节免疫反应，一般认为这种调节作用能使免疫系统更有效地对肿瘤细胞发生反应，但对此了解得还不充分。腔内给药时，可引起纤维变性和胸膜固定，能极有效地防止渗漏液再次产生。该品在临床上适用于减轻恶性胸膜积液和恶性腹水等。

> **◆思政：历史悠久的中医药文化（中国古代菌体药物应用）**。相传在 6 世纪，我国人民已经知道用酿酒曲即酵母治疗胃病、助消化、健脾胃、消积导滞，因其效果如神，故称神曲。在《神农本草经》《本草拾遗》《齐民要术》《本草纲目》等历代古医药书籍中，均有用神曲、红曲、茯苓、朱苓、冬虫夏草等治疗疮、痈、湿热痢等多种疾病的记载。制曲工艺是用药料与含淀粉的物质混合均匀，置于适宜温度条件下发酵发霉，然后干燥即得。至今中药中沉香曲、半夏曲、六神曲、福建神曲等仍在应用。

第二节　菌体及其提取物制剂的制备

一、乳酶生

（一）简介

乳酸菌是一类能产生乳酸的细菌，主要包括乳酸菌属和链球菌属的某些种，均属革兰氏阳性菌，无鞭毛，不活动，为兼性嫌氧菌，菌体呈杆状或球状，单个、成对或形成短链，菌落小，无色素。乳酸是乳酸菌发酵的主要产物，对酸有高度耐受性，可存在于食物中。在健康人的肠道、阴道中乳酸菌是正常菌。在肠道内，乳酸菌的旺盛繁殖可抑制有害菌群的生长，保持肠道机制的正常。在某些情况下，如健康状态不佳、精神紧张、饮食和环境发生变化等，可使肠内菌群正常作用减退，乳酸菌减少，造成有害菌群增殖而发生消化不良、便秘、腹胀气等病症。服用乳酸菌制剂后，乳酸菌在肠内发育生成大量乳酸，抑制了肠内有害细菌的生长，防止有害细菌在肠内产毒或致病。实验证明乳酸菌能与肠内的有益细菌共同生长，从而控制肠内细菌丛的均衡繁殖。由乳酸菌发酵而生成的二氧化碳，被认为可促进肠的蠕动、调整肠的机能、防止便秘。乳酸菌制剂能抑制人体肠内维生素 B_1 的分解。

乳酶生是一种含有活乳酸菌的制剂。最早由法国细菌学家用于抑制肠内有害菌群的增殖，防止有害菌群产生吲哚、胺等而引起自身中毒，发挥整肠作用。研制成的含有乳酸菌和糖化菌的药物，又称新表飞鸣，临床作为整肠剂用于消化不良、肠胀气、小儿饮食不当引起的腹泻等病症，也用于 B 族维生素缺乏症、幼儿湿疹以及乱用抗生素造成的肠内菌群紊乱症。国外报道可用阴道乳酸菌（*Bacillus vaginalis*）制成清净阴道的乳酸菌制剂。药用乳酶生呈白色或淡黄色粉末，不溶于水，有微臭，不应有腐败臭或其他恶臭。制成的制剂，单位含菌量越多越好，合格的成品每克应含活乳酸菌 2 亿个以上。

（二）制备用菌种的必备条件

① 在人体肠道内能发育良好，繁殖迅速，并长期存留。②能分解乳糖，产乳酸能力强。③具有合成 B 族维生素的能力。一般以嗜乳酸杆菌、保加利亚乳杆菌、乳链球菌和粪链球菌为最常用。实际应用时一般是两种或两种以上同时采用，也有单用的。

（三）生产工艺

1. 生产工艺路线

粪链球菌菌种 —液体试管培养（试管培养基）37℃，pH 7～7.2，24 h→ 试管培养液 —三角瓶培养（培养基）37℃，pH 7～7.2，24 h→ 一级种子培养液 —大瓶培养（培养基）37℃，17～20 h→

二级种子培养液 —发酵罐培养（培养基）35～37℃，10～16 h→ 发酵液 —过滤（CaCO₃）→ 菌体滤饼 —配制（灭菌淀粉）→ 乳酶生

2. 工艺过程说明

（1）液体试管培养　培养基按牛肉浸膏：蛋白胨：乳糖：氯化钠＝1％：2％：2％：0.5％的配料比投料。按配制 100 mL 的量，称取上述配料，加无菌水稀释到 100 mL，加热溶解，用碳酸钠溶液调整 pH 到 7～7.2，过滤，分装于小试管（每管 5～6 mL）中，塞好棉塞，用牛皮纸包扎，1.2～1.3 kg/cm² 蒸气压灭菌 30 min 后备用。取生长良好、无杂菌平板一个，在无菌条件下，用接种针取一个透明圈较大的粪链球菌菌落，接种于试管内，每次接2 个试管，振摇后，置 37℃恒温培养 24 h，呈均匀混浊生长，即取出镜检，得试管培养液。

（2）三角瓶液体培养　培养基按牛肉浸膏：蛋白胨：乳糖：氯化钠＝1％：2％：2％：0.5％的配料比投料。按配 500 mL 的量称取上述配料，加无菌水 200～300 mL，加热使其溶解，再加无菌水使总液量为 500 mL 后，用碳酸钠溶液调 pH 至 7～7.2，过滤，分装于0.5 L三角瓶中，每瓶 0.25 L，塞好棉塞，用玻璃纸包扎，于 1.2～1.3 kg/cm² 蒸气压灭菌30 min，备用。经镜检合格的试管培养液，在无菌条件下全部移种于三角瓶液体培养基内，每管接种两个三角瓶，振摇，置于 37℃恒温箱中培养 24 h，呈均匀混浊生长，良好者得一级种子培养液，可进行扩大培养。

（3）大瓶液体培养　培养基按牛肉浸膏：蛋白胨：蔗糖：氯化钠：碳酸钙＝0.5％：3％：2％：0.5％：0.5％的配料比投料。取碳酸钙25 g，加入 2 个 10 L 玻璃瓶中，另按配比称取

牛肉浸膏、蛋白胨、蔗糖和氯化钠，加无菌水 5 L，加热使其溶解，过滤，滤液再稀释至 10 L，分装于两个已加入碳酸钙的 10 L 瓶中，用六层纱布（上下衬玻璃纸）包扎瓶口，1.2～1.3 kg/cm² 蒸气压灭菌 30 min，备用。取一级种子培养液，在无菌条件下，全部移种于培养液里，每瓶接种两大瓶，摇匀，置 37 ℃恒温培养，每小时振摇 3～5 min，培养 17～20 h，至碳酸钙消失，生长物呈均匀混浊，取出镜检，良好者得二级种子培养液，可扩大培养（并做活菌计数）。

（4）发酵罐扩大培养　培养基按牛肉浸膏∶蛋白胨∶蔗糖∶氯化钠∶碳酸钙＝0.5%∶3.5%∶2%∶0.5%∶1% 的配料比投料。取牛肉浸膏 0.75 kg、蛋白胨 5.25 kg、氯化钠 0.75 kg，加无菌水 40 kg，加热溶解，用纱布袋过滤备用。将发酵罐彻底清洗后加自来水 100 L，不关闭投料孔，开动搅拌机，通蒸汽加热自来水至 90 ℃，停止搅拌。从投料孔加入已溶解的培养液和药用碳酸钙（过 0.125 mm 孔径筛）1.5 kg，使体积达到发酵罐容量的 1/2～2/3，关闭投料孔，通蒸汽进行实罐消毒，121～123 ℃灭菌 30 min，接通空气过滤装置，自然冷却至 105 ℃，开启搅拌机，夹层通冷水冷却至 35～37 ℃，即可接种。取蔗糖 3 kg 加无菌水 10 L 加热溶解，用纱布过滤，分装于 2 个 10 L 玻璃瓶中，用 8 层纱布（上下包玻璃纸）包扎瓶口，1.2～1.3 kg/cm² 蒸汽灭菌 30 min，备用。将冷却至 40 ℃以下的蔗糖溶液和乳酸菌生长良好的大瓶培养液，先后全部倒入罐内，投料孔消毒后立即关闭，搅拌 15 min，35～37 ℃静置培养，每 2 h 搅拌 10 min，培养 10～16 h，取样镜检、计算，良好者及时放罐，得发酵液。

（5）过滤、拌合配制　取碳酸钙与蒸馏水调成糊状，倾入布氏漏斗中成滤层，倒入发酵液，抽滤，制成菌饼。再将蒸汽消毒干燥无菌的淀粉过 0.125 mm 孔径筛，以逐步稀释法与菌饼混合均匀，过 0.180 mm 孔径筛，经化验合格，得乳酶生成品。每克含乳酸菌数应大于 3 000 万个，杂菌数应小于 5 000 个，水分在 5% 以下，发酵率为每毫升 40 亿～60 亿个活菌。

> ● 思政：变 "害" 为 "利"（益生菌理论）。早在数个世纪以前的古希腊和埃及，人们普遍认为微生物在肠道内会对机体产生负面影响，当时内科医生常常用去除结肠的方法来消除所谓的 "有害菌" 对机体的影响，这一观点一直持续到 19 世纪。直到 20 世纪初，俄国学者 Mtchniikoff 提出相反的论点，认为乳酸菌能对机体产生有利影响，成为益生菌理论的创始人。新表飞鸣是含 *Faecalis* 和 *Acidophilus* 两种乳酸菌并含糖化菌的整肠剂。新表飞鸣所含两种乳酸菌，是从多种乳酸菌中精选出来的。它们在肠内既能旺盛地生长繁殖，又能抑制其他有害菌群的增殖，表现出显著的整肠作用。糖化菌能促进糖类的消化，还有助于乳酸菌发挥原有的作用。制成片剂，略有甜味，容易口服。

二、干酵母

（一）简介

酵母菌是单细胞微生物，比细菌大，有典型的细胞结构，其细胞核有明显的核膜，位于细胞质内。当细胞核长到一定大时，先在细胞的一端（或两端或多个）部位发生一小突起，并进行核分裂，分裂的核一个留在母细胞内，一个进入小突起内，突起膨大而成芽体，以后由于细胞壁的收缩，芽体与亲细胞隔离。成长的芽体脱离亲细胞，或与亲细胞暂时联合在一起。酵母菌的有性繁殖产生子囊孢子。当酵母菌发育到一定阶段，两个性别不同的细胞相接近时，产生小突起而接触，接触部分的细胞壁溶解，细胞内的细胞质进行融合，两个细胞核也融合，再经过减数分裂形成1～8个子囊孢子。子囊孢子成熟后，子囊破裂，释放出孢子。酿酒酵母除两个营养细胞结合形成子囊孢子外，还能以单雌生殖方式形成子囊孢子，即首先进行核分裂，分裂的子核和一部分细胞质在其外面形成孢子壁，即成子囊孢子。

酵母菌体含有丰富的维生素、氨基酸、蛋白质、核酸以及细胞色素c等。因此，酵母菌可作为维生素类药物，用于治疗B族维生素缺乏症及消化不良、食欲不振等，同时还是生产辅酶A、单核苷酸、核酸、谷胱甘肽、氨基酸、麦角固醇、卵磷脂、酵母海藻糖等的原料。药用酵母是一种经高温干燥的酵母菌粉，细胞已经被破坏，所含营养物质容易被消化，便于贮存和运输。活酵母菌能吸收肠内消化液中的维生素，对人不利，各国药典都规定药用酵母必须是死菌。

药用酵母的制造方法，是收集啤酒厂发酵后的酵母，加碳酸钠去掉苦味而得，也可直接发酵制得。我国采用深层发酵生产，菌种用酿酒酵母，以饴糖为主要原料，加入适量的硫酸铵为氮源，以及磷酸、硫酸镁等作为培养液，经发酵而制得。

（二）生产工艺

1. 生产工艺路线

菌种 ──筛选菌种（斜面培养基）/30 ℃，2～3 d──→ 试管斜面菌落 ──扩大培养──→ 酵母培养液 ──一级种子培养（麦芽汁，硫酸铵，硫酸镁）/pH 4.8，30～32 ℃，12 h──→ 一级种子酵母液

──二级种子培养（麦芽汁，硫酸铵，硫酸镁，硫酸亚铁，磷酸）/pH 4.8～5，35 ℃，12 h──→ 二级种子酵母液 ──发酵（硫酸铵，硫酸镁，硫酸亚铁，磷酸）/pH 4.3～4.4，30～32 ℃，12 h──→ 酵母发酵液

──分离──→ 酵母乳液 ──干燥，磨粉/140～150 ℃──→ 干酵母粉 ──制剂──→ 干酵母片成品

2. 工艺过程说明

（1）筛选菌种、扩大培养　取菌种工食1号（丹麦面包酵母菌种）、工食3号（苏联干酵母菌种）、啤酒酵母菌或假丝酵母菌，移植于盛有10 mL斜面培养基（麦芽汁中加入2.1％琼脂）的试管中，在30 ℃培养2～3 d，用肉眼观察菌落呈鲜明白色或乳白色，生长肥厚，菌落边缘整齐，表面有光泽，即已成熟，可作为扩大培养。在500 mL三角瓶中，每瓶内盛麦芽汁150 mL、硫酸铵0.2～0.3 g，调整pH至4.8，1.2 kg/cm^{2}高压灭菌20 min，每支试管斜面菌落接种一瓶，培养12 h，摇床每小时摇2～3次，每次1～2 min即可。

（2）一级种子培养　在2 L三角瓶中，每瓶内盛麦芽汁700 mL、硫酸铵1.8～2.0 g、硫酸镁0.1 g，调节pH至4.8，高压灭菌后接种，30～32 ℃培养12 h；在5 L三角瓶中盛麦芽汁1.6 L、硫酸铵4 g、硫酸镁0.2 g，调节pH至4.8，高压灭菌后接种，30～32 ℃培养12 h。摇床同筛选菌种，得一级种子酵母液。

（3）二级种子培养　在450 L种子罐中，加入麦芽汁220 L、硫酸铵1 kg、硫酸镁20 g、硫酸亚铁20 g，用间接蒸汽加热，煮开后保持2～3 h，降温到35 ℃后，用98％磷酸调节pH至4.8～5.0，将16瓶5 L三角瓶内培养好的酵母种倒入，进行发酵，通风2～3次/h，1～2 min/次，如不降温可通3次/h。每小时检查一次pH，如pH下降，可用7％～8％碳酸钠（或氨水）调pH到4.6；每小时检查一次波美度变化；取样镜检，观察酵母大小及出芽情况。培养12 h，残糖含量达5.8％～6％时，酵母基本上均匀、圆壮、整齐，很少带芽或

不带芽，即可接发酵罐。

（4）发酵　将二级种子酵母液用作发酵培养，最多可发酵 3 代，每代都可以单独得到成品。

① 培养一代酵母。将发酵罐冲刷干净，用甲醛消毒 0.5 h，冷水洗净，罐内加水 600～650 L，煮沸 2 h，待降温至 35～36 ℃时，移入二级酵母发酵液进行发酵。处理过的废糖蜜 400 L，从第 2 小时开始流加 10 L/h，接着 20～30 L/h，第 4 小时达 45～50 L/h。正常情况下，培养 12 h，如长得不好可适当延长。加入的硫酸铵（15 kg）、硫酸镁（200 g）、硫酸亚铁（200 g），从第 1 小时开始流加，先稍慢后稍快，10 h 内加完。用稀磷酸（98％浓磷酸 1.5 L 加水稀释至 40 L）调节 pH 至 4.3～4.4。风量开始小，只半边有风，第 5 小时后开大风，第 6 小时变两罐培养，不断加入植物油去泡沫，温度保持在 30～32 ℃。成熟的酵母发酵液离心分离 3 次，洗涤 2 次，每次酵母乳液中加入 4 倍水稀释，洗涤，离心分离最后得 15％的酵母乳液，再用蒸汽间接加热至 140～150 ℃干燥，磨粉，得 0.5 mm 以下的干酵母粉。

② 培养二、三代酵母。每罐用一代种子酵母 17 kg（培养三代酵母用二代酵母作种子），两罐共计 34 kg，先在小酵母桶内活化，17 kg 种子酵母需糖蜜（7～8 波美度）60～70 L，加 30 mL 浓磷酸使 pH 达 4.4～4.8，冬天在 35 ℃、夏天在 32～33 ℃，人工搅拌培养冬天 15 h、夏天 14 h。培养基用料量（两罐）为废糖蜜（已处理过的）900 L、硫酸铵 21.5 kg、硫酸镁 130 g、硫酸亚铁 130 g、浓磷酸 2.0～2.3 L、过磷酸钙 7.5 kg、碳酸氢钠 5～7 kg。接种后，调节 pH 至 4.3～4.4，12 h 后 pH 达 4～6。流加废糖蜜每罐 450～460 kg，开始少流加，5～9 h 多流加，10～11 h 少流加。硫酸铵在前 5 h 流加 10.75 kg，后 5 h 加 10.75 kg。配成的稀磷酸加入罐内，前 4～5 h 稍加多些，以后越加越少，保持 pH 至 4～4.5。通风量开始小，从第 3 小时起通风量加大，第 6 小时起由两罐扩大到三罐，发酵温度在 33 ℃左右，加植物油以减少泡沫。

（5）分离、干燥、磨粉　将成熟酵母发酵液离心分离 3 次，洗涤 2 次，每次往酵母乳液中加入 4 倍水稀释，洗涤，离心分离最后得 15％的酵母乳液，再用蒸汽间接加热至 140～150 ℃干燥，磨粉，得 0.5 mm 以下的干酵母粉。水分 5％～7％。按废糖蜜含量计算，收率 43％～45％。

（6）制剂　按每片含干酵母 0.3 g，制备 10 000 片计算，投料量 3 000 g，糖粉 1 700 g，碳酸钙 300 g，乙醇（55％～65％）适量，香精 10 mL，硬脂酸镁 90 g。取干酵母与糖粉、碳酸钙混合均匀，通过 0.500～0.850 mm 孔径筛，直至无白点，用喷洒法加乙醇制成软材，用 14 目筛制粒，55～70 ℃干燥颗粒，加入香精、硬脂酸镁混合均匀，整粒，压片，即得干酵母片。

3. 工艺分析与讨论

（1）菌种　工食 1 号和 3 号菌适用于甜菜废糖蜜发酵，啤酒酵母菌和假丝酵母菌适用于甘蔗废糖蜜发酵。

（2）麦芽汁的制备　麦芽 1 kg 加水 4.5 L，在 55 ℃保温 1 h，再升到 62 ℃保持 5～6 h，加温煮沸后用碘液检验糖化程度，达到 12 波美度以上、pH 5.1 以上者，备用。

（3）废糖蜜的处理　取废糖蜜（制糖废液）414 kg，加适量水使总体积达 700 L，再加过磷酸钙 10 kg（先用水溶化，沉淀后取上清液），用酸调节 pH 至 5.2～5.4，直接通蒸汽加热煮沸后保持1 h，待沉淀或小板框过滤后，滤液应为26～28波美度、体积900 L，煮沸1 h灭菌，备用。

（4）糖粉　由于干酵母质松、具有弹性，不易压紧，故制粒时加糖粉增加其可压性。特别是球形酵母易产生顶裂现象，影响片剂成型和合格率。国内有的厂用10%的糊精代替10%的糖粉，混匀，乙醇制粒，干燥，加滑石粉拌合，压片，可减少乙醇用量，增加颗粒的黏性，压制1 000万片，产品合格率达98%，返工率下降到2%。多数药厂采用不经干燥处理的酵母为原料，将饴糖加入砂糖中一起磨粉，过0.180 mm孔径筛，再加入辅料粉，混匀，过0.425 mm孔径筛，压成片剂，其味道较好，又缩短生产周期，适于联动化、机械化或密闭化生产，降低了产品的成本，提高了质量。

制粒时用乙醇为湿润剂，其浓度夏天为65%，冬天为40%～50%。用量要适宜，过少混合粉不黏，过多又太黏，影响制粒和混合均匀，压片有暗斑。颗粒水分一般控制在2.5%～4.0%。水分高，压片时弹性大，起泡，贮藏时易霉败；水分低，片剂硬度不够理想。

> **◆益生菌治疗（酵母菌治疗举例）**。Plein等观察非致病性酵母菌对克罗恩病的治疗作用，对临床缓解期的32例患者应用5-氨基水杨酸或5-氨基水杨酸加用酵母菌（0.5 g，每天2次）治疗6个月。结果显示单独应用5-氨基水杨酸组复发率为37.5%，而与酵母菌合用的患者中克罗恩病的复发率仅为6.25%。Mario对25例轻、中度发作性溃疡性结肠炎患者在用美沙拉嗪维持治疗期间，加用酵母菌250 mg，3次/d，共4周。治疗前后，评估患者的Rachmilewitz'活动指数，最后得分小于6分的认为益生菌治疗获得成功。在25例患者中有24例完成了治疗，17例达到临床完全缓解。结论是用益生菌作为发作性溃疡性结肠炎的维持治疗是有效的。国外对35例艾滋病患者伴慢性腹泻的双盲对照临床试验，治疗组给酵母菌每日3 g，分2次服用，连服1周。有56%的患者腹泻被治愈，安慰剂组仅17.6%康复。

三、白僵菌

（一）简介

白僵菌（*Beauveria bassiana*）系一种真菌，常用中药白僵蚕是家蚕因感染白僵菌而死的干燥虫体。《神农本草经》将其列为中品，用于治疗小儿惊痫、中风、喉痹，外用治疗野火丹毒、诸疮等症。药理试验表明，白僵蚕具有解热、降胆固醇、抗惊厥和祛痰作用，对金黄色葡萄球菌、大肠杆菌、绿脓杆菌等有抑制作用。近年来发现僵蛹可以代替白僵蚕，不仅能治疗僵蚕的一些适应证，还能治疗白僵蚕适应证以外的一些疾病，尤其是对流行性腮腺炎和上呼吸道感染等病毒性疾病有较明显的效果，因此，僵蛹作为白僵蚕的代用品已得到初步肯定。为改进僵蛹的生产方法，扩大药源，中国医学科学院药物研究所于1973年开展了白僵菌的深层发酵培养的研究工作，重点对碳氮源及发酵条件进行探索性试验，结果表明碳源以葡萄糖（种子）培养基和蔗糖（发酵）培养基为好，氮源无论种子还是发酵培养均以蚕蛹粉最好。所得发酵物经药理试验证明，与僵蚕、僵蛹一样均有对抗士的宁引起的强直性惊厥的作用。

（二）生产工艺

1. 生产技术路线

菌种 Beb75-1 $\xrightarrow[26\sim28\ ℃,\ 10\ d]{}$ 斜面菌种 $\xrightarrow[\substack{25\sim28\ ℃,\ 2\sim3\ d\\ 旋转式摇床}]{一级种子培养}$ 一级种子培养液 $\xrightarrow[\substack{26\sim28\ ℃,\ 2\sim3\ d\\ 往返式摇床}]{二级种子培养}$ 二级种子培养液

$\xrightarrow[\substack{26\sim28\ ℃,\ 4\ d\\ 搅拌或吹气培养}]{三级种子培养}$ 三级种子培养液 $\xrightarrow[\substack{26\sim28\ ℃,\ 4\ d\\ 搅拌或通气}]{发酵}$ 发酵液 $\xrightarrow[干燥]{浓缩}$ 发酵液／菌丝体 → 混合 → 制片

2. 工艺过程说明

（1）斜面培养 培养基：取 5% 麦麸煎汁 1 000 mL，加入 20 g 葡萄糖、1.5 g 磷酸二氢钾、0.75 g 硫酸镁（$MgSO_4 \cdot 7H_2O$）、20 g 琼脂（pH 6 左右），溶化后分装于试管中，经高压灭菌 20 min，趁热放成斜面备用。将菌种 Beb75-1 接种于上述新鲜斜面培养基上，在 26～28 ℃ 恒温下培养 10 d 左右，长满白色菌丝及白黄色孢子，得斜面菌种。

（2）一级种子培养 一、二级种子培养基组成同斜面培养基，除去琼脂，加入 0.001% 的维生素 B_1。将斜面菌种直接接种于一级种子培养基中，每支斜面菌种可接 2～3 瓶，置于旋转摇瓶床上，温度 26～28 ℃ 培养 2～3 d，得一级种子培养液。

（3）二级种子培养 将生长好的一级种子培养液以 10% 接种量转接于二级种子培养基中，一般 500 mL 一级种子培养液接种在 1 瓶 5 L 二级种子培养基中。置于往返摇床上，温度 26～28 ℃ 培养 2～3 d，生长良好，得二级种子培养液。

（4）三级种子培养 种子罐培养基：葡萄糖 2%，磷酸二氢钾 0.15%，硫酸镁（$MgSO_4 \cdot 7H_2O$）0.075%，维生素 B_1 0.001%，蚕蛹粉 0.2%，自然 pH 6 左右。将二级种子培养液以 5%～10% 接种量接种于种子罐内，培养温度 26～28 ℃，罐压 3.04×10^4 Pa，通气量为 0.3～0.5 L/(L·min)，以 150～200 r/min 搅拌或吹气（加大通气量）培养，4 d 左右生长较稠，即可转种发酵罐。

（5）发酵 培养基：蔗糖 4%，蚕蛹粉 0.5%～1%，磷酸二氢钾 0.15%，硫酸镁（$MgSO_4 \cdot 7H_2O$）0.075%，维生素 B_1 0.001%（或无），消沫剂适量，自然 pH。一般投料体积为罐容积的 1/2，搅拌速度 150～200 r/min，温度 26～28 ℃，通气量为 0.3～0.5 L/(L·min)，罐压 3.04×10^4 Pa，搅拌发酵 4 d 左右。

（6）浓缩、干燥 待菌体生长旺盛，并开始自溶，残糖量降至 0.5%～0.3% 后，即可停止发酵。经 100 ℃ 加热处理 20 min 灭活，放罐，离心或板框过滤，滤液经薄膜蒸发或减压浓缩至原液的 1/40，干燥，菌丝体粉碎，与菌液膏混合制片。

3. 工艺分析与讨论

① 斜面菌种来不及用时，可放入 4 ℃ 冰箱中保存，存放时间太长，可重新接种后再用，一般存放 3～5 个月不影响生长活力。菌体保藏在冰箱中 1 年亦可用，孢子在冰箱存放 3 年仍存活。

② 种子培养基和发酵培养基 121 ℃ 灭菌 30 min 即可。

③ 近年来应用白僵菌防治虫害，取得了显著成绩，在约 70 属 500 余种的虫生真菌中有 30 种能进行人工生产。

○思政：中医药（白僵菌知多少）。白僵菌是昆虫的重要病原菌之一，据统计在害虫的病原体中真菌占60%以上，而白僵菌又占病原真菌的1/5。其分布极广，在欧洲、亚洲、非洲、澳大利亚及南美洲都有，寄主范围也很广，许多种类都能通过昆虫的消化道及体表进行侵染。国外在20世纪30年代进行白僵菌防虫试验，我国明朝李时珍《本草纲目》中对其应用已做了详细的记载，比国外早300多年。目前已知有6目16科200种以上的昆虫可受白僵菌侵害。白僵菌也是家蚕、柞蚕等益虫的天敌，大量使用是否对蚕业产生不良影响，还有争论，有待进一步研究。但白僵菌对人畜无害，且适应性强，施用后可维持2～3年有效。

四、安络痛

（一）简介

安络痛由湖南民间采集的野生安络小皮伞菌（*Marasmius androsaceus* Fr.）（俗称鬼毛针），经发酵而制得。成品呈棕褐色，酸性，黏稠，膏状物，味微苦，有特殊的香气。本品是从民间治疗跌打损伤中得到启示，经临床研究验证，可用于治疗各种神经痛，如三叉神经痛、坐骨神经痛以及风湿性关节炎等。

（二）生产工艺

1. 生产工艺路线

安络小皮伞菌根状菌索 →组织分离→ 试管斜面种子 →斜面培养（固体培养基）22～26℃，12 d→ 摇瓶种子 →摇瓶培养（液体培养基）22～26℃，7 d→ 摇瓶培养液 →一级种子罐培养 24～26℃，3～6 d 通气量1 L/(L·min)→

一级种子培养液 →二级种子罐培养 24～26℃，3～4 d 通气量1 L/(L·min)→ 二级种子培养液 →发酵罐培养 24～26℃，3～4 d→ 发酵液 →盐析（加50%硫酸铵）至菌体上浮→ 湿菌丝体 →干燥 70℃→

含盐干菌丝体 →无钡盐反应 70℃，干燥→ 干菌丝体 →乙醇提取（85%～90%工业乙醇）→ 提取液 →减压浓缩 含水<25%→ 安络痛成品

2. 工艺过程说明

（1）种子活化、摇瓶培养　安络小皮伞菌菌丝体是白色丝状，在显微镜下观察为无色，有内含物，具横隔和分支，宽2.5～3 μm，少数可达5 μm。生产上以检查氯仿提取物的含量来检查菌种是否发生变异，目前尚未发现明显的变异。自然分离的菌种斜面置冰箱保存，半年后再生，如作生产用菌种时，需活化1～2代，再接摇瓶培养。

斜面培养温度22～26℃，12 d，得摇瓶种子；摇瓶培养温度22～26℃，7 d，得摇瓶种子培养液。

（2）三级发酵　培养基为葡萄糖、玉米浆、酵母粉、硫酸镁和磷酸二氢钾等。生产上用花生油或豆油为消沫剂，用量为0.1%（体积分数）。发酵水平用氯仿提取物的含量计算。

一级种子罐培养，温度24～26℃，通气量1 L/(L·min)，培养3～6 d，得一级种子培养液；二级种子罐培养，24～26℃，通气量1 L/(L·min)，培养3～4 d，得二级种子培养液，再转入大罐发酵，温度24～26℃，培养3～4 d，得发酵液。

（3）盐析、提取、浓缩、干燥　将发酵液加入 50％硫酸铵，使菌丝体上浮，收集，置于 70 ℃干燥，洗涤、除盐至无硫酸根，再干燥得干菌丝体，用 85％～90％工业乙醇提取多次至提取液无色为止，减压浓缩提取液即得安络痛。水分低于 25％。

五、蜜环菌粉

（一）简介

药用蜜环菌粉又称天麻蜜环粉，是由蜜环菌（*Armillaria mellea*）发酵液与干菌丝的混合物制成的，呈棕色或棕褐色粉末，味甜微苦。药理试验证明，蜜环菌粉与天麻有类似的作用，适用于治疗不同病因引起的眩晕、神经衰弱、失眠、耳鸣、肢麻和癫痫等。蜜环菌是一种真菌，菌盖呈蜂蜜色，菌柄上有环，故称蜜环菌。蜜环菌的生长发育分为子实体与菌丝体两个阶段。子实体表明蜜环菌已发育到成熟阶段，即结"子"时期，其"子"在植物学上称孢子，它们寄宿在枯枝败叶或朽树桩上，萌发长成白色菌丝，繁殖到一定程度，集结为深褐色或深红色的根状菌索。

（二）生产工艺

1. 生产工艺路线

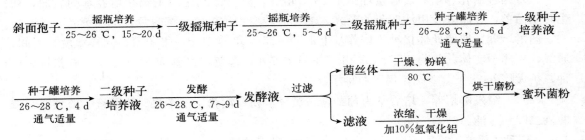

2. 工艺过程说明

（1）一级和二级摇瓶种子培养　取斜面孢子接种于摇瓶培养基中，25～26 ℃培养 15～20 d，得一级摇瓶种子；同样温度，接种一级摇瓶种子，培养 5～6 d，得二级摇瓶种子。

（2）一级和二级种子培养　取二级摇瓶种子接种于种子培养基中，26～28 ℃、适量通气，培养 5～6 d，得一级种子培养液；放入二级种子罐，26～28 ℃、适量通气，培养 4 d，得二级种子培养液。

（3）发酵　培养基为葡萄糖、蔗糖、黄豆饼粉、蚕蛹粉、硫酸镁、磷酸二氢钾和豆油。将二级种子培养液接种于发酵培养基中，26～27 ℃、适量通气，培养 7～9 d，终点控制发酵液呈棕褐色，布满菌丝，pH 4～5，发酵液静置澄清透明，即可放罐，得发酵液。

（4）过滤、浓缩、干燥　将发酵液过滤，收集菌丝体于 80 ℃干燥，粉碎，得菌丝体粉。滤液减压浓缩至原体积的 1/20，呈糖浆状，加入 10％氢氧化铝搅拌均匀，80 ℃烘干，粉碎，与干菌丝体粉混合，即得成品，收率为每升发酵液得 25～33 g 蜜环菌粉。

六、假蜜环菌素

（一）简介

假蜜环菌素（armillarisin）又称亮菌素，是假蜜环菌（*Armillariella tabescens*）的发酵液与干菌丝体的混合干燥物。主要有效成分是假蜜环菌 A、B、C 三种。本品适用于治疗肝炎，具有消退黄疸、降转氨酶和加速恢复肝功能的作用，对胆道有消炎、解痉、止痛和利胆作用，可用于治疗胆囊炎。

（二）生产工艺

1. 生产工艺路线

菌丝体 $\xrightarrow[\text{20～25 ℃, 10 d, 散光}]{\text{培养}}$ 菌蕾 $\xrightarrow[\text{20～25 ℃, 10 d, 通气, 散光}]{\text{培养}}$ 子实体 $\xrightarrow{\text{收集}}$ 孢子 $\xrightarrow[\text{28 ℃, 7 d}]{\text{培养}}$ 菌落 $\xrightarrow[\text{28 ℃, 7 d左右}]{\text{斜面培养}}$ 母种斜面

$\xrightarrow[\text{28 ℃, 20 d左右}]{\text{培养}}$ 子瓶种子 $\xrightarrow[\text{28 ℃, 200 r/min}]{\text{一级种子培养}}$ 一级种子培养液 $\xrightarrow[\text{28～30 ℃, 4 d 通气量1 L/(L·min)}]{\text{二级种子培养}}$ 二级种子培养液 $\xrightarrow[\text{28～30 ℃, 5 d 通气量0.75～1.5 L/(L·min)}]{\text{发酵}}$

发酵液 $\xrightarrow{\text{离心分离}}$ 菌丝 $\xrightarrow[\text{80～85 ℃}]{\text{真空干燥}}$ 干菌丝 → 离心液 $\xrightarrow[\text{65 ℃}]{\text{减压浓缩}}$ 浓缩液 → $\xrightarrow[\text{80～85 ℃}]{\text{真空干燥}}$ 干块 $\xrightarrow{\text{粉碎}}$ 成品

2. 工艺要点

（1）**菌种活化、培养** 假蜜环菌于 28 ℃培养，菌丝体茂密地生长在培养基的表面，初生时呈白色，在暗处发出浅蓝色的荧光，老化后转变为黄棕色至棕褐色，不发荧光。

菌蕾培养：取菌丝体接种于培养基上，20～25 ℃培养 10 d，得菌蕾；同样温度、时间、通气，培养子实体；收集孢子，于 28 ℃下培养 7 d 得菌落，经斜面 28 ℃、7 d 培养斜面母种；扩大培养 28 ℃，20 d，得子瓶种子。

（2）**三级发酵培养** 培养基为葡萄糖、黄豆饼粉、淀粉、玉米浆、硫酸铵、硫酸镁、磷酸氢二钾和豆油。

一级种子培养：28 ℃，摇床 200 r/min。二级种子培养：28～30 ℃，通气量 1 L/(L·min)，4 d，得二级种子培养液。发酵培养：温度 28～30 ℃，通气量 0.75～1.5 L/(L·min)，5 d，即得发酵液。

发酵终点控制残糖 2%，还原糖 0.6%～1.5%，氨基氮 35% 以下，pH 下降到 4.5 左右。显微镜下观察，菌丝染色较浅，空泡较多。

（3）**分离、浓缩、干燥** 将发酵液离心分离，菌丝体置于 80～85 ℃真空干燥器中干燥，得干菌丝体。离心液于 65 ℃减压浓缩，再与干菌丝体混合，80～85 ℃真空干燥，粉碎，即得假蜜环菌素成品。

七、灵芝浸膏

（一）简介

灵芝是一种真菌，属担子菌纲多孔菌目多孔菌科灵芝属，种类很多，人工培养的灵芝以红芝、赤芝为代表种，还有紫芝、树舌（扁木灵芝）等。药用灵芝膏由灵芝的子实体经发酵、浓缩而制得，呈棕褐色粉末，味微咸苦，有吸湿性。其化学成分显示甾醇、内酯、香豆精、酸性树脂、蛋白质、氨基酸、油脂、还原性物质及生物碱等反应，有效成分尚待研究确定。

自然界中，灵芝多生在次生林阳坡的树桩或地下朽木上，土壤呈微酸性，为多年生高等

真菌。每年夏秋季节，菌丝体迅速生长，形成子实体，冬季以潜伏的菌丝体越冬。子实体的形成，除各种必需的营养外，还需要较高的温度（一般为 25～30 ℃，以 27 ℃分化最快）、适宜的湿度、良好的通风和适当的光照。在菌丝中含有各种酶，如纤维素酶、半纤维素酶、多种糖酶、氧化酶等，可分解和利用木材中的各种物质作为营养。临床上对灵芝的大量需求，靠野生灵芝是满足不了的。因此，根据灵芝的生长发育过程及对外界条件的要求，研究人工培养子实体和菌丝体，均已获得成功，并投入批量生产。但人工培养灵芝子实体，一般需要一个多月才能收获，人力物力耗费大。1970 年我国研究灵芝菌丝深层培养法，经分析，菌丝体和子实体的化学成分基本相同，对发酵液和菌丝体分别做药理及临床试验，证明与子实体一样有效，工艺周期较短，于 1974 年正式投入生产。

（二）生产工艺

1. 生产技术路线

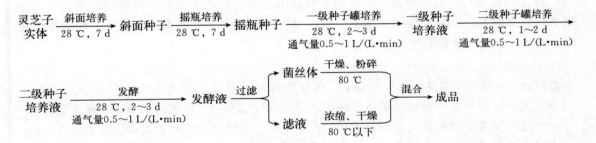

2. 工艺过程要点

（1）菌种培养 取灵芝子实体接种于斜面培养基中，温度 28 ℃培养 7 d，得斜面种子。冰箱保存，每 2 个月传代 1 次，防止退化。斜面种子接种于摇瓶中扩大培养，28 ℃培养 7 d，得摇瓶种子。

（2）三级发酵培养 培养基成分有葡萄糖、黄豆饼粉、蛋白胨、硫酸铵、氯化钠、碳酸钙、磷酸二氢钾。发酵控制 pH 降至 3.5～4，菌丝衰老，部分自溶，无杂菌生长。发酵液有浓厚的灵芝特有的清香气。一级种子培养，将摇瓶种子接种于种子罐中，温度 28 ℃，通气量 0.5～1 L/(L·min)，培养 2～3 d；二级种子培养，温度 28 ℃，通气量 0.5～1 L/(L·min)，培养 1～2 d，得二级种子培养液；发酵培养，温度 28 ℃，通气量 0.5～1 L/(L·min)，培养 2～3 d，得发酵液。

（3）过滤、浓缩、干燥 将发酵液过滤，菌丝体置于 80 ℃烘箱中干燥，磨粉，得菌丝体干粉。滤液经薄膜蒸发浓缩至原体积的 1/20～1/10，80 ℃以下干燥，然后与菌丝体干粉混合，即得成品。每吨发酵液得 8 kg 纯干灵芝浸膏。

3. 工艺分析与讨论

① 灵芝在液体培养过程中的生长规律：一般微生物发酵都要经过缓慢期、对数生长期、稳定期和衰落期。菌丝生长和碳源利用有相同的高峰。发酵的第 1～3 天，菌丝生长缓慢，糖消耗少，pH 变化不大。第 3 天起进入旺盛生长阶段，菌体干物质急剧积累，发酵液 pH 下降，糖耗也剧增。由于细胞的伸长，菌丝含氮水平逐渐降低，这过程到发酵的第 5 天开始变化。第 7 天后菌体开始自溶，造成 pH 回升，菌体干重减少，菌丝含量进一步下降，故第 7 天终止发酵是合适的，发酵罐培养还可提前 1～2 d。

② 一般以菌丝的干重、发酵液香味、糖氮消耗情况和发酵周期作为生长好坏和放罐的指标。

③ 深层培养和摇瓶试验的天然培养基中如有花生饼粉、黄豆饼粉、马铃薯综合培养液等，则容易生长。由于灵芝抗菌能力较弱，培养中注意要彻底灭菌，严格无菌操作，防止杂菌侵染。也可加入庆大霉素 2 U/mL，对控制污染有一定效果。灵芝的菌丝具有锁状联合的双核菌丝，据此可判断是否被霉菌污染。

④ 有的药厂将发酵液用板框过滤，菌丝体用 95％及 75％乙醇各抽提 1 次，50～60 ℃回流，乙醇提取液再用板框过滤，滤液减压浓缩，回收乙醇，浓缩液与发酵液合并，减压浓缩，加入一定量的药用淀粉真空干燥得灵芝干浸膏。

⑤ 灵芝的剂型有水煎剂（子实体）、酊剂、糖浆剂、片剂等，一般都不经提取，直接将发酵液或菌丝做成临床应用的剂型。

⑥ 中国医学科学院药物研究所应用生物技术培养灵芝获得成功。培养出的菌丝体与提取物的主要化学成分与天然灵芝基本一致，可用于治疗多发性肌炎、皮肌炎、局限性硬皮病、斑秃、盘状红斑狼疮等。

> **思政：中医药（灵芝的药用价值）**。明朝李时珍著《本草纲目》中曾对青、赤、黄、白、黑、紫六种芝的功效作了详细描述。自 20 世纪 70 年代以来，经研究表明灵芝能够治疗支气管炎、慢性肝炎、神经衰弱、夜寐不宁、心悸头晕、积年胃病、食菌中毒、高血压及冠心病等，日本人报道还具有抗癌作用。

八、猴菇菌浸膏

（一）简介

猴菇菌浸膏由多孔菌目齿菌科猴头菌（*Hericium erinaceus*）的培养物提取制得，主要成分是多肽和多糖类物质，呈棕褐色粉末，味微苦。临床用于治疗胃癌、胃溃疡、十二指肠溃疡、慢性胃炎，为抗恶性肿瘤和治疗消化道溃疡的药物。

（二）生产工艺

1. 生产技术路线

幼嫩子实体 $\xrightarrow[\text{25 ℃，20 d}]{\substack{\text{斜面培养}\\\text{（试管培养基）}}}$ 斜面菌种 $\xrightarrow[\text{(25±3) ℃，45 d}]{\substack{\text{菌丝体培养}\\\text{（培养基）}}}$ 菌丝体 $\xrightarrow{\text{晒干}}$ 猴头菌蕾 $\xrightarrow[\text{2 h}]{\substack{\text{浸煮}\\\text{（水）}}}$ 水溶液 $\xrightarrow[\text{相对密度1.04}]{\text{浓缩、过滤}}$ 滤液

$\xrightarrow[\text{相对密度1.3}]{\text{浓缩}}$ 猴菇菌浸膏

2. 工艺过程说明

（1）斜面培养 斜面培养基：马铃薯 200 g、葡萄糖 20 g、琼脂 18～20 g 加水至 1 000 mL。取猴头菇菌种尚未生长孢子的幼嫩子实体，在无菌操作条件下切取米粒大小的心部组织一块，接种于灭菌的斜面培养基上，25 ℃左右培养 20 d，然后移种至新的培养基中。为稳定菌种和药物质量，每隔 3～6 个月，菌种进行组织分离 3～4 次。

（2）菌丝体培养 菌丝体培养基：甘蔗渣 78％（质量体积分数）、米糠 20％（质量体积

分数)、蔗糖 1%（质量体积分数）、石膏粉 1%（质量体积分数），再加水定容。取菌丝体培养基，分装于大瓶，加热，1.5 kg/cm² 灭菌 1 h，冷却，接种菌丝体，置（25±3）℃培养1.5 个月后出料，晒干，菌丝体表面一般有白色绒状长丝，并有浅红色水球，后逐渐形成菌状的猴头菌蕾。

（3）浸煮、浓缩、过滤　取整理后的猴头菌培养物，加水煎煮 2 次，每次 2 h，水溶液过滤，滤液浓缩至相对密度 1.04（热测），再沉淀 24 h，过滤，滤液再减压浓缩，至热测相对密度 1.3 即得猴菇菌浸膏，收率为 20%。

3. 工艺分析与讨论　上海以食用真菌猴头菇子实体为主，配伍三硅酸镁、次硝酸铋等制成复方猴头冲剂，其作用除中和胃酸外，还能在溃疡面上形成一层保护性薄膜，减少胃酸和胃蛋白酶对溃疡面的腐蚀，有利于胃黏膜上皮的再生和溃疡愈合。

临床统计，服本品 30 d 后，对溃疡病总有效率 92.7%，对胃炎总有效率 96.7%，大部分病人服药后 2 周症状消失。近期疗效高，疗程短，无明显副作用，是较理想的消化道溃疡的药物。

动物试验中猴菇菌对肿瘤细胞 S180 有一定抑制作用，猴菇菌片临床用于食道癌、胃癌等，能使大部分晚期消化道癌症患者食欲增加，少数病例肿块缩小，生存期延长。

> ●**思政：中医药（猴头菇的药用价值）**。猴头菇具有利五脏助消化的作用。实验结果表明，猴头菇能增进食欲，增强胃黏膜屏障机能，提高淋巴细胞转化率，升高白细胞，提高人体对疾病如胃溃疡或胃癌等的免疫功能。无病者服用可增强抗病能力，扶正固本，滋补强身。民间用其治疗胃溃疡有较好的疗效，还能控制和减轻因溃疡或慢性胃炎所引起的上腹疼痛、饱胀等症状。服用后无不良反应。

九、虫草真菌

（一）简介

冬虫夏草又称天然虫草，是虫草真菌的子座与宿主蝙蝠蛾幼虫的结合体，是我国名贵的强壮滋补药材。天然虫草有严格的寄生性，在海拔 3 600～4 500 m 高寒山区的山地阴坡、半阴坡的灌丛和草甸中生长，产量很低，药源紧缺，价格昂贵。

近年来，我国医药工作者在对天然虫草的生长、药理、药化研究的基础上，从四川、青海产的天然虫草中，分离获得虫草真菌，进行人工培养，观察、分析菌丝和孢子的生长形态特点，研究深层发酵工艺，取得了可喜的成果，为人工培养虫草真菌代替天然虫草提供了科学依据，开发了虫草的新资源。虫草真菌属子囊菌纲麦角科虫草属。此属的真菌种类很多，现已知业界报道的有 350 余种，国内发现 30 多种，如东北的蛹虫夏草，安徽、湖南的亚香棒虫草，四川的凉山虫草及山西的香棒虫草等均与天然虫草有类似的化学成分及药理作用。日本、美国研究的虫草是蝉花菌、蛹虫夏草等。目前，有关虫草真菌的有性阶段生长、有效成分及结晶的提取、免疫药理作用机制，人工虫草菌丝制剂的临床验证等尚需深入研究。

（二）人工培养

1. 人工虫草菌种　自 1959 年日本的松本繁分离出虫草真菌以来，意大利也以蛹草菌为菌种进行深层培养研究，培养基以蛋白胨、甘油等为主要成分，27 ℃培养 7 d，可使每毫升发酵液中分生孢子数达 $8.2×10^8$ 个。1982 年我国岳德超等从青海采集的新鲜虫草中分离出一菌株，在葡萄糖琼脂培养基上，25～27 ℃培养 7 d，草丝长满试管斜面。液体培养 3～4 d，菌丝布满培养液，分生孢子数可达 $1.2×10^9$ 个，具有生长快、周期短、易培养等优点。1983 年沈南英等报道，从单个子囊孢子、僵虫、活虫草的分离中，均获得形态相同的真菌，其中一菌株已几次在木屑培养基上长出较多的子座，长出的子囊孢子与天然虫草完全相同。这是人工培养虫草获得的有性孢子。陈庆涛等从湖南采集的亚香棒虫草的子座、单子囊孢子及僵死虫幼体中分离获得一拟青霉新种，在不同的琼脂培养基上能产生不同的色泽，在马铃薯葡萄糖琼脂培养基上生长得最快，菌落是圆形、茸状，产孢子时呈淡粉红色，认为是亚香棒虫草的无性阶段。从四川康定采集的新鲜虫草，经组织分离培养，获得一菌株，鉴定为拟青霉新种，方法是以蚕蛹粉或蛋白胨为氮源、葡萄糖为碳源，pH 6.5～7，最适温度为 25～28 ℃。在马铃薯葡萄糖琼脂培养基上培养，菌落呈白色、茸状、圆形，其菌株的形态非常类似于蛹虫草菌的无性阶段。

近年来，我国已通过鉴定的人工培养的虫草菌种有：①中国拟青霉新种（*Paecilomyces sinensis* Chen Xiao et Shi sp. nov），是 1980 年中国科学院微生物研究所等单位从四川康定筛子崖采集的新鲜虫草中分离得到的中国拟青霉 CN80-2 菌株，可从虫草僵虫组织中或从产地采到不长子座而只长孢梗束的菌株中分离得到。纯培养物的形态和天然虫体的孢梗束完全相同，是虫草的无性阶段。②蝙蝠蛾被孢霉新种（*Morliellb hepialichenet* Lu sp. nov），是 1979 年从四川汶川采集的新鲜虫草中分离得到的新种，是一种低等真菌，多腐生或寄生于高等真菌的子实体上。③虫草头孢霉新种（*Cephalospospriunl sinensis* Chen sp. nov），是 1983 年浙江中药研究所等单位从青海采集的新鲜虫草囊中分离得到的，是头孢属的一新种。有性世代尚未分明，属冬虫夏草的不完全型。④四川中药研究所从虫草中分离一新种，可能是拟青霉属或青霉属的一种。

2. 虫草真菌人工培养法　先从天然虫草中分离出虫草真菌，接种于培养瓶或发酵罐中进行深层发酵，再从培养液中提取虫草菌丝。培养基成分有葡萄糖、蛋白胨、蚕蛹等，在培养温度 26 ℃、pH 6.8 的条件下，振荡 15 d，即可获得虫草菌丝。亦有采用蛋白胨、牛肉膏、葡萄糖等做培养基，在往复式摇床上培养 7 d，得虫草菌丝。在此基础上，再扩大发酵，可大量生产虫草菌丝。

中国医学科学院药物研究所报道，应用生物技术培养虫草菌丝已试验成功。

3. 菌种发酵及成分

（1）菌种发酵　人工虫草的深层发酵是多步逐级的培养方法，每步对培养基都有不同的要求，一般应选择菌丝收率高、成本低的培养基。发酵工艺控制包括菌种选育、接种量、温度、搅拌速度、通气量、pH、消泡剂等，全过程尚在深入研究中。我国已有十几家药厂应用发酵法生产人工虫草真菌。

（2）人工虫草的化学成分　早在 1951 年从蛹虫菌的人工培养液中提取分离的一种代谢产物称为虫草素（cordycepin），其化学结构是一种腺嘌呤和 3-脱氧戊糖形成的核苷。对深层发酵的虫草菌丝分析鉴定，发现含有腺嘌呤核苷、腺嘌呤、尿嘧啶、十二烷、甘露醇、麦角甾醇、硬脂酸和多种氨基酸等。人工虫草菌丝与天然虫草、亚香棒虫草进行薄层层析比较，三者均有相似的成分，氨基酸色点基本相同，但有的分析表明，人工虫草在氨基酸种类上多于天然虫草。人工虫草菌丝与天然虫草所含维生素 B_{12} 和多种微量元素基本一致。

小　　结

菌体及其提取物类药物，是指直接利用微生物的菌体或浸出物或发酵液中的代谢产物等制成的药物制剂，含有多种有效成分或是尚未弄清楚的混合物。不包括抗生素类药物。尽管这类药物品种不多，产量不大，但仍是防治疾病不可缺少的药物制剂。

在制造工艺上，一般是利用微生物发酵来完成的，按菌的生长及产物形成速度、发酵过程中是否需要供气、发酵设备和培养基质的不同等分为多种发酵方式，主要向纯种、液体培养、自动化和机械化的深层发酵方向发展。

本章主要介绍了常见的菌体及其提取物制剂，如乳酶生、干酵母、猴菇菌浸膏、灵芝浸膏、白僵菌、安络痛、假蜜环菌素、蜜环菌粉、虫草真菌等的药用价值及制备工艺。生物技术的应用，给改变传统的发酵方法和生化制药工业带来了新的希望。

习　　题

1. 简述乳酶生的药用价值和制造工艺。
2. 为什么酵母菌体可作为维生素类药物？
3. 感染白僵菌而形成的白僵蚕的药理作用是什么？
4. 安络痛由哪种菌发酵制得？
5. 药用蜜环菌粉有何药理作用？
6. 假蜜环菌素主要有效成分是什么？
7. 简述灵芝在液体培养过程中的生长规律。
8. 从幼嫩子实体到猴菇菌浸膏一般经过哪些工艺过程？
9. 人工虫草的化学成分有哪些？

植物类生化药物 ▶▶▶

> ◉**课程思政与内容简介**：中医、中草药历史悠久。天然植物中含有许多具有显著生理活性和药理作用的有效成分，要充分利用这些资源，首先必须从复杂的植物组成成分中提取分离出这些有效成分。本章主要介绍植物有效成分的提取方法及银杏黄酮、挥发油、强心苷和香豆素等典型植物类生化药物的结构与性质、生产工艺路线、工艺过程说明、产品检验、药理作用和临床应用等内容。

第一节　植物类生化药物概述

在地球上现存植物中，除了最常见的绿色开花植物以外，还有许多不开花的绿色植物。这些形形色色的植物种类组成了大自然的整个植物界。目前使用的许多种药物及绝大多数香精油均来自天然植物。植物体内的化学成分非常复杂，有些成分广泛分布于植物体内，如糖类、氨基酸、蛋白质、脂质等，有些成分只在一种或几种植物中存在，如萜类（包括挥发油）、香豆素类、鞣质等。在这些成分中，有些具有明显的生物活性并具有药用价值，称为有效成分，如苷类、挥发油、氨基酸类、香豆素类等。有些成分通常没有生物活性，称为无效成分，如纤维素、色素、树脂、蜡等。但是，有效与无效是相对的，一些原来被认为是无效的成分后来也被发现具有生理活性。如鞣质的性质不稳定，致使药剂易变色、混浊或沉淀，影响制剂的质量，常常被视为无效成分而弃去，但五倍子所含鞣质高达70%以上，具有收敛、抗菌、抗病毒、解毒作用。槟榔中分离出的鞣质对高血压大鼠具有降压作用。石榴皮鞣质具有驱虫作用。又如黏液质通常被视为无效成分，而山药中的黏液质具有一定的抗氧化和清除自由基能力。想要充分利用这些资源，首先必须从复杂的天然植物组成成分中提取分离出具有药用价值的有效成分。因此，提取分离是研究和利用天然植物资源的起点。

从植物材料中提取有效成分的方法主要是溶剂提取法，这也是最经典的提取方法，其次还有水蒸气蒸馏法、盐析法、升华法、压榨法等。

一、溶剂提取法

（一）溶剂提取法的原理

溶剂提取法是根据天然植物中各种成分在溶剂中的溶解性质，选用对目标有效成分溶解度大、对杂质等无用成分溶解度小的溶剂，从而将有效成分从药材组织内溶解出来的方法。

溶剂法提取植物有效成分的推动力是细胞内外的浓度差。天然植物药用成分在溶剂中的溶解度与溶剂的性质密切相关。常见溶剂的极性和有效成分的相似对照见表 9-1。

表 9-1　常见溶剂极性和有效成分的相似对照

溶剂名称	极性强弱	有效成分类型
石油醚、环己烷、苯、甲苯	非极性（亲脂性）溶剂	挥发油、油脂、亲脂性强的香豆素等
乙醚	弱极性溶剂	内酯、黄酮类化合物的苷元、醌类等
乙酸乙酯	中等极性溶剂	极性较小的苷类（单糖苷）
正丁醇	中等极性溶剂	极性较大的苷类（双糖、三糖苷）等
丙酮、乙醇、甲醇	极性溶剂	苷类、氨基酸、鞣质、某些单糖等
水	强极性溶剂	氨基酸、蛋白质、糖类、鞣质、苷类等

（二）溶剂的选择

选择适当的溶剂是溶剂提取法的关键，根据"相似相溶"的原理，即极性大的成分在极性溶剂中溶解度大，极性小的成分易溶于非极性溶剂，选择与有效成分极性相当的溶剂将其从植物组织中溶解出来。此外，还应注意以下几点：溶剂应当对有效成分的溶解度大，对杂质的溶解度小；溶剂不得与待提取的有效组分发生化学反应；低毒、安全、经济、易回收。溶剂可分为水、亲水性有机溶剂和亲脂性有机溶剂。

1. 水　水是典型的强极性溶剂，价廉易得，使用安全。植物中的亲水性成分，如氨基酸、蛋白质、糖类、苷类等都能被水溶出。有时，为了增加某些成分的溶解度，常采用酸水、碱水作为提取溶剂。酸水提取法可使碱性成分与酸形成盐而溶出；碱水提取法可使内酯类、香豆素类及酚类等酸性成分溶出。但是，用水作溶剂的缺点是提取液易发霉变质，不易保存，过滤浓缩困难。

2. 亲水性有机溶剂　一般是指与水能混溶的有机溶剂，如乙醇、甲醇、丙酮等，最常用的是乙醇。乙醇对植物细胞的穿透力强，除蛋白质、果胶、多糖外，植物中的多数有效成分都能在乙醇中溶解。乙醇虽易燃，但价格低廉、无毒、提取范围广、易回收，提取液不容易霉变。乙醇提取法是最常用的提取植物有效成分的方法之一，适合大规模生产。甲醇性质和乙醇相似，但有毒。

3. 亲脂性有机溶剂　一般是指与水不能混溶的有机溶剂，如石油醚、苯、氯仿、乙醚等。这些溶剂选择性强，对萜类、挥发油等溶解度较大，但一些脂溶性杂质，如叶绿素、胡萝卜素等也能同时被提取出来。亲脂性有机溶剂挥发性大，易燃（氯仿除外），有些有毒，价格较高，渗透进入植物组织的能力较弱，需要长时间反复提取。

（三）提取方法

用溶剂提取植物有效成分时，常用浸渍法、渗漉法、煎煮法、回流提取法和连续回流提取法等。此外，为了提高植物有效成分的提取效率，目前又开发了许多新的方法，如超临界流体萃取法、超声波强化提取法、微波萃取法和酶提取法等。

1. 浸渍法　浸渍法是将植物材料粉末或碎块装入容器中，加入适宜的溶剂浸泡以溶出其中成分的方法。该方法是从植物材料中提取有效成分最简单的方法，适用于有效成分遇热易破坏以及含淀粉、树胶、果胶、黏液质量多的植物材料。但是浸出率低下，特别是用水作溶剂，提取液易发霉变质，不易保存。

2. 渗漉法 渗漉法是将植物材料用适当的溶剂润湿膨胀后，装入渗漉器中，不断添加新溶剂，使其渗透过药材，浸出的有效成分自上而下从渗漉器下部流出的一种浸出方法。适用于被提取物质极易溶解的情况。当溶剂渗入药材，溶出成分相对密度加大而向下移动时，上层的溶液或稀浸液便置换其位置，造成良好的浓度差，使扩散能较好地进行，浸出效率优于浸渍法。

采用渗漉法提取时，应当严格控制溶剂流速，在渗漉过程中随时补充新溶剂。当渗滤液颜色极浅便可认为基本提取完全。该方法的溶剂消耗量大、耗时长。

3. 煎煮法 煎煮法是将植物粗粉加水、加热煮沸，将有效成分提取出来的方法。此法是我国最早使用的传统方法，所用容器一般为陶器、搪瓷器皿，不宜使用铁制器皿，以免药液变色。此法简便易行，植物中大部分成分可被不同程度地提出，但是，挥发性成分及遇热易失活的有效成分不宜使用此法提取。直火加热时最好不断搅拌，以免局部药材受热太高，容易焦煳。富含多糖类成分的植物，经过煎煮后，药液比较黏稠，过滤比较困难。

4. 回流提取法 回流提取法是用乙醇等易挥发的有机溶剂提取植物成分，需采用回流加热装置，以免溶剂挥发造成损失。小量操作时，可在圆底烧瓶上连接回流冷凝器。瓶内装的药材为容量的 $30\%\sim50\%$，溶剂浸过药材表面 $1\sim2$ cm。水浴中加热回流，一般保持沸腾约 2 h 后放冷过滤，再在药渣中加入新的溶剂，进行第二、三次加热回流，分别约 0.5 h。此法提取效率较浸渍法高，是本行业中常用的方法，但回流法使药材受热时间较长，故不适用于受热易遭破坏的成分的浸出。

5. 连续回流提取法 连续回流提取法又称索氏提取法，是利用溶剂回流和虹吸原理使固体物质每一次都能被纯溶剂所萃取，所以萃取效率较高。萃取前应先将固体物质研磨细，以增加液体浸溶的面积。然后将固体物质放在滤纸套内，放置于提取器中。当溶剂加热沸腾后，蒸气通过导气管上升，被冷凝为液体滴入提取器中。当液面超过虹吸管最高处时，即发生虹吸现象，溶液回流入烧瓶，因此可萃取出溶于溶剂的部分物质。就这样利用溶剂回流和虹吸作用，使固体中的可溶物富集到烧瓶内。连续回流提取法需用溶剂量较少，提取成分也较完全。实验室常用索氏提取器进行。但此法一般需数小时才能提取完全，提取成分受热时间较长，遇热不稳定、易变化的成分不宜采用此法。上述 5 种常见溶剂提取法的比较如表 9-2 所示。

表 9-2 常见溶剂提取法的比较

方法	溶剂	操作	适用范围	备注
浸渍	水或有机溶剂	不加热	各类，尤其热不稳定成分	效率低，易发霉，需加防腐剂
渗漉	有机溶剂	不加热	脂溶性成分	消耗溶剂量大，费时长
煎煮	水	直火加热	水溶性成分	选择性差，杂质多，浸出液易霉变。提取含挥发性及热不稳定性成分时不宜使用
回流提取	有机溶剂	水浴加热	脂溶性成分	消耗溶剂量大，提取含热不稳定性成分时不宜使用
连续回流提取	有机溶剂	水浴加热	亲脂性较强成分	节省溶剂，提取效率高，但时间长

6. 超临界流体萃取法　超临界流体萃取是一种以超临界流体代替常规有机溶剂对植物有效成分进行萃取和分离的新型技术。其原理是利用流体（溶剂）在临界点附近某区域（超临界区）内与待分离混合物中的溶质具有异常相平衡行为和传递性能，且对溶质的溶解能力随压力和温度的改变而在相当宽的范围内变动，利用超临界流体作溶剂，可以从多种液态或固态混合物中萃取出待分离组分。与传统提取法相比，超临界流体萃取法最大的优点是可以在近常温的条件下提取分离，几乎保留产品中全部的有效成分，特别适用于提取分离挥发性成分、脂溶性物质、高热敏性物质以及贵重药材的有效成分。常用的超临界流体是 CO_2，化学性质稳定，无腐蚀性，无毒，不易燃，不易爆，廉价，有较低的临界压力和临界温度（临界温度 $T_c = 31.26\ ℃$，临界压力 $p_c = 7.4\ MPa$），萃取结束后容易从分离成分中脱除，无溶剂残留，不会造成污染，产品纯度高，操作简单，节省能源。缺点是需要冷媒和高压支持，设备初期投资较大，运行成本高，且生产量较小，因此目前在工业生产上还难以普及。

7. 超声波强化提取法　超声波强化提取法是采用超声波辅助溶剂进行提取的方法，其基本原理是利用超声波具有的机械效应、空化效应及热效应，破坏植物药材细胞，增大溶剂（介质）分子的运动速度，使溶剂渗透到药材细胞中，加速植物有效成分的浸出。另外，超声波的次级效应，如乳化、击碎等也能加速被提取成分的扩散释放并充分与溶剂混合，利于提取。与常规提取法相比，超声波强化提取法具有提取时间短、提取效率高、能耗小、周期短、常压提取、安全性好等优点。缺点是对容器壁的薄厚及容器摆放位置要求较高，否则会影响有效成分浸出效果。此外，超声波强化提取法仍处于小规模实验研究阶段，要用于大规模生产还需要进一步解决有关工程设备的放大问题。

8. 微波萃取法　微波是指频率在 $300\ MHz$ 至 $300\ GHz$ 的电磁波。微波萃取法是指使用适当的溶剂在微波反应器中从植物、矿物、动物组织等中提取各种有效成分的技术。基本原理是在微波场中，利用吸收微波能力的差异使得被提取物质的某些区域或萃取体系中的某些组分被选择性加热，从而使被萃取物质从基体或体系中分离，进入具有较小介电常数、微波吸收能力相对较差的萃取溶剂中。优点是设备简单、操作简便、提取速度快、效率高、节能、安全环保。缺点是要求药材含一定的水分，微波对某些化合物有一定的降解作用，只适用于对热稳定的有效成分的提取。

9. 酶提取法　植物的有效成分往往包裹在细胞壁内，利用纤维素酶、蛋白酶、果胶酶等破坏植物的细胞壁，可利于有效成分最大限度地溶出，这是一项极具发展前途的新技术，可以较大幅度提高收率。利用酶提取法提取植物有效成分时，需要研究酶的浓度、底物的浓度、温度、酸度、抑制剂和引发剂等对提取效果的影响。

（四）影响提取效率的因素

植物有效成分的提取是一个复杂的过程，当加入溶剂后，通过浸泡扩散作用将有效成分逐步溶解，使其扩散到溶剂中，直到细胞内外溶液中被溶解的有效成分浓度达到平衡。在提取过程中，植物材料的粉碎度、提取时间、提取温度及料液配比等因素都会影响有效成分的提取效率，必须加以考虑。

1. 植物材料的粉碎度　粉碎是植物材料预处理的必要环节，通过粉碎可以增加材料的表面积，促进有效成分的溶解，增加提取效率。但粉碎过细，物料间的吸附作用加强，扩散速度会受到影响。尤其是含多糖类和蛋白质较多的材料用水提取时，若粉碎过细容易形成黏稠现象，不仅影响有效成分的浸出，而且不易过滤。此外，粉碎程度还应考虑选用的提取溶剂和药用部位。一般来说，用水提取时，植物材料以粗粉或切成薄片为宜；以乙醚、乙醇等有机溶剂提取时，粉碎度可略大；含淀粉较多的根、茎类材料采用粗粉；含纤维较多的叶类、全草、花类等可用细粉，主要以不影响过滤等操作而且有较高的提取率为准。

2. 提取时间　有效成分的提取率随提取时间的延长而增加，直至药材细胞内外浓度达到平衡为止。提取时间过长是没有必要的，不仅浪费时间，而且往往会使无效成分随时间延长也大量溶出，影响提取效果。尤其是某些需要加热提取的操作过程，如果提取时间过长，会导致有效成分在长时间高温下挥发或分解损失，还存在溶剂蒸干的危险，所以应当选择合适的提取时间。

3. 提取温度　在提取过程中加热，可加快分子运动速度，软化植物组织，提高溶解度，加速扩散，从而提高提取率。但对含有大量淀粉、黏液质等多糖类的植物材料，过高的温度会增加它们在水中的溶解度，影响后续的过滤速度。另外，温度过高会使某些有效成分遇热分解，提取率下降。用有机溶剂提取有效成分时，过高的温度还会加快溶剂的挥发造成损失并带来操作安全问题。

4. 料液配比　在提取过程中，料液配比也是影响有效成分提取效果的重要因素。适宜的溶剂用量会使植物材料充分润湿，有效成分加速溶解、扩散，提取率提高。但是，投入的植物材料中有效成分的含量是一定的，使用过多的溶剂，提取率不但不会再显著提高，还会浪费溶剂，增加后续浓缩能耗，加大溶剂回收困难。因此，应根据实际情况选择适宜的料液配比。

> **◎思政：爱国教育（青蒿素的发现）**。越南战争时期，疟疾暴发，越军向我国求援。1967 年 5 月 23 号，毛主席、周总理亲自下达指示，要求我国科学家组成 523 项目攻关小组，找到可以治疗疟疾的药物。全国 500 多位科学家参与项目研究，屠呦呦就是其中的一位。一开始，大家尝试了很多方法，效果都不是很好。某天，屠呦呦想到中医中有很多药方都有关于治疗疟疾的记载，要不然试试中医，于是，便使用低温溶剂萃取的方法，用乙醚冷浸中药黄花蒿进行提取，提取出的青蒿素对疟原虫的抑制效果非常好，全世界很多的疟疾患者也因此受益。屠呦呦也凭借着青蒿素的研究获得了 2015 年诺贝尔生理学或医学奖。青蒿素是治疗疟疾的一种特效药物，是从黄花蒿及其变种大头黄花蒿中提取的一种倍半萜内酯过氧化物。黄花蒿全草粉碎后用 20 倍的石油醚在 30 ℃恒温振荡，提取 24 h，收集提取液，按每克生药加入活性炭 0.4 g 的比例脱色，抽滤，得无色澄明液体，45 ℃减压回收，75％乙醇重结晶，得到白色针状晶体。

二、其他提取法

1. 水蒸气蒸馏法　水蒸气蒸馏是指将含有挥发性成分的植物材料与水共蒸馏，使挥发性成分随水蒸气一起被蒸馏出来，经冷凝分离挥发性成分的方法。该法适用于具有挥发性、能随水蒸气蒸馏而不被破坏、在水中稳定且难溶或不溶于水的植物活性成分的提取。根据道尔顿分压定律：当水与有机物混合共热时，其总蒸气压为各组分分压之和，即：$p = p_A + p_B$，其中 p 代表总的蒸气压，p_A 为水的蒸气压，p_B 为与水不相混溶的组分的蒸气压。当总蒸气压与外界大气压力相等时，液体沸腾。有机物可在比其沸点低得多且低于 100 ℃的温度下随水蒸气一起蒸馏出来。例如植物材料中的挥发油，某些小分子的酸性物质如丁香酚、丹皮酚等，都可以采用水蒸气蒸馏法提取。

2. 盐析法　盐析法是指在植物水提取液中加入易溶性无机盐至一定浓度或达到饱和状态，使某些成分在水中的溶解度降低，沉淀析出或被有机溶剂提取，而与其他成分分离的方法。常用作盐析的无机盐有氯化钠、硫酸钠、硫酸镁、硫酸铵等。盐析法主要用于蛋白质的分离纯化，如向蛋白质溶液中加入某些浓的无机盐溶液后，可使蛋白质凝集而从溶液中析出，这样析出的蛋白质仍可以溶解在水中，而不影响蛋白质的性质，可以采用多次盐析的方法来分离、提纯蛋白质。盐析法还可用于挥发油的提取与分离，如在浸泡药材的水中或蒸馏液中加入一定量的盐，然后蒸馏，可加速挥发油的馏出。在馏出液中加入一定量的无机盐，可促使油水分层。

3. 升华法　固体物质加热时不经过液态直接变成气态，遇冷又凝结成固体的现象称为升华。固态物质能够升华的原因是其在固态时具有较高的蒸气压，受热时蒸气压变大，达到熔点之前，蒸气压已相当高，可以直接汽化。若固态混合物中各个组分具有不同的挥发度，则可利用升华性质使易升华的物质与其他难挥发的固体杂质分离开来，从而达到分离提纯的目的。药用植物中凡具有升华性质的化合物都可以用此方法提取。例如茶叶中咖啡因、樟木中樟脑的提取等。升华法只能用于在不太高的温度下有足够大的蒸气压的固态物质的分离与提纯，因此具有一定的局限性。升华法的优点是操作简便，不用溶剂。它的缺点是升华不完全，常伴随有分解现象，产品损失较大。

4. 压榨法　某些植物中的药用成分存在于植物的液汁中时，可将新鲜植物原料直接压榨。压榨法是从芳香植物中提取精油的方法之一，主要用于柑橘类植物精油的提取。将果皮直接冷榨，就可以获得含有细胞及细胞液的粗精油，再经过离心或过滤，获得精油。如甜橙、柠檬、柚子等的果皮中精油的提取。虽然压榨法出油率较低（1.0%～1.6%），但精油的气味更接近天然，且压榨后的残渣仍可用水蒸气蒸馏法得到部分精油。

第二节　溶剂提取法提取植物类生化药物

一、银杏黄酮

（一）概述

银杏叶中的主要药用成分为黄酮类化合物，此外，还有银杏内酯类等多种成分。部位不同，含有的有效成分也不尽相同。黄酮类化合物是在植物中分布最广的一类物质，它们常以游离态或与糖结合成苷的形式存在，且大部分存在于有色植物中。1952 年前，黄酮类化合物主要指基本母核为 2-苯基色原酮的系列化合物，如图 9-1 所示。现在黄酮类化合物泛指

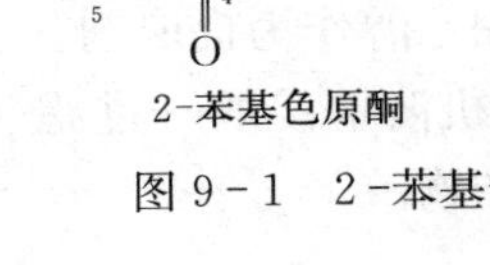

2-苯基色原酮 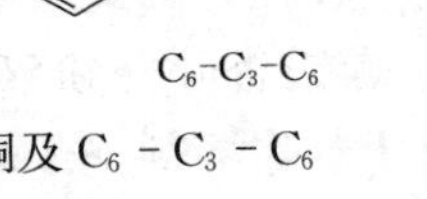　　　　$C_6-C_3-C_6$

图 9-1　2-苯基色原酮及 $C_6-C_3-C_6$

两个芳环（A与B环）通过中央三碳链相互连接而成的一系列化合物，基本结构为$C_6 - C_3 - C_6$。根据中央三碳链的氧化程度、B环（苯基）的连接位置（2或3位）、三碳链是否构成环状等特点，黄酮类化合物的主要类型有：黄酮类、黄酮醇类、二氢黄酮类、二氢黄酮醇类、查耳酮类、异黄酮类、橙酮类、花色素类、黄烷醇类等。

（二）组成与性质

1. 成分与结构　黄酮类有效成分主要存在于银杏叶及种仁中，尤其在银杏叶中的含量很高，市售的银杏叶制剂中黄酮含量可达24％。据报道，目前能够从银杏叶中分离出来的黄酮类化合物有40种，主要有3类：黄酮及其苷、双黄酮和儿茶素。其中黄酮及其苷类28种，由槲皮素、山柰素、异鼠李素、杨梅皮素、木樨草素、洋芹素及其单、双、三糖苷组成。图9-2为银杏黄酮糖苷水解后的3种主要苷元产物槲皮素、山柰素、异鼠李素的结构，在药物生产过程中常常通过检测这3种黄酮苷元的含量来控制银杏制剂的质量。双黄酮化合物主要由2分子的黄酮或2分子的二氢黄酮，或1分子黄酮和1分子二氢黄酮通过C—C键或C—O—C结构连接。目前已从银杏中分离出6种双黄酮化合物，分别为异银杏黄素、银杏黄素、白果黄素、$5'$-甲氧基白果黄素、阿曼托黄素、西阿多黄素。从银杏中分离出的儿茶素类主要有儿茶素（图9-3）、没食子儿茶素、表儿茶素、表没食子儿茶素等。

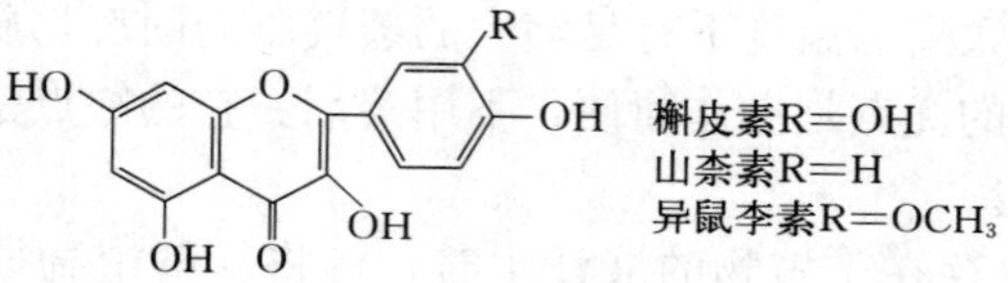

槲皮素R＝OH
山柰素R＝H
异鼠李素R＝OCH₃

图9-2　银杏黄酮苷元的结构 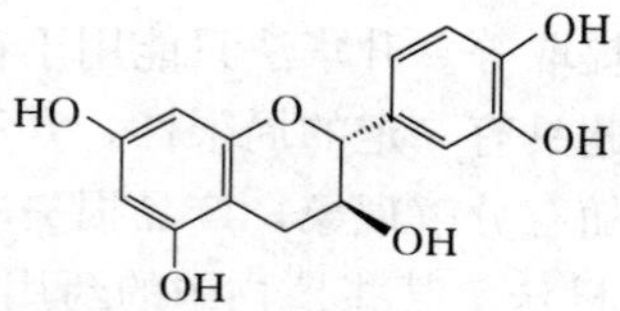　　　　图9-3　儿茶素

2. 性质　黄酮类化合物苷元多为晶性固体，苷类多为无定形粉末，因存在共轭体系和助色基团而显色，多为黄色或浅黄色。苷元中，二氢黄酮、二氢黄酮醇、黄烷及黄烷醇具有旋光性，其余黄酮类无旋光性。黄酮苷因分子中含有糖分子，均具有旋光性，多为左旋。游离黄酮苷元难溶或不溶于水，易溶于稀碱及乙醇、乙醚、乙酸乙酯等有机溶剂。黄酮苷因引入糖基，极性增大，水溶性增强，易溶于水、甲醇、乙醇等强极性溶剂中，难溶于或不溶于苯、氯仿、石油醚等有机溶剂。黄酮类化合物由于大多数都含有酚羟基，故显示酸性，可溶于碱性水溶液中。因羟基位置不同，其酸性强弱也不同，一般次序如下：7，$4'$-二羟基＞7-羟基或$4'$-羟基＞一般位置酚羟基＞5-羟基，此性质可用于提纯、分离和鉴定工作。

（三）生产工艺与产品检验

1. 生产工艺　近几年来，随着研究的日益深入与重视，黄酮类化合物提取技术的发展也得到了促进。目前提取银杏黄酮化合物的方法主要包括有机溶剂提取法、超声波提取法、微波萃取法、酶提取法等。

（1）有机溶剂提取法　目前国内外使用最广泛的提取方法就是有机溶剂提取法，一般可用乙酸乙酯、丙酮、乙醇、甲醇或某些极性较大的混合溶剂，如甲醇-水（1：1）溶液。但由于甲醇具有毒性且挥发性较强，因此一般采用乙醇作为提取剂。

① 生产工艺路线。干燥银杏叶→粉碎→有机溶剂浸取→过滤→减压蒸馏→银杏浸膏粗提物→二氯甲烷萃取→减压蒸除溶剂→干燥→产物。

② 工艺分析与讨论。浸提的温度、提取剂乙醇的体积分数和固液质量比对银杏总黄酮提取率具有影响。提高温度有利于总黄酮的提取。但是，鉴于有效成分的热稳定性，以及温度升高时杂质溶出量也相应增大，在选取浸提温度时不能过高，同时还要考虑到乙醇的沸点是78.5 ℃，温度过高，乙醇挥发严重，生产成本加大。乙醇的体积分数对提取率的影响，在于不同含量的乙醇溶剂极性不同。依据"相似相溶"原理，选用的乙醇体积分数应同银杏叶黄酮的极性相似，以达到最好的提取效果。乙醇用量的增加有利于总黄酮的提取，但增加到一定的程度，对提取率的影响变缓。考虑生产成本和后续处理，选择适宜的固液质量比非常重要。

（2）超声波提取法 用超声波法提取黄酮类物质，是目前比较新的方法。其原理主要是利用超声波在液体中的空化作用加速植物有效成分的浸出。

（3）微波萃取法 利用分子或离子在微波场中的导电效应直接对物质进行加热从而提取植物细胞内耐热物质的新工艺，具有均匀性的特点，同时具有反应高效性和强选择性等特点，操作简便、副产物少、提取率高，在银杏黄酮类化合物的提取上具有良好的效果。

（4）酶提取法 酶提取法是利用酶反应的高度专一性，将细胞壁的组成成分水解或降解，破坏细胞壁，从而提高有效成分的提取率。在银杏叶总黄酮提取过程中，由于细胞壁的束缚作用，总黄酮不易溶出。酶提取法能将组成细胞壁的纤维素骨架逐级降解成葡萄糖，进而破坏细胞壁骨架结构，增加细胞内黄酮化合物的溶出。

2. 产品检验

（1）产品鉴别 取本品0.2 g，加正丁醇15 mL，置水浴中温浸渍15 min并振摇，放冷，过滤，滤液蒸干，残渣加乙醇2 mL使溶解，作为供试品溶液。另取银杏叶对照提取物0.2 g，同法制成对照提取物溶液。依照薄层色谱法实验，吸取上述两种溶液各1 μL，分别点于同一以含4%醋酸钠的羧甲基纤维素钠溶液为黏合剂的硅胶G薄层板上，以乙酸乙酯-丁酮-甲酸-水（5∶3∶1∶1）为展开剂，展开，取出，晾干，喷以3%三氯化铝乙醇溶液，在紫外灯365 nm下检视。供试品色谱中，在与对照提取物色谱相应的位置上，显相同颜色的荧光。另，取本品，按法进行色谱峰检验比对（《中国药典》一部，2020年版）。

（2）含量测定 2020年版《中国药典》采用高效液相色谱法，以槲皮素、山柰素和异鼠李素为对照品，测定总黄酮苷的含量。色谱条件与系统适用性试验：以十八烷基硅烷键合硅胶为填充剂；以甲醇-0.4%磷酸溶液（50∶50）为流动相；检测波长为360 nm。理论板数按槲皮素峰计算应不低于2 500。对照品溶液的制备：取槲皮素、山柰素、异鼠李素对照品适量，精密称定，加甲醇分别制成每毫升含槲皮素30 mg、山柰素30 mg、异鼠李素20 mg的混合溶液，即得。供试品溶液的制备：取药品粉末约1 g，精密称定，置于索氏提取器中，加三氯甲烷回流提取2 h，弃去三氯甲烷液，药渣挥发干净，加甲醇回流提取4 h，提取液蒸干，残渣加甲醇-25%盐酸溶液（4∶1，体积比）25 mL，加热回流30 min，放冷，转移至50 mL容量瓶中，并加甲醇至刻度，摇匀，即得。测定方法：分别精密吸取对照品溶液与供试品溶液各10 μL，注入液相色谱仪，测定，分别计算槲皮素、山柰素和异鼠李素的含量，按下式换算成总黄酮醇苷的含量。总黄酮醇苷含量＝（槲皮素含量＋山柰素含量＋异鼠李素含量）×2.51。本品按干燥品计算，含总黄酮醇苷不得少于0.40%。

> ○ **思政：健康教育（银杏叶健康饮料的制作）。** 银杏叶含有丰富的黄酮类物质，对循环系统和对脑功能的改善，以及预防、治疗心脑血管疾病，延缓细胞老化等具有良好作用。以银杏叶为原料可制作药茶和食疗食品。秋季10月份采摘银杏叶，然后进行分选，剔除树枝、土石块等杂物以及腐烂叶。用清水反复冲洗2～3次，沥水后置于竹筐或方盘中，在65～70℃下烘4～6 h，至含水量为4%～6%，干叶可装入塑料袋中密封，可较长时期存放使用。用粉碎机将干叶粉碎成粒径0.380 mm左右的细粉，置于多功能提取罐中，加入10倍原料重的水作提取剂，加热至95℃，在此条件下进行冷凝回流提取1 h，提取液过滤后待用。滤渣中加入和第一次提取时同样多的水，提取1 h，滤出残渣，收集第二次提取液。将两次提取液合并，然后过滤，得银杏叶提取液。向合并提取液中加入0.05% BH-6型复合脱苦剂，加热至45℃并恒温，充分搅拌40 min，将苦味除去。然后再经过两道精滤，可得到澄清度极高的提取液。取4%～6%的提取液、10%的白砂糖、0.05%的柠檬酸，余量为水，进行调配。然后用真空脱气机在70～80 kPa、30～50℃下脱气后即可。用马口铁罐进行灌装、密封。采用卧式杀菌锅，以108℃灭菌10 min，淋水冷却至37～38℃，即可制成淡黄褐色、清澈透明、具有银杏叶特有气味和风味的饮料。

（四）药理作用与临床应用

黄酮是银杏叶中主要的药用成分，有着多方面独特的药理作用。目前银杏黄酮在临床上主要用于心脑血管疾病、抗肿瘤、抗衰老等。

1. 抗氧化作用 银杏黄酮是天然的抗氧化剂，可清除自由基、超氧阴离子及一氧化氮等，能调节自由基反应酶的活性，抑制自由基反应及脂质过氧化反应，减缓氧自由基和脂质过氧化损伤。

2. 提高机体免疫力 银杏黄酮通过影响细胞分泌过程、细胞有丝分裂及细胞间的相互作用等提高机体免疫功能。银杏黄酮还能够通过提高血清 IgG 含量及 T 细胞 CD3 亚群与 CD4 亚群的比值，提高机体免疫力。

3. 扩张或收缩血管作用 研究发现不同浓度的银杏黄酮对血管产生不同的作用，当临床上应用10～20 mg/L的银杏黄酮时，银杏黄酮主要通过释放血管内皮松弛因子和前列环素而松弛血管；而当使用300 mg/L以上高浓度时，银杏黄酮则主要通过抑制内皮依赖性舒张而起到促进血管收缩的作用。

4. 降低血液黏度、降低血脂 临床上出现的血液黏稠、血栓形成、动脉硬化等病理现象主要是由血小板活化因子与细胞膜上的血小板活化因子受体结合而产生的。银杏黄酮可明显提高高密度脂蛋白（ADL），对抗血小板活化因子，降低血液黏度、血浆胆固醇含量等，改善血浆胆固醇和磷脂的比例。

5. 保护心脏 银杏黄酮可明显降低兔心肌梗死时心电图中异常抬高的 ST 段，降低病理性 Q 波，并可显著抑制心肌中磷酸肌酸激酶的释放，对缺血引起的心肌损伤有很好的保护作用。

6. 抗炎、抗肿瘤 银杏叶制剂对致炎因子和肿瘤坏死因子的表达有着明显的抑制作用，可减少这些因子的产生，减轻炎症变化，从而发挥抗炎和抗肿瘤作用。

二、香豆素

香豆素具有芳香气味，广泛分布于植物界，在伞形科、豆科、芸香科、茄科和菊科中分布更多。在植物体内，香豆素类化合物常以游离状态或与糖结合成苷的形式存在，大多存在于植物的花、叶、茎和果中，通常以幼嫩的叶芽中（嫩枝）含量较高。

香豆素类具有多方面生理活性，如抗菌消炎、抗凝血、扩张冠状动脉、抗癌、治疗肝炎及白癜风等作用。

（一）结构与性质

1. 结构与类别　香豆素是顺式邻羟基桂皮酸的内酯，母核为苯并 α-吡喃酮，C-7 位常有羟基或醚基，基本结构如图 9-4 所示。

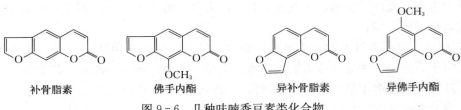

顺式邻羟基桂皮酸　　　　　　　苯并α-吡喃酮

图 9-4　顺式邻羟基桂皮酸及其内酯苯并 α-吡喃酮

香豆素母核上常含有各种不同的取代基，有的还可以环合成环氧结构，主要分类如下：

（1）简单香豆素类　只在苯环上有取代基的香豆素，这类香豆素多数在 C-7 位上有含氧基团的存在，7-羟基香豆素可认为是香豆素类成分的母体。取代基包括羟基、甲氧基、亚甲二氧基、异戊烯基等。结构如图 9-5 所示。

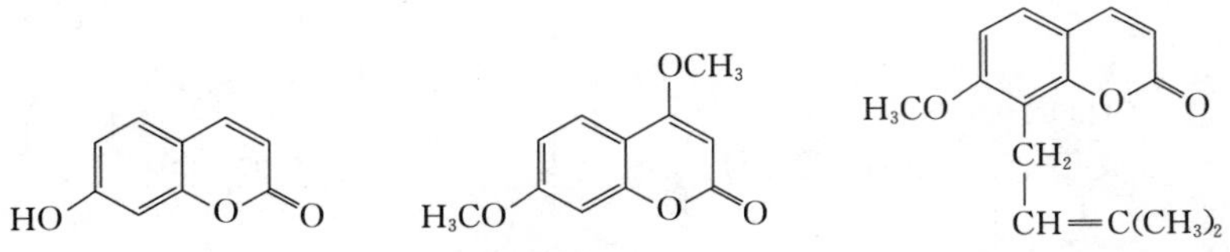

7-羟基香豆素　　　　　　　　茵陈素　　　　　　　　　蛇床子素

图 9-5　几种简单香豆素类化合物

（2）呋喃香豆素类　这类香豆素分为线型和角型两类。线型分子是由 C-6 位异戊烯基与 C-7 位羟基环合而成，三个环处于一条直线上；角型分子是由 C-8 位异戊烯基与 C-7 位羟基环合而成，三个环处于一条折线上。一些呋喃香豆素结构如图 9-6 所示。

补骨脂素　　　　　佛手内酯　　　　　异补骨脂素　　　　　异佛手内酯

图 9-6　几种呋喃香豆素类化合物

（3）吡喃香豆素类　这类香豆素也分为直线型和角型两类，结构如图 9-7 所示。

花椒素甲　　花椒素乙　　邪蒿内酯

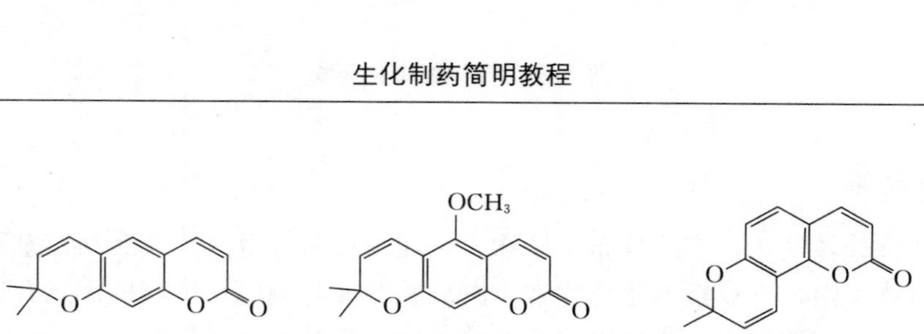

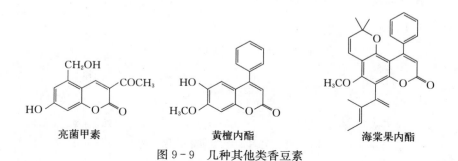

图 9－7　几种吡喃香豆素类化合物

（4）异香豆素类　异香豆素是香豆素的同分异构体，植物体内存在的多数是二氢异香豆素的衍生物。两种异香豆素类化合物的结构如图 9－8 所示。

茵陈内酯　　仙鹤草内酯

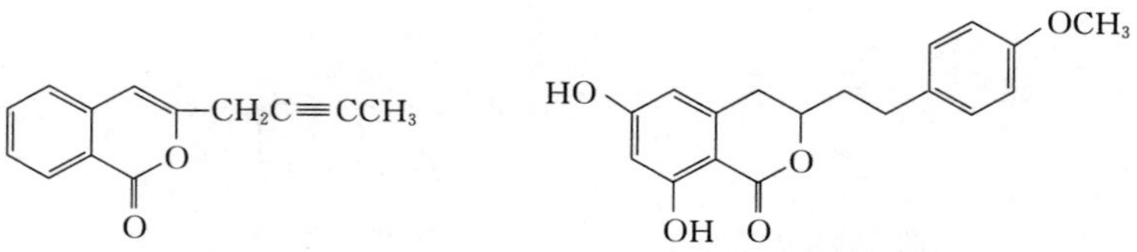

图 9－8　两种异香豆素类化合物

（5）其他类香豆素　其他类香豆素是在 α－吡喃酮环上具有取代基的一类香豆素，取代基连接在 C－3 和 C－4 位上，常见的有苯基、羟基和异戊烯基等，结构如图 9－9 所示。

亮菌甲素　　黄檀内酯　　海棠果内酯

图 9－9　几种其他类香豆素

2. 性状与性质

（1）性状及溶解性

① 性状。游离香豆素为结晶形状的固体，有一定的熔点，大多具有芳香气味。分子质量小的香豆素有挥发性，能随水蒸气蒸出，并能升华。香豆素苷类大多失去香味（无香味），无挥发性，也不能升华。

② 溶解性。游离香豆素能溶于沸水，难溶于冷水，易溶于甲醇、乙醇、氯仿和乙醚等溶剂，可溶于石油醚。香豆素苷类能溶于水、甲醇、乙醇，难溶于乙醚、苯等极性小的有机溶剂。羟基香豆素能溶于氢氧化钠等强碱性水溶液，在酸水中溶解度较小。

（2）香豆素的碱水解反应　香豆素分子中具有 α，β－不饱和内酯的结构，具有内酯化合物的通性。如在稀碱液的作用下，香豆素内酯环可被水解开环，生成顺式邻羟基桂皮酸盐的黄色溶液。顺式邻羟基桂皮酸不易游离存在，其盐的水溶液经酸化即闭环生成原来的内酯结构。但香豆素如果和碱液长时间加热，水解产物顺式邻羟基桂皮酸衍生物则发生异构化，转变成反式邻羟基桂皮酸的衍生物，再经酸化也不再发生内酯化闭环反应。

（二）生产工艺与产品检验

1. 提取方法

（1）水蒸气蒸馏法　某些小分子游离香豆素具有挥发性，可以采用水蒸气蒸馏法提取。

（2）碱溶酸沉淀法　具有酚羟基的香豆素类可溶于热碱溶液中，加酸后可析出。香豆素具有内酯环，在碱液中皂化成盐而加酸后恢复成内酯析出。用此法需要注意的是加热水解开环时，碱液浓度和加热时间不宜过长，否则将引起降解反应而使香豆素被破坏，或者使香豆素开环而不能合环。

（3）系统溶剂提取法　一般可用甲醇或乙醇从植物中提取，然后用石油醚、苯、乙醚、乙酸乙酯、丙酮和甲醇等不同极性的溶剂顺次提取，分成极性不同的部位，各提取液浓缩后可得到香豆素结晶。石油醚对香豆素溶解度并不大，浓缩液即可析出香豆素结晶；乙醚是多数游离香豆素的良好溶剂；极性较大的游离香豆素和香豆素苷类可继续用乙醇或甲醇提取（图 9 - 10）。

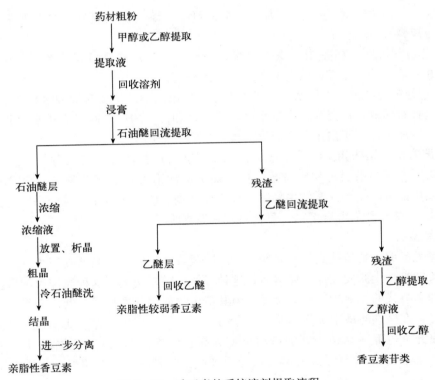

图 9 - 10　香豆素的系统溶剂提取流程

2. 提取实例——白芷香豆素的提取　白芷为伞形科植物，用于治疗感冒头痛、眉棱骨痛、牙痛、疮疡肿痛、白癜风、银屑病、烧伤、灰指甲等，在临床上应用广泛。白芷主要成分为欧前胡素、异欧前胡素、氧化前胡素、白当归素等香豆素类化合物，白芷中的总香豆素含量是评判其质量的标准之一。

（1）乙醇加热回流提取

① 生产工艺路线。白芷粉碎→加入乙醇→加热回流提取→抽滤→滤液浓缩回收乙醇→浸膏。

② 工艺过程说明。白芷根干燥至恒量，粉碎，准确称取 4 g，乙醇用量为药材用量的 10 倍，加热回流提取 2 次，抽滤，合并滤液，减压浓缩回收乙醇，得香豆素浸膏。

（2）微波提取法

① 生产工艺路线。白芷粉碎→加乙醇→微波提取→抽滤→滤液浓缩回收乙醇→浸膏。

② 工艺过程说明。白芷根或茎干燥至恒量，粉碎，加入乙醇，微波提取 2 次，抽滤，合并滤液，减压浓缩，得香豆素浸膏。

③ 工艺分析与讨论。乙醇浓度、微波加热时间、温度、料液比对提取效果都会产生影响。研究白芷香豆素提取的最佳微波工艺条件是以欧前胡素的含量为评价标准。物料粉碎程度增加有利于香豆素提取，但不宜过碎，否则容易造成物料间粘连，提取效率反而下降。微波加热时间不宜过长，一般控制在 6～8 min，否则造成香豆素分解。提取温度不宜过高，否则容易造成香豆素分解损失，一般控制在 60～80 ℃。

（3）纤维素酶提取法

① 生产工艺路线。白芷粉碎→加入乙醇和纤维素酶→加热提取→终点灭酶→滤液浓缩回收乙醇→浸膏。

② 工艺过程说明。白芷根干燥至恒量，粉碎，加入乙醇和纤维素酶，加热提取 2 次，抽滤，合并滤液，减压浓缩回收乙醇，得香豆素浸膏。

③ 工艺分析与讨论。乙醇浓度、提取温度、纤维素酶的浓度对提取效果都会产生影响。纤维素酶法具有提取条件温和、提取率高等优点，和传统的加热回流法和煎煮法相比具有明显的优势，该法可以用于白芷总香豆素的提取。

3. 分离方法　结构相似的香豆素混合物可以通过层析法得到有效分离。香豆素一般用硅胶吸附层析、氧化铝层析和聚酰胺层析。柱层析常用吸附剂有硅胶、中性或酸性氧化铝等。碱性氧化铝可以使香豆素发生降解，故很少使用。洗脱剂可用己烷-乙醚、己烷-乙酸乙酯和石油醚-乙酸乙酯的混合溶剂。显色可观察荧光。

4. 产品检验

（1）荧光反应　物质受到紫外光照射时，除吸收某种波长的光之外还会发射出比原来吸收波长更长的光；当激发光停止照射后，这种光线也随之消失，这种光称为荧光。香豆素母核本身（即无取代的香豆素）并无荧光，但其衍生物如羟基香豆素在紫外光下大多显出蓝色或紫色荧光，在碱性溶液中荧光增强。一般在 C-7 位上引入羟基，即有强烈的蓝色荧光，甚至在可见光下也能辨认清晰，加碱后可变为绿色荧光。但在 C-8 位再引入一个羟基时（7，8-二羟基香豆素），荧光即减弱，甚至无荧光。荧光的显示在层析上常用以检识香豆素类的存在。

（2）显色反应

① 异羟肟酸铁反应。由于香豆素类具有内酯环的结构，内酯环在碱性条件下可开环，并与盐酸羟胺缩合生成异羟肟酸，然后再在酸性条件下与 Fe^{3+} 络合成盐而显红色。

② 三氯化铁反应。具有酚羟基取代的香豆素类在水溶液中可与三氯化铁试剂作用而产生不同的颜色。

③ Gibbs 反应和 Emerson 反应。两个反应都是发生在游离酚羟基对位的活泼氢原子上，即要求具有游离酚羟基且此酚羟基的对位没有取代基时才呈阳性反应。Gibbs 试剂是 0.5% 的 2，6-二氯（溴）苯醌-4-氯亚胺，它在弱碱条件下与酚羟基对位的活泼氢缩合，生成蓝色化合物。Emerson 试剂是 2% 的 4-氨基安替比林和 8% 的铁氰化钾，它与酚羟基对位的活泼氢缩合，生成红色化合物。检验香豆素的 C-6 位是否有取代基的存在，可以先加碱使香豆素内酯环水解，生成一个新的酚羟基，它恰好处在 C-6 位的对位上，若与 Gibbs 或 Emerson 试剂呈阳性反应，表明香豆素 C-6 位上没有取代基存在。

（3）结构鉴定

① 紫外光谱。香豆素的紫外光谱有一定的规律。无取代基的香豆素有三个吸收峰：275 nm、284 nm、311 nm，分别由香豆素苯环吸收（B 带吸收）、分子中存在内酯环结构（K 带吸收）和吡喃酮环结构（R 带吸收）引起。香豆素的 B 带和 K 带往往重叠为一个较宽的带。香豆素分子中导入取代基后，使 K 带或 K 带和 B 带重叠峰红移，7-羟基取代可以重排为对醌式结构，比无取代时红移近 70 nm。5-羟基香豆素可以重排成邻醌式结构，红移情况与 7-羟基香豆素相似，只是位移值较小。6-羟基香豆素中的羟基不处于 α，β-不饱和内酯的邻对位，不能形成醌式结构。故对 K 带或 B 带的重叠带影响不大。但对 310 nm 处的 R 带产生较大红移。6-羟基香豆素和 6-甲氧基香豆素在 230 nm 处产生苯环吸收峰（可能为 E 带）。

② 红外光谱。香豆素结构中具有苯并 α-吡喃酮，因此，红外光谱中应有 α-吡喃酮内酯环羰基的伸缩振动吸收（1 750~1 700 cm^{-1}）及芳环 3 个较强的吸收峰（1 645~1 625 cm^{-1}）。若羰基附近有羟基或羧基与其形成分子内氢键，内酯环羰基伸缩振动吸收带移至 1 680~1 660 cm^{-1}。若含有羟基取代，在 3 600~3 200 cm^{-1} 有特征吸收。

（4）含量测定 2020 年版《中国药典》采用高效液相色谱法，以欧前胡素为对照品，测定白芷总香豆素的含量。色谱条件与系统适用性试验：以十八烷基硅烷键合硅胶为填充剂；以甲醇-水（55：45，体积比）为流动相；检测波长为 300 nm。理论板数按欧前胡素峰计算应不低于 3 000。对照品溶液的制备：取欧前胡素对照品适量，精密称定，加甲醇配成每毫升含欧前胡素 10 μg 的溶液，即得。供试品溶液的制备：取药品粉末（过 0.355 mm 孔径筛）约 0.4 g，精密称定，置 50 mL 容量瓶中，加甲醇 45 mL，超声处理 1 h（功率 300 W，频率 50 kHz），取出，放冷，加甲醇至刻度线，摇匀，过滤，取滤液，即得。测定方法：分别精密吸取对照品溶液与供试品溶液各 20 μL，注入液相色谱仪，测定。本品按干燥品计算，欧前胡素含量不得少于 0.080%。

（三）药理作用和临床应用

1. 药理作用

（1）抗肿瘤作用 近几年来，香豆素抗肿瘤作用的研究已逐步深入分子机制，主要是通过改变细胞周期、诱导细胞凋亡、通过多种信号途径及对谷胱甘肽转硫酶/NADPH 醌氧化还原酶（GST/NQO）体系的影响等抑制肿瘤细胞的增殖。

（2）抗氧化作用 游离氧自由基在人体内的过度蓄积可损伤脂质、蛋白质、DNA 等，从而引起多种疾病。香豆素类化合物的主要药理活性之一即是清除体内过多的氧自由基。香豆素中具有儿茶酚基，而 2、3、19 位的儿茶酚基在自由基清除和抑制脂质过氧化中发挥重要作用，开端处的吡喃酮环增强其抗氧化作用。

（3）对心血管系统的作用 某些香豆素通过阻断心肌细胞膜的快钠通道和钙通道，抑制钠电流和钙电流，阻碍心肌细胞去极化，则心肌异位不容易发生。某些香豆素具有扩张血管、拮抗钙离子作用，因而可以降低血压。

2. 临床应用 香豆素类药物的作用是抑制凝血因子在肝中的合成。香豆素类药物与维生素 K 的结构相似。香豆素类药物在肝与维生素 K 环氧化物还原酶结合，抑制维生素 K 由环氧化物向氢醌型转化，维生素 K 的循环被抑制。香豆素类抗凝血药属于维生素 K 拮抗剂，半个世纪来一直是口服抗凝治疗的基本药物，主要包括双香豆素、苄丙酮香豆素、醋硝香豆素、苯丙香豆素和环香豆素，均具有 4-羟基香豆素的基本结构。作用原理是这些药物的化学结构与维生素 K 相似，在肝中与维生素 K 竞争性地结合酶蛋白，抑制酶蛋白活性，从而抑制凝血酶原及维生素 K 依赖的凝血因子的合成。

> ➲ **思政：文化自信（茵陈的发现）。** 茵陈在中药里属于一味利水渗湿药，是菊科多年生草本植物茵陈蒿或滨蒿的幼苗，在我国大部分地区都有分布，是春季里一种比较常见的野菜。主要作用于消化系统的一些疾病，还有清热利湿的作用，对黄疸型肝炎的治疗效果尤其显著，历来是治疗黄疸的主药。相传，华佗有一次遇到一位瘦骨嶙峋、精神萎靡的中年病妇，她不仅面色黯黄，连眼珠子都是黄色的。当时的华佗在诊治方面已经颇有名气，但对这位女患者治疗了几天，她的症状不仅没有缓解，还反而越来越重，无奈之下只得放弃，交代其家人准备后事。过了一段时间，华佗在路上偶然遇到这位中年妇人，却意外地发现她已气色正常，病已经痊愈。华佗觉得非常奇怪，就追问患者是在哪位医术高明的郎中手里治愈的。未料那妇人却说，自己后来并未再去求医，只是因为当地闹饥荒，实在挨不住饥饿，只好到山上去挖野菜充饥，没想到自己全身乏力、腹胀恶心的症状竟渐渐消失了。华佗就亲自上山去寻找妇人所描述的野菜，发现原来就是常见的青蒿，便采回一些给同样症状的人服用，但却不见有效果。华佗只得折返回去，再度向那中年妇人详细请教当时服用的具体时间与方法，才获悉妇人吃的是三月里的蒿子。精通医理的华佗如醍醐灌顶：农历三月正是百草萌芽的季节，初生的蒿子破土而出自然药力最强。次年，华佗开始采集三月的蒿子给患者服用，果然效果明显，身上的黄疸顺利消退。为了方便区分，华佗将三月的青蒿专门取名为"茵陈"，而过了农历三月，植物生长加速导致了药力的分散，由此而失去药效，等到农历五月，更是成为一堆杂草，只能当柴烧火了。所以在中药界里流传这么一句话："三月茵陈四月蒿，五月劈了当柴烧。"

三、强心苷

强心苷是存在于植物中具有强心作用的甾体苷类化合物，是由强心苷元与糖缩合的一类苷。临床上主要用于治疗慢性心功能不全，此外还可治疗某些心律失常，尤其是室性心律失常，如毛花苷 C、地高辛、洋地黄毒苷等。强心苷存在于许多有毒的植物中，特别以玄参科、夹竹桃科植物最普遍，其他如百合科、十字花科等也较为普遍。强心苷主要存在于植物的果、叶或根中。

（一）结构与性质

1. 结构及类型 强心苷的结构比较复杂，由强心苷元和糖两部分构成。天然存在的强心苷元甾体母核的特点是B、C环都是反式稠合，C、D环都是顺式稠合，A、B环两种稠合方式都有，以顺式稠合较多。强心苷元分子的甾核上C-3和C-14位都有羟基取代，C-3上的羟基多为β构型。C-14上的羟基由于C、D环是顺式稠合，也都是β构型。甾核上可能有羰基或双键存在。强心苷元均属甾体衍生物，其结构特征是在甾体母核的C-17位上连接一个不饱和内酯环。根据所连不饱和内酯环的不同，强心苷分为两类。

（1）甲型强心苷　由甲型强心苷元与糖缩合而成的苷称为甲型强心苷。甲型强心苷元又称强心甾烯，在其甾体母核的C-17位上连接的是五元不饱和内酯环，即$\Delta^{\alpha,\beta}$-γ-内酯，故甲型强心苷元共由23个碳原子组成。已知的强心苷中，绝大多数属于此类。如洋地黄强心苷类、毒毛旋花子苷类（图9-11）。

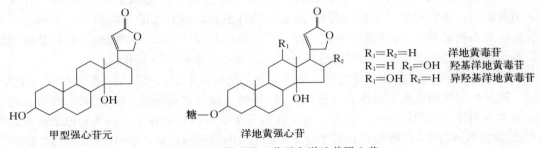

甲型强心苷元

洋地黄强心苷

R_1=R_2=H　洋地黄毒苷
R_1=H　R_2=OH　羟基洋地黄毒苷
R_1=OH　R_2=H　异羟基洋地黄毒苷

图9-11　甲型强心苷元和洋地黄强心苷

（2）乙型强心苷　由乙型强心苷元与糖缩合而成的苷称为乙型强心苷。乙型强心苷元又称蟾蜍甾二烯或海葱甾二烯，在其甾体母核的C-17位上连接的是六元不饱和内酯环，即$\Delta^{\alpha\beta,\gamma\delta}$-双烯-δ-内酯，故乙型强心苷元共由24个碳原子组成。自然界中已知的强心苷有少数属于此类，如绿海葱苷（图9-12）。

乙型强心苷元

绿海葱苷

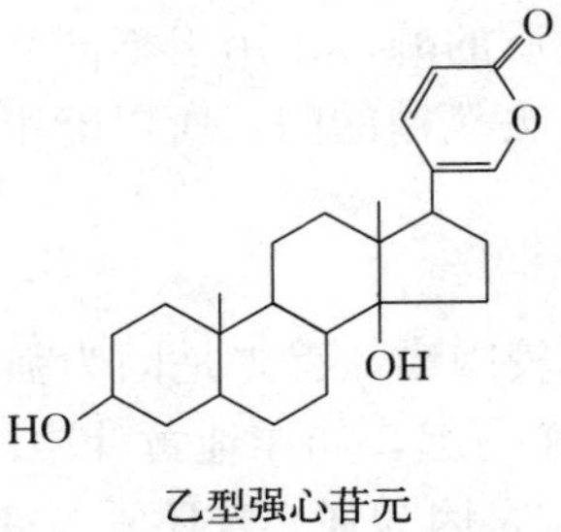

图9-12　乙型强心苷元和绿海葱苷

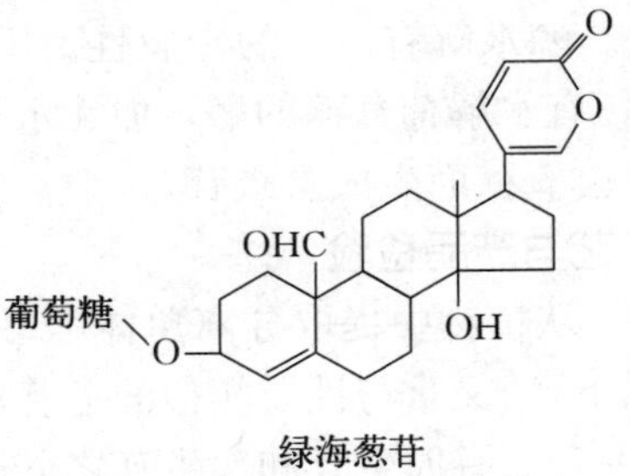

强心苷元C-3位上的羟基与糖结合形成苷。根据糖C-2位上有无羟基，构成强心苷的糖可以分为α-羟基糖（2-羟基糖）和α-去氧糖（2-去氧糖）两类。α-羟基糖包括6-含氧糖（如D-葡萄糖）、6-去氧糖（如L-鼠李糖、D-鸡纳糖）、6-去氧糖甲醚（如L-黄花夹竹桃糖、D-洋地黄糖）。α-去氧糖包括2，6-二去氧糖（如D-洋地黄毒糖）、2，6-二去氧糖甲醚（如D-加拿大麻糖）。

2. 性状与性质

（1）性状与溶解性

①性状。强心苷类多为无色晶体或无定形粉末，中性物质，有旋光性。C-17位上的

侧链为 β 构型者味苦，对黏膜有刺激性；α 构型者味不苦，但无疗效。

② 溶解性。强心苷元易溶于低极性溶剂如氯仿、乙酸乙酯、苯，难溶于极性溶剂。强心苷一般可溶于水、甲醇、乙醇、丙酮等极性溶剂，难溶于乙醚、苯、石油醚等非极性溶剂，其溶解性与其分子中所含糖的数目和种类、苷元所含的羟基数目和位置等有关。弱亲脂性苷略溶于氯仿-乙醇（2:1，体积比），亲脂性苷略溶于乙酸乙酯、含水氯仿、氯仿-乙醇（3:1，体积比）等。

（2）水解反应　水解反应是研究强心苷组成的常用方法，化学法主要有酸水解法、碱水解法、乙酰解法，生物方法有酶水解法。

① 酸水解法。包括温和酸水解、强烈酸水解和氯化氢-丙酮法。

A. 温和酸水解：主要针对 α-去氧糖与苷元形成的苷键，不适用于 α-羟基糖（在此条件下不易断裂，常常得到二糖或三糖）。此水解条件温和，对苷元的影响较小，不致引起脱水反应，对不稳定的 α-去氧糖亦不致分解。方法是用稀酸（$0.02 \sim 0.05$ mol/L 的盐酸或硫酸）在含水醇中经 0.5 h 至数小时加热回流，可使强心苷水解成苷元和糖。

B. 强烈酸水解：羟基强心苷类用温和酸水解无法使其水解，必须增加酸的浓度（3%～5%），延长作用时间或同时加压，才能使 α-羟基糖定量地水解下来。此法能水解所有的苷键，但常引起苷元结构的改变，失去 1 分子或数分子水形成脱水苷元，得不到原来的苷元。

C. 氯化氢-丙酮法：将强心苷置于含 1% 氯化氢的丙酮溶液中，20 ℃ 放置两周。因糖分子中 C-2 位羟基和 C-3 位羟基位与丙酮反应，生成丙酮化物，进而水解，可得到原生苷元和糖衍生物。

② 碱水解法。强心苷的苷键不能被碱水解。但强心苷分子中的酰基、内酯环会受碱的影响，发生水解或裂解、双键移位、苷元异构化等反应。

③ 乙酰解法。在研究强心苷的结构时，乙酰解常用来研究糖与糖之间的连接位置，如葡萄糖之间的 1，6 糖苷键很容易乙酰解，而 1，4 糖苷键较难乙酰解。

④ 酶水解法。酶水解有一定的专属性。不同性质的酶，作用于不同性质的苷键。在含强心苷的植物中，有水解葡萄糖的酶，但无水解 α-去氧糖的酶，所以能水解除去分子中的葡萄糖，保留 α-去氧糖而生成次级苷。

（二）生产工艺与产品检验

1. 提取方法　从植物中提取分离单体强心苷比较困难，首先是因为强心苷在植物中的含量较低（1% 以下），又常与性质相似的皂苷混杂在一起，如洋地黄叶中同时含有强心苷、洋地黄皂苷。每种苷又有原生苷和次生苷之分；其次是因为强心苷还常与糖类、色素、鞣质等混杂在一起，这些都增加了强心苷提纯工作的难度；再次是在提取强心苷时易受酸、碱或共存酶的作用，发生水解、脱水及异构等反应，使生理活性降低，因此在提取强心苷时要控制酸、碱性和抑制相关酶的活性。

植物中的强心苷有亲脂性苷、弱亲脂性苷和水溶性苷之分，但它们均能较好地溶于乙醇或甲醇中，通常使用 70%～80% 的乙醇为提取溶剂。若原料含脂类杂质（如种子）及叶绿素较多（如全草或叶），须先用石油醚进行脱脂、脱色素处理。析出胶体浓缩后用氯仿和氯仿-乙醇溶液依次萃取，将强心苷按极性大小分成几个部分，以备进一步分离用。

2. 分离方法　分离亲脂性单糖苷、次级苷和苷元，一般选用吸附层析，常用硅胶为吸附剂，用正丁烷-乙酸乙酯、苯-丙酮、氯仿-甲醇、乙酸乙酯-甲醇等溶剂系统梯度洗脱。分离弱亲脂性成分宜选用分配层析，可用硅胶、硅藻土、纤维素为支持剂，常以乙酸乙酯-甲醇-水或氯仿-甲醇-水进行梯度洗脱。此外，液滴逆流层析法（DCCC）也是分离强心苷的一种有效方法。当组分复杂时，需要几种方法配合使用，才能达到满意的分离效果。

3. 产品检验

（1）显色反应 强心苷除了一般苷类的显色反应外，由于分子中有甾体母核、不饱和内酯环和 α-去氧糖等结构，可与一些化学试剂发生反应而显特定的颜色。

① 作用于甾体母核的显色反应。在无水条件下，经强酸（如硫酸、盐酸）、中强酸（如磷酸、三氯乙酸）、路易斯酸（如三氯化锑）的作用，甾体母核脱水形成双键。由于双键移位、缩合等形成较长的共轭系统，并在浓酸溶液中形成多烯正碳离子的盐而呈现一系列的颜色变化。如将样品溶于少量乙醇中，滴加醋酸酐，样品全部溶解后，沿试管壁加入 0.5 mL 浓硫酸，两液层间显紫色环，且醋酸酐层显蓝色，证明试样含有甾体结构。

② α，β-不饱和内酯环的显色反应。甲型强心苷在碱性醇溶液中，双键由 C-20 位及 C-22 位之间转移到 C-20 位及 C-21 位之间，生成 C-22 位活性亚甲基；乙型强心苷在碱性醇溶液中不能产生活性亚甲基。故能用活性亚甲基试剂显色作用区别甲型和乙型强心苷。常用的活性亚甲基试剂有亚硝酰铁氰化钠、间二硝基苯、3，5-二硝基苯甲酸、碱性苦味酸。如 Legal 反应（亚硝酰铁氰化钠试剂）：取样品 1~2 mg，溶于 2~3 滴吡啶中，加 1 滴 3% 亚硝酰铁氰化钠溶液和 1 滴 2 mol/L NaOH 溶液，样品液呈深红色并渐渐褪去。再如 Kedde 反应（3，5-二硝基苯甲酸试剂）：取样品的甲醇或乙醇溶液于试管中，加入 3，5-二硝基苯甲酸与 KOH 混合液 3~4 滴，产生深红色或红色。本试剂可作为强心苷纸层析和薄层层析的显色试剂，喷雾后显紫红色，几分钟后褪色。

③ 作用于 α-去氧糖（2-去氧糖）的显色反应。如 Keller-Kiliani 反应，是 α-去氧糖的特征反应，对游离的 α-去氧糖或在反应条件下能水解出 α-去氧糖的强心苷都可显色。方法是：取样品 1 mg 溶于 5 mL 冰醋酸中，加 1 滴 20% 三氯化铁水溶液，倾斜试管，沿管壁徐徐加入 5 mL 浓硫酸，观察界面和醋酸层的颜色变化。如有 α-去氧糖存在，醋酸层渐呈蓝色或蓝绿色。界面呈色是由于浓硫酸对苷元所起的作用逐渐扩散向下，界面颜色随苷元羟基、双键位置和数目不同而异。再如对二甲氨基苯甲醛反应：取样品，加 1% 对二甲氨基苯甲醛乙醇溶液 4 mL，再加浓盐酸 1 mL。α-去氧糖经盐酸的催化影响，产生分子重排，再与对二甲氨基苯甲醛缩合可显灰红色斑点。

（2）层析检识 强心苷极性较大，用吸附硅胶层析分离效果不好，主要采用纸层析和薄层层析法。

① 纸层析。预先用甲酰胺或丙二醇处理作为固定相。用亲脂性的有机溶剂（如苯及甲苯）作流动相，可分离亲脂性较强的强心苷类。亲脂性比较弱的强心苷类可用极性较大的溶剂［如二甲苯-丁酮（1∶1）或氯仿、苯和乙醇混合液］作流动相。对亲水性较强的强心苷类，宜用水代替甲酰胺或丙二醇预先渗透滤纸作为固定相，流动相用丁酮或丁醇-二甲苯-水（4∶6∶1）为溶剂系统，就可达到满意的分离效果。

② 薄层层析。以分配薄层分离效果较好，需预先用固定相处理，展开后，需除去固定相后才显色。常用支持剂有硅藻土、纤维素、滑石粉等，常用固定相是甲酰胺（配成10%~15% 丙酮液），也可用二甲基甲酰胺、乙二醇等。展开剂有氯仿、苯、氯仿-丙酮（4∶1），也可加入少量甲醇、乙醇以增加展开剂的极性，而氯仿-丁醇（9∶1）对极性较强

的强心苷分离效果较好。显色剂有 2％ 3，5-二硝基苯甲酸乙醇溶液-2 mol/L KOH、1％苦味酸溶液-10％NaOH（95∶5）、2％三氯化锑的氯仿溶液等。

（3）结构鉴定 强心苷类化合物由于分子中苷元部分存在五元或六元不饱和内酯环，其紫外吸收光谱的特征较显著。甲型强心苷元（五元不饱和内酯环）在 200～217 nm 处有最大吸收，乙型强心苷元（六元不饱和内酯环）在 295～300 nm 处有特征吸收，两类强心苷元的紫外吸收光谱的特征吸收区别显著，可供结构鉴别。强心苷类分子中苷元上具有不饱和内酯环结构，羰基的伸缩振动峰为红外特征吸收峰，其波数与环内共轭程度有关。五元不饱和内酯环在 1 800～1 700 cm^{-1} 处有两个强吸收峰，六元不饱和内酯环的两个吸收峰较五元不饱和内酯环的相应吸收分别向低波数位移约 40 cm^{-1}。

（三）药理作用与临床应用

1. 药理作用

（1）加强心肌收缩力 即正性肌力作用。强心苷对心力衰竭患者的心脏有正性肌力作用，增加心力衰竭患者心搏出量。心力衰竭患者由于心脏扩大，心室壁张力提高，以及代偿性的心率加快，使心肌耗氧量增加。应用强心苷后，心肌收缩力增强，虽可增加心肌耗氧量，但又能使心室排空完全，循环改善，静脉压降低等，因而使心力衰竭时扩大的心脏体积缩小，心室张力降低，同时还使心率减慢，这两方面作用使心肌耗氧量降低，提高了心脏工作效率。

（2）减慢心率 即负性频率作用。慢性心功能不全时，由于心搏出量不足，通过颈动脉窦和主动脉弓压力感受器的反射性调节，出现代偿性心率加快。心率加快超过一定限度时，心脏舒张期过短，回心血量减少，心排出量反而降低。同时，心率过快使冠状动脉受压迫的时间亦较长，冠状动脉流量减少，不利于心肌的血液供应，强心苷可使心率减慢。

（3）对心肌电影响

① 传导性。强心苷在小剂量时，由于增强迷走神经的作用，使 Ca^{2+} 内流增加，房室传导速度减慢；较大剂量时，由于抑制 Na^+，K^+-ATP 酶活性，使心肌细胞内失 K^+，最大舒张电位减小，而减慢房室传导。

② 自律性。治疗量的强心苷对窦房结及心房传导组织的自律性几乎无直接作用，而间接地通过加强迷走神经活性，使自律性降低；中毒量时直接抑制浦肯野纤维细胞膜 Na^+，K^+-ATP 酶活性，使细胞内失 K^+，自律性增高，易致室性早搏。

③ 有效不应期。强心苷由于加速 K^+ 外流，使心房肌复极化加速，因而有效不应期缩短；对心室肌及浦肯野纤维，由于抑制 Na^+，K^+-ATP 酶活性，使最大舒张电位减小，有效不应期缩短；房室结主要受迷走神经兴奋的影响，有效不应期延长。

> **思政：科学发现（紫花洋地黄的发现）**。看过电影《007：皇家赌场》吗？超级特工詹姆斯·邦德被人下毒，险些丧命的情节你一定记忆犹新，他所中的毒就来自欧洲广泛种植的观赏性植物——洋地黄。洋地黄在每年五六月开花，每朵小花鲜亮可爱，桃红、浅紫、奶黄、洁白应有尽有，这样娇艳的花可千万不要轻易去碰！因为这是一种不折不扣的毒草，全株有毒，尤其是叶片，过量误食，会引起食用者心动过速，直至心衰而死。1775 年，英国希罗普郡的医生威廉·威瑟林接诊了一位患者。这位患者脚和腿肿得很厉

害。在当时，威瑟林也没有什么好办法，只能让这位患者回家休息。没想到，几个月之后，那位患者又回来了，而且身体状况大为好转。这让威瑟林非常好奇，他马上向患者打听是怎样好起来的。原来，这位绝望的患者从一个吉卜赛女郎那里得到了一种草药茶，喝了以后就神奇的好了。威瑟林马上找到了那位吉卜赛女郎，并以三块金币的价格买下了这种秘制草药茶的配方。经过他仔细分析，认定紫花洋地黄是其有效成分。接下来的 10 年，威瑟林潜心研究洋地黄的治疗效果。他将洋地黄的花、叶、蕊等不同成分，分别制成粉剂、煎剂、酊剂、丸剂，并比较其疗效，结果发现，以开花前采得的叶子研成的粉剂效果最好。另外，他给 160 多名患者服用了不同的洋地黄调和物，并仔细记录他们用药后的反应。1785 年，威瑟林编写了《洋地黄的说明及其医药用途：浮肿病以及其他疾病的实用评价》一书。在书中，他总结了洋地黄的毒性，并强调了剂量的重要性，确定了用药的最适剂量为 1～3 格兰（1 格兰＝64.8 mg）。剂量过低，没有效果；剂量过高，又会产生毒性。正是由威瑟林医生的研究得到启示，人们将从紫花洋地黄中提取的有效成分称为地高辛，从绿毒毛旋花的种子中提取的各种苷的混合物称为毒毛旋花子苷（简称毛花苷）K，而毛花苷 C 的脱乙酰基衍生物即为西地兰，这几种药物均为强心苷类药物。慢性心衰患者应用强心苷类药物后，尿量增加，血容量减少，心脏负荷下降。强心苷类药物能够加强心肌收缩力，降低心肌耗氧量，减慢窦性心律，有效缓解心衰症状。

2. 临床应用

（1）慢性心功能不全　强心苷由于增强心肌收缩性，使心排出量增加，从而改善动脉系统供血状况；由于心室排空完全，舒张期延长，使回心血量增多，静脉压下降，从而解除静脉系统淤血症状。强心苷对伴有心房扑动、颤动的心功能不全疗效最好，对心脏瓣膜病、先天性心脏病及心脏负担过重（如高血压）引起的心功能不全疗效良好，对急性心力衰竭或伴有肺水肿的患者，宜选用作用迅速的毛花苷 K 或毛花苷 C 静脉注射，待病情稳定后改用口服地高辛维持。

（2）心律失常　强心苷有抑制房室传导和减慢心率的作用，可用于治疗心房颤动、心房扑动和阵发性室上性心动过速。

第三节　多种方法提取挥发油

一、挥发油概述

挥发油也称精油，是存在于植物中的一类具有芳香气味、可随水蒸气蒸馏出来而又与水不相混溶的挥发性油状液体的总称。挥发油具有广泛的生物活性，是古代医疗实践中较早被注意到的药物，《本草纲目》中记载着世界上最早提炼、精制樟油和樟脑的详细方法。挥发油是混合物，其所含化学成分比较复杂，主要包括萜类化合物、脂肪族化合物和芳香族化合物。已知我国有 56 科 136 属植物含有挥发油，如菊科、芸香科、伞形科、唇形科、樟科、木兰科等。挥发油在植物体中的存在部位常各不相同，有的全株植物中都含有，有的则在花、果、叶、根或根茎部分的某一器官中含量较多。有的同一植物的药用部位不同，其所含挥发油的组成成分也有差异。如樟科桂属植物的树皮挥发油多含桂皮醛，叶中则主要含丁香酚，而根部含樟脑多。有的植物由于采集时间不同，同一药用部分所含的挥发油成分也不完全一样，如胡荽子，当果实未熟时，其挥发油主要含有桂皮醛和异桂皮醛，成熟时则主要含有芳樟醇、杨梅叶烯。

二、挥发油的组成与性质

(一) 成分及结构

挥发油所含化学成分比较复杂，是一种混合物，常常含有几十种到 200 种成分。挥发油所含化学成分类型主要包括下面几类。

1. 萜类化合物　萜类化合物是挥发油的主要成分类型，根据其基本结构可以分为 3 类：单萜、倍半萜和它们的含氧衍生物。其中含氧衍生物多半是生物活性较强或具有芳香气味的主要组成成分。如薄荷油中含薄荷醇 8% 左右，医药上用于皮肤瘙痒、神经痛、昆虫刺伤等。佛手中含柠檬烯 13% 左右，具有镇咳、祛痰、抑菌作用，复方柠檬烯在临床上用于利胆、溶石、促进消化液分泌和排出肠内积气。丁香叶油含石竹烯 6% 左右，具有局部麻醉和治疗结肠炎的作用。图 9-13 为几种萜类化合物的分子结构。

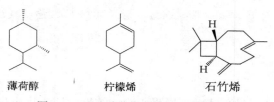

薄荷醇　　　　柠檬烯　　　　石竹烯

图 9-13　几种萜类化合物的分子结构

2. 芳香族类化合物　在挥发油中，芳香族类化合物仅次于萜类，存在也相当广泛。挥发油中的芳香族类化合物，有的是萜类衍生物，如麝香草酚、孜然芹烯等；有些是苯丙烷类衍生物，其结构多具有 $C_6 - C_3$ 骨架，如桂皮醛存在于桂皮油中，具有解热镇痛作用。茴香脑为八角茴香油的主要成分，对因化疗或放疗导致的白细胞减少症具有一定的治疗作用。丁香酚为丁香油的主要成分，具有抗炎、镇痛作用。图 9-14 为几种芳香族化合物的分子结构。

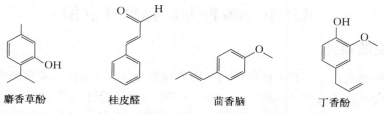

麝香草酚　　　　桂皮醛　　　　茴香脑　　　　丁香酚

图 9-14　几种芳香族类化合物的分子结构

3. 脂肪族类化合物　一些小分子脂肪族类化合物在挥发油中常存在，主要指的是小分子的烷、烯、酯、酸类成分。例如正庚烷存在于松节油中，正壬醇存在于陈皮挥发油中，异戊醛存在于柑橘、柠檬、薄荷、桉叶、香茅等挥发油中，异戊酸存在于桉叶、迷迭香等挥发油中。图 9 - 15 为几种脂肪族类化合物的分子结构。

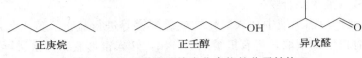

图 9 - 15　几种脂肪族类化合物的分子结构

4. 其他类化合物　除上述三类化合物外，还有一些挥发油物质，如芥子油、挥发杏仁油、大蒜油等，也能随水蒸气蒸馏。黑芥子油是芥子苷经芥子酶水解后产生的异硫氰酸烯丙酯，挥发杏仁油是苦杏仁苷水解后产生的苯甲醛，大蒜油则是大蒜中大蒜氨酸经酶水解后产生的物质等。

（二）性质

1. 物理性质

（1）性状　挥发油多为无色或微带淡黄色，少数具有其他颜色；大多数具有香气或其他特异气味，有辛辣烧灼的感觉，呈中性或酸性。挥发油在常温下为透明液体，有的在冷却时其主要成分可结晶析出，这种析出物的中文名称叫作"脑"，如薄荷脑、樟脑等。挥发油在常温下可自行挥发而不留任何痕迹，这是挥发油与脂肪油的本质区别。

（2）物理常数　挥发油多数比水轻，也有的比水密度大（如丁香油、桂皮油），相对密度一般为 $0.85\sim1.065$，几乎均有光学活性，多具有强的折光性，折光率为 $1.43\sim1.61$，沸点一般为 $70\sim300$ ℃，具有随水蒸气蒸馏的特性。

2. 溶解性和稳定性

（1）溶解性　挥发油不溶于水，而易溶于各种有机溶剂，如石油醚、乙醚、二硫化碳、油脂等，也能溶于高浓度乙醇。

（2）稳定性　挥发油与空气及光线接触，常会逐渐氧化变质，使之密度增加，颜色变深，失去原有香味，并能形成树脂样物质，也不能再随水蒸气而蒸馏了。因此，挥发油制备方法的选择是很重要的，其产品应贮于棕色瓶内，装满、密塞并在阴凉处低温保存。

三、生产工艺与产品检验

（一）提取方法

1. 压榨法　此法适用于挥发油含量较高的新鲜植物，如橘、柑、柠檬果皮可经撕裂、捣碎冷压后静置分层，或用离心机分出油分，即得粗品。在常温下进行操作，所提挥发油不会受热分解，因此可保持原有的新鲜香味，但可能溶出原料中的不挥发性物质。如在提取柠檬油时，常溶出原料中的叶绿素，而使柠檬油呈绿色。

2. 水蒸气蒸馏法　此法是提取挥发油比较成熟的方法，所得挥发油品质较高。根据道尔顿分压定律：当水与精油混合共热时，其总蒸气压为各组分分压之和，即：$p = p_A + p_B$，其中 p 代表总的蒸气压，p_A 为水的蒸气压，p_B 为精油的蒸气压。当总蒸气压与外界大气压力相等时，液体沸腾。混合物的沸点比其中任一单一液体的沸点都低，因此挥发油可以在低于水的沸点下随水蒸气一同被蒸出。

（1）生产工艺路线　物料粉末→水蒸气蒸馏→盐析→萃取→干燥→过滤→蒸除溶剂→精油。

（2）工艺过程说明

① 水蒸气蒸馏。称取烘干后的物料粉末，置于圆底烧瓶中，加入一定量的蒸馏水，加

入沸石，安装好水蒸气蒸馏装置，加热蒸馏，滴速控制在每秒1~2滴，至馏出液不再混浊为止，收集馏出液（油水混合物）。

② 盐析和萃取。向馏出液中加入氯化钠或硫酸镁等进行盐析，转入分液漏斗中，加入非极性或弱极性有机溶剂萃取，将有机溶剂层分出，转入锥形瓶中，水层再用有机溶剂萃取2次。合并有机溶剂层，用无水硫酸钠干燥，静置。

③ 过滤和蒸除溶剂。将有机溶剂层滤入一干燥蒸馏瓶中，水浴加热回收（不可用明火），至残留液无有机溶剂味为止。蒸馏瓶内残留液即为挥发油，称量，计算收率，并记录挥发油的色泽和气味，冷藏备用。

（3）工艺分析与讨论 在水蒸气蒸馏之前，物料粉末浸泡一定时间有利于挥发油的溶出。但要注意，浸泡时间不能过长，否则水溶液容易霉变。物料粉碎程度增加，有利于挥发油的溶出，但粉碎程度过大时，容易造成物料之间的粘连，不利于挥发油的提取，应该选择适宜的物料粉碎程度。物料粉末与蒸馏水的质量比例对挥发油提取效果具有影响。水量过少，物料粉末不能充分浸泡；水量过多，增加蒸馏能耗。因此选择适宜的料液比例比较重要。蒸馏时间不宜过长，否则挥发油提取率反而下降，这主要是由于蒸馏时间过长，在较高温度下，挥发油挥发损失导致。

3. 溶剂提取法 此法是一种提取挥发油的常见方法。用低沸点有机溶剂连续回流提取或冷浸。常用的有机溶剂有石油醚、四氯化碳等，提取液减压蒸馏除去溶剂，即得粗制挥发油，但得到的挥发油含杂质较多，其他脂溶性成分也会被提取出来，需要进一步精制提纯。方法是将粗品加适量的浓乙醇浸渍，放置，冷却，滤除析出物后，再蒸馏除去乙醇，以获得较纯的挥发油。

4. 油脂吸收法 油脂类一般具有吸收挥发油的性质，往往利用此性质提取贵重的挥发油，如玫瑰油、茉莉花油，保持挥发油特有的香气。油脂吸收法分冷吸收法和温浸吸收法。通常用无臭味的猪油3份与牛油2份的混合物，均匀涂在面积50 cm×100 cm的玻璃板两面，然后将此玻璃板嵌入高5~10 cm的木制框架中，在玻璃板上面铺放金属网，网上放一层新鲜花瓣，这样一个个的木框玻璃板重叠起来，花瓣包围在两层脂肪的中间，挥发油逐渐被油脂所吸收，每隔1~2 d更换一次鲜花瓣，待脂肪充分吸收芳香成分后，刮下脂肪，即为香脂，此称为冷吸收法。或者将花等原料浸泡于油脂中，于50~60 ℃条件下低温加热让芳香成分溶于油脂中，此为温浸吸收法。

5. 超临界流体萃取法 利用超临界二氧化碳提取的挥发油品质较好，克服了传统溶剂萃取法、加热蒸馏法存在溶剂残留、氧化变质等缺陷，但设备初期投资较大，运行成本高，因此这一技术目前在工业生产中还难以普及。

（二）分离方法

1. 冷冻析晶法 该方法可用于挥发油中"脑"类物质的分离。将挥发油于0 ℃以下放置使析出结晶，若无结晶析出可将温度降至-20 ℃，继续放置至结晶析出，使其中某种含量高的物质析出，再经重结晶可得单体结晶，如八角茴香油中茴香脑的分离。此法操作简单，但分离不完全。此外，需要注意的是，不是所有的挥发油低温放置后都能析出晶体。

2. 分馏法 该方法利用挥发油组分沸点的差异进行分离。分馏所得的每一种馏分仍可能是混合物，需要再进一步精馏或结合冷冻、重结晶等方法，可得到单一成分。

3. 化学分离法 该方法利用挥发油中各组分官能团所表现的化学性质，通过化学反应以改变其溶解性能而达到分离。主要包括利用酸碱性不同进行分离和利用官能团特性进行分离。

4. 层析分离法　先采用分馏法或冷冻析脑进行粗分，然后再上柱分离。挥发油可采用硝酸银柱层析或硝酸银薄层层析进行分离，其原理是根据挥发油成分中双键的多少和位置，以及与硝酸银形成 π 络合物的难易程度和稳定性的差别，而得到层析分离。一般硝酸银浓度以 2%～2.5% 较为适宜。硝酸银柱层析的吸附规律（吸附能力）：双键越多，吸附力越强，比移值越小。双键位置：链端＞链中，环外＞环内。双键的顺反关系：顺式＞反式。例如，α-细辛醚、β-细辛醚和欧细辛醚的混合物，通过用 2%AgNO₃ 处理的硅胶柱。洗脱顺序由易至难的顺序为：α-细辛醚（反式双键）、β-细辛醚（顺式双键）、欧细辛醚（末端双键），分子结构如图 9-16 所示。

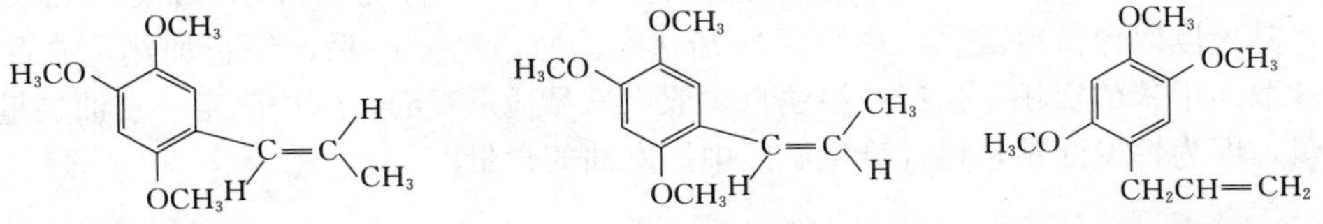

图 9-16　几种细辛醚的分子结构

（三）产品检验

1. 鉴别

（1）油斑试验　将少许挥发油蘸于滤纸片上，常温下挥动纸片（或稍加热烘烤），观察油迹能否立即挥散而消失，油斑消失则为挥发油，否则为脂肪油。

（2）薄层鉴定　吸附剂多采用硅胶 G 或中性氧化铝。展开剂为石油醚或石油醚-乙酸乙酯（85：15）。具体操作：用毛细管分别滴加挥发油试样一滴于硅胶 G 薄层层析板上，在每个油点上加入各种检识试剂（香草醛-浓硫酸试剂、碱性高锰酸钾试剂、2,4-二硝基苯肼试剂、溴甲酚绿试剂、三氯化铁试剂），观察颜色变化，初步推测挥发油中可能含有的化学成分类型。1% 香草醛-浓硫酸试剂，喷后 105 ℃烘烤显色，可与挥发油产生紫色、红色等；滴加 2% 碱性高锰酸钾，粉红色背景上若产生黄色斑点，表明挥发油中含有不饱和键；2,4-二硝基苯肼试剂，若产生橙色斑点，表明挥发油中含有醛或酮类羰基化合物；0.05% 溴甲酚绿乙醇试剂，若蓝色背景下产生黄色斑点，说明挥发油中含有有机酸类化合物；三氯化铁试剂，若产生紫色或蓝色，说明挥发油中含有酚类或特殊的烯醇式结构。

（3）物理常数测定　测定相对密度、比旋光度、折光率等判断挥发油的种类和品质。

（4）化学常数测定　挥发油的化学常数也是表示挥发油质量的重要手段。酸值（酸价）是代表挥发油中游离羧酸和酚类成分的含量，即中和 1 g 挥发油中含有游离羧酸和酚类所需氢氧化钾的质量（以毫克计）。酯值（酯价）是代表挥发油中酯类成分的含量，即 1 g 挥发油中酯类化合物完全水解所需氢氧化钾的质量（以毫克计）。皂化值（皂化价）是酸值和酯值的总和。碘值代表了挥发油中不饱和双键的含量，即指 100 g 挥发油所能加成的碘的质量（以克计）。

2. 含量测定　2020 年版《中国药典》采用挥发油测定器进行含量测定。硬质圆底烧瓶 A，上接挥发油测定器 B，B 的上端连接回流冷凝管 C。以上各部均用玻璃磨口连接。测定器 B 应具有 0.1 mL 的刻度。全部仪器应充分洗净，并检查接合部分是否严密，以防挥发油逸出。测定用的供试品，除另有规定外，须粉碎使能通过二号至三号筛，并混合均匀。

（1）甲法　本法适用于测定相对密度在 1.0 以下的挥发油。取供试品适量（相当于含挥发油 0.5～1.0 mL），称定质量（准确至 0.01 g），置烧瓶中，加水 300～500 mL（或适量）与玻璃珠数粒，振摇混合后，连接挥发油测定器与回流冷凝管。自冷凝管上端加水使充满挥发油测定器的刻度部分，并溢流入烧瓶时为止。置电热套中或用其他适宜方法缓缓加热至沸，并保持微沸约 5 h，至测定器中油量不再增加，停止加热，放置片刻，开启测定器下端的活塞，将水缓缓放出，至油层上端到达刻度 0 线上面 5 mm 处为止。放置 1 h 以上，再开启活塞使油层下降至其上端恰与刻度 0 线平齐，读取挥发油量，计算供试品中挥发油的含量。

（2）乙法　本法适用于测定相对密度在 1.0 以上的挥发油。取水约 300 mL 与玻璃珠数粒，置烧瓶中，连接挥发油测定器。自测定器上端加水使充满刻度部分，并溢流入烧瓶时为止，再用移液管加入二甲苯 1 mL，然后连接回流冷凝管。将烧瓶内容物加热至沸腾，并继续蒸馏，其速度以保持冷凝管的中部呈冷却状态为宜。30 min 后，停止加热，放置 15 min 以上，读取二甲苯的容积。然后照甲法自"取供试品适量"起，依法测定，自油层量中减去二甲苯量，即为挥发油量，再计算供试品中挥发油的含量。

> ➲ **精油小常识**。精油的提炼可追溯到古埃及。埃及艳后克丽奥佩德拉以"香油"护肤，曾耗费巨资以"香膏花园"的植物来制作"香油"，她最喜欢在谈判时擦上茉莉香膏，"香油"和茉莉香膏指的就是精油。薰衣草精油的主要成分是芳樟醇和乙酸芳樟酯，而人见人爱的玫瑰精油则含有较多的香茅醇、香叶醇等。这些化合物也是精油的重要香气成分，而精油之所以具有杀菌抗炎、镇静催眠、淡化瘢痕等功效，也是因为含有这些具有生物活性的化学成分。我们在市场上见到的薰衣草精油、玫瑰精油等都是用水蒸气蒸馏的方法提炼的，提取率并不高，一般在百分之零点几至百分之几之间。精油易挥发，一般都储存在密封的不透光容器里，每次使用完毕后要尽快旋紧盖子，并尽量减少开启的次数。根据精油中化学成分的不同，提炼出来的精油可呈现无色、浅黄色、金黄色、淡绿色、天蓝色、紫色及乌黑等颜色。由于食用油和精油的组成成分差异极大，精油是不能食用的，如果你强行加到炒菜锅里，随着温度的升高，精油会逐渐挥发，你只能"望锅兴叹"啦！

四、挥发油的药理作用与临床应用

在临床上，挥发油多具有止咳、平喘、祛痰、消炎、祛风、健胃、解热、镇痛、解痉、杀虫、利尿、降压和强心等作用。例如香柠檬油对淋球菌、葡萄球菌、大肠杆菌和白喉菌有抑制作用；柴胡挥发油制备的注射液，有较好的退热效果；丁香油有局部麻醉、止痛作用；土荆芥油有驱虫作用；薄荷油有清凉、祛风、消炎、局麻作用；茉莉花油具有兴奋作用，等等。临床上早已应用的有樟脑、冰片、薄荷脑、丁香酚、百里香草酚等。

第四节　其他类植物源生化药物的制备

一、菠萝蛋白酶

菠萝蛋白酶广泛存在于菠萝的果实、芽、叶、茎中，从菠萝的果实中提取的称为果菠萝蛋白酶，从菠萝的茎中提取的称为茎菠萝蛋白酶。菠萝蛋白酶的相对分子质量为 33 000，是典型的巯基蛋白酶，能分解蛋白质、肽、酯、酰胺。它水解蛋白的活性比木瓜蛋白酶的活性高 10 倍以上，因此有着广泛的用途。在医药上，菠萝蛋白酶可用于生物体内溶解纤维蛋白及血凝块，因此可用于治疗水肿及多种炎症；它能迅速溶痂，对正常组织无害，不影响植皮，适用于中小面积深度烧伤的治疗。菠萝蛋白酶的提取方法主要有 3 种：高岭土吸附法、单宁沉淀法、超滤法。

（一）高岭土吸附法

1. 生产工艺路线　压榨→吸附→洗脱→盐析→溶解→沉淀、干燥。

2. 工艺过程说明

（1）压榨和吸附　将菠萝下脚料洗净，用压榨机压出汁液，加入 0.05％苯甲酸钠防腐，迅速过滤除杂质。将汁液移入吸附槽中搅拌，同时加入 4％的高岭土，搅拌约 20 min，在 10 ℃吸附 30～60 min，虹吸排掉上清液，收集高岭土吸附物。

（2）洗脱和盐析　用 16％的 NaOH 溶液调节吸附物的 pH 至 7.0 左右，再加入吸附质量为 7％～9％的食盐，搅拌 30 min，进行洗脱，然后迅速过滤，收集滤液。将滤液收集在盐析槽中，用 3 mol/L 的盐酸调节 pH 至 5.0 左右，搅拌加入过滤液质量为 25％的硫酸铵，待完全溶解后，4 ℃下存放过夜；然后离心，收集沉淀盐析物，即粗酶。

（3）溶解和干燥　将粗酶放入溶解罐中，加入 10 倍水，用 NaOH 溶液调 pH 至 7.0～7.5，搅拌使其溶解，过滤除杂，收集滤液。在搅拌下用 3 mol/L 的盐酸调节上述滤液的 pH 至 4.0，静置 1 h 使酶析出，用离心机分离出沉淀物，真空冷冻干燥或减压干燥，即得菠萝蛋白酶精品。

3. 工艺分析与讨论　高岭土吸附法生产工艺和操作都比较复杂，原材料消耗多，所需设备也多，酶活总回收率低，但产品质量较好，纯度较高，产品酶活可达 4.0×10^6 U/g 以上。

（二）单宁沉淀法

1. 生产工艺路线　压榨→加稳定剂→加单宁→离心→洗脱、干燥。

2. 工艺过程说明

（1）压榨　将菠萝下脚料洗净，用压榨机压出汁液，加入 0.05％苯甲酸钠防腐，迅速过滤除杂质。

（2）加稳定剂、单宁　将澄清液移入生产罐中，在搅拌条件下，加入 EDTA（终浓度为 0.05％）、二氧化硫（终浓度为 0.06％）以及维生素 C（终浓度为 0.02％）、单宁（终浓度 0.1％），在 4 ℃下静置 1 h，离心弃去上清液，收集沉淀物。

（3）洗脱、干燥　将沉淀物放入溶解罐中，加入 2～3 倍 pH 为 4.5 的抗坏血酸溶液，或者采用 3 mol/L 的盐酸调节 pH 到 3，搅拌洗脱 40 min，然后过滤，收集滤液，减压干燥或真空冷冻干燥，即得菠萝蛋白酶精品。

3. 工艺分析与讨论　单宁沉淀法工艺和操作比高岭土法简单，原材料消耗少，所需设备少。但酶活回收率较低，产品酶活力为 3.5×10^6～4.0×10^6 U/g。

（三）超滤法

1. 生产工艺路线　压榨→超滤浓缩→沉淀→干燥。

2. 工艺过程说明

（1）压榨　将菠萝下脚料洗净，用压榨机压出汁液，加入 0.05％苯甲酸钠防腐，迅速过滤除杂质。可采用压滤法或离心法去杂质。

（2）超滤浓缩　将澄清液在管式超滤设备中进行浓缩，使体积浓缩至原体积的 1/5。

（3）沉淀　将浓缩液降温至 0～4 ℃，边搅拌边加入－20 ℃的 95％乙醇，直至混合液中乙醇浓度为 50％，静置，使酶沉淀，移除上清液，即得湿酶。

（4）干燥　将湿酶在 0 ℃下减压干燥或真空冷冻干燥，即得菠萝蛋白酶精品。

3. 工艺分析与讨论　超滤法生产工艺和操作比较复杂，且设备一次性投资大。超滤浓缩后的浓缩液若再用高岭土吸附法或者单宁沉淀法提取，可大大节约其他辅助原料的用量，总生产成本减少，且产品质量好，纯度高，酶活力高，酶活总回收率高，经济效益明显比传统工艺好。超滤浓缩后的浓缩液用有机溶剂沉淀法提取精酶，由于需要低温使生产成本上升，但产品质量、纯度、酶活都优于前者，是菠萝蛋白酶升级换代的新工艺。

二、蓖麻毒蛋白

（一）概述

蓖麻毒蛋白作为一种核糖体失活蛋白，是研究核糖体结构和功能的一个重要工具，也一直受到人们的广泛关注。它是由 RNA N-糖苷酶活性的 A 链（分子质量为 31 ku）和具有凝集素活性的 B 链（分子质量为 34 ku）构成，A 链具有 N-糖苷酶的活性，能通过催化水解 60S 大亚基 28S rRNA 中第 4 234 位腺嘌呤与核糖分子之间的糖苷键，使核糖体大小亚基、氨基酰- tRNA 和 mRNA 等蛋白质合成复合体解聚，从而阻断了蛋白质的生物合成。B 链起载体作用，通过与细胞表面特有的受体结合，使 A 链顺利通过细胞膜进入细胞内，进而使核糖体失活，引起细胞的死亡。1 个核糖体失活蛋白分子，在 1 min 内能使 1 500 个核糖体失活。由于蓖麻毒蛋白对移植性动物肿瘤具有明显抑制作用，抗瘤谱较广，使其在肿瘤、艾滋病治疗等方面具有应用价值，成了新的研究热点。蓖麻毒蛋白的提取方法主要是沉淀法，生产工艺如下。

（二）生产工艺

1. 生产工艺路线　脱脂蓖麻子→加入磷酸盐缓冲液→4 ℃搅拌，充分匀浆→离心→弃去沉淀→去油脂→取上清液→沉淀→冷冻干燥→蓖麻毒蛋白。

2. 工艺过程说明

（1）充分均浆，离心　称取 15 g 脱脂蓖麻子，用 5 mmol/L pH 6.5 的磷酸盐缓冲液提取 4 次，每次均加入 200 mL 缓冲液，在 4 ℃冷库中用增力电动搅拌器搅拌 6 h，每次 3 500 r/min 离心 15 min。弃去沉淀，小心除去上层漂浮的剩余少量的脂肪，取上清液。

（2）沉淀和冷冻干燥　往上清液中加硫酸铵沉淀粗蓖麻毒蛋白，再 3 500 r/min 离心 15 min，取沉淀冷冻干燥得蓖麻毒蛋白纯品。盐析的原理是根据在不同的离子强度下，蛋白质的溶解度不同。在低盐浓度下，少量离子减少了偶极溶质之间极性基团静电吸引力，增加溶质与溶剂之间的相互作用，当离子强度增加时其溶解度又下降，直至沉淀析出。硫酸铵沉淀法是比较普遍的盐析方法。

三、植物血细胞凝集素

（一）概述

植物血细胞凝集素是从豆科植物中提取的高分子糖蛋白类物质，发现其对人或动物的血细胞有凝集作用。目前国内临床应用于下列病种：急性白血病、恶性滋养叶肿瘤、其他恶性肿瘤（乳腺癌、肠癌、鼻咽癌等）、再生障碍性贫血、病毒性肝炎、流行性出血热、乙型脑炎、血吸虫病、肺结核、小儿病毒性肺炎、病毒性肠炎、类风湿性关节炎、慢性肾炎、慢性苯中毒、放射线引起的白细胞减少症、败血症、坏疽性脓皮症、麻风、骨折等，还可用于烧伤免疫功能测定、外周淋巴细胞转化率测定及皮肤试验检测机体细胞免疫功能。

（二）生产工艺

1. 生产工艺路线　豆类干粉→加入醋酸缓冲液→4 ℃冷藏浸渍 8 h→均浆→低温搅拌过夜→离心，取上清液→调节 pH→4 ℃冰箱冷藏 30 min→离心→取上清液→加入硫酸铵→4 ℃冷藏放置 30 min→离心→收集上清液→透析除盐→血细胞凝集素粗提液。

2. 工艺过程说明　称取红芸豆 15 g，用家用多功能打磨机打成细干粉，过筛，加入 130 mL 醋酸缓冲液（0.02 mol/L，pH 5.6），浸泡 8 h 后匀浆。匀浆液低温搅拌过夜，用 4 层纱布过滤后离心（10 000 r/min，10 min），收集上清液。稀盐酸调上清液 pH 至 5.6，4 ℃ 冰箱中放置 30 min，离心（10 000 r/min，10 min），收集上清液，按比例（每 100 mL 加 27.7 g）加入硫酸铵固体粉末，4 ℃冰箱中放置 30 min，离心（10 000 r/min，10 min），收集上清液，透析除盐后即为红芸豆血细胞凝集素粗提液。

小　　结

天然植物中含有许多具有显著生理活性和药理作用的有效成分，如黄酮类、挥发油、强心苷类和香豆素类等。要充分利用这些资源，首先必须从复杂的植物组成成分中提取分离出具有药用价值的有效成分。因此，提取分离是研究和利用天然植物资源的起点。植物有效成分的提取方法主要是溶剂提取法，其次还有水蒸气蒸馏法、盐析法、升华法、压榨法等。溶剂提取法是根据天然植物中各种成分在溶剂中的溶解性质，依据是"相似相溶"原理选择与有效成分极性相当的溶剂将其从植物组织中溶解出来，提取的推动力是细胞内外浓度差。

本章还重点介绍了银杏黄酮、挥发油、强心苷和香豆素等典型植物类生化药物的结构与性质、生产工艺路线、工艺过程说明、产品检验、药理作用和临床应用等内容。

习　　题

1. 试述植物药用成分的溶剂提取方法及影响提取效率的因素。
2. 超声波强化提取法的原理是什么？举例说明超声波强化提取法的应用。
3. 画出银杏黄酮的 $C_6 - C_3 - C_6$ 基本结构，并简述其制备方法和主要药理作用。
4. 挥发油在植物体中存在于哪些部位？根据其结构如何分类？主要药理作用如何？
5. 强心苷的通性和药理作用是什么？
6. 香豆素的母核结构及药理作用是什么？列举 3 种香豆素类化合物。

参考文献

贝延，2012. 中国生化制药的兴衰 [J]. 首都医药，1：31.

蔡孟深，李中军，2007. 糖化学 [M]. 北京：化学工业出版社.

曹永孝，2011. 对药物、药品及其不良反应概念的思考 [J]. 医学教育研究与实践，19（6）：1223-1225.

陈晗，2008. 生化制药技术 [M]. 北京：化学工业出版社.

陈晗，2018. 生化制药技术 [M]. 2版. 北京：化学工业出版社.

陈可夫，2008. 生化制药技术 [M]. 北京：化学工业出版社.

陈宁，范晓光，2017. 我国氨基酸产业现状及发展对策 [J]. 发酵科技通讯，48（4）：193-197.

陈思，张小军，严忠雍，等，2016. 鲣鱼骨硫酸软骨素提取工艺研究 [J]. 安徽农业科学，44（24）：69.

董佳鑫，杨梅，2018. 转基因技术在生物制药上的应用与发展 [J]. 中外医学研究，377（9）：183-186.

樊一桥，2017. 腺苷蛋氨酸临床应用的研究进展 [J]. 世界临床药物，38（5）：364-368.

范慧红，2010. 2010年版《中国药典》中多糖类药物标准的修订 [J]. 中国药学杂志，45（17）：1294.

封晴霞，赵雄伟，陈志周，等，2018. 壳聚糖及其应用研究进展 [J]. 食品工业科技，39（21）：333.

冯优，王凤山，张天民，等，2008. 多糖类药物研究进展 [J]. 中国生化药物杂志，29（2）：129.

郭葆玉，2015. 生物技术制药 [M]. 北京：清华大学出版社.

国家药典委员会，2020. 中华人民共和国药典：2020年版 [M]. 北京：中国医药科技出版社.

贺再清，刘燕鸣，2008. 从小雪豆中提取植物凝血素（PHA）的实验 [J]. 中国优生与遗传杂志，16（4）：42，66.

侯美曼，2017. 硫酸软骨素质量标准研究 [D]. 北京：中国食品检定研究院.

胡永红，2015. 益生芽孢杆菌生产与应用 [M]. 北京：化学工业出版社.

环宇，2012. 初生牛犊不怕虎——米勒人工合成氨基酸的故事 [J]. 今日科苑，4：53-54.

黄攀丽，2017. 海藻酸钠的提取与功能化改性研究进展 [J]. 林产化学与工业，37（4）：13.

李恩，1985. 前列腺素与现代医学 [M]. 北京：人民卫生出版社.

李良铸，李明晔，2001. 最新生化药物制备技术 [M]. 北京：中国医药科技出版社.

李良铸，李明晔，2006. 现代生化药物生产关键技术 [M]. 北京：化学工业出版社.

李良铸，李明晔，张树信，2008. 现代生化药物 [M]. 哈尔滨：黑龙江科学技术出版社.

李良铸，由永金，卢盛华，1991. 生化制药学 [M]. 北京：中国医药科技出版社.

李淑喜，黎新明，2009. 菠萝蛋白酶的提取及其在医药中的应用 [J]. 广州化工，37（2）：52-53.

李仲福，卞涛，2015. L-天冬氨酸的生产与应用进展 [J]. 天津化工，29（1）：13-15.

梁世忠，2015. 生物制药理论与实践 [M]. 北京：化学工业出版社.

林元藻，王凤山，王转花，1998. 生化制药学 [M]. 北京：人民卫生出版社.

刘湘，汪秋安，2010. 天然产物化学 [M]. 2版. 北京：化学工业出版社.

洛伊斯·N. 玛格纳，2016. 医学史 [M]. 2版. 刘学礼，主译. 上海：上海人民出版社.

潘祖仁，2017. 高分子化学 [M]. 5版. 北京：化学工业出版社.

蒲蛰龙，李增智，1996. 昆虫真菌学 [M]. 合肥：安徽科学技术出版社.

齐香君，2010. 现代生物制药工艺学 [M]. 北京：化学工业出版社.

宋小平，2013. 微生物发酵和动物细胞培养制药实用技术 [M]. 合肥：安徽科学技术出版社.

王凤山，凌沛学，1997. 生化药物研究 [M]. 北京：人民卫生出版社.

王福才，武履青，2013. 健康之本氨基酸 [M]. 武汉：长江文艺出版社.

王旻，2003. 生物制药技术 [M]. 北京：化学工业出版社.

王楠楠，2007. 诺贝尔奖的故事 [M]. 哈尔滨：哈尔滨出版社.

王秋菊，崔一喆，2014. 微生态制剂及其应用 [M]. 北京：化学工业出版社.

王淑萍，李晓静，张桂珍，2008. 黄芪多糖提取分离纯化工艺的优化研究 [J]. 分子科学学报，24
　（1）：60.

王威，李令弟，张祥飞，等，2013. 中国氨基酸生产状况和值得重视发展的氨基酸品种 [J]. 氨基酸和生物
　资源，35 （4）：68 - 70.

吴梧桐，2006. 生物制药工艺学 [M]. 北京：中国医药科技出版社.

吴梧桐，2007. 实用生物制药学 [M]. 北京：人民卫生出版社.

吴晓英，2009. 生物制药工艺学 [M]. 北京：化学工业出版社.

徐铮奎，2017. 世界氨基酸市场为何能持续增长？[J]. 中国制药信息，11：39 - 40.

余蓉，郭刚，2016. 生物制药学 [M]. 北京：科学出版社.

袁勤生，2006. 生化药物的研究现状及发展思路 [J]. 天然药物，4 （4）：246 - 249.

张丰德，吕宪禹，2005. 现代生物学技术 [M].3 版. 天津：南开大学出版社.

张洪，敬永升，陈元，等，2011. 蓖麻种子毒蛋白抗癌活性及热稳定性的探讨 [J]. 河南大学学报（医学
　版），30 （1）：47 - 50.

张洪昌，1989. 胆红素、肝素生产技术 [M]. 北京：科学技术文献出版社.

张建超，韩奇鹏，彭禄庭，等，2018. 亮氨酸对细胞影响的研究与应用 [J]. 基因组学与应用生物学，37
　（8）：3550 - 3556.

张久聪，聂青和，2008. 胆汁酸代谢及相关进展 [J]. 胃肠病学和肝病学杂志，17 （11）：953 - 956.

张林生，2008. 生物技术制药 [M]. 北京：科学出版社.

张树政，朱正美，王克夷，等，2003. 糖生物学基础 [M]. 北京：科学出版社.

张天民，等，1981. 动物生化制药学 [M]. 北京：人民卫生出版社.

张伟国，钱和，1997. 氨基酸生产技术及其应用 [M]. 北京：中国轻工业出版社.

郑璐侠，2020. 提取类生化药物的关键质量指标研究及其应用 [D]. 上海：中国医药工业研究总院.

周德庆，2002. 微生物学教程 [M].2 版. 北京：高等教育出版社.

朱美静，2006. 猴头菌多糖的提取及理化性质的研究 [D]. 无锡：江南大学.

朱晓波，张子荣，2002. 氨基酸与疾病 [M]. 石家庄：河北科学技术出版社.

Fahy E，Subramaniam S，Brown H A，et al，2005. A comprehensive classification system for lipids [J].
　Journal of Lipid Research，46 （5）：839 - 861.

Fahy E，Subramaniam S，Murphy R C，et al，2009. Update of the LIPID MAPS comprehensive classification
　system for lipids [J]. Journal of Lipid Research，50 Suppl （Supplement）：S9 - S14.

Wenk M R，2005. The emerging field of lipidomics [J]. Nature Reviews Drug Discovery，4 （7）：594 - 610.

图书在版编目（CIP）数据

生化制药简明教程 / 丛方地主编 . —北京：中国
农业出版社，2021.8
　全国高等农林院校"十三五"规划教材　京津冀都市
型现代农业特色规划教材
　ISBN 978 - 7 - 109 - 22054 - 6

　Ⅰ.①生… Ⅱ.①丛… Ⅲ.①生物制品－生产工艺－
高等学校－教材　Ⅳ.①TQ464

　中国版本图书馆 CIP 数据核字（2021）第 097343 号

中国农业出版社出版

地址：北京市朝阳区麦子店街 18 号楼
邮编：100125
责任编辑：宋美仙　　文字编辑：陈睿赜
版式设计：王　晨　　责任校对：刘丽香
印刷：中农印务有限公司
版次：2021 年 8 月第 1 版
印次：2021 年 8 月北京第 1 次印刷
发行：新华书店北京发行所
开本：787mm×1092mm　1/16
印张：15.5
字数：380 千字
定价：45.00 元